国家林业和草原局普通高等教育"十四五"规划教材

电工学

王　远　曲　辉　主编

中国林业出版社
China Forestry Publishing House

内 容 简 介

本教材共 12 章，其中前 6 章为电工技术部分，内容主要包括电路理论、磁路理论、变压器和电动机；后 6 章为电子技术部分，包括模拟电子技术和数字电子技术基础。为便于教学和自学，各章均配有课后习题，部分习题答案读者可以扫码申请获取。

本教材注重理论联系实际，可作为高等院校非电类专业的少学时电工电子技术课程教材，也可作为各职业院校教材和工程技术人员参考用书。

图书在版编目（CIP）数据

电工学／王远，曲辉主编. -- 北京：中国林业出版社，2025.4. --（国家林业和草原局普通高等教育"十四五"规划教材）. -- ISBN 978-7-5219-3214-0

Ⅰ. TM

中国国家版本馆 CIP 数据核字第 2025PB6470 号

策划、责任编辑：田夏青
责任校对：苏梅
封面设计：周周设计局

出版发行：中国林业出版社
　　　　　（100009，北京市西城区刘海胡同 7 号，电话 010-83223120）
电子邮箱：jiaocaipublic@163.com
网址：www.cfph.net
印刷：北京盛通印刷股份有限公司
版次：2025 年 4 月第 1 版
印次：2025 年 4 月第 1 次印刷
开本：787mm×1092mm　1/16
印张：19.25
字数：468 千字
定价：62.00 元

部分习题答案

《电工学》编写人员

主　　编：王　远　曲　辉

副 主 编：梁　浩　李海军　于文波　何　芳

编写人员：（按姓氏拼音排序）

何　芳（北京林业大学）

李海军（内蒙古农业大学）

梁　浩（北京林业大学）

曲　辉（内蒙古农业大学）

王　凡（北京林业大学）

王　健（内蒙古农业大学）

王　远（北京林业大学）

王利娟（内蒙古农业大学）

于文波（内蒙古农业大学）

张长春（北京林业大学）

赵汐璇（北京林业大学）

前 言 Preface

本教材落实党的二十大精神进教材、进课堂、进头脑，用习近平新时代中国特色社会主义思想铸魂育人，培育和践行社会主义核心价值观，坚持科技是第一生产力、人才是第一资源、创新是第一动力，教育引导学生深刻理解并自觉践行职业精神和职业规范。守好一段渠、种好责任田，以立德树人为根本任务，发展素质教育，培养德智体美劳全面发展的社会主义建设者和接班人。

"电工电子技术"是非电类工科专业的一门重要的专业基础必修课程。课程理论性、专业性和应用性都很强，所涉及教学内容很广，内容本身也较难掌握。另外，随着教学改革的深入，各高校的"电工电子技术"课程学时数都在减少，使得学时少内容多的矛盾更加突出。让学生在规定的学时内掌握电工和电子技术方面的基本理论、知识和技能，并能在今后的学习和工作中更好地应用电学知识解决工程实际问题，成为教学实施的难点。本教材要把"知识与技能、过程与方法"讲清说透，并承载培根、铸魂、启智、润心的使命担当，在这样的背景下为满足教学需求，编者在多年教学经验积累的基础上凝练、整理教学内容编写了本教材。本教材注重知识体系的构建与完整，强调基本原理与实际应用的联系与演变，知识点经典实用，语言平实易懂，案例典型实用，内容由浅入深、层次分明，并在宏观层面、微观层面、实践环节融入党的二十大精神。

本教材共分12章，包括电工技术和电子技术两部分。其中前6章为电工技术基础，主要介绍直流电路分析、电路的暂态分析、正弦交流电路、三相交流电路、变压器与电动机、电气控制；后6章为电子技术基础，主要介绍半导体器件、基本放大电路、集成运算放大器、直流稳压电源、门电路和组合逻辑电路、触发器和时序逻辑电路。编者根据以往教学经验和目前的课程学时情况，对传统教材中的部分章节进行了调整与删减，力图达到少而精的目的。

本教材由北京林业大学和内蒙古农业大学联合编写，王远、曲辉担任主编，梁浩、李海军、于文波、何芳担任副主编。其中第1章、第4章由曲辉编写，第2章由梁浩编写，第3章、第5章5.2节由王利娟编写，第5章5.1节、5.3节由于文波编写，第6章由何芳编写，第 7 章由王健编写，第 8 章由赵汐璇编写，第 9 章由张长春编写，第 10 章由李海军编写，第 11 章由王凡编写，第 12 章由王远编写。

由于编者水平有限，书中难免存在错误和不妥之处，恳请广大读者提出宝贵意见。

编　者

2024 年 12 月

目 录 Contents

第1章 直流电路分析

电在工农业生产、科学研究和日常生活等方面的应用十分广泛，有的利用电能转换为其他能量使生产设备运转，有的利用电信号进行通信或实现自动控制。无论是输送电能还是传递电信号，一般总要构成这样或那样的电路，因此学习电工技术通常总是从掌握电路理论入手。

本章内容是学习电工相关课程的理论基础，主要结合直流电路介绍一般电路所遵循的基本规律和最基本的电路分析、计算方法。其中所介绍的有关电路知识对直流电路和交流电路、电机电路和电子电路都具有实用意义。

1.1 电路的基本概念

1.1.1 电路与电路模型

（1）电路的作用

电路是由各种元器件连接而成的，是为电流提供的通路。实际电路都是为完成某种预期的目的而设计、安装、运行的，具有电能的传输、信号的传递、处理、测量、控制、计算等功能。根据电流性质的不同，电路有直流电路和交流电路之分。复杂的电路称为电网络，简称电网。如城乡的供电线路就是一种交流电网。

（2）电路的组成

电路无论简单还是复杂，按其功能要求由电源、负载和中间环节组成。例如，在图1-1手电筒电路中，电池把化学能转换成电能供给白炽灯，白炽灯把电能转换成光能作照明用。

电源是将其他形式的能量（机械能、化学能等）转换成为电能的设备，是电能或电信号的发生器。作为直流电源的有干电池、蓄电池、直流发电机、整流电源等。交流电源一般是由交流电网提供的，其来源是交流发电机。

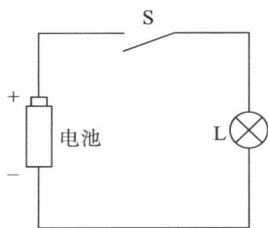

图 1-1 手电筒电路

负载是将电能转换成为其他能量的设备，是电路中能量的消耗者。例如，把电能转换成机械能的电动机、转换成光能的电灯、转换成热能的电炉等用电设备都是电路中的负载。

中间环节是导线和各种辅助设备的统称，是连接电源和负载的部分。导线是建立和维持电路中的各种元器件之间电的联系，以便传送电能或传递电的信息。导线通常是由包着绝缘层的铜线或铝线制成的。导线的电阻很小，在分析计算一般电路问题时，导线的电阻往往可以忽略不计。在实际电路中常常根据需要增添一些辅助设备，如开关、熔断器以及测量用的电表等电路元件。

电路中的电源、负载等器件都是电路元件。在电路中能提供电能的元件(如电池、发电机等)称为电源元件，不能提供电能的称为无源元件。无源元件中又分为耗能元件和储能元件，前者如电阻器，后者如电感器和电容器。

（3）电路模型

由理想元件组成的电路叫作电路模型。所谓理想元件就是对实际电路元件进行科学的抽象和概括，即把不占主导地位的因素全都忽略不计，只考虑它最主要的电气参数。例如，白炽灯的电感是极其微小的，可以把它看作一个理想电阻元件；干电池内阻很小，可以把它看作一个端电压恒定的理想电压源和内阻相串联；连接导线很短的情况下，它的电阻可以忽略不计而视为理想导线，经过这样的简化就可将图 1-1 的手电筒电路简化为图 1-2 所示的电路模型。

理想元件有理想电阻元件、理想电感元件、理想电容元件、理想电压源和理想电流源等，在电路图中，它们分别用图 1-3 所示符号表示。把元件理想化的目的是突出其主要的电磁特性，有利于电路的分析和计算。在电路模型中往往认为各理想元件的端子是用"理想导线"连接起来的。

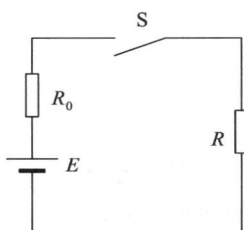

图 1-2　图 1-1 的电路模型

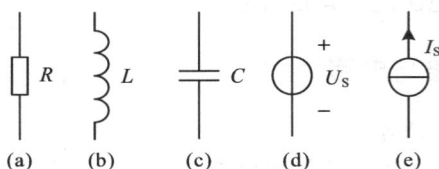

图 1-3　理想元件

（a）理想电阻元件；（b）理想电感元件；
（c）理想电容元件；（d）理想电压源；
（e）理想电流源

1.1.2　电路中的物理量与方向

（1）电流

电荷的定向运动形成电流。电流的大小用电流强度来衡量，电流强度为单位时间内通过导体任一横截面的电量，工程上简称电流。电流不仅表示一种物理现象，而且还是一个物理量，用字母 i 或 I 表示。电流的单位是安培（A），简称安。

若在 Δt 时间内通过导体横截面的电量 Δq，则电流表示为 $i = \dfrac{\Delta q}{\Delta t}$。

若电荷运动的速率是随时间变化的，此时电流是时间的函数，这种随时间变化的电流叫作变动电流，瞬时值表示为 $i = \dfrac{\mathrm{d}q}{\mathrm{d}t}$。

如果此电流随时间的变化是周期性的，则称其为周期电流，若周期电流满足 $i =$

$\dfrac{1}{T}\displaystyle\int_{0}^{T}idt = 0$，式中 T 为周期电流的周期，称为交流电流，简称交流。

　　若电流不随时间变化，即在相同的时间间隔内通过导体横截面的电量相等，则这种电流称为恒定电流，简称直流。直流电流的表示式为 $I = \dfrac{Q}{t}$，式中 Q 为电量，单位是库仑（C），简称库。

　　习惯上规定正电荷运动的方向为电流的方向。

　　在电路分析中，某个元件或部分电路的电流实际方向可能是未知的，也可能是随时间变动的。为此，在分析计算电路问题时，必须先指定电流的参考方向（正方向）。

图 1-4　电流的参考方向

　　电流的参考方向一般用箭头表示，如图 1-4 所示。当电流的参考方向确定后，如果计算出的电流为正值，说明电流的实际方向与参考方向一致；若计算出的电流为负值，说明电流的实际方向与参考方向相反。因而，电流是一个代数量，绝对值代表电流的大小，符号表示方向。

　　（2）电位及电压

　　电位是相对于确定的参考点来说的。电路中某点的电位是指单位正电荷在电场力作用下，自该点沿任意路径移动到参考点所做的功。电位用 V 表示。

　　对电位来说，参考点是至关重要的。第一，电位是相对的物理量，不确定参考点，讨论电位就没有意义。第二，在同一电路中选定不同的参考点时，同一点的电位值是不同的。在分析电路时，电位的参考点只能选取一个。参考点选定后，各点的电位值就确定了，这就是所说的"电位单值性"。

　　电路中两点之间的电位差称为这两点间的电压，用字母 u 或 U 表示。电压的单位是伏特（V），简称伏。例如，电路中 A、B 两点之间的电压就是 V_A、V_B 的电位差。

$$U_{AB} = V_A - V_B \tag{1-1}$$

　　电路中两点之间电压的方向，是从高电位端指向低电位端的方向，即电位降的方向。

　　在分析电路问题时，和电流一样，我们也要假定电压的参考方向。一般电压的参考方向用正（+）、负（−）极性符号表示，有时还用双下标形式表示，如图 1-5 所示。

　　图 1-5 中两种表示方法都是指由假定的高电位端（a 端）指向低电位端（b 端）。当电压的参考方向确定后，分析计算出的电压若为正值，说明电压的实际方向与参考方向一致；若为负值，说明电压的实际方向与参考方向相反。因而，电压也是一个代数量。

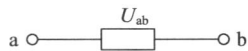
（a）双下标表示

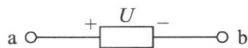
（b）正（+）、负（−）极性表示

图 1-5　电压的参考方向

　　需要说明的是：原则上一个元件的电流或电压的参考方向可以是独立的任意指定。但对于电阻元件来说，电压是从高电位端指向低电位端；电流是从高电位端流入，低电位端流出。因此，为了分析、计算方便，一般情况下，负载元件选取电压的参考方向与电流的参考方向一致，这就是电压、电流关联参考方向。而电源元件选取电压、电流的参考方向不一致，即为非关联参考方向。

（3）电动势

电动势是指单位正电荷在电源力作用下，自低电位端经电源内部移动到高电位端所做的功。例如，电池是利用化学作用而产生电动势，发电机是利用电磁感应作用而产生电动势。电动势用字母 e 或 E 表示，单位也是伏特（V）。

电动势的方向是指电位升高的方向，即从低电位指向高电位的方向，刚好与电压的方向相反。

作为分析与计算电路的一种方法，同样也可以为电动势假定一个参考方向。因此，它和电压、电流一样也是代数量。通常选取电压 U_S 的参考方向与电动势 E 的参考方向相反，则 $U_S=E$，如图1-6所示。

（a）电池 U_S 与 E

（b）理想电压源 U_S 与 E

图1-6 电压与电动势的方向

（4）电功率和电能

电气设备在单位时间内消耗（实际是转换）的电能称为电功率。电功率简称功率，用 p 或 P 表示，单位为瓦特（W），简称瓦。

电气设备在工作时间内转换的电功率称为电能，用字母 W 表示。电功率与电压和电流密切相关。当正电荷从元件上电压的"+"极经元件运动到电压的"−"极时，电场力对电荷做正功，元件吸收能量；反之，正电荷从电压的"−"极经元件运动到电压的"+"极时，电场力做负功，元件向外释放电能。

从 t_0 到 t 的时间内，元件吸收的电能可根据电压的定义（A、B 两点的电压在量值上等于电场力将单位正电荷由 A 点移动到 B 点时所做的功）求得为

$$W = \int_{q(t_0)}^{q(t)} u \mathrm{d}q$$

由于 $i=\dfrac{\mathrm{d}q}{\mathrm{d}t}$，所以

$$W = \int_{t_0}^{t} u i \mathrm{d}t \tag{1-2}$$

当电流的单位为安培，电压的单位为伏特时，能量的单位为焦耳（J），简称焦。

功率是能量对时间的导数，能量是功率对时间的积分。由式（1-2）可知，元件吸收的电功率可写为

$$p = ui \tag{1-3}$$

在关联参考方向的情况下，当 $p>0$ 时，元件吸收功率；当 $p<0$ 时，元件释放电能即发出功率。

在直流电路中，电功率的公式为 $P=UI$，电气设备在工作时间内消耗的电能为 $W=UIt$，式中 t 为时间。工程上电能的计量单位为千瓦·时，若设备的功率为 1kW，使用时间为 1h，则耗电量为 1kW·h，即为 1 度电，或写成

$$1 度 = 1000 W \cdot h = 1 kW \cdot h$$

它与焦的换算关系为 $1kW \cdot h = 3.6 \times 10^6 J$。

🧠 练习与思考

1. 请列出电路的组成部分。

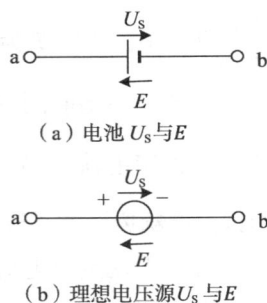

2. 手电筒电路中的电源短路时，是烧坏电池还是白炽灯？

3. U_{ab} 是否表示 a 端的电位高于 b 端的电位？在图 1-5(a) 中，$U_{ab} = -5V$，a、b 两端哪点电位高？

4. 某电源的电动势为 E，内阻为 R_0，有载时的电流为 I，该电源有载和空载时的电压和输出的电功率是否相同？若不相同，各应为多少？

5. 一个电热器从 220V 的电源取用的功率为 1000W，如将它接到 110V 的电源上，则取用的功率为多少？

1.2　电路的基本元件

1.2.1　电阻元件和欧姆定律

电阻器、白炽灯、电炉等在一定条件下可以用二端线性电阻元件作为其模型。线性电阻元件是这样的理想元件：在电压和电流取关联参考方向时，在任何时刻其两端的电压和电流服从欧姆定律，即

$$u = Ri \tag{1-4}$$

线性电阻元件的图形符号如图 1-7(a) 所示，式 (1-4) 中 R 为电阻元件的参数，称为元件的电阻，是一个正实常数。当电压单位用伏特 (V)、电流单位用安培 (A) 时，电阻的单位为欧姆 (Ω)，简称欧。计量高电阻时，则以千欧 (kΩ) 或兆欧 (MΩ) 为单位。

由于电压和电流的单位是伏和安，因此电阻元件的特性称为伏安特性。线性电阻元件的伏安特性曲线如图 1-7(b) 所示，它是通过原点的一条直线，直线的斜率与元件的电阻 R 有关。

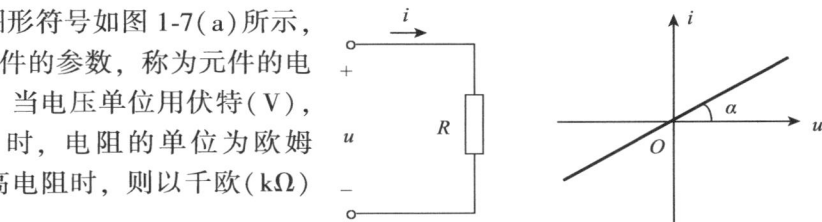

（a）图形符号　　（b）伏安特性

图 1-7　电阻元件及其伏安特性曲线

通常流过电阻的电流与电阻两端的电压成正比，这就是欧姆定律。它是分析电路的基本定律之一。对图 1-8(a) 的直流电路，欧姆定律可用 $U = RI$ 表示，由式可知，当所加电压 U 不变时，电阻 R 越大，则电流 I 越小。显然，电阻具有对电流起阻碍作用的物理性质。

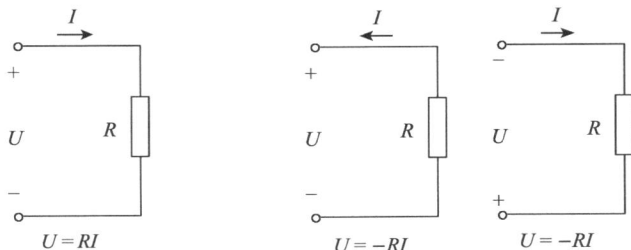

（a）电压和电流参考方向一致　　　　　（b）电压和电流参考方向相反

图 1-8　欧姆定律

根据在电路图中所选电压和电流的参考方向不同，在欧姆定律的表示式中可带有正号或负号。当电压和电流的参考方向一致时，如图 1-8(a)，则得 $U=RI$；当两者的参考方向相反时，如图 1-8(b)，则得 $U=-RI$。这里应注意，一个式子中有两套正负号，上两式中的正负号是根据电压和电流的参考方向得出的。此外，电压和电流本身还有正值和负值之分。

1.2.2 电压源与电流源

在实际应用中，电源的种类很多。常见的实际电源大多是电压源，它供给的电压基本恒定，供给的电流取决于负载或外部电路；实际的电流源生活中少见，它供给的电流基本恒定，供给的电压取决于负载或外部电路。电源的两种模型电压源与电流源均是二端有源元件，是组成电路的重要元件之一，是电路中电能的来源，二者相互间可以等效变换。

(1) 电压源及伏安特性

① 理想电压源。若电源的端电压是一个定值，它与电流的大小无关，这样的电源称为理想电压源，也称恒压源。理想电压源的图形符号如图 1-9(a)所示，其电压与电流的关系如图 1-9(b)所示，为 $U=U_s$ 的水平线。理想电压源的电流是由外电路所决定的，例如在图 1-9

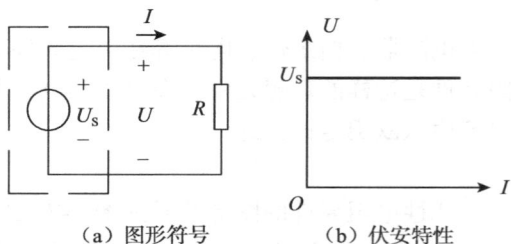

(a) 图形符号　　(b) 伏安特性

图 1-9　理想电压源及其伏安特性

中，当负载开路时电流为零，负载电阻变化时电流随之而变，但理想电压源绝对不允许短路（因为短路时，相当于负载电阻 $R \to 0$，则电流 $I = \dfrac{U_s}{R} \to \infty$）。

从能量观点而言，理想电压源是一个具有无限能量的电源，它能输出任意大小的电流而保持其端电压不变。显然，这样的电源实际上是不存在的，但某些情况下，实际电源的特性接近于理想电压源。例如大家熟悉的干电池和蓄电池，在其内部功率损耗可以忽略不计时，即电池的内阻可以忽略不计时，便可以用电压源来代替，其输出电压 U 就等于电池的电动势 E。

② 实际电压源模型。实际电压源内部总是存在着一定的内电阻，电源端电压将随着输出电流的增加而略有下降。这种实际的电压源可以用一个理想电压源与一个内阻串联来等效，如图 1-10(a)所示。图 1-10(b)为实际电压源的外特性，它是一条斜线。

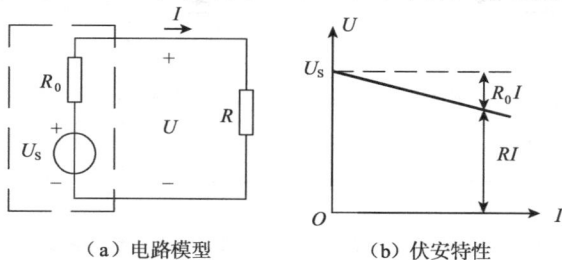

(a) 电路模型　　(b) 伏安特性

图 1-10　实际电压源模型及其伏安特性

由图 1-10（a）可得

$$U = U_\text{S} - R_0 I \tag{1-5}$$

可见，当电压源的电压 U_S 为定值时，由于内阻电压降 $R_0 I$ 的存在，随着 I 的增加，端电压 U 将下降。内阻越小，端电压下降越少。当 $R_0 = 0$ 时，实际电压源的外特性成为理想电压源的外特性。

（2）电流源及伏安特性

① 理想电流源。若电源的输出电流是一个定值，与电源两端的电压大小无关，这样的电源称为理想电流源，也称恒流源。理想电流源的图形符号和伏安特性如图 1-11 所示，为 $I = I_\text{S}$ 的垂直直线。理想电流源的端电压是由外电路所决定的，例如在图 1-11 中，当负载电阻变化时，电源的端电压随之而变。

图 1-11　理想电流源及其伏安特性

理想电流源可以短路（$U = 0$，空载），但理想电流源绝对不允许开路（因为开路时，相当于负载电阻 $R \to \infty$，则理想电流源的端电压 $U = RI_\text{S} \to \infty$）。

从能量观点而言，理想电流源也是一个具有无限能量的电源，实际上是不存在的。但是光电池和某些电子元件的工作电流几乎不变，它们的特性比较接近于理想电流源。光电池在一定的光线照射下，能产生一定的电流，称为电激流。在其内部的功率损耗可以忽略不计时，便可以用电流源来代替，其输出电流就等于光电池的电激流。

② 实际电流源模型。实际电流源不可能把电流 I_S 全部输送给外电路，即使外电路不接通，内部仍有电流在流动，这是一种内部消耗。这种实际的电流源可以用一个理想电流源与一个内阻并联来等效，其电路模型如图 1-12（a）所示。图 1-12（b）为实际电流源的外特性，它也是一条斜线。

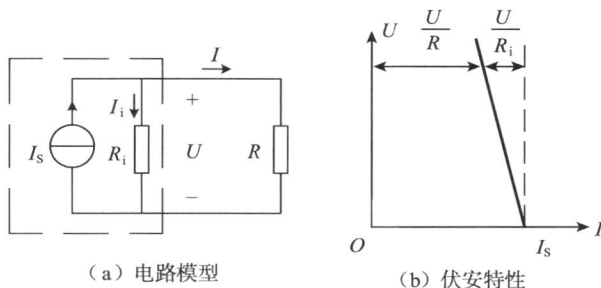

图 1-12　实际电流源模型及其伏安特性

由图 1-12（a）可得

$$I = I_\text{S} - I_\text{i} = I_\text{S} - \frac{U}{R_\text{i}} \tag{1-6}$$

可见，由于电源内部有 I_i，所以输往负载的电流小于理想电流源的电流 I_S。内阻越大，内部消耗的电流越小。当内阻趋于无限大时，该电源成为理想电流源。

（3）电源的等效变换

电路分析中，电压源可以用等效电流源代替，电流源也可以用等效电压源代替。所谓等效指的是对外电路等效，即对外部电路输出的电压和电流不受影响。实际电源既可以模拟为理想电压源与内阻串联的形式，如图 1-13（a）所示；也可以模拟为理想电流源与内阻并联的形式，如图 1-13（b）所示。

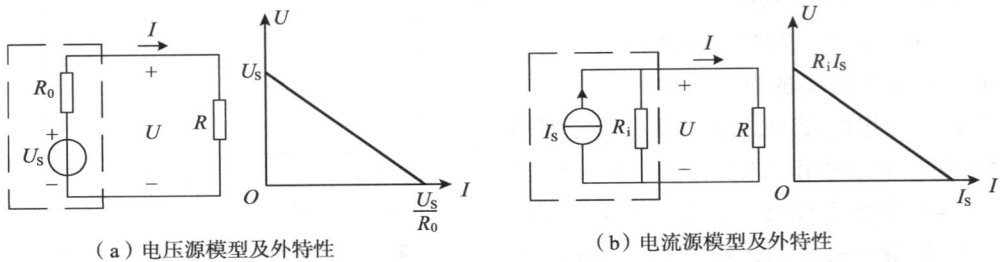

（a）电压源模型及外特性　　　　　　　（b）电流源模型及外特性

图 1-13　实际电源的两种模型

电压源和电流源对外部电路相互等效的条件，就是它们的外特性完全相同，如图 1-13 所示。由于它们的外特性均为直线，只要开路电压和短路电流都相同即可。对比图 1-13 所示两种电源的电路模型和外特性，可以看出若使两种模型能代表同一实际电源，需满足以下条件：① 理想电压源的电压 U_s 应等于电流源的开路电压 $R_i I_s$，或理想电流源的电流 I_s 应等于电压源的短路电流 $\dfrac{U_s}{R_0}$。② 与理想电压源串联的内阻 R_0 必须等于与理想电流源并联的内阻 R_i。③ 等效变换时对外电路的电压和电流的大小和方向都不变。电流源模型的电流流出端应与电压源模型的正极相对应。即可写成如下表达式：

$$\left.\begin{array}{c} R_0 = R_i \\ I_s = \dfrac{U_s}{R_0} \end{array}\right\} \tag{1-7}$$

还需要说明的是：① 这种电源的等效只是对外部电路而言，内部并不等效。② 理想电压源（$R_0 = 0$）和理想电流源（$R_i = \infty$）相互之间不能进行等效。③ 电压源与电流源的等效变换主要是便于对电路进行分析计算，并不意味着二者性质上无区别，特别是实际电源还有额定值的限制。一般来说，电压源的内阻 R_0 比较小，输出电压基本恒定；电流源的内阻 R_i 比较大，输出电流基本恒定。

【例 1-1】将图 1-14（a）中电压源模型变换为等效电流源模型，将图 1-15（a）中电流源模型变换为等效电压源模型。

解：在图 1-14（a）中，1Ω 的电阻不影响理想电压源的电压，等效变换时可以移去。则变换后图 1-14（b）中

$$I_s = \frac{6}{4} = 1.5\mathrm{A}$$

$$R = 4\Omega$$

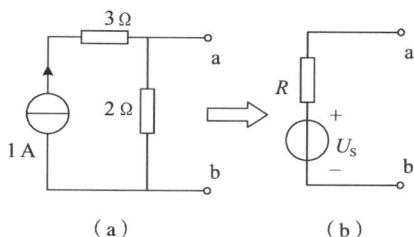

图 1-14   图 1-15

在图 1-15(a)中，3Ω 的电阻不影响理想电流源的电流，等效变换时可以移去。则变换后图 1-15(b)中

$$U_S = 1 \times 2 = 2V$$

$$R = 2\Omega$$

以上两例可以看出，与理想电压源并联的电阻，以及与理想电流源串联的电阻，在做电源等效变换时都可移去。具体做法是：与理想电压源并联的电阻使其开路，与理想电流源串联的电阻使其短路。

【例 1-2】在图 1-16(a)中，已知 $U_{S1} = 60V$，$U_{S2} = 120V$，$R_1 = 10\Omega$，$R_2 = 20\Omega$，$R_3 = 60\Omega$，用电源的等效变换计算流过 R_3 的电流。

解：通过等效变换，本题电路可变换为简单电路，变换过程如图 1-16 所示。图中

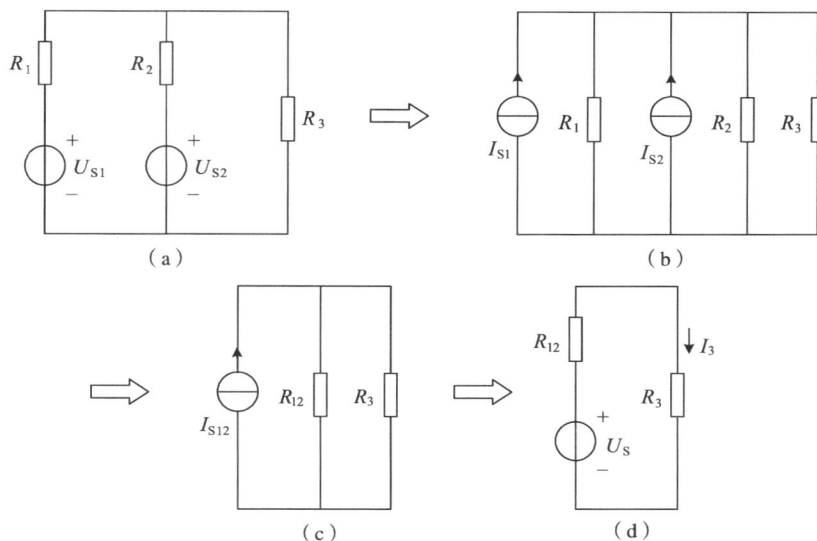

图 1-16

$$I_{S1} = \frac{U_{S1}}{R_1} = \frac{60}{10} = 6A$$

$$I_{S2} = \frac{U_{S2}}{R_2} = \frac{120}{20} = 6A$$

$$I_{S12} = I_{S1} + I_{S2} = 6 + 6 = 12A$$

$$R_{12} = \frac{R_1 R_2}{R_1 + R_2} = \frac{10 \times 20}{10 + 20} = \frac{20}{3}\Omega$$

$$U_S = R_{12}I_{S12} = \frac{20}{3} \times 12 = 80V$$

$$I_3 = \frac{U_S}{R_{12} + R_3} = \frac{80}{\frac{20}{3} + 60} = 1.2A$$

🧠 练习与思考

1. 某负载为可变电阻器,由电压一定的蓄电池供电,当负载电阻增大时,该负载电流是增大还是减小?

2. 有三个电阻 R_1、R_2 和 R_3,其中 R_1 的阻值最小,R_3 的阻值最大。若将这三个电阻串联,哪个电阻的作用最小? 如果并联呢?

3. 如需要一个 1W、500kΩ 的电阻元件,但现在只有若干个 0.5W 的 250kΩ 和 0.5W 的 1MΩ 的电阻元件,应怎样解决?

4. 若某同学根据欧姆定律,把电流源两端的电压认作零,这种看法错在哪里? 电流源在何种状态下两端的电压才等于零?

5. 请谈谈电压源和电流源对外部电路相互等效的条件。

6. 凡是与电压源并联的电流源其电压是一定的,因而后者在电路中不起作用;凡是与电流源串联的电压源其电流是一定的,因而后者在电路中也不起作用。这种观点是否正确?

1.3 基尔霍夫定律

基尔霍夫定律是分析与计算电路的基本定律,又分为电流定律和电压定律。基尔霍夫定律的依据是两条基本原理,即基于电荷守恒的电流连续性原理和基于能量守恒的电位单值性原理。基尔霍夫定律所阐述的是电路中电流和电压遵循的基本规律,是分析和计算电路问题的基础,具有十分重要的作用。在叙述基尔霍夫定律之前有必要介绍几个名词术语。

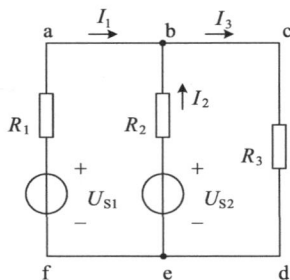

图 1-17 具有三条支路两个结点的电路

结点是指电路中三个或三个以上电路元件的连接点。连接两个结点之间的电路则称为支路。回路是指按任意路径闭合的电路。内部不含有支路的回路称为网孔。例如在图 1-17 中,a、b、c 三点重合,d、e、f 三点也重合,所以共有 b、e 两个结点。支路有 bafe、be、bcde 三条,有 abcdefa、abefa、bcdeb 各点围起来的三个回路,abefa、bcdeb 两个均是网孔。

1.3.1　基尔霍夫电流定律

基尔霍夫第一定律应用于结点上电流的分配，也称为基尔霍夫电流定律（KCL）。内容为：电路中任一结点，在任一瞬间，流入结点的电流总和等于流出该结点的电流总和。其数学表达式为

$$\sum I_{流入} = \sum I_{流出} \tag{1-8}$$

例如在图 1-17 中，流入结点 b 的电流为 I_1 和 I_2，从结点 b 流出的电流为 I_3，故得

$$I_1 + I_2 = I_3$$

或

$$I_1 + I_2 - I_3 = 0$$

因此，基尔霍夫电流定律也可表达为：在任一结点上，各电流的代数和等于零，或写成

$$\sum I = 0 \tag{1-9}$$

式（1-9）中，可以认为流入结点的电流为正，流出结点的电流为负，也可以反之，这并不影响定律的正确性。

【例 1-3】 图 1-18 中的 A 和 B 是两个任意电路，证明当 $I_2 = 0$，则 $I_1 = 0$。

解： 把电路 A 和 B 看成是两个广义的结点。应用基尔霍夫电流定律可得结点 A 或 B 的电流方程为 $I_1 = I_2$。因此，若 $I_2 = 0$，则 $I_1 = 0$。

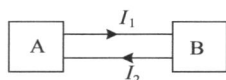

图 1-18

【例 1-4】 图 1-19 所示电路中，已知 $I_1 = 10\text{mA}$，$I_2 = 20\text{mA}$，$I_3 = 15\text{mA}$，电流的参考方向如图中箭头所示，求其余支路的电流。

解： 设待求电流 I_4、I_5、I_6 的方向如图中箭头所示。

从结点 a 得 $I_6 = I_1 + I_3 = 10 + 15 = 25\text{mA}$

从结点 b 得 $I_5 = I_1 - I_2 = 10 - 20 = -10\text{mA}$

从结点 d 得 $I_4 = I_3 + I_5 = 15 + (-10) = 5\text{mA}$

其中 I_5 为负值，表示实际方向与参考方向相反。

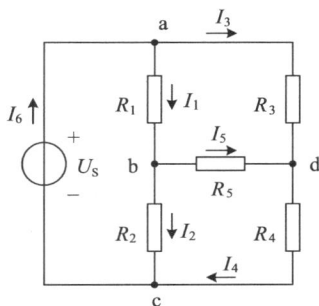

图 1-19

1.3.2　基尔霍夫电压定律

基尔霍夫第二定律用于确定回路中电压的关系，故称为基尔霍夫电压定律（KVL）。该定律指出，从电路的任意一点出发，沿回路绕行一周回到原点时，在绕行方向上，各部分电位升的和等于各部分电位降的和。其数学表达式为

$$\sum U_{电位升} = \sum U_{电位降} \tag{1-10}$$

在列写回路电压方程时，首先必须假定各支路电流的参考方向及回路电压降的绕行方向。

现在用图 1-20 中的回路 fhabgef 来说明。已知电压 U_{S1} 和 U_{S2} 的极性如图所示，符号（+）和（-）分别表示高电位端和低电位端。电阻两端的电位高低可根据各电流的方向标出，即电流流入电阻的一端为高电位端，从电阻流出的一端为低电位端。

假定从电路的 f 点出发，按顺时针方向沿上述回路绕行一周回到 f 点。在绕行方向上

各部分的电位变化如下：

f→h：电位升高，升高的值为 U_{S1}；

h→a：电位降低，降低的值为 R_1I_1；

a→b：无电位变化；

b→g：电位升高，升高的值为 R_2I_2；

g→e：电位降低，降低的值为 U_{S2}；

e→f：无电位变化。

把回路中各部分电位的升高和降低根据基尔霍夫电压定律

分别写在等式的两边，有

$$U_{S1}+R_2I_2=R_1I_1+U_{S2}$$

将上式移项，得

$$R_1I_1+U_{S2}-U_{S1}-R_2I_2=0 \tag{1-11}$$

写成一般式为

$$\sum U = 0 \tag{1-12}$$

因此，基尔霍夫电压定律也可表示为：从电路的某一点出发，沿回路绕行一周回到原点时，在绕行方向上各部分电压降的代数和等于零。

如果用电动势 E_{S1} 和 E_{S2} 分别代替 U_{S1} 和 U_{S2}，则从式(1-11)还可得到该定律的另一种常用的表达式

$$E_{S1}-E_{S2}=R_1I_1-R_2I_2$$

写成一般式为

$$\sum E = \sum RI \tag{1-13}$$

即回路中，在绕行方向上各电动势的代数和等于各电阻上电压降的代数和。该式中正负符号是这样确定的，在绕行方向上电动势的极性若是从低电位端升向高电位端(电位升)，则电动势取正值，否则取负值；电阻两端的电位若按绕行方向下降(电位降)，则该电压取正值，否则取负值。

【例 1-5】 在图 1-21 中已知 $U_{S1}=6V$，$U_{S2}=12V$，$R_1=10\Omega$，$R_2=20\Omega$，求电流 I 及开路电压 U_{cd}。

解：(1)因为 cd 之间是开路，所以只有回路 fabef 中有电流。假设电流的参考方向如图中箭头所示，由此可标出各电阻上电压的极性。

如果按顺时针方向绕行，则电压降 U_{S2} 为正，电压降 U_{S1} 为负，根据公式 $\sum U = 0$ 得

$$U_{S2}-U_{S1}+R_1I+R_2I=0$$

则 $I=\dfrac{U_{S1}-U_{S2}}{R_1+R_2}=\dfrac{6-12}{10+20}=-0.2A$

求出的电流为负值，故其实际方向与参考方向相反。

(2)假定按顺时针方向绕行，由于 cd 之间开路，故用开路电压 U_{cd} 表示 cd 之间的电位差。根据公式 $\sum U=0$，得回路 abcdefa 的电压方程为

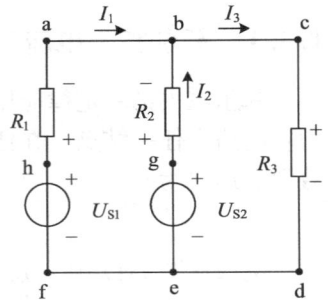

图 1-20 回路中的电压

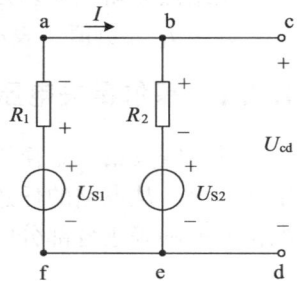

图 1-21

$$U_{cd} - U_{S1} + R_1 I = 0$$

则 $U_{cd} = U_{S1} - R_1 I = 6 - 10 \times (-0.2) = 8\text{V}$

也可以从回路 bcdeb 求 U_{cd}，得回路电压方程为

$$U_{cd} - U_{S2} - R_2 I = 0$$

则 $U_{cd} = U_{S2} + R_2 I = 12 + 20 \times (-0.2) = 8\text{V}$

🧠 练习与思考

1. 请谈谈回路与网孔的不同点。
2. 在图 1-22 中，已知 $I_1 = 4\text{A}$，$I_2 = -2\text{A}$，$I_3 = 1\text{A}$，$I_4 = -3\text{A}$，求电流 I_5 的数值。
3. 在图 1-23 中，已知 $I_a = 1\text{mA}$，$I_b = 10\text{mA}$，$I_c = 2\text{mA}$，求电流 I_d 的数值。

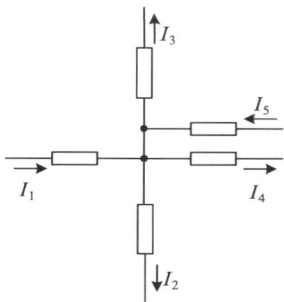

图 1-22　　　　　　　　　　　图 1-23

4. 在应用 $\sum E = \sum RI$ 列回路方程式时，按 I 与 E 的参考方向与回路方向一致时前面取正号，否则取负号，RI 与 E 可否放在等式的同一边？

1.4　电路的分析方法

1.4.1　支路电流法

支路电流法以支路电流为未知量，直接应用 KCL 和 KVL 分别对结点和回路列出所需要的方程组，然后联立求解出各未知电流。这种方法是分析、计算复杂电路的基本方法。所谓复杂电路是指多回路的电路，不能简单地用串联或并联的方法简化成为单回路。

用支路电流法解题的步骤，以图 1-24 电路为例，说明如下：

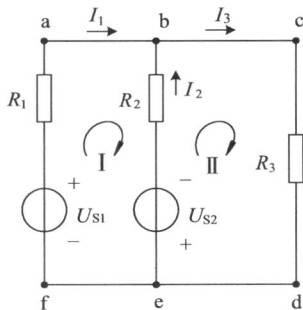

图 1-24　支路电流法

①先确定电路中支路、结点和网孔的数量。在图 1-24 中，a、b、c 三点重合，d、e、f 三点也重合，所以共有 b、e 两个结点。支路有 bafe、be、bcde 三条，有 abcdefa、abefa、bcdeb 各点围起来的三个回路，abefa、bcdeb 两个均是网孔。

②在电路图上标出各支路电流的参考正方向和网孔的绕行方向。电流的参考正方向是

假定方向，故可任意设定。

③根据基尔霍夫电流定律列电流方程。对于图 1-24 中的结点 b 和 e 有

结点 b $I_1+I_2=I_3$ (1-14)

结点 e $I_3=I_1+I_2$ (1-15)

这是两个相同的方程。这是因为对于 n 个结点的电路只能列出 $(n-1)$ 个独立的电流方程，最后那个结点的电流方程式可由前 $(n-1)$ 个电流方程推出来，不是独立的方程式。

④根据基尔霍夫电压定律列出回路电压方程。在图 1-24 中有两个单孔回路，一个双孔回路，回路 Ⅰ 和 Ⅱ 的绕行方向如箭头所示，得两个回路电压方程为

$$-U_{S1}+R_1I_1-R_2I_2-U_{S2}=0 \tag{1-16}$$

$$U_{S2}+R_2I_2+R_3I_3=0 \tag{1-17}$$

此外，在图 1-24 中，还可沿大回路 abcdefa 列出电压方程为

$$-U_{S1}+R_1I_1+R_3I_3=0 \tag{1-18}$$

然而式(1-18)可由式(1-16)和式(1-17)相加后得出，所以式(1-18)不是独立的。一般在列回路电压方程时总是选用单孔回路(网孔)，因为根据单孔回路列出的电压方程总是独立的。

⑤方程联立求解。在图 1-24 中，如果已知各电压和各电阻的值，代入式(1-14)、式(1-16)、式(1-17)中，可求得 I_1、I_2、I_3。

【例 1-6】在图 1-25 中，已知 $U_{S1}=10V$，$U_{S2}=6V$，$U_{S3}=30V$，$R_1=20k\Omega$，$R_2=60k\Omega$，$R_3=30k\Omega$。求 I_1、I_2、I_3。

解：(1)在图 1-25 中，a、b、c 三点重合，d、e、f 三点也重合，有 b、e 两个结点。支路有 bafe、be、bcde 三条，有 abefa、bcdeb 两个网孔。

(2)在电路图上标出各支路电流的参考正方向和网孔的绕行方向，如图 1-25 所示。

(3)对结点 b 列电流方程

$$I_1+I_2+I_3=0$$

(4)选定单孔回路 abefa 和 bcdeb 列电压方程

$$-U_{S1}+R_1I_1-R_2I_2+U_{S2}=0$$

$$-U_{S2}+R_2I_2-R_3I_3+U_{S3}=0$$

(5)将已知数据代入各方程式，整理后得

$$\begin{cases} I_1+I_2+I_3=0 \\ 20\times10^3I_1-60\times10^3I_2-4=0 \\ 60\times10^3I_2-30\times10^3I_3+24=0 \end{cases}$$

图 1-25

解方程组得 $I_1=-0.3mA$，$I_2=-0.17mA$，$I_3=0.47mA$。计算结果表明，I_1 和 I_2 的实际方向与设定的参考方向相反。

支路电流法是利用基尔霍夫定律求解复杂电路最基本的方法。如果电路中含有电流源，则电流源所在支路的电流是已知的，电流源两端的电压是未知的。若仍以支路电流为求解对象，则电路总的未知电流减少了，从而减少了联立方程数。例如在图 1-26 所示电

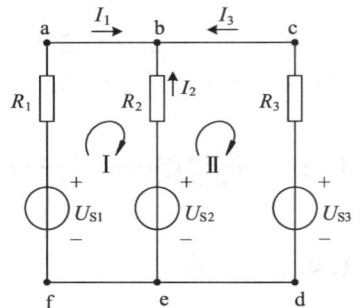

路中，待求电流只有 I_1 和 I_2 两个，可以只列出如下两个方程式求解：

对结点 a 列电流方程　　$I_1 - I_2 + I_S = 0$

对左网孔列电压方程　　$R_1 I_1 + R_2 I_2 - U_S = 0$

在列回路电压方程时一定要避开含电流源的回路。否则由于电流源两端的电压是未知的，使电路的未知量数仍等于支路数，联立方程数仍等于支路数。

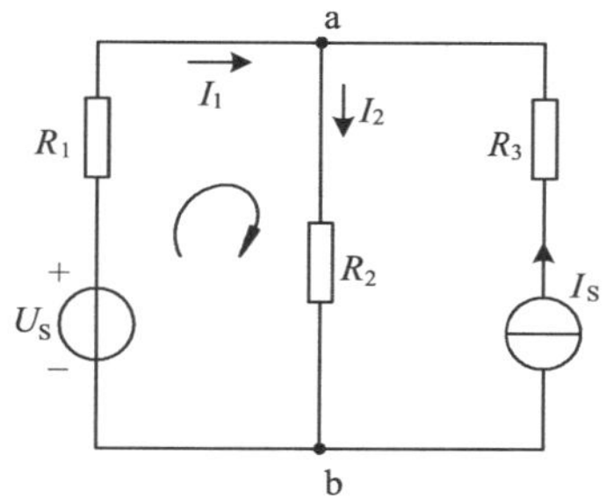

1.4.2　结点电压法

图 1-26　含电流源的电路

结点电压法是以结点电压为求解变量，对独立结点根据基尔霍夫电流定律建立方程，用结点电压表达有关支路电流，解出各结点电压，最后由结点电压与支路电流关系式求出各支路电流。

若在电路中任选一个结点作为参考点，以它的电位为零作为参考电位，则其他各结点与参考点间的电压即为该点的电位，故结点电压法又称为结点电位法。

用结点电压法解题的步骤，以图 1-27 所示电路为例加以说明。

①在电路 n 个结点中，任选一个结点为参考点。在图 1-27 中，有 3 个结点，选 c 点为参考点，各支路电流的参考方向如图所示。

②根据基尔霍夫电流定律列出其余 $n-1$ 个结点电流方程。则

结点 a　　　　$I_1 - I_3 - I_5 = 0$

结点 b　　　　$I_5 + I_2 - I_4 = 0$

③应用基尔霍夫电压定律和欧姆定律，列出结点电压与支路电流的关系式。

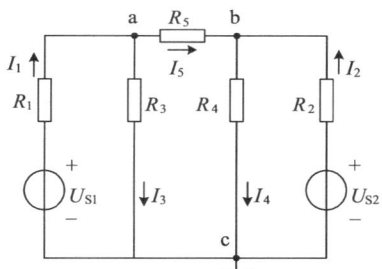

图 1-27　结点电压法

图 1-27 中结点电压与支路电流的关系式有

$$U_{ac} = U_{S1} - R_1 I_1$$
$$U_{ac} = R_3 I_3$$
$$U_{bc} = R_4 I_4$$
$$U_{bc} = U_{S2} - R_2 I_2$$
$$U_{ac} - U_{bc} = R_5 I_5$$

则各支路电流为

$$I_1 = \frac{U_{S1} - U_{ac}}{R_1}, \quad I_2 = \frac{U_{S2} - U_{bc}}{R_2}, \quad I_3 = \frac{U_{ac}}{R_3}, \quad I_4 = \frac{U_{bc}}{R_4}, \quad I_5 = \frac{U_{ac} - U_{bc}}{R_5}$$

④将用结点电压表达的各支路电流分别代入结点电流方程，得出 $n-1$ 个结点电压方程，联立求解方程组，得出各结点电压。

图 1-27 中将用结点电压表达的各支路电流，分别代入结点 a、b 的电流方程并整理得

结点 a　　　　　　　$\left(\dfrac{1}{R_1} + \dfrac{1}{R_3} + \dfrac{1}{R_5}\right) U_{ac} - \dfrac{1}{R_5} U_{bc} - \dfrac{U_{S1}}{R_1} = 0$　　　　　　（1-19）

结点 b
$$-\frac{1}{R_5}U_{ac}+\left(\frac{1}{R_2}+\frac{1}{R_4}+\frac{1}{R_5}\right)U_{bc}-\frac{U_{S2}}{R_2}=0 \qquad (1\text{-}20)$$

应用式(1-19)、式(1-20)解出结点电压 U_{ac} 和 U_{bc}。

⑤利用结点电压与支路电流的关系式，求各支路电流及其他待求量。

图 1-27 中各支路的电流，由结点电压与支路电流的关系式不难算出。

【例 1-7】 应用结点电压法计算例 1-6 中各支路的电流。

解：（1）例 1-6 为两个结点的电路，根据图 1-25 中各支路电流的参考方向，列出结点电流方程

$$I_1+I_2+I_3=0$$

（2）列出结点电压与各支路电流关系的表达式

$$\begin{cases} U_{be}=U_{S1}-R_1I_1 \\ U_{be}=U_{S2}-R_2I_2 \\ U_{be}=U_{S3}-R_3I_3 \end{cases}$$

则各支路电流为

$$I_1=\frac{U_{S1}-U_{be}}{R_1}$$

$$I_2=\frac{U_{S2}-U_{be}}{R_2}$$

$$I_3=\frac{U_{S3}-U_{be}}{R_3}$$

（3）用结点电压表达各支路电流，代入结点电流方程，可得

$$\frac{U_{S1}-U_{be}}{R_1}+\frac{U_{S2}-U_{be}}{R_2}+\frac{U_{S3}-U_{be}}{R_3}=0$$

整理并代入数据后，可求得结点电压为

$$U_{be}=\frac{\dfrac{U_{S1}}{R_1}+\dfrac{U_{S2}}{R_2}+\dfrac{U_{S3}}{R_3}}{\dfrac{1}{R_1}+\dfrac{1}{R_2}+\dfrac{1}{R_3}}=\frac{\dfrac{10}{20\times10^3}+\dfrac{6}{60\times10^3}+\dfrac{30}{30\times10^3}}{\dfrac{1}{20\times10^3}+\dfrac{1}{60\times10^3}+\dfrac{1}{30\times10^3}}=16\text{V}$$

（4）根据结点电压与各支路电流的关系式，图 1-25 中各支路的电流为

$$I_1=\frac{U_{S1}-U_{be}}{R_1}=\frac{10-16}{20\times10^3}=-0.3\text{mA}$$

$$I_2=\frac{U_{S2}-U_{be}}{R_2}=\frac{6-16}{60\times10^3}=-0.17\text{mA}$$

$$I_3=\frac{U_{S3}-U_{be}}{R_3}=\frac{30-16}{30\times10^3}=0.47\text{mA}$$

计算结果和例 1-6 相同。

练习与思考

1. 在支路电流法中，列独立的回路方程式时，是否一定要选用网孔？

2. 用支路电流法解题时，如果电路中含有电流源，电流源的电流已知，而电压是未知的，列回路电压方程时如何考虑？

1.5　叠加原理

叠加原理是线性电路中一个重要定理，它反映出线性电路中各电源作用的独立性原理。线性电路指的是由线性元件组成的电路，即电路中各元件的电压、电流关系为线性。线性电路具有如下性质：第一，当电路中的激励增加 k 倍时，所引起的响应也随之增加 k 倍，这叫作比例性或齐次性。第二，当同时施加两个激励于电路时，所引起的响应是单独施加这两个激励于电路时所分别引起的响应之和，这叫作可加性或叠加性。

叠加原理的内容为：在有多个电源作用的线性电路中，任意支路的电流或电压，等于各电源分别单独作用时在该支路中产生的电流或电压的代数和。

下面通过图 1-28 对叠加原理加以说明。

（1）电流的叠加

在图 1-28（a）中，有

$$I = \frac{U_{S1} - U_{S2}}{R_1 + R_2} = \frac{U_{S1}}{R_1 + R_2} - \frac{U_{S2}}{R_1 + R_2} = I' - I'' \qquad (1-21)$$

式中

$$I' = \frac{U_{S1}}{R_1 + R_2}; \quad I'' = \frac{U_{S2}}{R_1 + R_2}$$

可以看出，电流 I 可分为 I' 和 I'' 两部分。其中 I' 为 U_{S1} 单独作用时产生，I'' 为 U_{S2} 单独作用时产生，与之相应的电路如图 1-28（b）和（c）所示，图 1-28（a）可看作是该二图的叠加。在式（1-21）中，I' 取正值，因为 I' 的参考方向与 I 一致；I'' 取负值，因为 I'' 的参考方向与 I 相反。

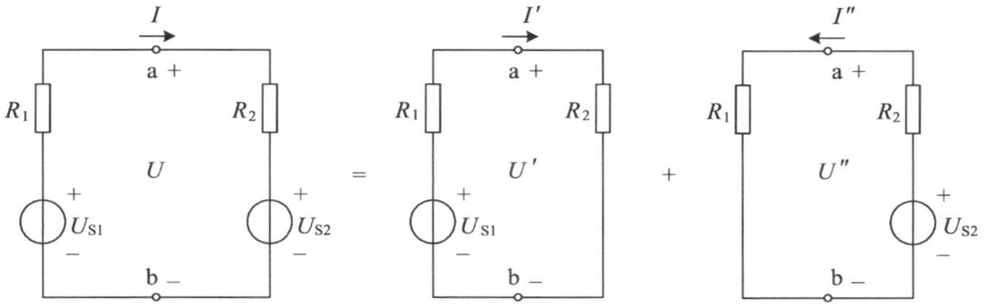

（a）完整电路　　　　（b）U_{S1} 单独作用时的电路　　（c）U_{S2} 单独作用时的电路

图 1-28　叠加原理

（2）电压的叠加

在图 1-28（a）中，ab 两点的电压为

$$U = U_{S1} - R_1 I$$

将 $I = I' - I''$ 代入上式得

$$U = U_{S1} - R_1(I' - I'') = (U_{S1} - R_1 I') + R_1 I'' = U' + U'' \tag{1-22}$$

式中

$$U' = U_{S1} - R_1 I'; \quad U'' = R_1 I''$$

可见，图 1-28（a）中的电压 U 也可看作是两部分电压的叠加，一部分是电源 U_{S1} 单独作用时在 ab 端产生的电压 U'，如图 1-28（b）所示；另一部分是电源 U_{S2} 单独作用时在 ab 端产生的电压 U''，如图 1-28（c）所示。式（1-22）中的 U' 和 U'' 都取正，因为它们在图中的参考方向与 U 的参考方向相同。

（3）叠加原理的应用范围

① 叠加原理适合于线性电路，不适合非线性电路。

② 只有一个电源单独作用是指假设令其他的电压源的电动势 $E_S = 0$（即理想电压源短路），其他的电流源的电激流 $I_S = 0$（即理想电流源开路）。

③ 叠加时要注意电流和电压的参考方向，各分图的参考方向如与原图保持一致时，前面取正号，各分图的参考方向如与原图相反时前面取负号。

④ 叠加原理只适用于电流和电压的叠加，不能用来计算功率，因为功率与电流、电压之间不是线性关系，而是平方关系。

【例 1-8】图 1-29（a）中，已知 $U_{S1} = 110V$，$U_{S2} = 90V$，$R_1 = 1\Omega$，$R_2 = 2\Omega$，$R_3 = 20\Omega$，用叠加原理求各支路的电流。

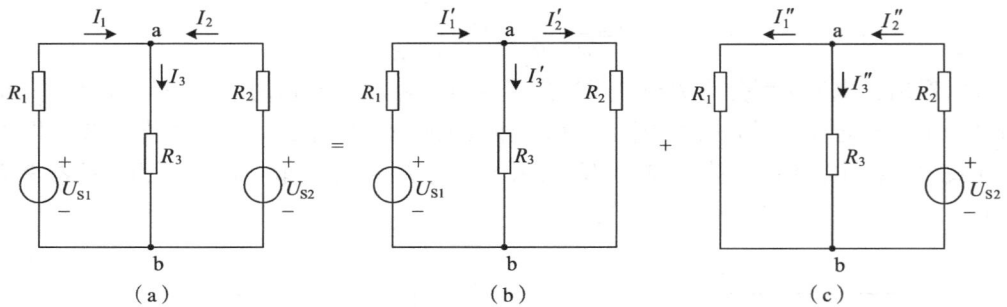

图 1-29

解： 图 1-29（a）电路的工作状态，根据叠加原理，相当于电压源 U_{S1} 和 U_{S2} 分别单独作用于电路时的工作状态的叠加，即图 1-29（b）和（c）的叠加。

各电流及其参考方向的规定，如图 1-29 所示。

在图 1-29（b）中

$$I_1' = \frac{U_{S1}}{R_1 + \dfrac{R_2 R_3}{R_2 + R_3}} = \frac{110}{1 + \dfrac{2 \times 20}{2 + 20}} = 39A$$

$$I'_2 = \frac{R_3}{R_2+R_3}I'_1 = \frac{20}{2+20}\times39 = 35.5\text{A}$$

$$I'_3 = \frac{R_2}{R_2+R_3}I'_1 = \frac{2}{2+20}\times39 = 3.55\text{A}$$

在图 1-29(c)中

$$I''_2 = \frac{U_{S2}}{R_2+\dfrac{R_1R_3}{R_1+R_3}} = \frac{90}{2+\dfrac{1\times20}{1+20}} = 30.5\text{A}$$

$$I''_1 = \frac{R_3}{R_1+R_3}I''_2 = \frac{20}{1+20}\times30.5 = 29\text{A}$$

$$I''_3 = \frac{R_1}{R_1+R_3}I''_2 = \frac{1}{1+20}\times30.5 = 1.45\text{A}$$

由此可得

$$I_1 = I'_1 - I''_1 = 39-29 = 10\text{A}$$

$$I_2 = -I'_2 + I''_2 = -35.5+30.5 = -5\text{A}$$

$$I_3 = I'_3 + I''_3 = 3.55+1.45 = 5\text{A}$$

【例 1-9】 图 1-30(a)中，已知 $I_{S1} = 5\text{A}$，$U_{S2} = 100\text{V}$，$R_1 = R_2 = 2.5\Omega$，$R_3 = 10\Omega$，用叠加原理计算流过 R_3 的电流。

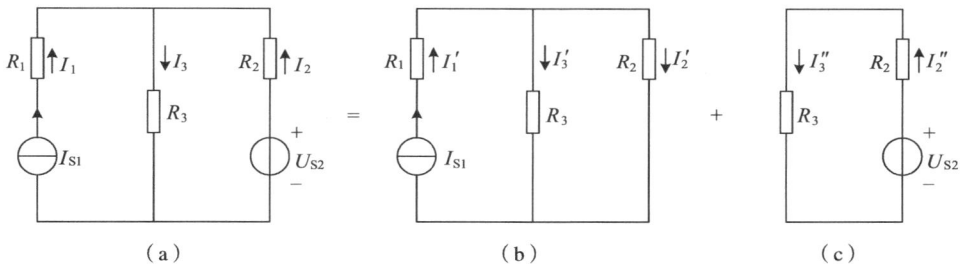

图 1-30

解： 图 1-30(a)电路的工作状态，根据叠加原理，相当于电流源 I_{S1} 和电压源 U_{S2} 分别单独作用于电路时的工作状态的叠加，即图 1-30(b)和(c)的叠加。

各电流及其参考方向的规定，如图 1-30 所示。

在图 1-30(b)中

$$I'_1 = I_{S1} = 5\text{A}$$

$$I'_2 = \frac{R_3}{R_2+R_3}I'_1 = \frac{10}{2.5+10}\times5 = 4\text{A}$$

$$I'_3 = \frac{R_2}{R_2+R_3}I'_1 = \frac{2.5}{2.5+10}\times5 = 1\text{A}$$

在图 1-30(c)中

$$I_2'' = I_3'' = \frac{U_{S2}}{R_2 + R_3} = \frac{100}{2.5 + 10} = 8\text{A}$$

由此可得

$$I_1 = I_1' = 5\text{A}$$

$$I_2 = -I_2' + I_2'' = -4 + 8 = 4\text{A}$$

$$I_3 = I_3' + I_3'' = 1 + 8 = 9\text{A}$$

🧠 **练习与思考**

1. 叠加原理可否用于将多个电源电路（如 4 个电源）看成几组电源（如两组电源）分别单独作用的叠加？

2. 利用叠加原理可否说明在单电源电路中，各处的电压和电流随电源电压或电流成比例的变化？

1.6 等效电源定理

任何一个电路，不论它有多么复杂，内部结构如何，只要它有两个出线端，都称为二端网络。二端网络依据它的内部是否含有电源，又分为有源二端网络和无源二端网络。

等效电源定理指出线性有源二端网络都可以用等效电源代替。用等效电压源代替的是戴维宁定理；而用等效电流源代替的是诺顿定理。

二端网络不含有电源元件的称为无源二端网络，直流无源二端网络可以用一个等效电阻代替，等效电阻可以通过按串并联等关系化简求得，也可以用实验方法测得。

在分析电路时，有时不需要把所有支路的电流都求出来，而只求某一支路的电流或电压，此时利用等效电源定理，只保留待求支路，而把电路的其他部分用一个等效电源代替，电路的计算就变得简单了。

1.6.1 戴维宁定理

戴维宁定理指出：任何线性有源二端网络，对外电路来说，都可以用一个理想电压源和内阻相串联的支路来等效。如图 1-31 所示，等效电压源的电压 U_S 等于该有源二端网络的开路电压；串联内阻 R_0 等于该网络中所有电源为零（恒压源短路，恒流源开路）时所得无源二端网络的等效电阻。

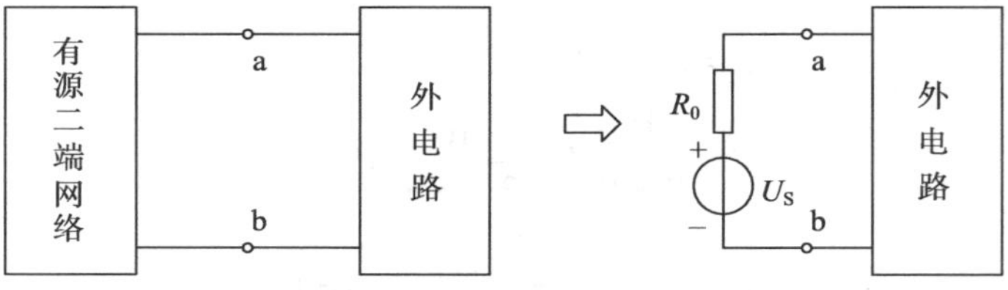

（a）有源二端电路　　　　　　　　　（b）戴维宁定理等效电路

图 1-31　戴维宁定理

如前所述，电源的等效指的是对外部电路等效，即具有相同的外特性。戴维宁定理的证明此处从略，理解此定理的关键在于运用。戴维宁定理是把一个复杂的有源二端网络转化成为一个简单的电压源模型，这在分析电路时十分有用。

【例 1-10】 某直流有源二端网络的开路电压 $U_0=12\mathrm{V}$，在它的端口接上负载电阻 $R=5\Omega$ 时，测出其端口电流 $I=2\mathrm{A}$。(1)求其等效电压源的电压 U_S 及内阻 R_0；(2)若在它的端口接上负载电阻 $R'=11\Omega$ 时，求负载电流 I'。

解：(1)等效电压源的电压 U_S 等于该有源二端网络的开路电压 U_0，则

$$U_\mathrm{S}=U_0=12\mathrm{V}$$

等效电压源接上负载后，有 $I=\dfrac{U_\mathrm{S}}{R_0+R}$，则

$$R_0=\frac{U_\mathrm{S}}{I}-R=\frac{12}{2}-5=1\Omega$$

(2)在端口接上负载电阻 R' 后，则

$$I'=\frac{U_\mathrm{S}}{R_0+R'}=\frac{12}{1+11}=1\mathrm{A}$$

【例 1-11】 电路和参数同例 1-8，用戴维宁定理计算流过 R_3 的电流。

解：保留 R_3 支路，将电路其余部分划出，就是一个有源二端网络，如图 1-32(b)虚线方框内所示。根据戴维宁定理将有源二端网络等效为图 1-32(c)中的电压源模型，先求得 U_S 和 R_0。

为求等效电压源的电压 U_S，在图 1-32(b)中的 ab 处将电路断开，设断开后的回路电流为 I，其参考方向如图所示。则得开路电压为

$$U_\mathrm{S}=R_2I+U_{\mathrm{S}2}=R_2\frac{U_{\mathrm{S}1}-U_{\mathrm{S}2}}{R_1+R_2}+U_{\mathrm{S}2}=\frac{2\times(110-90)}{1+2}+90=\frac{310}{3}\mathrm{V}$$

串联内阻 R_0 为除源内阻，除源的方法是让电源 $U_{\mathrm{S}1}$ 和 $U_{\mathrm{S}2}$ 短路。除源后 ab 二端的电阻为

$$R_0=R_1//R_2=\frac{R_1R_2}{R_1+R_2}=\frac{1\times2}{1+2}=\frac{2}{3}\Omega$$

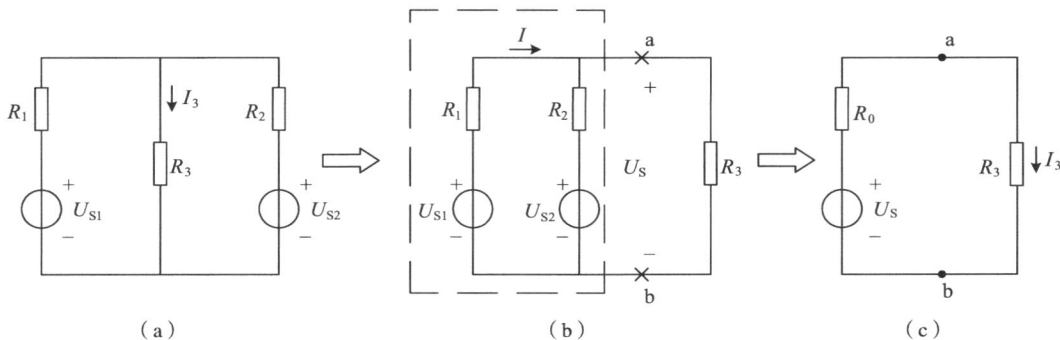

图 1-32

根据图 1-32(c)中 I_3 的参考方向，得

$$I_3 = \frac{U_S}{R_0 + R_3} = \frac{\dfrac{310}{3}}{\dfrac{2}{3} + 20} = 5\text{A}$$

计算结果和例 1-8 相同。

1.6.2 诺顿定理

诺顿定理内容为：任何线性有源二端网络，对外电路来说，都可以用一个理想电流源和内阻相并联的支路来等效。如图 1-33 所示，等效电流源的电激流 I_S 等于该有源二端网络的短路电流，并联内阻 R_0 等于该网络中所有电源为零(恒压源短路，恒流源开路)时所得无源二端网络的等效电阻。

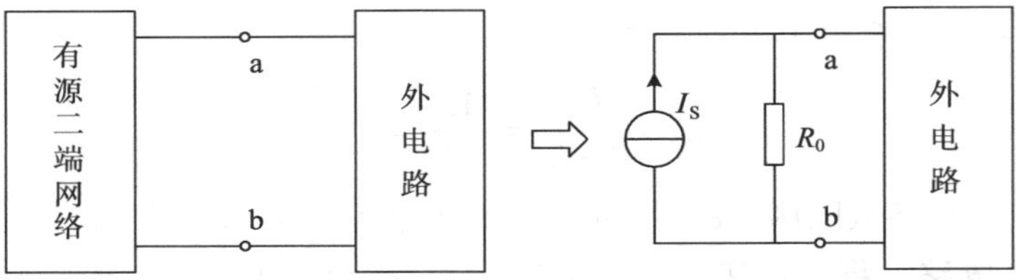

（a）有源二端电路　　　　　　　　（b）诺顿定理等效电路

图 1-33　诺顿定理

如前所述，电压源和电流源可以等效变换，既然按照戴维宁定理，线性有源二端网络可以用一个等效电压源代替，那么线性有源二端网络当然可以用一个同它的等效电压源相等效的电流源代替。诺顿定理的证明此处从略。

【例 1-12】电路和参数同例 1-9，用诺顿定理计算流过 R_3 的电流。

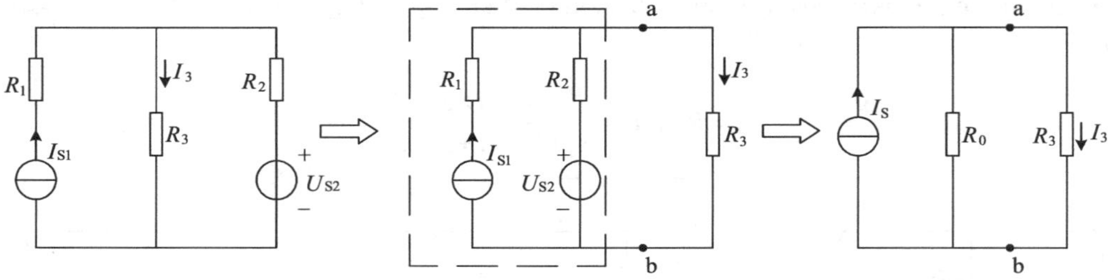

（a）　　　　　　　　　　（b）　　　　　　　　　　（c）

图 1-34

解：保留 R_3 支路，将电路其余部分划出，就是一个有源二端网络，如图 1-34(b)虚线方框内所示，根据诺顿定理将有源二端网络等效为图 1-34(c)中的电流源模型，先求得 I_S 和 R_0。

为求等效电流源的电激流 I_S，在图 1-34(b)中的 ab 处将电路短路，则短路电流 I_S 为

$$I_S = I_{S1} + \frac{U_{S2}}{R_2} = 5 + \frac{100}{2.5} = 45A$$

并联内阻 R_0 为除源内阻，除源的方法是让电源 I_{S1} 开路，U_{S2} 短路。除源后 ab 二端的电阻为

$$R_0 = R_2 = 2.5\Omega$$

根据图 1-34（c）中 I_3 的参考方向，得

$$I_3 = \frac{R_0}{R_0 + R_3} I_S = \frac{2.5}{2.5 + 10} \times 45 = 9A$$

计算结果和例 1-9 相同。

戴维宁等效电源和诺顿等效电源既然都可以用来等效代替同一个有源二端网络，因而在对外等效的条件下，相互之间可以等效变换。利用等效电源定理可以将一个复杂电路化简成一个简单电路，尤其是只需要计算复杂电路中某一支路的电流或电压时，应用等效电源定理比较方便，而待求支路既可以是无源支路，也可以是有源支路。

🧠 练习与思考

1. 有源二端网络用戴维宁等效电源或诺顿等效电源代替时，为什么要对外等效，对内是否也等效？

2. 伏安特性是一条不经过坐标原点的直线时，该元件是否为线性电阻元件？

3. 戴维宁等效电源与诺顿等效电源之间可以等效变换，那么电压源与电流源之间是否也可以等效变换？

📚 习 题

一、选择题

1. 额定电压均为 220V 的 40W、60W 和 100W 三只灯泡串联接在 220V 的电源上，它们的发热量由大到小排列为（　　）。

A. 100W、60W、40W 　　　　　　　　　B. 40W、60W、100W

C. 100W、40W、60W 　　　　　　　　　D. 60W、100W、40W

2. 电位是衡量电荷在电路中某点所具有的能量的物理量，电位是（　　）。

A. 绝对量 　　　　B. 相对量 　　　　C. 可参考 　　　　D. 不确定

3. 下列材料中，导电性能最好的是（　　）。

A. 铝 　　　　B. 铜 　　　　C. 铁 　　　　D. 锡

4. 导体的电阻与其材料的（　　）和长度成正比。

A. 电压 　　　　B. 电流 　　　　C. 电阻率 　　　　D. 功率

5. 不属于纯电阻器件的是（　　）。

A. 白炽灯 　　　　B. 日光灯 　　　　C. 电炉 　　　　D. 变阻器

6. 电感 L 的单位是（　　）。

A. 法拉 　　　　B. 亨利 　　　　C. 欧姆 　　　　D. 瓦特

7. 电容 C 的单位是（　　）。

A. 法拉 　　　　B. 亨利 　　　　C. 欧姆 　　　　D. 瓦特

8. 电功率的单位是(　　)。

A. 瓦特　　　　　　　　B. 伏特　　　　　　　　C. 焦耳　　　　　　　　D. 千瓦·时

9. 关于电源、负载和功率的说法中，正确的是(　　)。

A. 电源一定吸收功率　　　　　　　　　B. 电源一定发出功率

C. 负载一定吸收功率　　　　　　　　　D. 电源和负载都可能吸收功率

10. 用电设备最理想的工作电压就是它的(　　)。

A. 允许电压　　　　　　B. 电源电压　　　　　　C. 额定电压　　　　　　D. 最低电压

11. 电阻并联电路中的总电流等于各电阻中的电流(　　)。

A. 最大的　　　　　　　B. 最小的　　　　　　　C. 之和　　　　　　　　D. 之差

12. 电阻串联电路总电压等于各电阻的分电压(　　)。

A. 最大的　　　　　　　B. 最小的　　　　　　　C. 之和　　　　　　　　D. 之差

13. 三个阻值相等的电阻串联时的总电阻是并联时总电阻的(　　)倍。

A. 1/3　　　　　　　　B. 3　　　　　　　　　　C. 6　　　　　　　　　D. 9

14. 直流电源、开关 S、电容 C 和灯泡串联电路，S 闭合前 C 未储能，当开关 S 闭合后灯泡(　　)。

A. 立即亮并持续　　B. 始终不亮　　　　C. 由亮逐渐变为不亮　　D. 由不亮逐渐变亮

15. 理想电压源的内阻为(　　)。

A. 零　　　　　　　　　B. 无穷大　　　　　　　C. 任意值　　　　　　　D. 不确定

16. 实际电流源模型是恒流源与内阻(　　)的形式。

A. 串联　　　　　　　　B. 并联　　　　　　　　C. 混联　　　　　　　　D. 不确定

17. 电压源与电流源等效变换时，应保证(　　)。

A. 电压源的正极与电流源的电流流出端一致　　B. 电压源的负极与电流源的电流流出端一致

C. 电压源的正极与电流源的电流流入端一致　　D. 不用考虑极性与方向

18. 当求解电路中每一条支路的电流时，采用何种方法比较简单(　　)。

A. 支路电流法　　　　B. 结点电压法　　　　　C. 戴维宁定理　　　　　D. 诺顿定理

19. 应用叠加原理时，当电压源单独作用时，代替其他电流源用(　　)。

A. 开路　　　　　　　　B. 短路　　　　　　　　C. 电阻　　　　　　　　D. 导线

20. 多个电压源的串联可直接简化为(　　)。

A. 多个电流源串联　　B. 多个电流源并联　　　C. 一个电流源　　　　　D. 一个电压源

21. 只需要计算复杂电路中某一支路的电流或电压时，采用何种方法比较方便(　　)。

A. 支路电流法　　　　B. 结点电压法　　　　　C. 叠加原理　　　　　　D. 等效电源定理

二、分析计算题

1. 在习题图 1-1 所示的电路中，四个方框分别代表电源或负载，电流及电压的参考方向图中已标出，已知 $I = -2A$，$U_1 = 3V$，$U_2 = 8V$，$U_3 = -2V$，$U_4 = 7V$。问：（1）各电压、电流的实际方向如何？（2）哪些方框是电源？哪些方框是负载？（3）各负载消耗的功率是多少？并验证电源发出的功率和负载消耗的功率是否平衡。

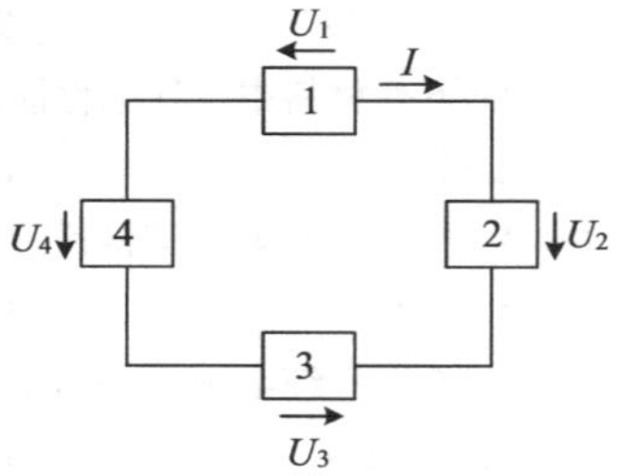

2. 1000Ω 电阻器的额定功率是 1W，该电阻器的额定电流和电压是多少？

3. 现有 100W 和 15W 两盏白炽灯，额定电压均为 220V，它们在额定工作状态下的电阻各是多少？可否把它们串联起来接到 380V 电源上使用？

4. 某电源的开路电压为 1.6V，短路电流为 500mA，求该电源的电动势和内阻。

习题图 1-1

5. 直流电压源的内阻为 1Ω，当输出电流为 10A 时的端电压为 220V，求：（1）电源的电动势；（2）求负载的电阻。

6. 已知理想电压源 $U_\mathrm{S} = 15\mathrm{V}$，求其在下列情况下输出的电流和功率：（1）将电源开路；（2）将电源短路；（3）接 30Ω 的负载电阻。

7. 在习题图 1-2 所示电路中，将开关 S 在闭合和断开两种状态下的电压和电流的数值填入下表。

开关状态	I/A	U_ab/V	U_cd/V	U_ae/V
S 合				
S 开				

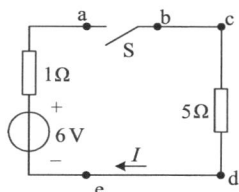

习题图 1-2

8. 在习题图 1-3 所示电路中，已知 $U_\mathrm{S} = 1\mathrm{V}$，$R = 1\Omega$，$I = 1\mathrm{A}$，求各图中的 U。

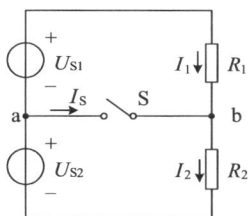

习题图 1-3

9. 电路如习题图 1-4 所示，已知 $U_\mathrm{S1} = 3\mathrm{V}$，$U_\mathrm{S2} = 1.5\mathrm{V}$，$R_1 = R_2 = 30\Omega$，求：（1）若闭合开关 S 后，从电源经开关流向负载的电流 I_S；（2）若开关 S 断开后，开关 S 两端的电压 U_ab。

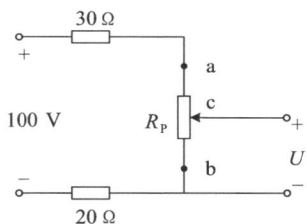

习题图 1-4　　　　　习题图 1-5　　　　　习题图 1-6

10. 在习题图 1-5 所示电路中，c 点的位置在电位器 R_P 的中点处，已知 $R_\mathrm{P} = 50\Omega$。求：（1）U；（2）若在 a 点或 b 点断开，分别求 U。

11. 已知电路如习题图 1-6 所示，求 a、b 两点间的电压。若在两点间接入一个电阻 R，问 R 中有无电流。

12. 将习题图 1-7 所示各电路中的电压源模型变换成为等效电流源模型，电流源模型变换成为等效电压源模型。

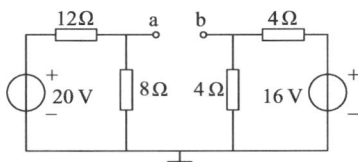

习题图 1-7

13. 用电源等效变换的方法求习题图 1-8 所示电路中的电流 I。

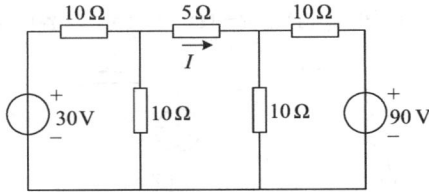

习题图 1-8

14. 用叠加原理求习题图 1-9 所示电路中的电流 I。

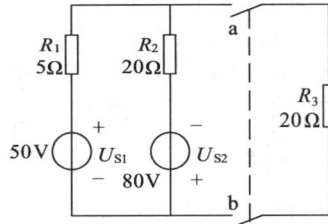

习题图 1-9

15. 用支路电流法求习题图 1-10 所示电路中各支路的电流。

16. 用结点电压法求习题图 1-11 所示电路中开关断开和闭合时的电压 U_{ab}。

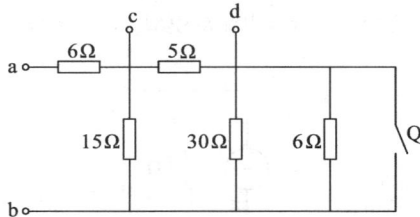 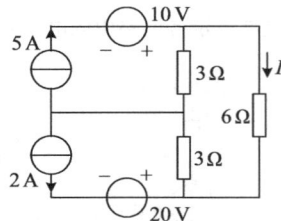

习题图 1-10　　　　　　　　习题图 1-11

17. 一个有源二端网络的开路电压 $U_0 = 40V$，在它的端口处接上负载电阻 $R = 10\Omega$ 时，测得 R 中电流为 3.2A，试求其等效电压源。

18. 已知某有源二端网络在输出电流为 1.5A 和 2.4A 时的输出电压为 36V 和 25.2V，求等效电流源的电激流 I_S 和内阻 R_0。

19. 电路如习题图 1-12 所示，求开关 Q 打开及闭合时端钮 a、b 和 c、d 间的等效电阻。

20. 用戴维宁定理求习题图 1-13 所示电路中的电流 I。

习题图 1-12　　　　　　　　习题图 1-13

21. 在习题图 1-14 所示电路中，已知 $U_{S1} = 15V$，$U_{S2} = 2V$，$R_1 = 0.6\Omega$，$R_2 = 6\Omega$，$R_3 = 4\Omega$，$R_4 = 0.2\Omega$，

$R_5 = 1\Omega$，求 R_5 两端的电压 U_5。

22. 求习题图 1-15 所示电路中流经电阻 R 的电流。

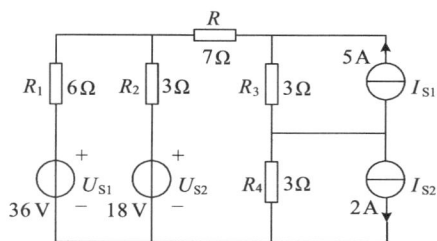

习题图 1-14　　　　　　　　　　习题图 1-15

第 2 章　电路的暂态分析

在直流电路中，当电路结构和元件参数一定时，电路中电压和电流等物理量不会随时间变化，此时电路处于稳定状态(steady state)，简称稳态。当电路中只有电阻元件时，在接通或断开电源时，电路立即进入稳态。当电路中含有储能元件(电感或电容)时，电路在接通、断开或电路的参数、结构发生变化时，电路从一种稳态到另一种稳态往往不能跃变，而是需要一定过程，这个过程称为暂态过程(transient process)，简称暂态，也称为过渡过程。

暂态过程往往非常短暂，但在工程中却十分重要。一方面，暂态过程可能引发过电压或过电流现象，导致电气元器件或设备的损坏；另一方面，在电子技术中常利用电路的暂态过程产生振荡信号、变换信号波形或设计延时电路(如电子继电器)。因此，研究电路的暂态过程，既能有效利用暂态过程的有利特性，也能防止其带来的不利影响。

2.1　电路的储能元件

2.1.1　电容元件

电容是表征物体储存电荷能力的理想元件，其电路模型如图 2-1 所示。

电容器是由两块金属极板和一层绝缘电介质所组成。在外电源作用下，电容两端的电极上分别带上等量异号电荷，撤去电源，电极上的电荷仍可继续保持，因此电容器是一种能够储存电场能量的元件。电压 u 越高，电容器上储存的电荷 q 越多，产生的电场也越强，储存的电场能就越多。q 与 u 的比值称为电容(C)，单位是法拉(F)，简称法。

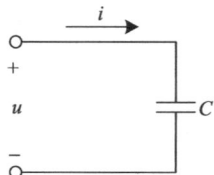

图 2-1　电容元件

$$C = \frac{q}{u} \tag{2-1}$$

需要说明的是，由于法对于电容来说很大，因此在工程上通常使用微法(μF)或皮法(pF)。$1\mu F = 10^{-6}$ F，$1pF = 10^{-12}$ F。

当电容元件上电荷量 q 或电压 u 发生变化时，电容会产生电流 i，如果 u 和 i 的参考方向一致时，则有

$$i = \frac{\mathrm{d}q}{\mathrm{d}t} = \frac{\mathrm{d}q}{\mathrm{d}u}\frac{\mathrm{d}u}{\mathrm{d}t} = C\frac{\mathrm{d}u}{\mathrm{d}t} \tag{2-2}$$

由式（2-2）可知，电容的电流 i 与其两端电压的变化率 $\mathrm{d}u/\mathrm{d}t$ 成正比。在直流电路中，由于 $\mathrm{d}u/\mathrm{d}t = 0$，则 $i = 0$，即电容元件相当于开路。

电容元件的 u 和 i 的乘积为电容元件的瞬时功率，当 u 和 i 为关联参考方向时，其瞬时功率为

$$p = ui = uC\frac{\mathrm{d}u}{\mathrm{d}t} \tag{2-3}$$

由式（2-3）可知，电容元件的功率 p 随 $\mathrm{d}u/\mathrm{d}t$ 变化，当 $\mathrm{d}u/\mathrm{d}t > 0$ 时，$p > 0$，说明此时电容从外部电路吸收功率，将电源提供的电场能存储起来；当 $\mathrm{d}u/\mathrm{d}t < 0$ 时，$p < 0$，说明此时电容向外部电路发出功率，将电场能释放回电路。由此可见，电容中储存电场能的过程是能量存储和释放的可逆过程。求式（2-3）的积分，可得

$$\int_0^t ui\,\mathrm{d}t = \int_0^u Cu\,\mathrm{d}u = \frac{1}{2}CU^2 \tag{2-4}$$

式（2-4）表示电容当中储存的电场能，U 表示 t 时刻电容两端电压的大小，U 越大，则表示电容储存的电场能越多。因此，电容中储存的电场能可以表示为

$$W_C = \frac{1}{2}CU^2 \tag{2-5}$$

式中，C 的单位为法拉（F），U 的单位为伏特（V），W_C 的单位为焦耳（J）。电容在一段时间内吸收外部供给的能量，并以电场能的形式储存起来，在另一段时间内又把能量释放回电路。因此，电容元件是无源元件，是储能元件，它本身不消耗能量。同时，由于 $p = \mathrm{d}W_C/\mathrm{d}t$，而电容不能从外部吸收无穷大的功率，所以电场能量不会发生突变，这就说明电容的电压 u 不能发生突变。

2.1.2　电感元件

电感是表征物体储存磁场能量能力的理想元件，其电路模型如图 2-2 所示。

当电流通过单根导线时，导线周围会产生磁场。如果将导线绕成线圈，能够增强线圈内部的磁场，这样的线圈就被称为电感元件或电感器。设线圈的匝数为 N，当线圈中通过电流 i 产生的磁通为 Φ，两者的乘积称为线圈的磁链（Ψ）。

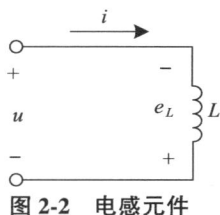

图 2-2　电感元件

$$\Psi = N\Phi \tag{2-6}$$

磁链与电流的比值称为电感元件的自感系数，简称电感（L），单位为亨利（H）。

$$L = \frac{\Psi}{i} \tag{2-7}$$

依据法拉第电磁感应定律，线圈的自感电动势 e_L 与磁链 Ψ 及电流 i 的关系为

$$e_L = -N\frac{\mathrm{d}\Phi}{\mathrm{d}t} = -\frac{\mathrm{d}\Psi}{\mathrm{d}t} = -\frac{\mathrm{d}\Psi}{\mathrm{d}i}\frac{\mathrm{d}i}{\mathrm{d}t} = -L\frac{\mathrm{d}i}{\mathrm{d}t} \tag{2-8}$$

e_L 的参考方向如图 2-2 所示。因此，当电感元件中的磁通 Φ 或电流 i 发生变化时，电感元件中会产生感应电动势。通常规定感应电动势 e_L 的参考方向与磁通的参考方向符合右手螺旋定则时，e_L 为正。

根据基尔霍夫电压定律可知 $\qquad u = -e_L$

由此可知电感器电压与电流的关系为

$$u = L\frac{\mathrm{d}i}{\mathrm{d}t} \tag{2-9}$$

由式（2-9）可知，电感的电压 u 与其两端电压的变化率 $\mathrm{d}u/\mathrm{d}t$ 成正比。在直流电路中，由于 $\mathrm{d}i/\mathrm{d}t = 0$，则 $u = 0$，即电感元件相当于短路。

电感元件的 u 和 i 的乘积为电容元件的瞬时功率，当 u 和 i 为关联参考方向时，其瞬时功率为

$$p = ui = uL\frac{\mathrm{d}i}{\mathrm{d}t} \tag{2-10}$$

由式（2-10）可知，电容元件的功率 p 随 $\mathrm{d}i/\mathrm{d}t$ 变化，当 $\mathrm{d}i/\mathrm{d}t > 0$ 时，$p > 0$，说明此时电感从外部电路吸收功率，将电能转化成了磁场能；当 $\mathrm{d}i/\mathrm{d}t < 0$ 时，$p < 0$，说明此时电感向外部电路发出功率，将磁场能转化成了电能。由此可见，电感中储存磁场能的过程是能量的可逆转换过程。求式（2-10）的积分，可得

$$\int_0^t ui\,\mathrm{d}t = \int_0^i Li\,\mathrm{d}i = \frac{1}{2}LI^2 \tag{2-11}$$

式（2-11）表示电感当中储存的磁场能，I 表示 t 时刻通过电感的电流的大小，I 越大，则表示电感储存的磁场能越多。因此，电感中储存的磁场能可以表示为

$$W_L = \frac{1}{2}LI^2 \tag{2-12}$$

式中，L 的单位为亨利（H），I 的单位为安培（A），W_L 的单位为焦耳（J）。电感能在一段时间内吸收外部供给的能量，并转化为磁场能量储存起来，在另一段时间内又把能量释放回电路。因此，电感元件是无源元件，是储能元件，它本身不消耗能量。同时，由于 $p = \mathrm{d}W_L/\mathrm{d}t$，而电感不能从外部吸收无穷大的功率，所以，磁场能不会发生突变，这就说明电感的电流 i 不能发生突变。

练习与思考

1. 如果一个电感元件两端的电压为零，其储能是否也一定为零？如果一个电容元件中的电流为零，其储能是否也一定为零？

2. 已知通过一电感的电流 $i = 10\sin\pi t$，$L = 2\mathrm{H}$，试分别求 $t = 0\mathrm{s}$、$0.25\mathrm{s}$、$0.5\mathrm{s}$ 时电感的电压和储存的电能。

2.2 换路定则与初始值的确定

2.2.1 换路定则

当电路的结构或状态发生变化时，称为换路。常见的换路包括电路的接通、断开、短路、支路的接入或断开、电路发生故障以及电路参数改变等。换路定则是指在换路瞬间，电容元件两端的电压和电感元件中的电流不能发生突变。根本上说，换路定则的成立基于能量的守恒：电容中的电场能和电感中的磁场能不可能瞬间突变。需要强调的是，换路定则只适用于与能量有关的物理量，而与能量无关的物理量可以发生突变，如电容中的电流、电感两端的电压。

假设换路在 $t=0$ 时刻进行，可以用 $t=0_-$ 表示换路之前的瞬间，用 $t=0_+$ 表示换路之后的瞬间，0_- 和 0_+ 在数值上都等于 0，但 0_- 指 t 从负值趋于零，0_+ 指 t 从正值趋于 0，根据换路定则可得

$$\left.\begin{array}{c} u_C(0_+)=u_C(0_-) \\ i_L(0_+)=i_L(0_-) \end{array}\right\} \tag{2-13}$$

换路定则的适用条件为换路瞬间电容中的电流 i_C 和电感两端电压 u_L 为有限值，这在实际工程当中通常都是满足的。

2.2.2 电压、电流初始值的确定

把 $t=0_+$ 时电路中各电压和电流的值称为暂态过程的初始值。确定初始值是暂态分析的首要步骤，其分析步骤如下：

① 先由 $t=0_-$ 时的电路求出电容元件的电压 $u_C(0_-)$ 和电感元件的电流 $i_L(0_-)$；

② 根据换路定则确定电容元件的初始电压 $u_C(0_+)$ 和电感元件的初始电流 $i_L(0_+)$；

③ 画出换路后 $t=0_+$ 瞬间的等效电路，将理想电容元件当作理想电压源处理，其电压大小和方向由 $u_C(0_+)$ 确定，将理想电感元件当作理想电流源处理，其电流大小和方向由 $i_L(0_+)$ 确定；

④ 应用电路的基本定律和分析方法，在 $t=0_+$ 电路中计算其他电压和电流的初始值。

【例 2-1】图 2-3（a）所示电路中，开关 S 在 $t=0$ 时动作，求电路在 $t=0_+$ 时刻的电压、电流初始值。

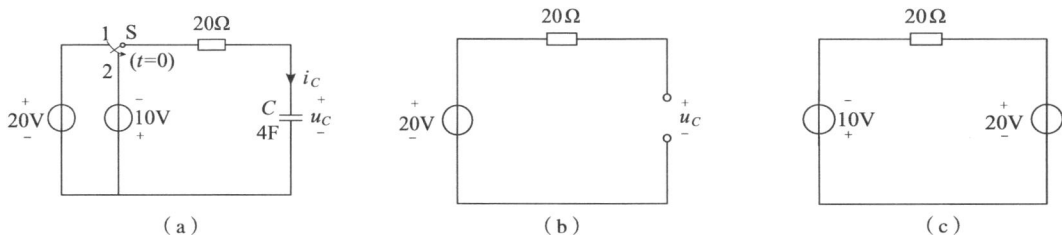

图 2-3

解：由 0_- 电路，即图 2-3(b)得

$$u_C(0_+) = u_C(0_-) = 20V$$

由 0_+ 电路，即图 2-3(c)得

$$i_C(0_+) = (20+10)/20 = 1.5A$$

【例 2-2】求图 2-4（a）中，S 闭合瞬间各支路电流和电感电压。

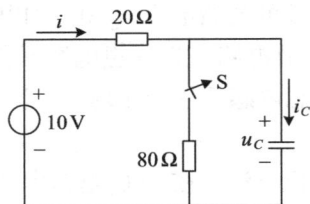

图 2-4

解：画出 $t=0_-$ 时电路，如图 2-4(b)所示(稳态电路，电容当作开路，电感当作短路)

$$i_L(0_-) = 48 \div 4 = 12A, \quad u_C(0_-) = 2 \times 12 = 24V$$

根据换路定则

$$i_L(0_+) = 12A, \quad u_C(0+) = 24V$$

画出 $t=0_+$ 时电路，如图 2-4(c)所示(暂态电路，电容当作恒压源，电感当作恒流源)

$$i_C(0_+) = (48-24)/3 = 8A, \quad i(0_+) = 12+8 = 20A, \quad u_L(0_+) = 48-2 \times 12 = 24V$$

🧠 练习与思考

1. 能否由换路前的电路求 $i_C(0)$ 和 $u_L(0)$？能否由换路前的电路求 $i_R(0)$ 和 $u_R(0)$？

2. 在图 2-5 所示的电路中，试确定在开关 S 断开后瞬间的电容电流 i_C。

图 2-5

2.3 *RC* 电路的响应

电路中的响应是由激励产生的，激励一般是指外加的输入信号，即独立电源。在动态电路中，激励除了是独立电源，还可以是动态元件上的初始储能，如电容上的初始电压 u_C(0_+)或电感上的初始电流 $i_L(0_+)$。根据电路中外加激励和初始储能的情况，将电路暂态过程中的响应分为三种类型：零状态响应、零输入响应和全响应。

电路暂态过程的分析方法很多，其中最基本的方法是根据电路的基本定律列出以时间为自变量的微分方程，再利用已知的初始条件求解电路的微分方程以得出电路的响应，即通常所说的经典法。由于电路的激励和响应都是关于时间的函数，这种分析也称为时域分析。

2.3.1　RC 电路的零状态响应

电路中仅有电阻 R 和电容 C 串联时，称为 RC 电路。所谓零状态响应，是指换路前电容元件未储有能量，即 $u_C(0_-)=0$，由 $t>0$ 电路中外加激励作用所产生的响应（电压和电流）。电路如图 2-6 所示。当 $t\rightarrow\infty$ 时刻，电容充电完成，电路进入稳态，此时 $u_C(\infty)=U_S$。因此，RC 电路的零状态响应实际上就是分析电源对电容的充电过程。

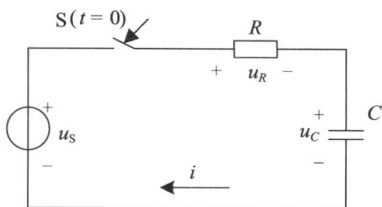

图 2-6　**RC 电路的零状态响应**

根据基尔霍夫电压定律可知

$$u_R+u_C=U_S$$

将元件的电压电流关系 $u_R=Ri$，$i=C\dfrac{\mathrm{d}u_C}{\mathrm{d}t}$ 代入上述方程，得到 $t\geqslant0$ 时的一阶非齐次微分方程

$$RC\frac{\mathrm{d}u_C}{\mathrm{d}t}+u_C=U_S \tag{2-14}$$

上式的解可以表示为

$$u_C=u_C'+u_C''$$

式中，u_C'、u_C'' 分别为微分方程的特解和通解。u_C' 与外加激励的变化规律有关，因此又称为强制分量。将其代入非齐次微分方程，得特解 $u_C'=U_S$。可以看出，u_C' 反映了电路的稳态特性，因此又称为稳态分量。

u_C'' 为非齐次微分方程的通解。对应的齐次方程为

$$RC\frac{\mathrm{d}u_C''}{\mathrm{d}t}+u_C''=0 \tag{2-15}$$

通解形式为

$$u_C''=A\mathrm{e}^{pt}$$

代入式（2-15）中，得特征方程

$$RCp+1=0$$

其特征根为

$$p=-\frac{1}{RC}=-\frac{1}{\tau}$$

式中 $\tau = RC$，称为 RC 电路的时间常数，当 R 和 C 的单位分别是欧姆和法拉时，τ 的单位是秒(s)。

u_C'' 的变化规律由电路参数和结构决定，称为自由分量。又由于 u_C'' 能够反映电路的暂态特性，因此又被称为暂态分量。

所以，电容电压可以表示为

$$u_C = u_C' + u_C'' = U_S + A\mathrm{e}^{-\frac{t}{\tau}}$$

由初始条件 $u_C(0_+) = 0$，可得 $u_C(0_+) = U_S + A = 0$。因此，积分常数 $A = -U_S$。可以得出电容电压的零状态响应为

$$u_C = U_S - U_S\mathrm{e}^{-\frac{t}{\tau}} = U_S(1 - \mathrm{e}^{-\frac{t}{\tau}})\ (t \geqslant 0) \tag{2-16}$$

由上式可得出，电阻上的电压及电流响应为

$$u_R = U_S - u_C = U_S\mathrm{e}^{-\frac{t}{\tau}}$$

$$i = C\frac{\mathrm{d}u_C}{\mathrm{d}t} = \frac{U_S}{R}\mathrm{e}^{-\frac{t}{\tau}} \tag{2-17}$$

由此可知，电压 u_C 和电流 i 都是随时间按照同一指数规律变化的函数。电容电压以指数形式从零趋近于外接电源的恒定值 U_S，最终达到稳态；电流 i 在 $t = 0$ 时发生突变，由零跃变到 $I_0 = U_S/R$，然后再按指数规律衰减，最终趋近于零。它们的变化曲线如图 2-7 所示。

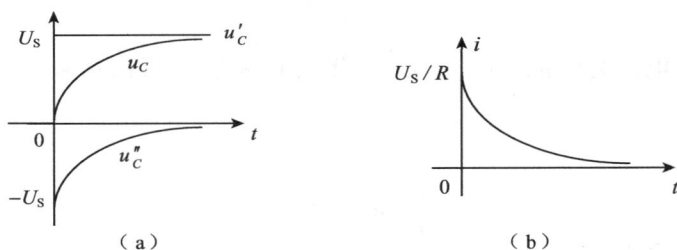

（a）　　　　　　　　　　　（b）

图 2-7　RC 电路的零状态响应

响应与外加激励呈线性关系。电容充电的速度，即电路响应变化的快慢，由时间常数 $\tau = RC$ 决定，τ 越大，电容的充电速度越快；τ 越小，电容的充电速度越慢。

当 $t = \tau$ 时，电容电压

$$u_C(\tau) = U_S(1 - \mathrm{e}^{-1}) = U_S(1 - 0.368) = 0.632U_S$$

当 $t = 3\tau$ 时，$u_C(3\tau) = 0.95U_S$；当 $t = 5\tau$ 时，$u_C(5\tau) = 0.993U_S$。

工程上一般认为，经过 $3\tau \sim 5\tau$ 的时间后电路已经进入稳态。

【例 2-3】 在图 2-8 电路中，当 $t = 0$ 时，开关 S 闭合，已知 $u_C(0_-) = 0$，求（1）$t \geqslant 0$ 时电容电压和电流，（2）$u_C = 80\text{V}$ 时的充电时间 t_1。

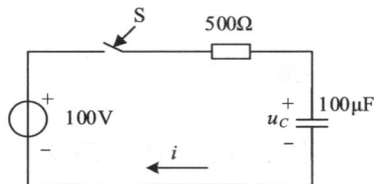

图 2-8

解：（1）电容的初始电压为零，这是一个 RC 电路零状态响应问题，有

$$\tau = RC = 500 \times 10^{-5} = 5 \times 10^{-3}\text{s}$$

$$u_C = U_S \left(1 - e^{-\frac{t}{RC}} \right) = 100 \left(1 - e^{-200t} \right) \text{V}$$

$$i = C \frac{\mathrm{d}u_C}{\mathrm{d}t} = \frac{U_S}{R} e^{-\frac{t}{RC}} = 0.2 e^{-200t} \text{A}$$

（2）假设经过 t_1，$u_C = 80\text{V}$

$$80 = 100 \left(1 - e^{-200t_1} \right) \rightarrow t_1 = 8.045 \text{ms}$$

2.3.2　RC 电路的零输入响应

RC 电路的零输入响应是指换路后外加激励为零，仅由电容元件 C 的初始储能产生电路的响应。如图 2-9 所示电路中，开关 S 断开时，电容元件电压 $u_C(0_-) = U_0$。在 $t = 0$ 时刻，开关闭合后，由于电路中没有电源，电容元件通过电阻 R 放电，当 $t \rightarrow \infty$ 时，放电过程结束，电路进入稳态，此时 $u_C(\infty) = 0$。因此，RC 电路的零输入响应，实际上就是分析电容的放电过程。

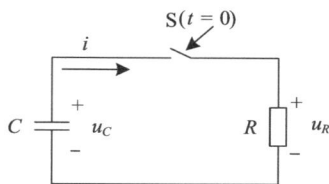

图 2-9　RC 电路的零输入响应

$t \geqslant 0$ 时电路的微分方程为

$$RC \frac{\mathrm{d}u_C}{\mathrm{d}t} + u_C = 0$$

经求解可得

$$u_C = U_0 e^{-\frac{t}{RC}} = U_0 e^{-\frac{t}{\tau}} \tag{2-18}$$

电路的电流为

$$i = \frac{u_C}{R} = \frac{U_0}{R} e^{-\frac{t}{RC}} \tag{2-19}$$

或

$$i = -C \frac{\mathrm{d}u_C}{\mathrm{d}t} = CU_0 e^{-\frac{t}{RC}} \left(-\frac{1}{RC} \right) = \frac{U_0}{R} e^{-\frac{t}{RC}}$$

由此可知，电压 u_C 和电流 i 是随时间按照同一指数规律衰减的函数。电容放电时，电压 u_C 由初始值 U_0 随时间按指数规律衰减，最终趋于稳态值零。放电电流 i 在 $t = 0$ 时发生突变，由零跃变到 $I_0 = U_0/R$，然后再按指数规律衰减而趋于零。它们的变化曲线如图 2-10 所示。

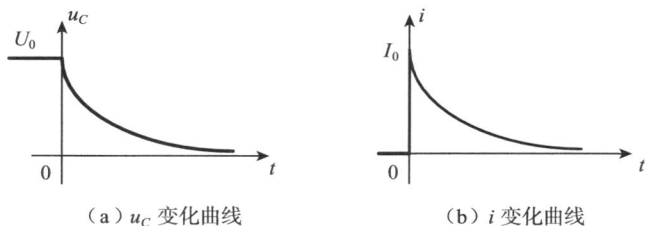

（a）u_C 变化曲线　　　　（b）i 变化曲线

图 2-10　RC 电路的零输入响应

【例 2-4】图 2-11（a）所示电路中的电容原充有 24V 电压。当 $t = 0$ 时 S 闭合，求 S 闭合后，电容电压和各支路电流随时间变化的规律。

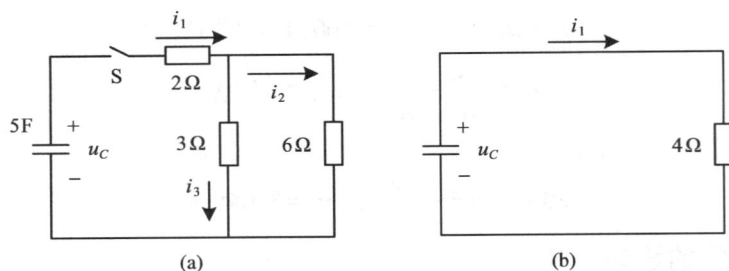

图 2-11

解：这是一个求一阶 RC 零输入响应问题，原电路的等效电路如图 2-11(b)所示，因此有

$$u_C = U_0 e^{-\frac{t}{RC}} \ (t \geq 0), \quad U_0 = 24\text{V}, \quad \tau = RC = 4 \times 5 = 20\text{s}$$

$$u_C = 24 e^{-\frac{t}{20}}\text{V} \ (t \geq 0)$$

因此，

$$i_1 = u_C / 4 = 6 e^{-\frac{t}{20}}\text{A}, \quad i_2 = \frac{2}{3} i_1 = 4 e^{-\frac{t}{20}}\text{A}, \quad i_3 = \frac{1}{3} i_1 = 2 e^{-\frac{t}{20}}\text{A}$$

2.3.3 RC 电路的全响应

所谓 RC 电路的全响应，是指电源激励和储能元件的初始能量均不为零时，电路中的响应。因此，全响应是零输入响应和零状态响应的叠加。图 2-12 所示电路中，电容两端初始电压为 $u_C(0_-) = U_0$。

开关 S 闭合后，根据基尔霍夫电压定律有

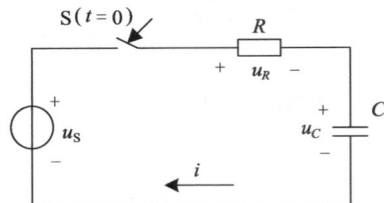

图 2-12 RC 电路的全响应

$$RC \frac{\mathrm{d}u_C}{\mathrm{d}t} + u_C = U_S$$

方程的解与式(2-14)相同

$$u_C = U_S + A e^{-\frac{t}{\tau}}$$

将初始条件 $u_C(0_+) = u_C(0_-) = U_0$ 代入上式，可得 $A = U_0 - U_S$

所以电容电压的全响应为

$$u_C = U_S + A e^{\frac{-t}{\tau}} = U_S + (U_0 - U_S) e^{-\frac{t}{\tau}} \quad t \geq 0 \tag{2-20}$$

式(2-20)右边第一项是稳态分量，等于直流电压源电压，第二项是暂态分量，随着时间增长而按指数规律衰减为零。所以全响应可以表示为

全响应=稳态分量+暂态分量

把式(2-20)改写为如下形式

$$u_C = U_S(1 - e^{-\frac{t}{\tau}}) + U_0 e^{-\frac{t}{\tau}} \quad (t \geq 0) \tag{2-21}$$

式中，右边第一项为电路的零状态响应，第二项为电路的零输入响应，这说明全响应

是零状态响应和零输入响应的叠加，所以全响应也可以表示为

$$全响应 = 零状态响应 + 零输入响应$$

【例 2-5】在图 2-13 电路中，当 $t=0$ 时，开关 S 闭合，求 $t>0$ 后的 i_C、u_C 及电流源两端的电压，其中 $u_C(0_-)=1\text{V}$，$C=1\text{F}$。

解：换路前电容状态和换路后电源输入都不为零，这是 RC 电路全响应问题。

稳态分量：$u_C(\infty)=10+1=11\text{V}$，$\tau=RC=(1+1)\times1=2\text{s}$

$u_C(t)=11+Ae^{-0.5t}\text{V}$，代入 $u_C(0_-)=1\text{V}$，得 $A=-10$，因此

$u_C(t)=11-10e^{-0.5t}\text{V}$，$i_C(t)=\dfrac{\mathrm{d}u_C}{\mathrm{d}t}=5e^{-0.5t}\text{A}$，

$u(t)=1\times1+1\times i_C+u_C=12-5e^{-0.5t}\text{V}$

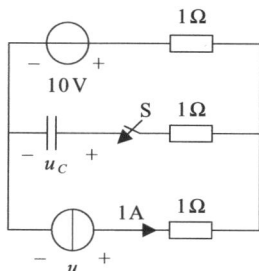

图 2-13

🧠 **练习与思考**

1. 在 RC 电路中，如果串联了电流表，换路前需要将电流表做什么处理，为什么？

2. 若电路中有一电容元件初始储能 $u_C(0_-)=U_0$，对一个 $2.5\text{k}\Omega$ 电阻放电 0.1s 后电压变为 $U_0/10$，求电容 C。

2.4　一阶线性电路暂态分析的三要素法

只含有一个动态元件(或可以等效为一个动态元件)的线性电路，通常可用一阶常微分方程来描述，即电路的全响应。在上一节已经讨论过，无论是把全响应分解为零状态响应和零输入响应，还是分解为稳态分量和暂态分量，都是从不同的角度去分析全响应的。而全响应总是由初始值、特解和时间常数三个要素决定的。根据上一节结论，在直流电源激励下，RC 电路电容电压的全响应为

$$u_C=U_S+(U_0-U_S)e^{-\frac{t}{\tau}} \tag{2-22}$$

结合图 2-12 分析上式，可得

$$U_0=U_C(0_+)，\ U_S=U_C(\infty)$$

代入式(2-22)可得

$$u_C(t)=U_C(\infty)+[U_C(0_+)-U_C(\infty)] \tag{2-23}$$

因此，若一阶线性电路的初始值为 $f(0_+)$，特解为稳态解 $f(\infty)$，时间常数为 τ，则全响应 $f(t)$ 可归纳成如下公式

$$f(t)=f(\infty)+[f(0_+)-f(\infty)]e^{-\frac{t}{\tau}} \tag{2-24}$$

可见，对一阶 RC 电路电容电压响应的求解，只需要求得 $f(0_+)$、$f(\infty)$ 和 τ 这三个要素，就可以根据式(2-24)直接写出电路的响应。

对于 $f(0_+)$、$f(\infty)$ 和 τ 三要素的计算说明如下：

①初始值 $f(0_+)$ 的计算按照本章第一节介绍的方法进行。

②直流激励下，$f(\infty)$ 是电路的稳态值。在计算时，电容应视为开路，按电阻电路计算出相应的开路电压即为 $f(\infty)$。

③ RC 电路的时间常数 $\tau = RC$，其中，C 为等效电容，R 为对储能元件以外的部分进行戴维宁等效的等效电阻。

三要素法不仅可以用于求解全响应，还可应用于计算零输入响应与零状态响应。

【例 2-6】在图 2-14 电路中，已知：$t = 0$ 时开关闭合，求换路后的 $u_C(t)$ 和 2Ω 电阻的电流。

解：（1）初始值

$$u_C(0_+) = u_C(0_-) = 2\text{V}$$

将电容换成 2V 的恒压源，画出换路之前的电路，求出

$$i_2(0_+) = 1\text{A}$$

（2）稳态值

$$u_C(\infty) = (2 /\!/ 1) \times 1 = 0.667\text{V}$$

$$i_2(\infty) = \frac{1}{3} \times 1 = 0.333\text{A}$$

（3）时间常数

$$\tau = R_{\text{eq}}C = \frac{2}{3} \times 3 = 2\text{s}$$

代入式（2-24）得

$$u_C = 0.667 + (2 - 0.667)\,\mathrm{e}^{-0.5t} = 0.667 + 1.33\mathrm{e}^{-0.5t}\text{V}$$

$$i_2 = 0.333 + (1 - 0.333)\,\mathrm{e}^{-0.5t} = 0.333 + 0.667\mathrm{e}^{-0.5t}\text{A}$$

或通过三要素法只计算出 u_C，根据 u_C 和 i_2 的关系求出

$$i_2 = \frac{u_C}{2} = 0.333 + 0.667\mathrm{e}^{-0.5t}\text{A}$$

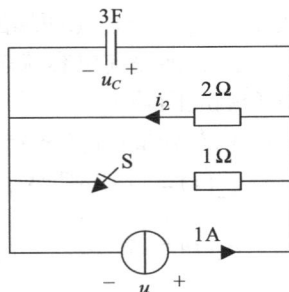

图 2-14

🧠 **练习与思考**

1. 试用三要素法写出图 2-15 所示指数曲线的表达式 $u_C(t)$。

2. 已知全响应 $u_C(t) = 20 - 15\mathrm{e}^{-t/10}$，试做出 $u_C(t)$ 随时间变化的曲线，并在同一图上分别做出稳态分量、暂态分量和零输入响应、零状态响应曲线。

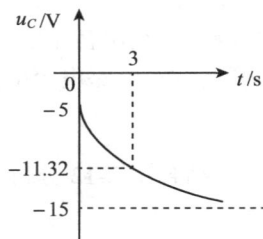

图 2-15

2.5 RL 电路的暂态分析

电机、电磁铁、电磁继电器等电磁元件都可以等效为 R、L 的串联电路。由于电感 L 是储能元件，所以含有电感元件的电路在换路时也可能产生暂态过程。只有电阻 R 和电感 L 串联的电路称为 RL 电路。RL 电路响应的分析同样可以分为零状态响应、零输入响应和全响应，本书直接介绍 RL 电路的全响应。

当一个非零初始状态的 RL 电路受到外接激励作用时，电路的响应称为 RL 电路的全响应。实际上，RL 电路的零输入响应和零状态响应，都可以看作是全响应的特殊情况。在图 2-16 所示电路中，电源电压为 U_{S}，$i(0_-) = \dfrac{U_{\text{S}}}{R_1 + R} = I_0$。开关 S 闭合后，为 RL 串联电路。

根据基尔霍夫电压定律，可得 $t \geq 0$ 时电路的一阶非齐次微分方程

$$L\frac{\mathrm{d}i_L}{\mathrm{d}t} + Ri_L = U_S \qquad (2\text{-}25)$$

利用上一节中求解 RC 电路一阶非齐次微分方程的方法，首先求出特解 $i'_L = \dfrac{U_S}{R}$。

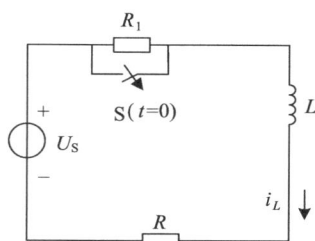

图 2-16　RL 电路的全响应

再求对应齐次方程 $L\dfrac{\mathrm{d}i_L}{\mathrm{d}t} + Ri_L = 0$ 的通解。通解形式为 $i''_L = Ae^{pt}$，代入齐次方程中，求出

$$p = -\frac{R}{L}$$

所以，电感电流可以表示为

$$i_L = i'_L + i''_L = \frac{U_S}{R} + Ae^{-\frac{R}{L}t}$$

代入已知的初始条件 $i_L(0_+) = i_L(0_-) = \dfrac{U_S}{R_1+R} = I_0$，得 $A = I_0 - \dfrac{U_S}{R}$。

RL 电路的全响应为

$$i_L = \frac{U_S}{R} + \left(I_0 - \frac{U_S}{R}\right)e^{-\frac{t}{\tau}} \qquad (2\text{-}26)$$

式中 $\tau = \dfrac{L}{R}$，称为 RL 电路的时间常数，当 R 和 L 的单位分别是欧姆和亨利时，τ 的单位是秒（s）。$\dfrac{U_S}{R}$ 为稳态分量，$I_0 - \dfrac{U_S}{R}$ 为暂态分量。式（2-26）可改写为

$$i_L = I_0 e^{-\frac{t}{\tau}} + \frac{U_S}{R}\left(1 - e^{-\frac{t}{\tau}}\right) \qquad (2\text{-}27)$$

从式（2-27）中可以看出，$I_0 e^{-\frac{t}{\tau}}$ 为零输入响应，$\dfrac{U_S}{R}\left(1 - e^{-\frac{t}{\tau}}\right)$ 为零状态响应。

通过以上分析可见，RL 电路中的 i_L 全响应表达形式和 RC 电路中的 u_C 全响应表达形式相同。其分析过程也可通过三要素法实现。

【例 2-7】 图 2-17 所示的电路中，当 $t=0$ 时，开关 S 打开，求 $t>0$ 的 i_L、u_L。

解： 利用三要素法进行求解。

解法 1：（1）初始值

根据换路定则 $i_L(0_+) = i_L(0_-) = 24/4 = 6\mathrm{A}$

画出换路后的暂态电路，将电感用 6A 恒流源代替，可以求出

$$u_L(0_+) = -6 \times (8+4) + 24 = -48\mathrm{V}$$

（2）稳态值

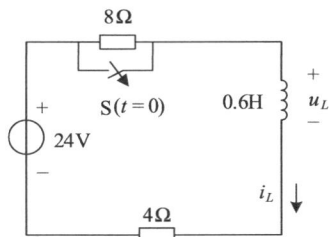

图 2-17

$$i_L(\infty) = 24/12 = 2\text{A}, \quad u_L(\infty) = 0\text{V}$$

（3）时间常数

$$\tau = L/R = 0.6/12 = 1/20\text{s}$$

代入三要素法公式可以得出

$$i_L = 2 + 4\text{e}^{-20t}\text{A}, \quad u_L = -48\text{e}^{-20t}\text{V}$$

解法 2：用解法 1 中三要素法求出 i_L，再用 u_L 和 i_L 的关系可以求出

$$u_L = L\frac{\text{d}i_L}{\text{d}t} = 0.6 \times (-20 \times 4)\text{e}^{-20t} = -48\text{e}^{-20t}\text{V}$$

练习与思考

1. 如果换路前 L 处于零状态，则 $t = 0$ 时，$i_L(0) = 0$，而 $t \to \infty$ 时，$u_L(\infty) = 0$，因此可否认为 $t = 0$ 时，电感相当于开路，$t \to \infty$ 时，电感相当于短路？

2. 有一台直流电动机，其励磁线圈的电阻为 50Ω，当加上额定励磁电压经过 0.1s 后，励磁电流增长到稳态值 63.2%。试求线圈的电感。

习　题

一、选择题

1. 在直流稳态时，电容元件上（　　）。
A. 有电压，有电流　　B. 有电压，无电流　　C. 无电压，有电流　　D. 无电压，无电流

2. 在直流稳态时，电感元件上（　　）。
A. 有电流，有电压　　B. 有电流，无电压　　C. 无电流，有电压　　D. 无电流，无电压

3. 工程上，电路的暂态过程从 $t = 0$ 大致经过（　　）时间，就可以认为达到稳定状态了。
A. τ　　　　B. $(1\sim3)\tau$　　　　C. $(3\sim5)\tau$　　　　D. $(5\sim7)\tau$

4. 在电路的暂态过程中，电路的时间常数 τ 越大，则电流和电压的增长或衰减就（　　）。
A. 越快　　　　B. 越慢　　　　C. 无影响

5. RC 串联电路的时间常数 τ 为（　　）。
A. R/C　　　　B. C/R　　　　C. RC

6. 在换路的瞬间，下列除了（　　）不能跃变外，其他均可发生跃变。
A. 电阻电压　　　B. 电感电流　　　C. 电容电流　　　D. 电感电压

二、分析计算题

1. 在习题图 2-1 中，已知 $U_S = 12\text{V}$，$R_0 = 2\Omega$，$R_1 = 3\Omega$，$R_2 = R_3 = 5\Omega$，开关 S 闭合前电路处于稳态。求开关闭合瞬间电流 i_{C1}、i_{C2} 和电压 u_{L2}、u_{L3} 的初始值。

2. 在习题图 2-2 中，$U_S = 2\text{V}$，$R_0 = 10\Omega$，$u_C(0_-) = 0$，$i_L(0_-) = 0$，S 在 $t = 0$ 时刻闭合，求：（1）S 闭合的瞬间，i、i_L、i_C、u_C 的值；（2）S 闭合之后，经过足够长时间 i、i_L、i_C、u_C 的值。

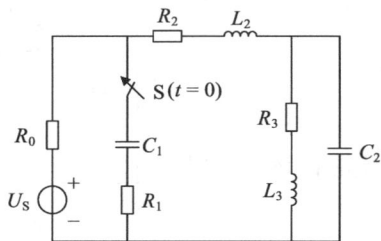
习题图 2-1

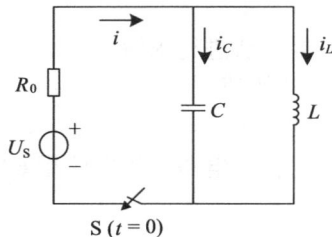
习题图 2-2

3. 在习题图 2-3 所示电路中，开关 S 闭合前电路已处于稳态，试问闭合开关 S 的瞬间，$u_C(0_-) = 0$。试求：(1)$t \geq 0$ 时的 u_C 和 i；(2)u_C 到达 5V 所需时间。

4. 在习题图 2-4 所示电路图中，在开关 S 闭合前电路已处于稳态，求 S 闭合后的响应 u_C。

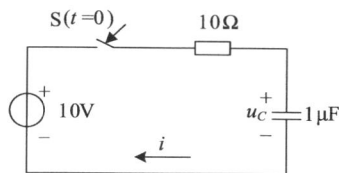

习题图 2-3

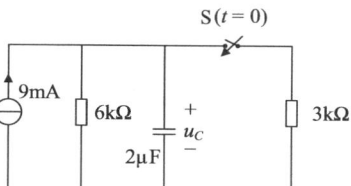

习题图 2-4

5. 在习题图 2-5 所示电路中，$U_1 = U_2 = 5V$，$R_1 = R_2 = 4k\Omega$，$R_3 = 2k\Omega$，$C = 100\mu F$。原电路已达稳态，$t = 0$ 时，开关闭合，试求 $t \geq 0$ 的 $u_C(t)$、$i_C(t)$、$i(t)$。

6. 在习题图 2-6 所示电路中，原电路已达到稳态。在 $t = 0$ 时，将开关 S 闭合，已知 $L = 2H$，$C = 0.125F$。试求 S 闭合后，电路所示的各电流和电压。

习题图 2-5

习题图 2-6

7. 在习题图 2-7 所示电路中，$R_1 = 2\Omega$，$R_2 = 1\Omega$，$L_1 = 0.01H$，$L_2 = 0.02H$，$U = 6V$。试求：(1)S_1 闭合后电路中电流 i_1 和 i_2 的变化规律；(2)当 S_1 闭合后电路达到稳态时，在闭合 S_2，此时 i_1 和 i_2 的变化规律。

8. 在习题图 2-8 所示电路中，$U_1 = 24V$，$U_2 = 20V$，$R_1 = 60\Omega$，$R_2 = 120\Omega$，$R_3 = 40\Omega$，$L = 4H$。换路前电路已处于稳态，试求换路后的电流 i_L。

9. 请用三要素法解答题 6、题 8 中的问题。

习题图 2-7

习题图 2-8

第 3 章　正弦交流电路

正弦交流电路，是指含有正弦电源（激励）而且电路各部分所产生的电压和电流（响应）均按正弦规律变化的电路。在现代生产和生活中，正弦交流电路得到了广泛的应用。正弦交流电路中的物理量都是时间的正弦函数，建立正弦交流电路的基本概念和学习分析计算方法，是学习三相交流电路、电机、电子技术等内容的理论基础。

3.1　正弦交流电的基本概念

所谓正弦交流电，就是电路中的电流、电压、电动势等物理量的大小和方向均随时间按正弦规律变化，这些物理量称为正弦量，其一般数学表达为

$$i = I_m \sin(\omega t + \varphi_i)$$
$$u = U_m \sin(\omega t + \varphi_u)$$
$$e = E_m \sin(\omega t + \varphi_e)$$

由上式，可以做出正弦交流电流量的波形图，如图 3-1 所示。

从表达式可以看出正弦量的特征表现在大小、变化的快慢及初始值三个方面，它们分别由幅值（或有效值）、角频率（或频率、周期）和初相位来反映。所以幅值、角频率和初相位就称为确定正弦量的三要素。

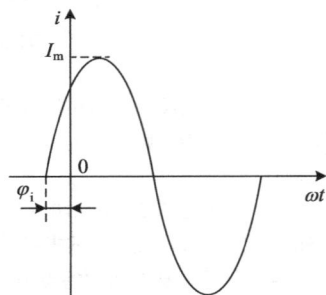

图 3-1　正弦交流电流波形图

3.1.1　正弦量的幅值和有效值

正弦量在任一瞬间的数值称为瞬时值，用小写字母表示，如电流、电压及电动势分别用 i、u、e 来表示。正弦量的最大瞬时值称为最大值或幅值，用带有下标 m 的大写字母来表示，如电流、电压及电动势的幅值分别用 I_m、U_m、E_m 来表示。

正弦量的幅值可以反映正弦量的大小，但只能说明交流电变化范围，从功率的角度来看，不能够方便地反映交流电的实际效果。因此在电力工程及测量中，一般常用有效值来计量交流电的大小，有效值用大写字母来表示，如电流、电压及电动势的有效值分别用 I、U、E 来表示。

交流电的有效值是根据热效应确定的。电阻的热效应如图 3-2 所示，如果某一交流电

流 i 通过电阻 R 在一个周期 T 时间内所产生的热量等于某一直流电流 I 通过该电阻 R 在周期 T 时间内所产生的热量，即

图 3-2　电阻的热效应

$$\int_0^T i^2 R \mathrm{d}t = I^2 RT$$

则此直流电流 I 定义为该交流电流的有效值，为

$$I = \sqrt{\frac{1}{T}\int_0^T i^2 \mathrm{d}t} \tag{3-1}$$

由式(3-1)可知，交流电流的有效值等于其瞬时值的平方在一个周期内的平均值再取平方根，因此有效值又称为方均根值。该式适用于任意周期性电量。在形式上，交流电的有效值与直流电的表示符号相同，但务必区分它们的意义，避免混淆。

对于正弦交流电流来说，设其瞬时表达式为 $i = I_\mathrm{m}\sin\omega t$，代入式(3-1)，可得到其有效值为

$$I = \sqrt{\frac{1}{T}\int_0^T I_\mathrm{m}^2 \sin^2\omega t \mathrm{d}t} = \sqrt{\frac{1}{T}I_\mathrm{m}^2\int_0^T \frac{1}{2}(1-\cos 2\omega t)\mathrm{d}t} = \sqrt{\frac{1}{T}I_\mathrm{m}^2 \frac{T}{2}} = \frac{I_\mathrm{m}}{\sqrt{2}} = 0.707 I_\mathrm{m} \tag{3-2}$$

同理得

$$U = \frac{U_\mathrm{m}}{\sqrt{2}} = 0.707 U_\mathrm{m}, \quad E = \frac{E_\mathrm{m}}{\sqrt{2}} = 0.707 E_\mathrm{m}$$

可见，正弦量的幅值与有效值之间有固定的 $\sqrt{2}$ 关系，而与其频率和初相无关。

工程中使用的交流电气设备铭牌上标出的额定电压、电流及交流电压表、电流表所测数值都是指有效值。但各种电气设备的耐压值(绝缘水平)则需要按幅值考虑。若无特殊说明，后面提到的交流电的大小都是指有效值。

3.1.2　正弦量的周期、频率和角频率

正弦量交变一周所需要的时间称为周期，用 T 表示，单位为秒(s)。单位时间内的周期数称为频率，用 f 来表示，单位为赫兹(Hz)，简称赫。正弦量的周期 T 和频率 f 之间的关系为

$$f = \frac{1}{T} \tag{3-3}$$

正弦量每变化一周将经历 2π 弧度，在单位时间内改变的弧度称为角频率，用 ω 来表示，单位是弧度每秒(rad/s)。则角频率 ω、周期 T 和频率 f 之间的关系为

$$\omega = \frac{2\pi}{T} = 2\pi f \tag{3-4}$$

周期、频率和角频率是反映正弦量变化快慢的物理量，周期越短，频率和角频率越高，正弦量变化越快，反之亦然。三者知其一，其余均可求出。

我国和部分国家电力系统的标准频率都采用 50Hz，有些国家(如美国、日本等)采用

60Hz。这种频率广泛应用于工业和日常生活中，习惯上称为工频。实际应用中常从工作频率的角度划分电路，如低频、中频、高频和甚高频电路等，例如，中频炉的频率为 50~2000Hz，高频炉的频率为 200~300kHz，有线通信的频率为 0.3~5kHz，无线通信的频率为 3kHz~3×10⁴MHz。

3.1.3 相位、初相位和相位差

正弦量瞬时值的表达式中随时间变化的角度 $\omega t + \varphi$ 称为正弦量的相位角或相位，单位为弧度（rad），反映出正弦量变化的过程。当 $t = 0$ 时的相位角 φ 称为初相位角或初相位，简称初相，它决定了正弦量的初始值，通常规定初相 φ 取值范围为 $[-\pi, \pi]$。初相 φ 与计时起点的选择有关，计时起点的选择是任意的（但只能选择一点）。许多相关的正弦量常用同一个计时起点确定不同正弦量的初相。

在某个正弦交流电路中，电压 u 和电流 i 的频率是相同的，但初相不一定相同。图 3-3 为 u 和 i 的波形图，根据图中的计时起点，确定 u、i 的初相分别为 φ_u 和 φ_i，对应的瞬时值表达式为

$$\left.\begin{aligned} u &= U_m \sin(\omega t + \varphi_u) \\ i &= I_m \sin(\omega t + \varphi_i) \end{aligned}\right\} \tag{3-5}$$

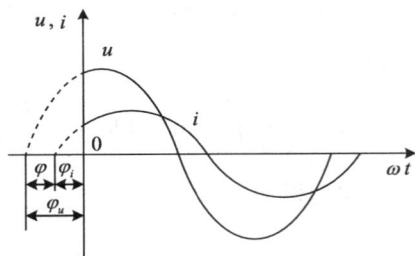

图 3-3　u、i 的相位差

两个同频率的正弦量在同一时刻的相位角之差称为相位角之差或相位差，用 φ 表示，通常规定相位差 φ 取值范围为 $[-\pi, \pi]$。在式（3-5）中，可得到 u 和 i 的相位差为

$$\varphi = (\omega t + \varphi_u) - (\omega t + \varphi_i) = \varphi_u - \varphi_i \tag{3-6}$$

由式（3-6）可见，两个同频率正弦量的相位差是一个常数，且等于它们的初相之差，与时间、计时起点均无关，反映了两个同频率正弦量之间的相位关系。

由图 3-3 的波形图可见，因为 u 和 i 的初相不同，所以它们的变化步调是不一致的，即不能够同时到达正的幅值或零值。图 3-3 中，$\varphi_u > \varphi_i$，即 $\varphi > 0$，所以 u 较 i 先到达正的幅值。

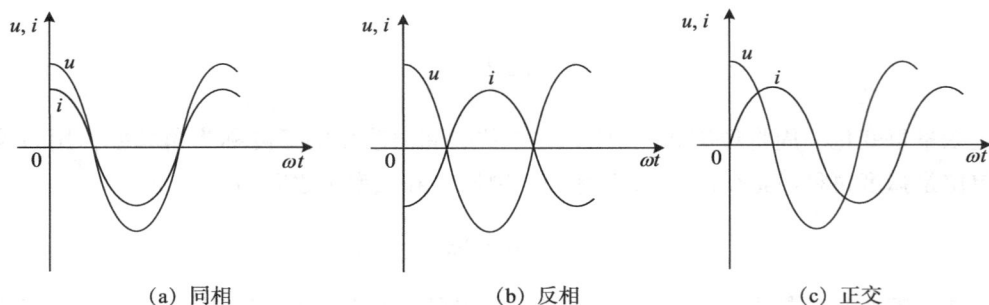

(a) 同相　　　　　　　(b) 反相　　　　　　　(c) 正交

图 3-4　同频率正弦量的相位关系波形图

根据不同的相位差，同频率正弦量之间的相位关系可总结为以下几种情况：

① 当 $\varphi_u > \varphi_i$，即 $\varphi > 0$ 时，在相位上 u 比 i 超前一个 φ 角，简称 u 超前 i，或认为在相位上 i 比 u 滞后一个 φ 角，简称 i 滞后 u。

② 当 $\varphi_u < \varphi_i$，即 $\varphi < 0$ 时，在相位上 u 比 i 滞后一个 φ 角，简称 u 滞后 i，或认为在相位上 i 比 u 超前一个 φ 角，简称 i 超前 u。

③ 当 $\varphi_u = \varphi_i$，即 $\varphi = 0$ 时，简称 u 和 i 同相。

④ 当 $|\varphi| = \pi$，简称 u 和 i 反相。

⑤ 当 $|\varphi| = \pi/2$，简称 u 和 i 正交。

各种相位关系波形图如图 3-4 所示。

不同频率的正弦量之间的相位差不再是一个常数，是一个时间的函数，这是因为在一周内变化速率不一样，本书不做讨论。

【例 3-1】已知正弦电压 $u = 282\sin\left(314t + \dfrac{\pi}{6}\right)$ V。试求：（1）初相 φ_u；（2）频率 f 和周期 T；（3）有效值 U；（4）当 $t = 10\text{ms}$ 时的瞬时值。

解：（1）由已知可得 $\varphi_u = \dfrac{\pi}{6}$

（2）$\omega = 314\text{rad/s}$，则 $f = \dfrac{\omega}{2\pi} = \dfrac{314}{2 \times 3.14} = 50\text{Hz}$，$T = \dfrac{1}{f} = \dfrac{1}{50} = 20\text{ms}$

（3）$U_m = 282\text{V}$，则 $U = \dfrac{U_m}{\sqrt{2}} = \dfrac{282}{\sqrt{2}} = 200\text{V}$

（4）当 $t = 10\text{ms}$ 时，$u = 282\sin\left(314 \times 0.01 + \dfrac{\pi}{6}\right) = 282\sin\left(\pi + \dfrac{\pi}{6}\right) = -141\text{V}$

🧠 练习与思考

1. 频率 $f = 50\text{Hz}$，求周期 T 和角频率 ω。

2. 已知 $U = 220\text{V}$，$f = 50\text{Hz}$，$\varphi_u = 30°$，试求最大值 U_m 和瞬时值 u。

3. 试求下列正弦量的初相。

（1）$u_1 = 311\sin(314t + 45°)$ V　　　　（2）$u_2 = 10\sqrt{2}\sin(628t - 240°)$ V

（3）$i_1 = 20\sin(314t - 135°)$ A　　　　（4）$i_2 = 5\sqrt{2}\cos(628t + 75°)$ A

4. 已知 $i_1 = 5\sin(100\pi t + 45°)$ A，$i_2 = 10\sin(200\pi t - 30°)$ A，试讨论两者的相位差。

5. 若 $I = 15\sin(628t + 45°)$ A，$u = U\sin(628t + 60°)$ V，请问以上书写正确吗？若不正确，请改正。

3.2 正弦量的相量表示及复数计算

正弦交流电的三角函数表示法和正弦波形表示法，都能完整地表示出一个正弦量的三要素，且比较直观。但这两种表示方法在分析和计算交流电路时，都比较烦琐，很不方便。因此引入相量来表示正弦量，利用相量法来分析计算正弦交流电路。相量表示法的基础是复数，下面简要介绍复数的相关知识，再讨论正弦量的相量表示。

3.2.1 复数的表示形式及运算

一个复数 A 的表示形式有代数形式、三角函数形式、指数形式、极坐标形式等。

（1）代数形式

$$A = a + jb \tag{3-7}$$

式中：j——$j = \sqrt{-1}$，为虚数单位；

　　　a——复数 A 的实部；

　　　b——复数 A 的虚部。

复数 A 在复平面上可以用一条由坐标原点 O 指向坐标点 A 的有向线段（向量）来表示，是复数的几何表示方法，如图 3-5 所示。

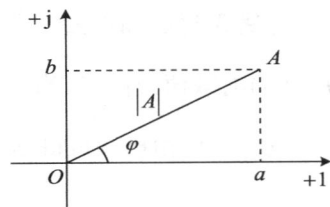

（2）三角函数形式

$$A = |A|(\cos\varphi + j\sin\varphi) \tag{3-8}$$

图 3-5　复数的几何表示

式中：$|A|$——复数 A 的模；

　　　φ——复数 A 的辐角。

由式（3-7）和（3-8）可知，$|A|$、φ 与 a、b 之间的关系为

$$|A| = \sqrt{a^2 + b^2}, \quad \varphi = \arctan\frac{b}{a} \tag{3-9}$$

或

$$a = |A|\cos\varphi, \quad b = |A|\sin\varphi \tag{3-10}$$

（3）指数形式

根据欧拉公式 $e^{j\varphi} = \cos\varphi + j\sin\varphi$，代入公式（3-8）可得指数形式为

$$A = |A|e^{j\varphi} \tag{3-11}$$

（4）极坐标形式

由式（3-11）可改写为极坐标形式

$$A = |A|\angle\varphi \tag{3-12}$$

当复数进行加减运算时，常采用复数的代数形式，例如，设 $A_1 = a_1 + jb_1$，$A_2 = a_2 + jb_2$，则有

$$A_1 \pm A_2 = (a_1 \pm a_2) + j(b_1 \pm b_2)$$

当复数进行乘除运算时，常采用复数的指数形式或极坐标形式，例如：

$$A_1 \cdot A_2 = |A_1| \cdot |A_2|e^{j(\varphi_1 + \varphi_2)} = |A_1| \cdot |A_2|\angle(\varphi_1 + \varphi_2)$$

$$\frac{A_1}{A_2} = \frac{|A_1|}{|A_2|} \mathrm{e}^{\mathrm{j}(\varphi_1 - \varphi_2)} = \frac{|A_1|}{|A_2|} \angle (\varphi_1 - \varphi_2)$$

$\mathrm{e}^{\mathrm{j}\varphi} = 1 \angle \varphi$ 是一个模为 1、辐角为 φ 的复数，任何一个复数与 $\mathrm{e}^{\mathrm{j}\varphi}$ 相乘的几何意义是将这个复数逆时针旋转一个 φ 角，而模不变，因此称 $\mathrm{e}^{\mathrm{j}\varphi}$ 为旋转因子。例如，$\mathrm{e}^{\pm\mathrm{j}90°} = \pm\mathrm{j}$，当一个复数与 j 相乘，相当于把这个复数逆时针旋转 90°；当一个复数与 -j 相乘，相当于把这个复数顺时针旋转 90°。

【例 3-2】 已知两个复数 $A_1 = 8 - \mathrm{j}6$，$A_2 = 5\sqrt{2} \angle 45°$，试计算 $A_1 + A_2$、$A_1 - A_2$、$A_1 \cdot A_2$、A_1/A_2。

解：（1）加减运算采用代数形式

$$A_2 = 5\sqrt{2} \angle 45° = 5\sqrt{2}(\cos 45° + \mathrm{j}\sin 45°) = 5 + \mathrm{j}5$$

$$A_1 + A_2 = (8 - \mathrm{j}6) + (5 + \mathrm{j}5) = 13 - \mathrm{j}$$

$$A_1 - A_2 = (8 - \mathrm{j}6) - (5 + \mathrm{j}5) = 3 - \mathrm{j}11$$

（2）乘除运算采用指数形式或极坐标形式

$$A_1 = 8 - \mathrm{j}6 = \sqrt{8^2 + (-6)^2} \angle \arctan\left(\frac{-6}{8}\right) = 10 \angle -37°$$

$$A_1 \cdot A_2 = 10 \angle -37° \times 5\sqrt{2} \angle 45° = 50\sqrt{2} \angle 8°$$

$$\frac{A_1}{A_2} = \frac{10 \angle -37°}{5\sqrt{2} \angle 45°} = \sqrt{2} \angle -82°$$

3.2.2　正弦量的相量表示

任何一个复数是由模和辐角两个特征来确定，而正弦量是由幅值、频率和初相三个特征来确定。在正弦交流电路中，各电物理量均是同频率的正弦量，此时正弦量则由幅值和初相就可确定。从这个意义上，我们可得到正弦量与复数之间存在的一一对应的映射关系。即正弦量可以用复数来表示，正弦量的运算可以借助于复数的运算进行。

把表示正弦量的复数称为相量。并记为

$$\dot{I}_\mathrm{m} = I_\mathrm{m} \mathrm{e}^{\mathrm{j}\varphi_i} = I_\mathrm{m} \angle \varphi_i \tag{3-13}$$

或

$$\dot{I} = I \mathrm{e}^{\mathrm{j}\varphi_i} = I \angle \varphi_i \tag{3-14}$$

式（3-13）和式（3-14）中，I_m、I 上面加点是与一般的复数相区别的记号，表示正弦量的相量。式（3-13）中复数的模等于正弦量的幅值，复数的辐角等于正弦量的初相，该复数称为幅值相量。而式（3-14）中复数的模等于正弦量的有效值，复数的辐角等于正弦量的初相，该复数称为有效值相量。一般常用有效值相量。

相量的运算与一般复数是一样的，也可以在复平面内用向量表示。在复平面内表示相量的图形称为相量图，电流 i 正弦量的相量图如图 3-6 所示。如果用一个旋转有向线段表示正弦量，即用有向线段的长度、旋转角速度和初始角分别表示正弦量的幅值、角频率和初相，则在任一瞬间，该线段在纵轴上的投影就等于该正弦量的瞬时值，即 $u = U_\mathrm{m}\sin(\omega t + \varphi_u)$。图 3-7 表示了旋转有向线段与 u 的波形对应关系。在实际应用中，可以依据正弦量的瞬时值写出相对应的相量。

需要注意的是，相量只能表示正弦量，而并不等于正弦量。只有正弦量才有相量表示法，而非正弦量没有。只有频率相同的正弦量才能画在同一相量图上，且参考相量为水平方向，可不画坐标轴。

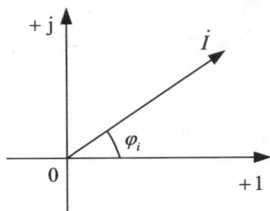

图 3-6 正弦量的相量图   图 3-7 旋转有向线段与正弦波形

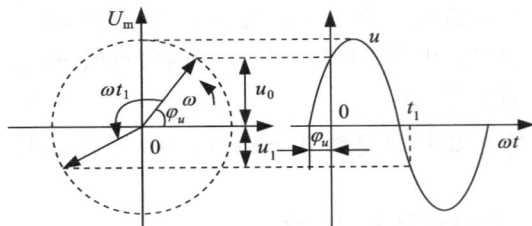

相量法是分析正弦交流电路常用的方法，在正弦交流电路中，激励和响应都是同频率的正弦量，因此描述电路性能的微积分方程利用相量法转换为代数方程，使求解过程变得简单，计算分析简化。

基尔霍夫定律既适用于直流电路，也适用于交流电路。在交流电路中，KCL 定律和 KVL 定律的时域形式为

$$\sum i = 0, \quad \sum u = 0$$

若正弦量采用相量表示，KCL 定律和 KVL 定律的相量形式为

$$\sum \dot{I} = 0, \quad \sum \dot{U} = 0 \tag{3-15}$$

式(3-15)说明：在正弦交流电路中，流入任一结点的电流相量的代数和恒等于零；任一回路沿着绕行方向，回路中各支路电压相量的代数和恒等于零。需要注意的是，这是相量的代数和，而不是数值的代数和。一般情况下 $\sum I \neq 0$，$\sum U \neq 0$，因为各正弦量之间总存在一定的相位差，只有当正弦量之间没有相位差(同相)时，才能直接用模值相加减。

【例 3-3】已知两个同频率正弦电压分别为 $u_1 = 100\sqrt{2}\sin\left(\omega t + \dfrac{\pi}{4}\right)$V，$u_2 = 60\sqrt{2}\sin\left(\omega t - \dfrac{\pi}{6}\right)$V，求 $u = u_1 + u_2$，并画出电压相量图。

解：两个正弦电压的相量形式为

$$\dot{U}_1 = 100\angle\frac{\pi}{4} = 100\left(\cos\frac{\pi}{4} + j\sin\frac{\pi}{4}\right) = (70.7 + j70.7)\text{ V}$$

$$\dot{U}_2 = 60\angle\left(-\frac{\pi}{6}\right) = 60\left[\cos\left(-\frac{\pi}{6}\right) + j\sin\left(-\frac{\pi}{6}\right)\right] = (52 - j30)\text{ V}$$

$$\begin{aligned}
\dot{U} &= \dot{U}_1 + \dot{U}_2 \\
&= (70.7 + 52) + j(70.7 - 30) \\
&= 122.7 + j40.7 \\
&= 129\angle18.2°\text{ V}
\end{aligned}$$

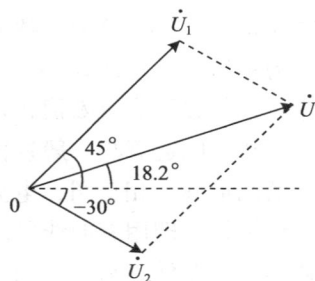

图 3-8

$$u = 129\sqrt{2}\sin(\omega t + 18.2°)\text{V}$$

电压相量图如图 3-8 所示。

🧠 练习与思考

1. 已知复数 $A_1 = -1+j$、$A_2 = 4+j3$、$A_3 = -2$ 和 $A_3 = e^{-j90°}$，试在复平面内标出各复数。

2. 已知 $\dot{I}_1 = (2\sqrt{3}+j2)\text{A}$，$\dot{I}_2 = (-2\sqrt{3}-j2)\text{A}$，$\omega = 314\text{rad/s}$，试把它们化为极坐标形式，并写出瞬时值 i_1 和 i_2。

3. 已知 $u_1 = 5\sqrt{2}\sin\omega t\text{V}$，$u_2 = 10\sqrt{2}\sin(\omega t - 45°)\text{V}$，分别写出它们的有效值相量式和幅值相量式，并画出相量图。

3.3 单一元件的正弦交流电路

单一元件电路是指仅含电阻元件或电感元件或电容元件的电路，它们是交流电路中最简单的电路，是构成复杂交流电路的基础，掌握了单一元件交流电路的分析方法和基本特点，可为分析复杂交流电路奠定基础。

3.3.1 电阻元件的正弦交流电路

(1) 电压与电流的关系

图 3-9(a) 为一个线性电阻元件的交流电路，电压 u 和电流 i 采用关联参考方向，设电流 i 为参考相量，即 $i = I_m\sin\omega t = \sqrt{2}I\sin\omega t$，根据欧姆定律 $u = Ri$，则有

$$u = RI_m\sin\omega t = U_m\sin\omega t = \sqrt{2}U\sin\omega t \tag{3-16}$$

由式 (3-16) 可见，在电阻元件上，u 与 i 频率相等，相位相同，其波形图如图 3-9(b) 所示，它们的大小关系为

$$U_m = RI_m \text{ 或} \frac{U_m}{I_m} = \frac{U}{I} = R \tag{3-17}$$

若用相量表示，则有

$$\dot{U} = U\angle 0°, \quad \dot{I} = I\angle 0°$$

$$\frac{\dot{U}}{\dot{I}} = \frac{U\angle 0°}{I\angle 0°} = \frac{U}{I}\angle 0° = R$$

由此可得 $\qquad \dot{U} = R\dot{I} \text{ 或 } \dot{U}_m = R\dot{I}_m \tag{3-18}$

式 (3-18) 为相量形式的欧姆定律，图 3-9(c) 为电阻元件 u 和 i 的相量图。

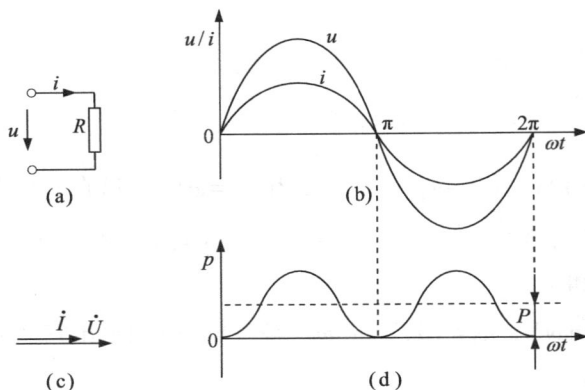

图 3-9　电阻元件的正弦交流电路

（2）功率关系

在交流电路中，u 和 i 是随时间变化的，因此电阻元件消耗的功率也随时间变化。在任一瞬间，瞬时电压和瞬时电流的乘积称为瞬时功率，用 p 表示，即

$$p = ui = U_m I_m \sin^2 \omega t = \frac{U_m I_m}{2}(1 - \cos 2\omega t) = UI(1 - \cos 2\omega t) \tag{3-19}$$

由式（3-19）可见，电阻元件的瞬时功率是由两部分组成，其中一部分是常数 UI，另一部分是角频率为 2ω 的交变量 $UI\cos 2\omega t$。图 3-9（d）为电阻元件的瞬时功率的波形图。

由式（3-19）和图 3-9（d）可知，除了过零时刻，瞬时功率总是正值，即 $p \geqslant 0$。这说明电阻元件从电源取用电能，并将电能转换为热能，且能量转换过程不可逆，所以电阻元件是耗能元件。

通常用一个周期内瞬时功率的平均值（即平均功率）来宏观地表示元件所消耗的功率。平均功率又称为有功功率，用大写字母 P 表示，则

$$P = \frac{1}{T}\int_0^T p\,\mathrm{d}t = \frac{1}{T}\int_0^T UI(1 - \cos 2\omega t)\,\mathrm{d}t = UI = RI^2 = \frac{U^2}{R} \tag{3-20}$$

由式（3-20）可见，有功功率是一个常数，在形式上与直流电路中电阻元件的功率计算是一样的，单位为瓦特（W）。但式中的 U 和 I 均为有效值。

3.3.2　电感元件的正弦交流电路

（1）电压与电流的关系

图 3-10（a）为一个线性电感元件的交流电路，电压 u 和电流 i 采用关联参考方向，设电流 i 为参考相量，即 $i = I_m \sin\omega t = \sqrt{2}\,I\sin\omega t$，由电感元件的伏安关系 $u = L\dfrac{\mathrm{d}i}{\mathrm{d}t}$，则有

$$u = L\frac{\mathrm{d}[I_m \sin\omega t]}{\mathrm{d}t} = \omega L I_m \sin(\omega t + 90°)$$
$$= U_m \sin(\omega t + 90°) = \sqrt{2}\,U\sin(\omega t + 90°) \tag{3-21}$$

由式（3-21）可见，在电感元件上，u 与 i 频率相同，相位 u 超前 i 90°，其波形图如图

3-10(b)所示，大小关系为

$$U_m = \omega L I_m \text{ 或} \frac{U_m}{I_m} = \frac{U}{I} = \omega L \tag{3-22}$$

当电感电压一定时，ωL 越大，则电流越小。可见 ωL 具有阻碍交流电流的性质，故称 ωL 为感抗，单位为欧姆(Ω)，用 X_L 表示。

$$X_L = \omega L = 2\pi f L \tag{3-23}$$

由式(3-23)可见，感抗 X_L 与电感 L、频率 f 成正比，所以电感对高频电流的阻碍作用很强，而对直流($f = 0$)则可看作短路($X_L = 0$)。

需要强调的是，感抗只是电感电压与电流的幅值或有效值之比，而不是瞬时值之比，这与电阻电路不同。

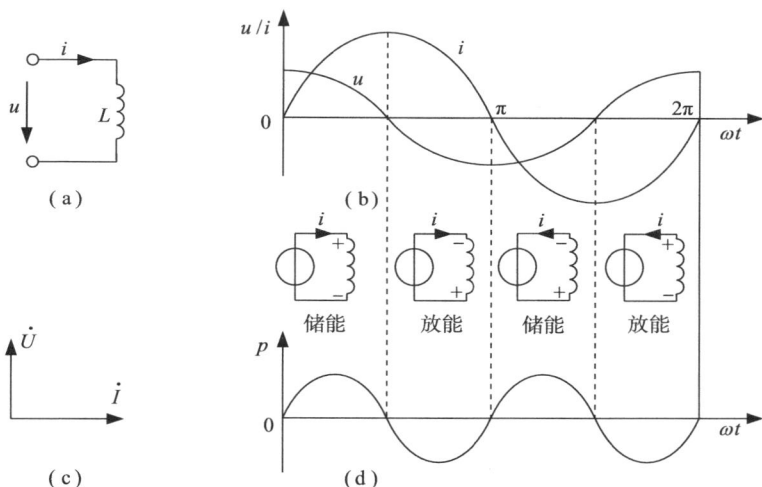

图 3-10　电感元件的正弦交流电路

若用相量表示，则有

$$\dot{U} = U\angle 90°, \quad \dot{I} = I\angle 0°$$

$$\frac{\dot{U}}{\dot{I}} = \frac{U\angle 90°}{I\angle 0°} = \frac{U}{I}\angle 90° = j\omega L = jX_L$$

由此可得

$$\dot{U} = j\omega L\dot{I} = jX_L\dot{I} \tag{3-24}$$

同理有

$$\dot{U}_m = j\omega L\dot{I}_m = jX_L\dot{I}_m \tag{3-25}$$

式(3-24)和式(3-25)为电感电压和电流关系的相量形式，反映了电感电压与电流的大小关系及相位关系，图 3-10(c)为电感元件 u 和 i 的相量图。

（2）功率关系

电感元件正弦交流电路的瞬时功率为

$$p = ui = I_m\sin\omega t \cdot U_m\sin(\omega t + 90°) = U_m I_m\sin\omega t\cos\omega t = UI\sin 2\omega t \tag{3-26}$$

由式(3-26)可知，p 是一个幅值为 UI，角频率 2ω 随时间而变化的交变量。p 随时间变化的波形如图 3-10(d)所示，由图可知，$p>0$ 时，电感从电源取用的电能转换成磁场能；$p<0$ 时，电感把磁场能转换为电能返送还电源。电感元件从电源索取的能量必定等于它归还电源的能量，是一个可逆的能量转换过程，所以电感元件是一个储能元件。

如前所述，平均功率或有功功率为

$$P = \frac{1}{T}\int_0^T p\mathrm{d}t = \frac{1}{T}\int_0^T UI\sin2\omega t\mathrm{d}t = 0 \tag{3-27}$$

由式(3-27)可知，电感元件在电路中不消耗功率，只与电源之间进行能量交换，能量交换的规模，可由无功功率 Q 来衡量，规定为瞬时功率的幅值，即

$$Q = UI = \frac{U^2}{X_L} = I^2 X_L \tag{3-28}$$

无功功率的量纲与有功功率相同，但意义不同，有功功率是表示实际消耗的功率，无功功率是表示电感与电源之间互换的功率，单位为 var(乏)，区别于有功功率。

【例 3-4】某个 $L=0.05\mathrm{H}$ 的电感元件电路，电路的电流 $i=10\sqrt{2}\sin(100t+30°)\mathrm{A}$，试求：(1)感抗 X_L；(2)电感的电压 U 和 u；(3)无功功率 Q。

解：(1)感抗为

$$X_L = \omega L = 100 \times 0.05 = 5\Omega$$

(2)电感的电压为

$$U = X_L I = 5 \times 10 = 50\mathrm{V}$$

$$\varphi_u = \varphi_i + 90° = 30° + 90° = 120°$$

$$u = 50\sqrt{2}\sin(100t+120°)\mathrm{V}$$

(3)无功功率为

$$Q = UI = 50 \times 10 = 500\mathrm{var}$$

3.3.3 电容元件的正弦交流电路

(1) 电压与电流的关系

图 3-11(a)为一个线性电容元件的交流电路，电压 u 和电流 i 采用关联参考方向，设电压 u 为参考相量，即 $u=U_\mathrm{m}\sin\omega t = \sqrt{2}U\sin\omega t$，由电容元件的伏安关系 $i=C\dfrac{\mathrm{d}u}{\mathrm{d}t}$，则有

$$i = C\frac{\mathrm{d}[U_\mathrm{m}\sin\omega t]}{\mathrm{d}t} = \omega C U_\mathrm{m}\sin(\omega t+90°) = I_\mathrm{m}\sin(\omega t+90°) = \sqrt{2}I\sin(\omega t+90°) \tag{3-29}$$

由式(3-29)可见，在电容元件上，u 与 i 频率相同，i 超前 u 90°，其波形图如图 3-11(b)所示，大小关系为

$$I_\mathrm{m} = \omega C U_\mathrm{m} \quad \text{或} \quad \frac{U_\mathrm{m}}{I_\mathrm{m}} = \frac{U}{I} = \frac{1}{\omega C} \tag{3-30}$$

当电容电压一定时，$\dfrac{1}{\omega C}$ 越大，则电流越小。可见 $\dfrac{1}{\omega C}$ 具有阻碍交流电流的性质，故称 $\dfrac{1}{\omega C}$ 为容抗，单位为欧姆(Ω)，用 X_C 表示。

$$X_C = \frac{1}{\omega C} = \frac{1}{2\pi f C} \tag{3-31}$$

由式(3-31)可见，容抗 X_C 与电容 C、频率 f 成反比，所以电容对高频电流的阻碍作用较弱，对低频电流的阻碍作用较强，对直流($f=0$)的容抗 $X_C \to \infty$，则可看作开路。

需要强调的是，容抗只是电容电压与电流的幅值或有效值之比，而不是瞬时值之比，同样与电阻电路不同。

若用相量表示，则有

$$\dot{U} = U \angle 0°, \quad \dot{I} = I \angle 90°$$

$$\frac{\dot{U}}{\dot{I}} = \frac{U \angle 0°}{I \angle 90°} = \frac{U}{I} \angle -90° = -\mathrm{j}\frac{1}{\omega C} = -\mathrm{j}X_C$$

由此可得

$$\dot{U} = -\mathrm{j}\frac{1}{\omega C}\dot{I} = -\mathrm{j}X_C\dot{I} \quad 或 \quad \dot{U}_{\mathrm{m}} = -\mathrm{j}\frac{1}{\omega C}\dot{I}_{\mathrm{m}} = -\mathrm{j}X_C\dot{I}_{\mathrm{m}} \tag{3-32}$$

式(3-32)为电容电压和电流关系的相量形式，反映了电容电压与电流的大小关系及相位关系，图 3-11(c)为电容元件 u 和 i 的相量图。

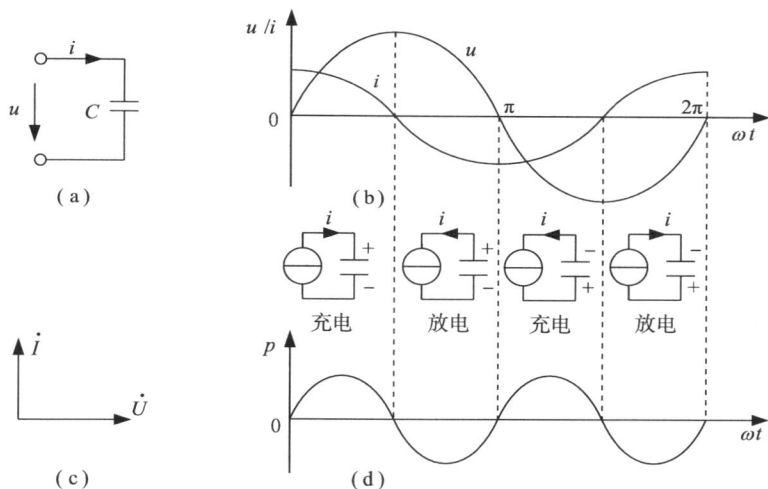

图 3-11　电容元件的正弦交流电路

(2) 功率关系

电容元件正弦交流电路的瞬时功率为

$$p = ui = U_{\mathrm{m}}\sin\omega t \cdot I_{\mathrm{m}}\sin(\omega t + 90°) = U_{\mathrm{m}}I_{\mathrm{m}}\sin\omega t\cos\omega t = UI\sin2\omega t \tag{3-33}$$

由式(3-33)可知，p 是一个幅值为 UI，角频率 2ω 随时间而变化的交变量。p 随时间变化的波形如图 3-11(d)所示，由图可知，$p > 0$ 时，电容从电源取用的电能转换成电场能；$p < 0$ 时，电容把电场能转换为电能返送还电源。电容元件从电源索取的能量必定等于它归还电源的能量，是一个可逆的能量转换过程，所以电容元件是一个储能元件。

平均功率或有功功率为

$$P = \frac{1}{T}\int_0^T p\,\mathrm{d}t = \frac{1}{T}\int_0^T UI\sin2\omega t\,\mathrm{d}t = 0 \tag{3-34}$$

由式(3-34)可知，电容元件在电路中不消耗功率，只与电源之间进行能量交换，能量交换的规模，仍由无功功率 Q 来衡量，即

$$Q = UI = \frac{U^2}{X_C} = I^2 X_C \qquad (3\text{-}35)$$

【例 3-5】某个 $C = 10\mu\text{F}$ 的电容元件，接于电压为 20V 的电源上，试求：（1）当电源频率为 $f_1 = 50\text{Hz}$ 时的电流 I_1；（2）当电源频率 $f_2 = 5000\text{Hz}$ 时的电流 I_2。

解：（1）当 $f_1 = 50\text{Hz}$ 时，电容的容抗为

$$X_{C1} = \frac{1}{2\pi f_1 C} = \frac{1}{2 \times 3.14 \times 50 \times 10 \times 10^{-6}} = 318.4\Omega$$

所以

$$I_1 = \frac{U}{X_{C1}} = \frac{20}{318.4}\text{A} = 62.8\text{mA}$$

（2）当 $f_2 = 5000\text{Hz}$ 时，电容的容抗为

$$X_{C2} = \frac{1}{2\pi f_2 C} = \frac{1}{2 \times 3.14 \times 5000 \times 10 \times 10^{-6}} = 3.184\Omega$$

所以

$$I_2 = \frac{U}{X_{C2}} = \frac{20}{3.184}\text{A} = 6280\text{mA}$$

🧠 练习与思考

1. 某个 $R = 40\Omega$ 的电阻元件，接于电压为 20V 的电源上，试求：（1）当电源频率为 $f_1 = 50\text{Hz}$ 时的电流 I_1；（2）当电源频率 $f_2 = 5000\text{Hz}$ 时的电流 I_2。

2. 某个 $L = 0.1\text{H}$ 的电感元件，接于电压为 20V 的电源上，试求：（1）当电源频率为 $f_1 = 50\text{Hz}$ 时的感抗及电流 I_1；（2）当电源频率 $f_2 = 5000\text{Hz}$ 时的感抗及电流 I_2。

3. 指出下列各式哪些是对的，哪些是错的。

（1）$\dfrac{u}{i} = X_L$；（2）$\dfrac{U}{I} = X_C$；（3）$\dfrac{\dot{U}}{\dot{i}} = X_L$；（4）$u = L\dfrac{\mathrm{d}i}{\mathrm{d}t}$；（5）$\dot{I} = -\mathrm{j}\dfrac{\dot{U}}{\omega L}$；（6）$\dot{U} = -\mathrm{j}\dfrac{\dot{i}}{\omega C}$

3.4 正弦交流电路的分析

实际电路是比较复杂的，经常需要两个以上的多个元件组成，研究多个元件组成的正弦交流电路，更具有实际意义。本节将在单一参数交流电路的基础上，进一步讨论 RLC 串联交流电路中各电量之间的相量关系以及分析方法。

3.4.1 RLC 串联交流电路的分析

串联电路是组成实际电路的基本形式之一，其特征是组成电路的各个元件流过的是同一电流，下面对 RLC 串联电路进行分析。

（1）电压与电流的关系

图 3-12(a)所示的 RLC 串联电路中，电压、电流参考方向如图 3-12 所示，由 KVL 定律得

$$u = u_R + u_L + u_C$$

将图 3-12(a)中各正弦量采用相量表示于图 3-12(b)中，由 KVL 定律的相量形式得

$$\dot{U} = \dot{U}_R + \dot{U}_L + \dot{U}_C \tag{3-36}$$

将 R、L、C 元件相量形式的欧姆定律代入式(3-36)中，则有

$$\dot{I} = R\dot{I} + jX_L\dot{I} - jX_C\dot{I} = \dot{I}\left[R + j(X_L - X_C)\right] = \dot{I}\left[R + jX\right] = \dot{I}Z \tag{3-37}$$

式中：X——电路的等效电抗，简称电抗，且 $X = X_L - X_C = \omega L - \dfrac{1}{\omega C}$，$\Omega$；

Z——电路的复阻抗，简称阻抗，且 $Z = R + jX$，单位为欧姆(Ω)，Z 为复数，并不表示正弦量，也不是相量，所以它的上面不加"·"。

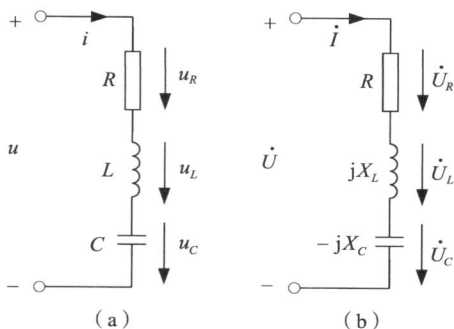

图 3-12　RLC 串联电路

(2) 阻抗的关系

由式(3-37)可得复阻抗

$$Z = \frac{\dot{U}}{\dot{I}} = R + jX = R + j(X_L - X_C) = |Z| \angle \varphi \tag{3-38}$$

式中：$|Z|$——复阻抗的模，简称阻抗模，$|Z| = \sqrt{R^2 + X^2} = \sqrt{R^2 + (X_L - X_C)^2}$；

φ——复阻抗的辐角，简称阻抗角，$\varphi = \arctan \dfrac{X_L - X_C}{R}$。

R、X、$|Z|$ 三者组成了一个直角三角形，称为阻抗三角形，如图 3-13(a)所示，则有 $R = |Z|\cos\varphi$，$X = |Z|\sin\varphi$。

设电路的总电压 $\dot{U} = U \angle \varphi_u$，电流 $\dot{I} = I \angle \varphi_i$，由式(3-38)可得

$$Z = \frac{\dot{U}}{\dot{I}} = \frac{U \angle \varphi_u}{I \angle \varphi_i} = \frac{U}{I} \angle (\varphi_u - \varphi_i) = |Z| \angle \varphi \tag{3-39}$$

由式(3-39)可见，$|Z|$ 为串联电路电压与电流的有效值之比，反映了两者之间的大小关系，φ 为串联电路电压与电流的相位差，反映了两者的相位关系。

由式(3-38)可知，阻抗角 φ 大小完全取决于电路的参数。在 RLC 串联电路中，当 $X_L > X_C$，即 $\varphi > 0$，则在相位上电压超前电流 φ 角，电路呈电感性；当 $X_L < X_C$，即 $\varphi < 0$，则在相位上电压滞后电流 φ 角，电路呈电容性；当 $X_L = X_C$，即 $\varphi = 0$，则电压与电流同相，电路

呈电阻性。

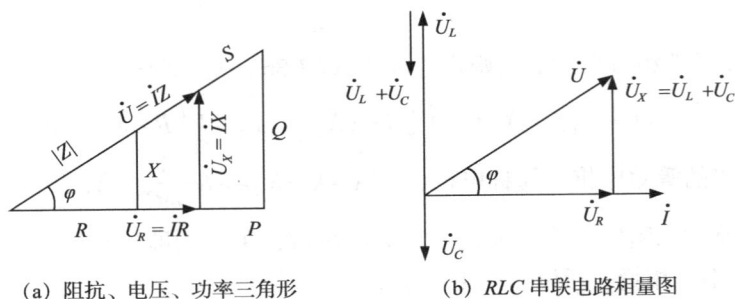

(a) 阻抗、电压、功率三角形　　　(b) RLC 串联电路相量图

图 3-13　RLC 电路中各量的关系

（3）电压之间的关系

设电流为参考相量，根据 R、L、C 元件电压、电流的相位关系，可以得到 $\dot{U}$、$\dot{U}_R$、$\dot{U}_X(\dot{U}_L+\dot{U}_C)$ 的相量图，如图 3-13（b）所示，由图中的几何关系可得

$$U=\sqrt{U_R^2+(U_L-U_C)^2}=\sqrt{(IR)^2+(IX_L-IX_C)^2}=I\sqrt{(R)^2+(X_L-X_C)^2}=I|Z|$$

$\dot{U}$、$\dot{U}_R$、$\dot{U}_X$ 三者也构成了一个直角三角形，称为电压三角形，并与阻抗三角形相似，如图 3-13（a）所示。则有 $U_R=U\cos\varphi$，$U_X=U\sin\varphi$。

（4）功率关系

设 RLC 串联电路 $u=\sqrt{2}\,U\sin(\omega t+\varphi)$，$i=\sqrt{2}\,I\sin\omega t$，$\varphi$ 为 u 与 i 的相位差，则瞬时功率为

$$p=ui=\sqrt{2}\,U\sin(\omega t+\varphi)\times\sqrt{2}\,I\sin\omega t=UI\cos\varphi-UI\cos(2\omega t+\varphi) \tag{3-40}$$

有功功率为

$$P=\frac{1}{T}\int_0^T p\,\mathrm{d}t=\frac{1}{T}\int_0^T\left[UI\cos\varphi-UI\cos(2\omega t+\varphi)\right]\mathrm{d}t=UI\cos\varphi \tag{3-41}$$

式中：$\cos\varphi$——功率因数。

式（3-41）表明，正弦交流电路的有功功率是瞬时功率中的恒定分量，它表示电路实际消耗的功率，因此也是电路中电阻消耗的功率，单位为瓦特（W），即

$$P=UI\cos\varphi=U_R I=I^2 R=\frac{U_R^2}{R}$$

无功功率为

$$Q=U_L I-U_C I=I^2(X_L-X_C)=UI\sin\varphi \tag{3-42}$$

式（3-42）表明，无功功率反映了电路与电源进行能量交换的规模，单位为乏（var）。

在正弦交流电路中，将电压有效值与电流有效值的乘积称为视在功率，即

$$S=UI=I^2|Z| \tag{3-43}$$

视在功率也称为电源或变压器的容量，单位为伏·安（V·A），视在功率只表示电路能够提供的最大功率或电路消耗的最大有功功率。有功功率、无功功率和视在功率三者所代表的意义不同，各采用不同的单位。由式（3-41）、式（3-42）和式（3-43）可得

$$S = \sqrt{P^2 + Q^2} \tag{3-44}$$

显然，P、Q、S 三者也构成了一个直角三角形，称为功率三角形，如图 3-13（a）。则有 $P = S\cos\varphi$，$Q = S\sin\varphi$。

【例 3-6】在 RLC 串联电路中，已知 $R = 25\Omega$，$L = 0.45\text{H}$，$C = 500\mu\text{F}$，电源电压 $u = 100\sqrt{2}\sin(100t + 30°)\text{V}$，试求：（1）$X_L$、$X_C$ 和 Z；（2）I 和 i；（3）u_R、u_L 和 u_C；（4）画出相量图；（5）P 和 Q。

解法 1：（1）
$$X_L = \omega L = 100 \times 0.45 = 45\Omega$$

$$X_C = \frac{1}{\omega C} = \frac{1}{100 \times 500 \times 10^{-6}} = 20\Omega$$

$$Z = \sqrt{R^2 + (X_L - X_C)^2} = \sqrt{25^2 + (45 - 20)^2} = 25\sqrt{2}\,\Omega$$

（2）
$$I = \frac{U}{|Z|} = \frac{100}{25\sqrt{2}} = 2\sqrt{2} = 2.83\text{A}$$

$$\varphi = \arctan\frac{X_L - X_C}{R} = \arctan\frac{45 - 20}{25} = 45°（电感性）$$

$$\varphi_i = \varphi_u - \varphi = 30° - 45° = -15°$$

$$i = 4\sin(100t - 15°)\text{A}$$

（3）
$$U_R = IR = 2\sqrt{2} \times 25\text{V} = 50\sqrt{2}\,\text{V}$$

$$u_R = 100\sin(100t - 15°)\text{V}$$

$$U_L = IX_L = 2\sqrt{2} \times 45 = 90\sqrt{2}\,\text{V}$$

$$u_L = 180\sin(100t - 15° + 90°) = 180\sin(100t + 75°)\text{V}$$

$$U_C = IX_C = 2\sqrt{2} \times 20 = 40\sqrt{2}\,\text{V}$$

$$u_C = 80\sin(100t - 15° - 90°)\text{V} = 80\sin(100t - 105°)\text{V}$$

显然 $U \neq U_R + U_L + U_C$。

（4）相量图如图 3-14 所示。

（5）$P = UI\cos\varphi = 100 \times 2.83 \times \cos45° = 200\text{W}$

　　　$Q = UI\sin\varphi = 100 \times 2.83 \times \sin45° = 200\text{var}$

解法 2：
$$\dot{U} = 100\angle 30°\text{V}$$

$$\begin{aligned} Z &= R + \text{j}(X_L - X_C) = 25 + \text{j}(45 - 20) \\ &= 25 + \text{j}25 \\ &= 25\sqrt{2}\angle 45°\Omega \end{aligned}$$

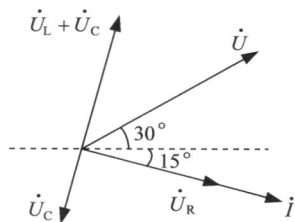

图 3-14

$$\dot{I} = \frac{\dot{U}}{Z} = \frac{100\angle 30°}{25\sqrt{2}\angle 45°}\text{A} = 2\sqrt{2}\angle -15°\text{A}$$

$$\dot{U}_R = \dot{I}R = 2\sqrt{2}\angle(-15°) \times 25 = 50\sqrt{2}\angle(-15°)\text{V}$$

$$\dot{U}_L = \text{j}X_L\dot{I} = 45\angle 90° \times 2\sqrt{2}\angle(-15°) = 90\sqrt{2}\angle 75°\text{V}$$

$$\dot{U}_C = -\text{j}X_C\dot{I} = 20\angle(-90°) \times 2\sqrt{2}\angle(-15°) = 40\sqrt{2}\angle(-105°)\text{V}$$

3.4.2 一般交流电路的分析计算

（1）阻抗的串联与并联

在交流电路中，串联与并联是阻抗连接最简单和常见的形式，而阻抗串联与并联的计算方法，在形式上与电阻的串联与并联的计算方法类似。

① 阻抗的串联。图 3-15 是两个阻抗串联的电路图，由 KVL 得

$$\dot{U} = \dot{U}_1 + \dot{U}_2 = \dot{I} Z_1 + \dot{I} Z_2 = \dot{I} (Z_1 + Z_2) = \dot{I} Z \quad (3\text{-}45)$$

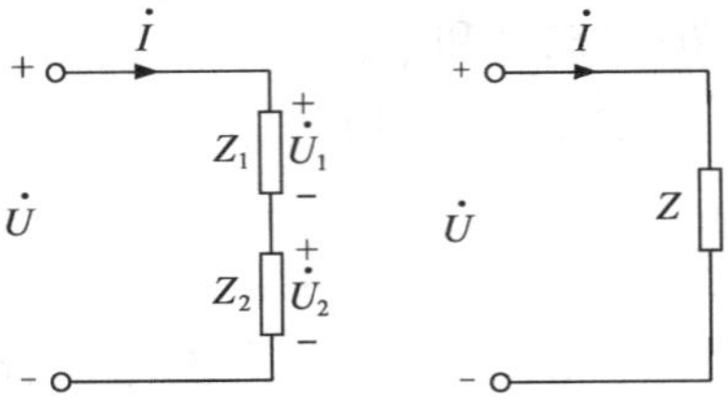

由式（3-45）可知，两个串联阻抗可以用一个阻抗 Z 来等效代替，其值等于两个串联阻抗的和，即

$$Z = Z_1 + Z_2 \quad\quad\quad (3\text{-}46)$$

图 3-15　阻抗的串联

应该注意的是 $|Z| \neq |Z_1| + |Z_2|$。式（3-46）结论可以推广到 n 个阻抗串联，其等效阻抗值为 n 个串联阻抗之和，即

$$Z = \sum Z_n \quad\quad\quad (3\text{-}47)$$

② 阻抗的并联。图 3-16 是两个阻抗并联的电路图，由 KCL 得

$$\dot{I} = \dot{I}_1 + \dot{I}_2 = \frac{\dot{U}}{Z_1} + \frac{\dot{U}}{Z_2} = \dot{U} \left(\frac{1}{Z_1} + \frac{1}{Z_2} \right) = \frac{\dot{U}}{Z} \quad\quad (3\text{-}48)$$

由式（3-48）可知，两个并联阻抗可以用一个阻抗 Z 来等效代替，其值的倒数等于两个并联阻抗倒数和，即

$$\frac{1}{Z} = \frac{1}{Z_1} + \frac{1}{Z_2} \quad\quad\quad (3\text{-}49)$$

应该注意的是 $\dfrac{1}{|Z|} \neq \dfrac{1}{|Z_1|} + \dfrac{1}{|Z_2|}$。式（3-49）结论可以推广到 n 个阻抗并联，其等效阻抗值的倒数为 n 个并联阻抗倒数和，即

$$\frac{1}{Z} = \sum \frac{1}{Z_n} \quad\quad\quad (3\text{-}50)$$

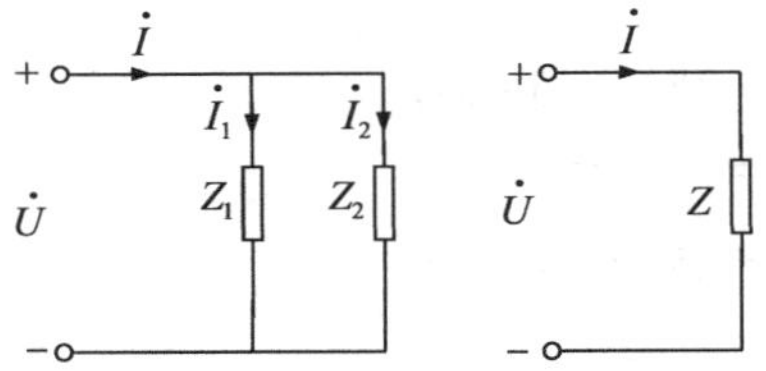

图 3-16　阻抗的并联

（2）一般电路的分析计算

① 电压、电流关系。在正弦交流电路中，激励和响应都为同频率的正弦量，都可以采用相量表示，因此，KCL 定律和 KVL 定律的相量形式为

$$\sum \dot{I} = 0$$

$$\sum \dot{U} = 0$$

阻抗 Z 的引入，单一元件的伏安特性方程可概括为相量形式的欧姆定律，即

$$\dot{U} = \dot{I} Z$$

由此可见，正弦交流电路中的基尔霍夫定律和欧姆定律的相量形式与直流电路中对应的定律，在形式上是一致的，因此，在直流电路中的所有定律、定理和分析方法等都适用于正弦交流电路。所不同的是，正弦交流电路中的量是用相量表示，分析运算用到的是复数运算，且可利用相量图辅助分析与计算，拓展解题思路。

② 功率关系。

电路总的有功功率等于电路中各电阻元件消耗的有功功率之和，即

$$P = \sum P_i$$

电路总的无功功率等于电路中各储能元件的无功功率的代数和，即

$$Q = \sum Q_i$$

其中 Q_L 为正，Q_C 为负。

电路总的视在功率(S)为电路总的电压有效值 U 与电流有效值 I 的乘积，即

$$S = UI = \sqrt{P^2 + Q^2}$$

需要注意的是，电路总的视在功率一般不等于电路中各元件视在功率之和，即 $S \neq \sum S_i$。

③ 分析计算。

a. 解析法：

【例 3-7】在图 3-17 所示电路中，已知 $R_1 = 4\Omega$，$R_2 = 6\Omega$，$X_L = 3\Omega$，$X_C = 8\Omega$，电源电压 $U = 30\text{V}$，试求：(1)各支路阻抗及总阻抗；(2)各支路电流及总电流；(3)各支路功率及总功率。

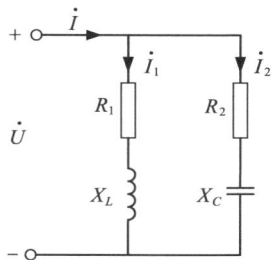

图 3-17

解：(1)各支路阻抗及总阻抗

$$Z_1 = R_1 + jX_L = 4 + j3 = 5\angle 36.87°\Omega$$

$$Z_2 = R_2 - jX_C = 6 - j8 = 10\angle -53.1°\Omega$$

$$Z = \frac{Z_1 Z_2}{Z_1 + Z_2} = \frac{5\angle 36.87° \times 10\angle -53.1°}{5\angle 36.87° + 10\angle -53.1°} = 4.47\angle 10.3°\Omega$$

（2）各支路电流及总电流

设

$$\dot{U} = 30\angle 0°V$$

$$\dot{I}_1 = \frac{\dot{U}}{Z_1} = \frac{30\angle 0°}{5\angle 36.87°} = 6\angle -36.87°A$$

$$\dot{I}_2 = \frac{\dot{U}}{Z_2} = \frac{30\angle 0°}{10\angle -53.1°} = 3\angle 53.1°A$$

$$\dot{I} = \dot{I}_1 + \dot{I}_2 = 6\angle -36.87° + 3\angle 53.1° = 4.8 - j3.6 + 1.8 + j2.4$$
$$= 6.6 - j1.2 = 6.71\angle -10.3°A$$

（3）各支路功率及总功率

$$P_1 = UI_1\cos\varphi_1 = 30\times 6\times \cos 36.87° = 144W$$
$$Q_1 = UI_1\sin\varphi_1 = 30\times 6\times \sin 36.87° = 108var$$
$$S_1 = UI_1 = 30\times 6 = 180V \cdot A$$
$$P_2 = UI_2\cos\varphi_2 = 30\times 3\times \cos(-53.1°) = 54W$$
$$Q_2 = UI_2\sin\varphi_2 = 30\times 3\times \sin(-53.1°) = -72var$$
$$S_2 = UI_2 = 30\times 3 = 90V \cdot A$$
$$P = UI\cos\varphi = 30\times 6.71\times \cos 10.3° = 198W$$
$$Q = UI\sin\varphi = 30\times 6.71\times \sin 10.3° = 36var$$
$$S = UI = 30\times 6.71 = 201V \cdot A$$

计算数据表明：$I\neq I_1 + I_2$，$P = P_1 + P_2$，$Q = Q_1 + Q_2$，$S\neq S_1 + S_2$。

【例3-8】在图3-18所示电路中，已知电流表 A_1 读数为5A，电压表 V_1 读数为40V，$R = 4\Omega$，$X_{L1} = 8\Omega$，$X_{L2} = 4\Omega$。试求：（1）电流表 A 读数；（2）电流表 V 读数。

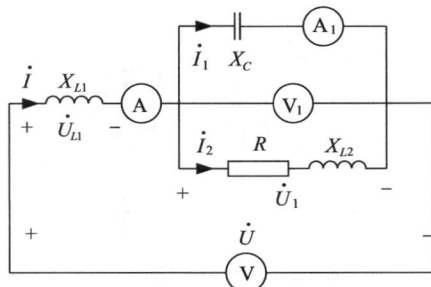

图3-18

解：（1）电流表 A 的读数

设 $\dot{U}_1$ 为参考相量，即 $\dot{U}_1 = 40\angle 0°V$，则 $\dot{I}_1 = 5\angle 90°A = j5A$

$$\dot{I}_2 = \frac{\dot{U}_1}{R+jX_{L2}} = \frac{40\angle 0°}{4+j4} = \frac{40\angle 0°}{4\sqrt{2}\angle 45°} = 5\sqrt{2}\angle -45°A$$

$$\dot{I} = \dot{I}_1 + \dot{I}_2 = 5\angle 90° + 5\sqrt{2}\angle -45° = j5 + 5\sqrt{2}[\cos(-45°) + j\sin(-45°)]$$
$$= j5 + 5 - j5 = 5A$$

（2）电压表 V 的读数

$$\dot{U}_L = jX_{L1}\dot{I} = j8\times5 = j40V$$

$$\dot{U} = \dot{U}_{L1} + \dot{U}_1 = j40 + 40 = 40\sqrt{2}\angle 45°V$$

电流表 A 的读数为 5A，电压表 V 的读数为 57V。

b. 图解法：

图解法是依据 KCL 、KVL 的相量形式，将电路中各个相量画在复平面内，借助于相量图中各电量的几何关系，求出待求量。

利用图解法求解问题的关键是要正确画出各单一元件的电压电流的相量图。一般情况下，串联电路是以电流作为参考相量，并联电路是以电压作为参考相量。

【例 3-9】在图 3-19 所示电路中，已知 $u = 220\sqrt{2}\sin 314t V$，$i_1 = 22\sin(314t-45°) A$，$i_2 = 11\sqrt{2}\sin(314t+90°) A$，试求：（1）电压表和电流表读数；（2）电路参数 R、L 和 C。

解：（1）电压表和电流表读数

由题意得：$\dot{U} = 220\angle 0°V$，$I_1 = \dfrac{22}{\sqrt{2}}A = 15.6A$，$\dot{I}_1$ 滞后

$\dot{U}$ 45°，$I_2 = 11A$，$\dot{I}_2$ 超前 $\dot{U}$ 90°，可画出相量图，如图 3-20 所

示，则可得 $I = \sqrt{I_1^2 - I_2^2} = \sqrt{\left(\dfrac{22}{\sqrt{2}}\right)^2 - (11)^2}A = 11A$

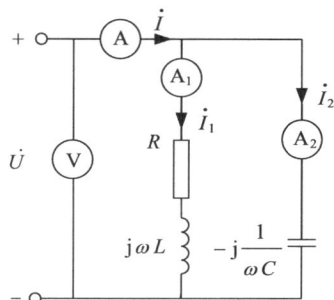

图 3-19

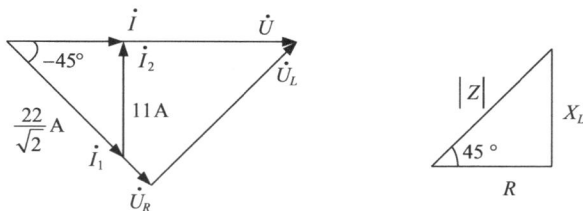

图 3-20

（2）电路的参数

由题意得：

$$|Z_1| = \frac{U}{I_1} = \frac{220}{\frac{22}{\sqrt{2}}} = 10\sqrt{2}\,\Omega, \text{ 阻抗角 } \varphi_1 = 45°$$

$$R = |Z_1|\cos 45° = 10\Omega$$

$$X_L = |Z_1|\sin 45° = 10\Omega$$

$$L = \frac{X_L}{\omega} = \frac{10}{314} = 0.0318\text{H}$$

$$|Z_2| = \frac{U}{I_2} = \frac{220}{11} = 20\Omega$$

$$X_C = 20\Omega$$

$$C = \frac{1}{\omega X_C} = \frac{1}{314 \times 20} = 159\mu\text{F}$$

c. 应用定理、定律求解

【例3-10】在图 3-21 所示电路中，已知 $\dot{U}_1 = 230\angle 0°\text{V}$，$\dot{U}_2 = 227\angle 0°\text{V}$，$Z_1 = (0.1+\text{j}0.5)\Omega$，$Z_2 = (0.1+\text{j}0.5)\Omega$，$Z_3 = (5+\text{j}5)\Omega$，试用支路电流法求电流 $\dot{I}_3$。

解: 应用基尔霍夫定律，选左、右两个网孔作为回路，取顺时针为绕行方向，列出下列相量表示的方程

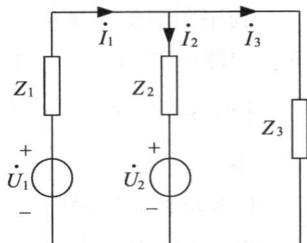

$$\begin{cases} \dot{I}_1 - \dot{I}_2 - \dot{I}_3 = 0 \\ Z_1\dot{I}_1 + Z_2\dot{I}_2 = \dot{U}_1 - \dot{U}_2 \\ Z_3\dot{I}_3 - Z_2\dot{I}_2 = \dot{U}_2 \end{cases}$$

解得
$$\dot{I}_3 = 31.3\angle -46.1°\text{A}$$

图 3-21

【例3-11】应用叠加原理计算例 3-10 中的电流 $\dot{I}_3$。

解: 当 $\dot{U}_1$ 单独作用时，如图 3-22(a)所示，可得

$$\dot{I}_3' = \frac{\dot{U}_1}{Z_1 + Z_2//Z_3} \times \frac{Z_2}{Z_2 + Z_3}$$

当 $\dot{U}_2$ 单独作用时，如图 3-22(b)所示，可得

$$\dot{I}_3'' = \frac{\dot{U}_2}{Z_2 + Z_1//Z_3} \times \frac{Z_1}{Z_1 + Z_3}$$

$$\dot{I}_3 = \dot{I}_3' + \dot{I}_3'' = 31.3\angle -46.1°\text{A}$$

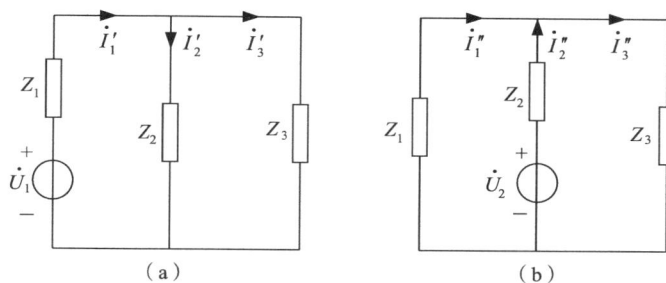

图 3-22

【例 3-12】应用戴维南定理计算例 3-10 中的电流 $\dot{I}_3$。

解： 图 3-21 的电路可化为图 3-23（a）所示的等效电路。等效电源的电压 $\dot{U}_0$ 可由图 3-22（b）求得

$$\dot{U}_0 = \frac{\dot{U}_1 - \dot{U}_2}{Z_1 + Z_2} \times Z_2 + \dot{U}_2 = \frac{230\angle 0° - 227\angle 0°}{2(0.1+j0.5)} \times (0.1+j0.5) + 227\angle 0° = 228.5\angle 0°\text{V}$$

等效电源的内阻抗 Z_0 可由图 3-22（c）求得

$$Z_0 = \frac{Z_1 Z_2}{Z_1 + Z_2} = \frac{Z_1}{2} = \frac{0.1+j0.5}{2} = (0.05+j0.25)\,\Omega$$

再由图 3-22（a）求得

$$\dot{I}_3 = \frac{\dot{U}_0}{Z_0 + Z_3} = \frac{228.5\angle 0°}{0.05+j0.25+5+j5} = 31.3\angle -46.1°\text{A}$$

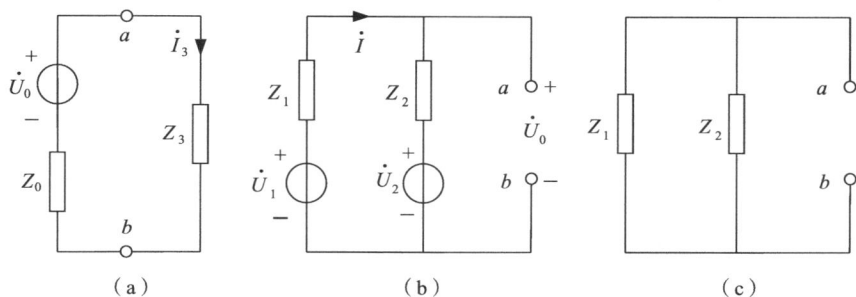

图 3-23

🧠 练习与思考

1. RL 串联电路的阻抗 $Z=(8+j6)\,\Omega$，试问该电路的电阻和感抗各为多少？并求电路的功率因数和相位差。

2. 在 RLC 串联正弦交流电路中，已知 $R=X_L=X_C=5\Omega$，$I=2\text{A}$，试求电路两端的电压 U。

3. RLC 串联正弦交流电路的功率因数 $\cos\varphi$ 是否一定小于 1？

4. 在 RLC 串联正弦交流电路中，是否会出现 $U_R > U$ 或 $U_L > U$ 或 $U_C > U$ 的情况？

5. 在 RLC 串联正弦交流电路中，已知 $L > C$，则可判断该电路呈电感性，以上说法是否正确？若不正确，请说明理由。

3.5 功率因数的提高

前面讨论过，在交流电路中，电路的有功功率一般不等于电源电压有效值 U 与总电流有效值 I 的乘积，还需要考虑电压与电流相位差 φ 的影响，即

$$P = UI\cos\varphi \tag{3-51}$$

式中的 $\cos\varphi$ 称为电路的功率因数。

由式 (3-51) 可见，当电源电压 U 和电流 I 一定的情况下，负载获得的有功功率的大小决定于功率因数 $\cos\varphi$ 的大小，而功率因数又主要决定于负载的性质。只有电阻性负载，功率因数才等于 1，其他性质的负载，功率因数均小于 1。当功率因数不等于 1 时，电路中除了消耗有功功率之外，还需要能量互换的无功功率。

3.5.1 功率因数提高的意义

在生产实际中，绝大多数用电设备属于电感性负载，如工矿企业中大量使用的异步电动机、照明电路用到的日光灯及控制电器中的电磁开关等。这类感性负载的电路模型如图 3-24 所示。电路模型中的等效电阻 R 表示有能量消耗的有功负载，等效电感 L 表示有能量互换的无功负载。而这类电感性负载，往往功率因数比较低，如异步电动机，当额定负载运行状态时，功率因数为 0.83~0.85，当轻载时，功率因数仅有 0.2~0.3。当电路的功率因数太低时，会引起下述两方面的问题：

① 电源设备的容量不能充分利用。电源设备的容量表示为 $S = UI$，可提供的有功功率为 $P = UI\cos\varphi = S\cos\varphi$，显然电路的功率因数 $\cos\varphi$ 越高，电源设备提供的有功功率就越大，电源设备的容量就能充分利用，反之，电路的功率因数 $\cos\varphi$ 越低，电源设备提供的有功功率就越小，设备容量就不能充分发挥。

② 增加供电线路上的功率损耗。由式 (3-51) 可知，供电线路的电流为

$$I = \frac{P}{U\cos\varphi} \tag{3-52}$$

图 3-24 用电设备的电路模型

线路电流 I 与功率因数 $\cos\varphi$ 成反比，设线路上的等效电阻为 r，则线路上的功率损耗为

$$\Delta P = I^2 r = \left(\frac{P}{U\cos\varphi}\right)^2 r = \frac{P^2}{U^2} r \frac{1}{\cos^2\varphi} \tag{3-53}$$

由式 (3-53) 可见，线路上的功率损耗 ΔP 与功率因数 $\cos\varphi$ 的平方成反比，当发电机的输出电压 U 和有功功率 P 一定时，功率因数 $\cos\varphi$ 越低，线路电流 I 就越大，功率损耗 ΔP 也越大。

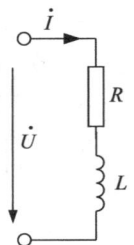

通过上述讨论可见，提高功率因数既能使电源设备的容量得到充分利用，又能减少输电系统的功率损耗。对国民经济的建设与发展有着重要的意义。故此，电业部门规定 100kV·A 及以上供电的电力用户在用户高峰负荷时变压器高压侧功率因数不宜低于 0.95，其他电力用户功率因数不低于 0.9。

3.5.2　功率因数提高的方法

电感性负载的功率因数较低，是由于这类负载工作时，不仅要消耗有功功率，同时负载与电源间存在着能量的互换，互换的这部分能量来源于电源，如果能采取措施来减少电源所承担的这部分互换能量，也就是代替电源承担一部分互换能量，就可以达到提高功率因数的目的。但是采取的措施必须满足：不改变原有负载的工作状态，所增加的设备不能引起额外的功率损耗。

电感性负载电流滞后电压，需要从电源吸收感性无功功率，提高功率因数的简便而有效的方法，是在感性负载两端并联合适的电容器，其电路如图 3-25(a)所示，利用电容元件作为无功功率电源发出感性无功功率来补偿感性负载所需的感性无功功率，即由电容元件来承担感性负载所需的部分或全部感性无功功率，从而减少电源与感性负载之间的能量互换，使电路向电源所取的感性无功功率减少，电路的功率因数得到提高。因此，这种电容器称为补偿电容。下面具体进行分析。

（1）原理分析

设感性负载的阻抗角为 φ_1，感性负载在并联电容之前，如图 3-25(b)相量图所示，线路上的总电流 $\dot{I}$ 就是感性负载的电流 $\dot{I}_1$，即 $\dot{I} = \dot{I}_1$，线路上的电压与电流的相位差就是 φ_1，线路的功率因数 $\cos\varphi$ 就是感性负载的功率因数 $\cos\varphi_1$，即 $\cos\varphi = \cos\varphi_1$，$\varphi_1$ 值较大，功率因数较低。

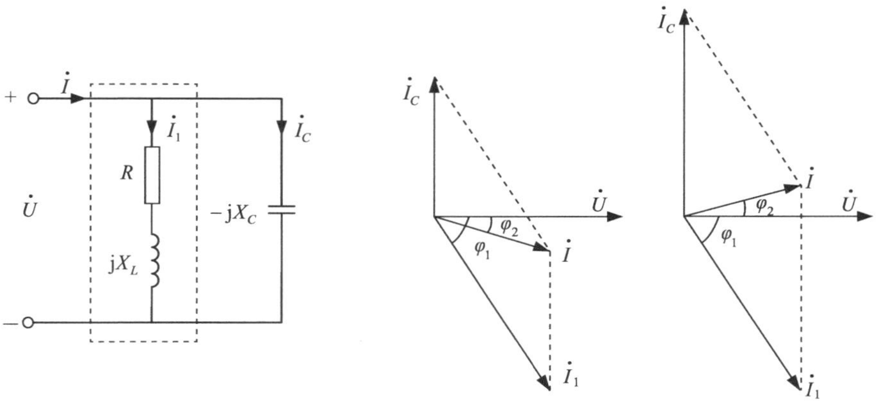

（a）电路图　　　　（b）相量图　　　　（c）C 值偏大的相量图

图 3-25　功率因数补偿图

在并联电容之后，如图 3-25(b)相量图所示，电路上的总电流 $\dot{I}$ 不再是感性负载的电流 $\dot{I}_1$，而是感性负载电流 $\dot{I}_1$ 与电容电流 $\dot{I}_C$ 的和，即 $\dot{I} = \dot{I}_1 + \dot{I}_C$，此时，$I < I_1$，电路的总电

流减小。电路上的电压与电流的相位差变为 φ_2，线路的功率因数 $\cos\varphi = \cos\varphi_2$，而 $\varphi_2 < \varphi_1$，使得 $\cos\varphi_2 > \cos\varphi_1$，显然，电路的功率因数提高了。

需要注意：并联电容器后，原来感性负载端电压不变，功率因数不变，因此不影响它的正常工作；电容器本身不消耗功率；并联电容器提高的是整个电路的功率因数，不是提高感性负载的功率因数。

（2）补偿电容 C 值的计算

如果电容器的值选择适当，可使 $\varphi_2 = 0$，则 $\cos\varphi = \cos\varphi_2 = 1$。但当电容器的值选择不合适而使 $X_C = \dfrac{1}{\omega C}$ 减小，就会使电容器支路电流 I_C 较大，此时相量图如图 3-25（c）所示，线路电流会超前于电压 φ_2，且呈电容性，如果 I_C 过大，φ_2 角可能大于 φ_1 角，线路的功率因数 $\cos\varphi = \cos\varphi_2$ 反而减小，因此补偿电容 C 值的确定很重要，下面由不同的方法来分析。

① 相量式分析法。由图 3-25（b）所示相量图，设 $\dot{U} = U\angle 0°$，$\dot{I}_1 = I_1\angle -\varphi_1$，$\dot{I} = I\angle -\varphi_2$，则有

$$\dot{I}_C = \dot{I} - \dot{I}_1 = I\angle -\varphi_2 - I_1\angle -\varphi_1 = (I\cos\varphi_2 - jI\sin\varphi_2) - (I_1\cos\varphi_1 - jI_1\sin\varphi_1) = (I\cos\varphi_2 - I_1\cos\varphi_1) + j(I_1\sin\varphi_1 - I\sin\varphi_2) \tag{3-54}$$

由式（3-52）可得

$$\left.\begin{array}{l} I = \dfrac{P}{U\cos\varphi_2} \\[3mm] I_1 = \dfrac{P}{U\cos\varphi_1} \end{array}\right\} \tag{3-55}$$

将式（3-55）代入式（3-54）得

$$\dot{I}_C = \left(\dfrac{P}{U\cos\varphi_2}\cos\varphi_2 - \dfrac{P}{U\cos\varphi_1}\cos\varphi_1\right) + j\left(\dfrac{P}{U\cos\varphi_1}\sin\varphi_1 - \dfrac{P}{U\cos\varphi_2}\sin\varphi_2\right) = j\dfrac{P}{U}(\tan\varphi_1 - \tan\varphi_2) \tag{3-56}$$

根据电容元件伏安特性的相量形式得

$$\dot{I}_C = j\omega C\dot{U} = j\omega CU \tag{3-57}$$

由式（3-56）与式（3-57）相等可得

$$j\omega CU = j\dfrac{P}{U}(\tan\varphi_1 - \tan\varphi_2) \tag{3-58}$$

所以功率因数由 $\cos\varphi_1$ 提高到 $\cos\varphi_2$ 时，需要补偿的电容 C 值为

$$C = \dfrac{P}{\omega U^2}(\tan\varphi_1 - \tan\varphi_2) \tag{3-59}$$

② 相量图分析法。由相量图如图 3-25（b）所示，由直角三角形分析得

$$I_C = I_1\sin\varphi_1 - I\sin\varphi_2 \tag{3-60}$$

将式（3-55）代入式（3-60）得

$$I_C = \dfrac{P}{U\cos\varphi_1}\sin\varphi_1 - \dfrac{P}{U\cos\varphi_2}\sin\varphi_2 \tag{3-61}$$

由式(3-57)、式(3-61)的关系可得

$$\omega CU = \frac{P}{U}(\tan\varphi_1 - \tan\varphi_2)$$

需要补偿的电容 C 值为

$$C = \frac{P}{\omega U^2}(\tan\varphi_1 - \tan\varphi_2)$$

可见，上式与式(3-59)相同。

③ 无功功率分析法

感性负载的无功功率 Q_L 为

$$Q_L = P\tan\varphi_1$$

并联电容后电路的总无功功率 Q 为

$$Q = P\tan\varphi_2$$

则电容元件补偿的无功功率 Q_C 为

$$Q_C = Q_L - Q = P\tan\varphi_1 - P\tan\varphi_2 = P(\tan\varphi_1 - \tan\varphi_2) \qquad (3\text{-}62)$$

根据电容元件的特性得

$$Q_C = \omega CU^2 \qquad (3\text{-}63)$$

由式(3-62)与式(3-63)相等的关系可得

$$\omega CU^2 = P(\tan\varphi_1 - \tan\varphi_2)$$

需要补偿的电容 C 值为

$$C = \frac{P}{\omega U^2}(\tan\varphi_1 - \tan\varphi_2)$$

可见，上式与式(3-59)相同。

【例 3-13】某工业负载经一条阻抗为 $Z = (0.2 + j0.4)\Omega$ 的线路从大系统获得电能。电路如图 3-26 所示，电源频率 50Hz，感性负载的功率 10kW，功率因数为 0.6，其端电压 $\dot{U} = 220\angle0°$V 保持不变，若通过并联电容将功率因数提高到 0.95，试求：(1)需要并联的电容 C 值的大小；(2)需要补偿的无功功率 Q_C；(3)负荷运行一年 6500h，因功率因数提高所节约的电能。

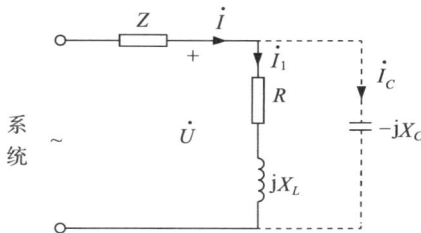

图 3-26

解：(1)电容 C 值

由题意可知　　　　　　$\cos\varphi_1 = 0.6$，$\varphi_1 = 53.13°$，$\tan\varphi_1 = 1.33$

$$\cos\varphi_2 = 0.95, \quad \varphi_2 = 18°, \quad \tan\varphi_2 = 0.32$$

$$C = \frac{P}{2\pi fU^2}(\tan\varphi_1 - \tan\varphi_2) = \frac{10\times10^3}{2\times3.14\times50\times220^2}(1.33-0.32)F = 665\mu F$$

（2）补偿的无功功率

$$Q_c = P(\tan\varphi_1 - \tan\varphi_2) = 10\times10^3\times(1.33-0.32)var = 10.1kvar$$

（3）节约的电能量

①并联电容前

线路上的电流

$$I_1 = \frac{P}{U\cos\varphi_1} = \frac{10\times10^3}{220\times0.6} = 75.76A$$

线路电阻上的能量损失

$$W_1 = I^2Rt = 75.76^2\times0.2\times6500\times10^{-3} = 7461.45kW\cdot h$$

②并联电容后

线路上的电流

$$I = \frac{P}{U\cos\varphi_2} = \frac{10\times10^3}{220\times0.95} = 47.85A$$

线路电阻上的能量损失

$$W_2 = I^2Rt = 47.85^2\times0.2\times6500\times10^{-3} = 2976.51kW\cdot h$$

一年节约的电能

$$W = W_1 - W_2 = (7461.45-2976.51) = 4484.94kW\cdot h$$

🧠 **练习与思考**

1. 电感性负载是否可采用串联电容的方法来提高功率因数？为什么？

2. 电感性负载采用并联电容提高功率因数，原负载所需的无功功率是否有变化？电源提供的无功功率是否有变化？为什么？

3.6 电路的谐振

在具有 R、L、C 三参数的正弦交流电路中，电路端电压与电路中的电流一般不同相。如果调节电路的参数或电源的频率而使它们同相，这时电路中就会出现谐振现象。研究谐振的目的是要认识这种客观现象，并在生产上充分利用谐振的特征，同时又要预防由它产生的危害。根据产生谐振电路的结构组成，谐振现象可分为串联谐振和并联谐振。下面分别加以介绍。

3.6.1 串联谐振

在图 3-27（a）所示的 RLC 串联电路中，复阻抗为

$$Z = R+jX = R+j(X_L-X_C)$$

当 $X_L = X_C$ 时，阻抗角 $\varphi = 0$，即电源电压 u 与电路中的电流 i 同相，此时电路呈电阻性，这时电路中产生谐振现象。由于谐振现象产生于串联电路中，故称串联谐振。

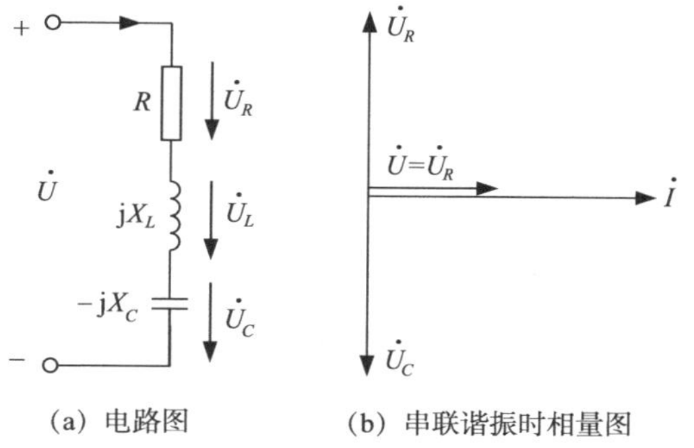

(a) 电路图　　　(b) 串联谐振时相量图

图 3-27　*RLC* 串联电路

（1）谐振条件

串联电路发生谐振时，$X_L = X_C$，则有

$$\omega L = \frac{1}{\omega C} \text{或} 2\pi f L = \frac{1}{2\pi f C} \tag{3-64}$$

式（3-64）是发生串联谐振的条件，由此可得出谐振时的角频率和频率，称为谐振角频率和谐振频率，分别用 ω_0 和 f_0 表示。

$$\omega = \omega_0 = \frac{1}{\sqrt{LC}} \text{或} f = f_0 = \frac{1}{2\pi \sqrt{LC}} \tag{3-65}$$

可见，当电源频率 f 与电路参数 L 和 C 之间满足式（3-65）关系，串联电路就会发生谐振，因此只要调节 L、C 或电源频率 f 都能使电路产生谐振。

（2）谐振特征

① 在电源电压一定的情况下，电路中电流达到最大值 $I_{\max}$。

在图 3-27（a）所示的 *RLC* 串联电路中，阻抗模为

$$|Z| = \sqrt{R^2 + (X_L - X_C)^2}$$

当 $X_L = X_C$ 时，$|Z| = R$，其值最小，在电源电压一定的情况下，电路中的电流将在谐振时达到最大，即

$$I_{\max} = I_0 = \frac{U}{R}$$

在图 3-28 中给出了阻抗模和电流等随频率变化的曲线。

② 电源电压与电路中的电流同相，电路呈电阻性。

当 $X_L = X_C$ 时，电路的总无功功率为

$$Q = I^2 (X_L - X_C) = 0$$

可见，电源只向电阻元件提供有功功率，而不提供无功功率。电路的能量互换只发生在电感元件与电容元件之间。

③ 串联电路中电感元件的电压有效值与电容元件的电压有效值相等，即 $U_L = U_C$。

图 3-27（b）所示为串联电路相量图，当 $X_L = X_C$ 时，有 $IX_L = IX_C$，所以 $U_L = U_C$，而 $\dot{U}_L$、$\dot{U}_C$ 在相位上相反，相互抵消，对整个电路不起作用，因此电源电压 $\dot{U} = \dot{U}_R$。

$\dot{U}_L$ 和 $\dot{U}_C$ 虽然可相互抵消，但是它们的单独作用却不能忽视，因为

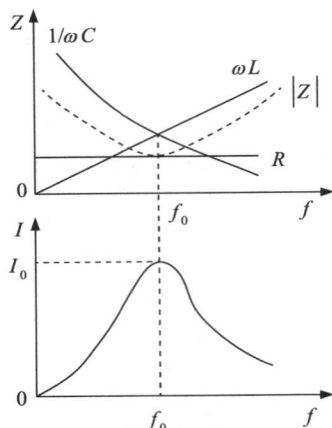

$$\left.\begin{aligned} U_L &= X_L I = X_L \frac{U}{R} \\ U_C &= X_C I = X_C \frac{U}{R} \end{aligned}\right\} \tag{3-66}$$

当 $X_L = X_C > R$ 时，U_L、U_C 都会高于电源电压 U。因此串联谐振又称电压谐振。如果电压过高，可能会击穿线圈和电容器的绝缘。因此，在电力工程中一般应避免发生串联谐振。但在无线工程中却利用串联谐振来获得较高电压，通常电容或电感元件上的电压可高达电源电压的几十倍或几百倍。

图 3-28　阻抗模和电流等随频率变化曲线

通常将 U_L、U_C 与电源电压 U 的比值用 Q 来表示，称为电路的品质因数或简称 Q 值。

$$Q = \frac{U_C}{U} = \frac{U_L}{U} = \frac{1}{\omega_0 RC} = \frac{\omega_0 L}{R} \tag{3-67}$$

在式（3-67）中，它的意义是表示在谐振时电容或电感元件上的电压是电源电压的 Q 倍。可见 Q 值越高，电感（或电容）两端的电压比电源电压就高得越多。

（3）串联谐振的应用

串联谐振在无线电工程中的应用较多，如在收音机里利用谐振来选择信号。

图 3-29 所示为接收机里典型的输入电路。其作用是将需要收听的信号从天线接收到的许多频率不同的信号之中选择出来，而对其他不需要的信号起到抑制作用。输入回路的主要部分是天线线圈 L_1 和由电感线圈 L 与可变电容器 C 组成的串联谐振电路。当各种不同频率的电磁波信号被天线线圈 L_1 接收后，都会在 LC 串联谐振电路中感应出相应的电动势 e_1，e_2，$e_3\cdots$，其等效电路如图 3-29（b）所示，R 为线圈 L 的等效电阻。调节可变电容器 C，直到对所选信号频率发生串联谐振，此时 RLC 回路中该频率的电流出现最大值，在可变电容器 C 两端的该

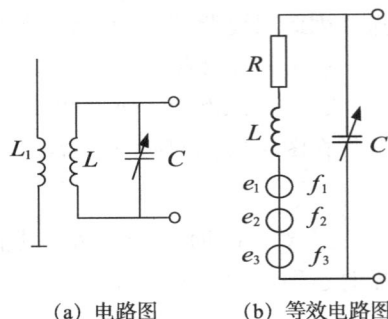

（a）电路图　　（b）等效电路图

图 3-29　接收机的输入电路

频率的电压值最高。而其他各种不同频率的信号虽然也在接收机里出现，但由于没有达到谐振，在回路中产生的电流很小。这样就起到了选择信号和抑制干扰信号的作用。

这里又涉及了一个选择性的问题。如图 3-30 所示，若谐振曲线较尖锐时，稍有偏离谐振频率，信号电流就大大减弱，也就是说，谐振曲线越尖锐，选择性就越强。通常引入通频带的概念来表示选择性的强弱。定义在电流 I 值等于最大值 I_0 的 70.7% 处频率的上下限之间的宽度为通频带，即

$$\Delta f = f_2 - f_1$$

式中：f_1——电流 I 值等于最大值 I_0 的 70.7% 处对应的下限频率；

f_2——电流 I 值等于最大值 I_0 的 70.7% 处对应的上限频率。

显然，通频带宽度越小，表明谐振曲线越尖锐，电路的选择性越强。而曲线的尖锐程度还与 Q 相关，如图 3-31 所示。若电路的 L 和 C 值不变，当 R 值越小，Q 值越大，则谐振曲线的选择性越强。这也是品质因数 Q 的另外一个物理意义。减小 R 值，也就是减小线圈导线的电阻和电路中的各种能量损耗。

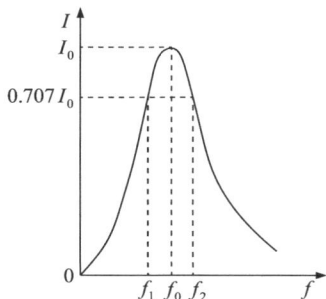

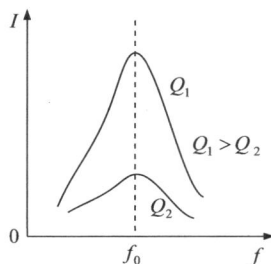

图 3-30　通频带宽度　　　　图 3-31　Q 与谐振曲线的关系

【例 3-14】将一个线圈（$L=1.2\text{mH}$，$R=50\Omega$）与一个电容器（$C=50\text{pF}$）串联，接在电压 $U=25\text{V}$ 上，试求：（1）电路的谐振频率 f_0；（2）发生谐振时电路中的电流 I_0 和电容 C 上的电压 U_C；（3）品质因数 Q；（4）当频率增加 10% 时，电路中的电流 I 和电容 C 上的电压 U_C。

解：（1）电路的谐振频率

$$f_0=\frac{1}{2\pi\sqrt{LC}}=\frac{1}{2\times3.14\times\sqrt{1.2\times10^{-3}\times50\times10^{-12}}}=650\text{kHz}$$

（2）谐振时电路的电流

$$X_L=2\pi f_0 L=2\times3.14\times650\times10^3\times1.2\times10^{-3}\approx4900\Omega$$

$$X_C=\frac{1}{2\pi f_0 C}=\frac{1}{2\times3.14\times650\times10^3\times50\times10^{-12}}\approx4900\Omega$$

$$I_0=\frac{U}{R}=\frac{25}{50}=0.5\text{A}$$

$$U_C=I_0 X_C=0.5\times4900=2450\text{V}$$

（3）品质因数

$$Q=\frac{U_C}{U}=\frac{2450}{25}=98$$

（4）当频率增加 10% 时

$$X_L=5390\Omega$$

$$X_C=4455\Omega$$

$$|Z|=\sqrt{R^2+(X_L-X_C)^2}=\sqrt{50^2+(935)^2}=936\Omega$$

$$I=\frac{U}{|Z|}=\frac{25}{936}=0.027\text{A}$$

$$I<I_0=0.5\text{A}$$

$$U_C=IX_C=0.027\times4455=120\text{V}<2450\text{V}$$

可见，偏离谐振频率 10% 时，I 和 U_C 就大大减小。

3.6.2 并联谐振

（1）谐振条件

在图 3-32 所示的线圈 L 和电容器 C 并联电路中，当线圈的品质因数很高，即 $R \ll \omega_0 L$ 时，其等效阻抗为

$$Z = \frac{(R + j\omega L)\left(-j\dfrac{1}{\omega C}\right)}{R + j\omega L - j\dfrac{1}{\omega C}} \approx \frac{j\omega L\left(-j\dfrac{1}{\omega C}\right)}{R + j\omega L - j\dfrac{1}{\omega C}} = \frac{\dfrac{L}{C}}{R + j\left(\omega L - \dfrac{1}{\omega C}\right)}$$

当将电源角频率 ω 调节到 ω_0，使 $\omega_0 L = \dfrac{1}{\omega_0 C}$，即

$$\omega = \omega_0 = \frac{1}{\sqrt{LC}} \text{或} f = f_0 = \frac{1}{2\pi\sqrt{LC}}$$

则 $Z = \dfrac{\dfrac{L}{C}}{R} = \dfrac{L}{RC}$，此时，电路发生并联谐振。

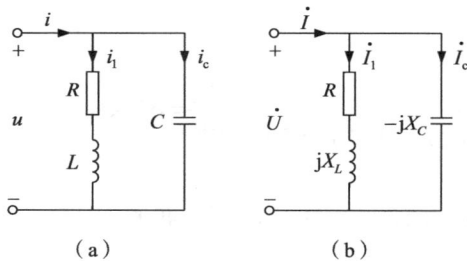

图 3-32　并联电路

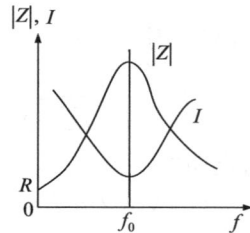

图 3-33　$|Z|$ 和 I 的谐振曲线

（2）谐振特征

① 在电源电压一定的情况下，电路中的电流达到最小值。并联谐振时，电路的阻抗模 $|Z_0| = L/RC$ 值最大，此时电流 I 最小，即

$$I = I_0 = \frac{U}{|Z_0|}$$

阻抗模与电流的谐振曲线如图 3-33 所示。

② 电源电压与电路中的电流同相，电路呈电阻性。谐振时电路的阻抗模相当于一个电阻。

③ 谐振时各并联支路的电流为

$$I_1 = \frac{U}{\sqrt{R^2 + (\omega_0 L)^2}} \approx \frac{U}{\omega_0 L} \tag{3-68}$$

$$I_C = \frac{U}{\dfrac{1}{\omega_0 C}} \tag{3-69}$$

因为 $\omega_0 L = \dfrac{1}{\omega_0 C}$，$\omega_0 L >> R$，即 $\varphi_1 \approx 90°$。

由图 3-32 可知，$\dot{I} = \dot{I}_0 = \dot{I}_1 + \dot{I}_C$，相应的相量图如图 3-34 所示。由式（3-68）、式（3-69）和图 3-34 的相量图可知，$I_1 \approx I_C \gg I_0$，即在谐振时并联支路的电流近于相等，相位近于相反，而大小比总电流大许多倍。

将 I_C 或 I_1 与总电流 I_0 的比值称为电路的品质因数

$$Q = \frac{I_1}{I_0} = \frac{1}{\omega_0 CR} = \frac{\omega_0 L}{R} \qquad (3\text{-}70)$$

即在谐振时，支路电流 I_C 或 I_1 是总电流 I_0 的 Q 倍，也就是在谐振时，电路的阻抗模为支路模的 Q 倍。

若电路的 L 和 C 值不变，当 R 值越小，Q 值越大，阻抗模 $|Z_0|$ 越大，阻抗谐振曲线也越尖锐，选择性就越强，如图 3-35 所示。

并联谐振在无线电工程和工业电子技术中有较多应用，如利用并联谐振阻抗模高的特点来选择信号或消除干扰。

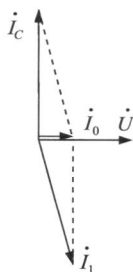

图 3-34　并联谐振时的相量图

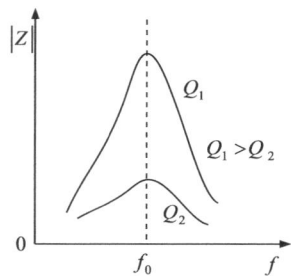

【例 3-15】图 3-29（b）所示为一个线圈（$L = 3\text{mH}$，$R = 50\Omega$）与一个电容器（$C = 120\text{pF}$）并联电路。试求：（1）电路的谐振角频率 ω_0；（2）品质因数 Q；（3）谐振电路的阻抗模 $|Z_0|$。

解：（1）若忽略电阻不计，谐振角频率为

$$\omega_0 = \frac{1}{\sqrt{LC}} = \frac{1}{\sqrt{3 \times 10^{-3} \times 120 \times 10^{-12}}} = 1.67 \times 10^6 \text{rad/s}$$

（2）品质因数

$$Q = \frac{\omega_0 L}{R} = \frac{1.67 \times 10^6 \times 3 \times 10^{-3}}{50} = 100$$

（3）谐振电路的阻抗模

$$|Z_0| = \frac{L}{RC} = \frac{3 \times 10^{-3}}{50 \times 120 \times 10^{-12}} \Omega = 500\text{k}\Omega$$

图 3-35　不同 Q 值时的阻抗模谐振曲线

练习与思考

1. 试分析电路发生谐振时能量的消耗和互换情况。

2. 试说明频率 $f > f_0$ 或 $f < f_0$ 时，RLC 串联电路是电容性还是电感性的。

习　题

一、选择题

1. 通常所说的交流电压 220V 或 380V，指的是（　　）。

A. 平均值　　　　　　B. 有效值　　　　　　C. 最大值　　　　　　D. 瞬时值

2. 以下各物理量中，构成正弦量三要素的是（　　）。

A. 周期、频率与角频率　　　　　　　　　B. 有效值、角频率与初相

C. 有效值、角频率与相位差　　　　　　　D. 最大值、周期与角频率

3. 下列关系式中正确的是( )。

A. $f=2\pi/\omega$　　　　B. $\omega=f/T$　　　　C. $T=\omega/2\pi$　　　　D. $\omega=2\pi f$

4. 已知 $u=110\sqrt{2}\sin(\omega t+75°)$ V，$i=10\sqrt{2}\sin(\omega t-45°)$ A，则 u 与 i 的相位关系为( )。

A. u 超前 i 30°　　　B. u 滞后 i 30°　　　C. i 超前 u 120°　　　D. i 滞后 u 120°

5. 已知交流电流 $i=5\sqrt{2}\sin(\omega t-25°)$ A，则下列各式正确的是( )。

A. $\dot{I}=5\sqrt{2}\angle25°$ A　　B. $\dot{I}=5\sqrt{2}\angle-25°$ A　　C. $\dot{I}=5\angle-25°$ A　　D. $\dot{I}=5\angle25°$ A

6. 既能反映正弦量大小又能反映正弦量快慢的表示方法是( )。

A. 三角函数表示法和相量式表示法　　　B. 三角函数表示法和波形图表示法

C. 波形图表示法和相量图表示法　　　　D. 相量式表示法和相量图表示法

7. 某电阻上电压 $u=20\sqrt{2}\sin(\omega t+35°)$ V，测得电阻的功率为 40W，则电阻的阻值为( )。

A. 2Ω　　　　　　B. 10Ω　　　　　　C. 20Ω　　　　　　D. 80Ω

8. 某电感元件的感抗 $X_L=2\Omega$，其端电压 $u=20\sin(\omega t+70°)$ V，则通过电感元件的电流 i 为( )。

A. $i=10\sqrt{2}\sin(\omega t+20°)$ A　　　　　　B. $i=10\sin(\omega t+20°)$ A

C. $i=10\sqrt{2}\sin(\omega t-20°)$ A　　　　　　D. $i=10\sin(\omega t-20°)$ A

9. 某电容元件的容抗 $X_C=10\Omega$，其端电压 $u=220\sqrt{2}\sin(\omega t+15°)$ V，则通过它的电流 $\dot{I}$ 为( )。

A. $\dot{I}=22\sqrt{2}\angle-75°$ A　　B. $\dot{I}=22\sqrt{2}\angle105°$ A　　C. $\dot{I}=22\angle105°$ A　　D. $\dot{I}=22\angle-75°$ A

10. 在纯电感正弦交流电路中，下列表达式错误的是( )。

A. $U=X_LI$　　　B. $u=\omega Li$　　　C. $\varphi_i=\varphi_u-90°$　　　D. $Z=jX_L$

11. 在纯电容正弦交流电路中，下列表达式正确的是( )。

A. $U=-jX_CI$　　　B. $\varphi_u=\varphi_i+90°$　　　C. $i=C\dfrac{du}{dt}$　　　D. $P=I^2X_C$

12. 在 RLC 串联电路中，$R=5\Omega$，$X_L=6\Omega$，$X_C=8\Omega$，则该电路的性质为( )。

A. 电阻性　　　　　B. 电感性　　　　　C. 电容性　　　　　D. 不确定

13. 采用并联电容器提高感性负载的功率因数后，测量电能的电度表的走字速度将( )。

A. 加快　　　　　　B. 减慢　　　　　　C. 不变　　　　　　D. 不确定

14. 在 RLC 串联谐振电路中，当 L 和 C 不变时，增大电阻 R，则( )。

A. 谐振频率降低　　　　　　　　　　　B. 电流谐振曲线变尖锐

C. 电流谐振曲线变平坦　　　　　　　　D. 谐振频率升高

15. 在 RL 和 C 并联谐振电路中，当 L 和 C 不变时，增大电阻 R，则阻抗模 $|Z_0|$( )。

A. 增大　　　　　　B. 减小　　　　　　C. 不变　　　　　　D. 不确定

二、分析计算题

1. 已知一正弦电压 $u=141.4\sin(314t+60°)$ V。试求：（1）正弦电压的最大值 U_m 和有效值 U；（2）角频率 ω、频率 f 和周期 T；（3）初相 φ_u；（4）$t=0$、$T/6$、$T/2$ 时的瞬时值；（5）画出其波形图。

2. 已知 $i_1=14.14\sin(314t-60°)$ A，$i_2=28.28\sin(314t+30°)$ A。试求：（1）相量式 $\dot{I}_1$ 和 $\dot{I}_2$；（2）i_1 与 i_2 的相位差；（3）$i=i_1+i_2$。

3. 已知 $\dot{I}_1 = (8+j6)$ A，$\dot{I}_2 = 10\angle-36.9°$ A，频率均为 $f=50$ Hz。试求：（1）$\dot{I} = \dot{I}_1 + \dot{I}_2$；（2）$i_1$ 和 i_2 的瞬时值。

4. 习题图 3-1 所示为正弦电压和正弦电流的相量图，已知 $I_1=10$ A，$I_2=5$ A，$U=220$ V，试分别写出它们的瞬时值和相量式。

5. 习题图 3-2 所示电感电路，电感 $L=70$ mH，（1）已知 $i=10\sqrt{2}\sin100\pi t$ A，求 u；（2）设 $\dot{U}=127\angle-30°$ V，$f=50$ Hz，求 i。

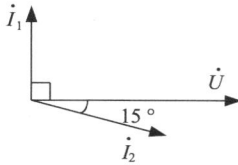

习题图 3-1　　　习题图 3-2　习题图 3-3

6. 习题图 3-3 所示电容电路，电容 $C=64\mu$F，（1）已知 $u=220\sqrt{2}\sin100\pi t$ V，求 i；（2）设 $\dot{I}=0.2\angle-60°$ A，$f=50$ Hz，求 $\dot{U}$。

7. 将一个线圈接于 220V，50Hz 的电源上，测得 $I=5$ A，$P=100$ W。试求线圈的电阻 R 和电感 L。

8. 交流接触器的线圈电阻 $R=22\Omega$，$L=7.3$ H，接于 220V，50Hz 的电源上，此时线圈的电流为多少？若将其误接于 220V 的直流电源上，线圈的电流又为多少？会出现什么后果？（线圈额定电流为 0.1A）

9. 试求习题图 3-4 电路中电流表 A_0 或电压表 V_0 的读数。

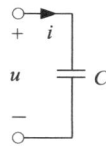

（a）　　　　　　　　　（b）

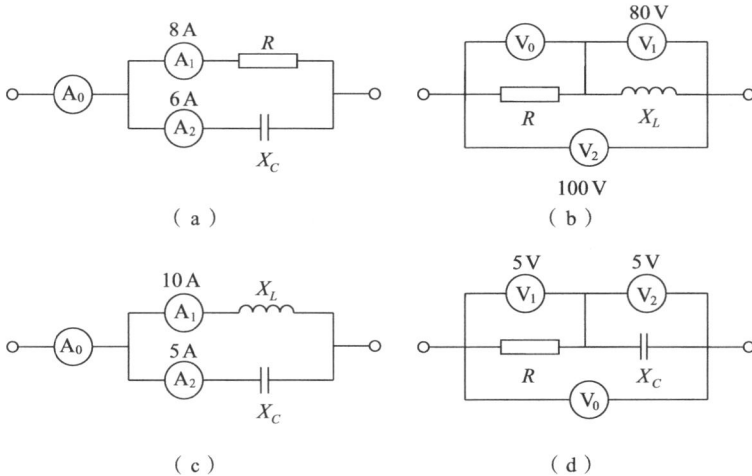

（c）　　　　　　　　　（d）

习题图 3-4

10. 在 RLC 串联电路中，电源电压 $u=220\sqrt{2}\sin(314t+60°)$ V，$R=6\Omega$，$X_L=18\Omega$，$X_C=10\Omega$，试求：（1）电路的阻抗模 $|Z|$；（2）电流 i 瞬时值表达式；（3）做出电压与电流相量图。

11. 在 RLC 串联电路中，已知 $R=20\Omega$，$L=0.1$ H，$C=30\mu$F，$I=20$ A，试求：（1）当频率 $f=50$ Hz 时的 U_R、U_L、U_C 和 U，并画出电压相量图。（2）当频率 $f=5000$ Hz 时的 U_R、U_L、U_C 和 U，并画出电压相量图。

12. 在习题图 3-5 所示电路中，若在电路端口加一正弦电压，在开关 S 闭合与断开时端口电流 I 不变，试分析 X_L 和 X_C 满足什么关系，并说明开关 S 闭合与断开时电路的性质。

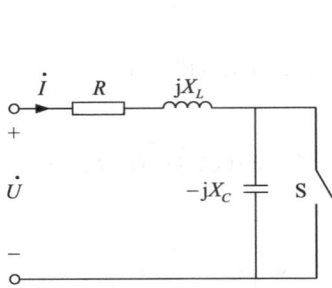

习题图 3-5

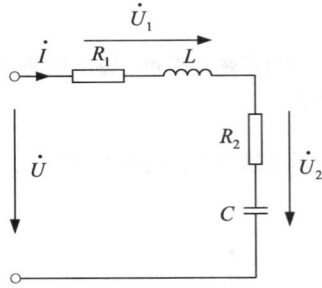

习题图 3-6

13. 在习题图 3-6 所示电路中，已知 $f=1000\text{kHz}$，$R_1=10\text{k}\Omega$，$R_2=1\text{k}\Omega$，$L=10\text{mH}$，$\dot{U}_1$ 和 $\dot{U}_2$ 有 90° 相位差，试求电容 C。

14. 在习题图 3-7 所示电路中，已知 $u_i=\sqrt{2}\sin(1180t+2\pi)\text{V}$，$R=5.1\text{k}\Omega$，$C=0.01\mu\text{F}$，试求：（1）输出电压 U_0；（2）输出电压 u_0 与输入电压 u_i 的相位差；（3）如果电源频率增高，输出电压比输入电压超前的相位差角增大还是减小。

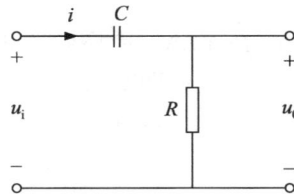

习题图 3-7

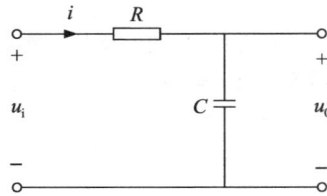

习题图 3-8

15. 在习题图 3-8 所示 RC 移相电路中，输入电压 $u_i=100\sqrt{2}\sin1000\pi t\text{V}$，若 $R=100\Omega$，$C=5\mu\text{F}$，试求：（1）输出电压 u_0；（2）输出电压 u_0 与输入电压 u_i 的相位差；（3）欲使输出电压 u_0 的相位滞后输入电压 u_i 为 45°，u_i 的频率应为多少？

16. 在习题图 3-9 所示 RLC 并联电路中，已知 $R=10\Omega$，$C=100\mu\text{F}$，$L=20\text{mH}$，当外加电源电压 $U=220\text{V}$ 和 $f=50\text{Hz}$ 时，试求电路的各支路电流和总电流，并计算电路功率和功率因数。

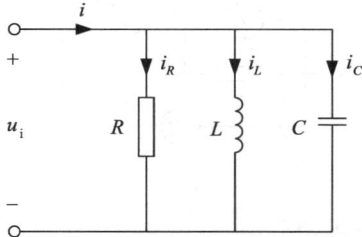

习题图 3-9

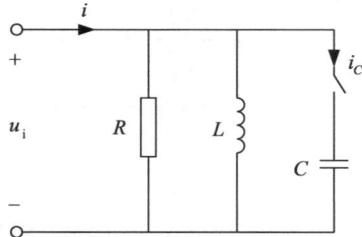

习题图 3-10

17. 在习题图 3-10 所示电路中，已知 $R=10\Omega$，$X_L=10\Omega$，当开关 S 闭合后，欲使输入电流 i 滞后于输出电流 i_C 为 60°，求并联电容的容抗 X_C 应为多少？

18. 在习题图 3-11 所示电路中，已知 $I_1=10\text{A}$，$I_2=10\sqrt{2}\text{A}$，$U=220\text{V}$，$R_1=5\Omega$，$R_2=X_L$，试求 I、X_C、X_L 及 R_2。

19. 在习题图 3-12 所示电路中，已知 $R=5\Omega$，$X_C=2\Omega$，$X_L=5\Omega$，电压源 $u_{S1}=100\sqrt{2}\sin\omega t\text{ V}$，$u_{S2}=100$

$\sqrt{2}\sin(\omega t+90°)$ V，试求各支路电流。

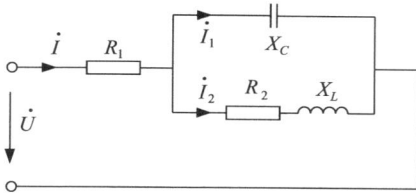

习题图 **3-11**　　　　　　　习题图 **3-12**

20. 接在工频 380V 电源上的感性负载，$P=30\text{kW}$，$\cos\varphi_1=0.5$，若将电路的功率因数提高到 $\cos\varphi_2=0.9$，试求：（1）并联电容 C 值；（2）补偿功率 Q_C；（3）并联电容后的总电流。

21. 已知无源二端网络端口电压、电流为关联参考方向，$\dot{U}=110\angle 0°\text{V}$，$\dot{I}=20\angle 30°\text{A}$。试求：（1）等效阻抗 Z；（2）网络的有功功率 P、无功功率 Q、视在功率 S 和功率因数；（3）判断网络的性质。

22. 在习题图 3-13 所示电路中，当开关 S 打开时，电流表读数为 5A，电压表读数为 220V，功率表读数为 500W。当开关闭合后，电流表读数减小，其他参数未变，试求：（1）确定该网络的性质；（2）网络的等效电阻和电抗；（3）电路的功率因数。

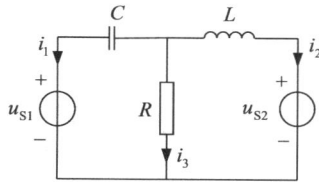

习题图 **3-13**

23. 已知某感性负载 $R=9\Omega$、$X_L=12\Omega$，将其接至电源电压为 220V、额定容量为 $4\text{kV}\cdot\text{A}$ 的工频交流电源上。（1）试求电路的功率因数、电流、有功功率、无功功率及视在功率。（2）若把线路的功率因数提高到 0.9，问应并多大电容？功率因数提高后，除供给原负载外，还可接入多少盏 220V、40W 的白炽灯？

24. 有一 220V、60W 的电炉，需要用在 380V 的工频交流电源上，如要使电炉的端电压保持在 220V 的额定值，试问：（1）应给它串联多大的电阻？（2）或者应给它串联感抗多大的线圈（其电阻可忽略）？并从功率因数和效率两方面比较上述两种方法。如果串联电容是否也可以？

25. 有一 RLC 串联电路，$R=5\Omega$，$L=10\text{mH}$，$C=1\mu\text{F}$，电源电压 $U=2\text{V}$，求谐振频率 f_0，谐振电流 I_0 和电压 U_L、U_C。

26. 有一 RLC 串联电路，它在电源频率 $f=1000\text{Hz}$ 时发生谐振。谐振电流 $I_0=0.5\text{A}$，容抗为 $X_C=628\Omega$，并测得电容电压 U_C 为电源电压 U 的 50 倍。试求该电路的电阻 R、电感 L 和电源电压 U。

第4章 三相交流电路

电力是现代工业的主要动力，三相交流电路是电力系统中普遍采用的一种电路，目前电能的生产、输送、分配和使用几乎都采用三相交流电的形式，这是由于三相交流发电机和电动机的性能较好，三相输电比较经济。

由三相电源供电的电路称为三相电路，上一章学习的交流电路只是三相电路中某一相的电路。本章主要学习三相交流电路中电源和负载的联结方式以及电压、电流和功率的计算。

4.1 三相交流电源

4.1.1 对称三相电动势的产生

（1）三相交流发电机的原理

三相电动势是由三相交流发电机产生的。图 4-1 是三相交流发电机的原理图，它的主要组成部分是定子和转子。

定子是固定的部分。定子铁芯由硅钢片叠压而成，内圆周表面冲有槽，用以放置三相绕组（即三个线圈）。每相绕组匝数和形状均相同，A 相绕组如图 4-2 所示，它们的始端标以 A、B、C，末端标以 X、Y、Z，每相绕组的两边放置在相应的定子铁芯槽内，要求绕组的始端之间以及末端之间都彼此相隔 120°安放。

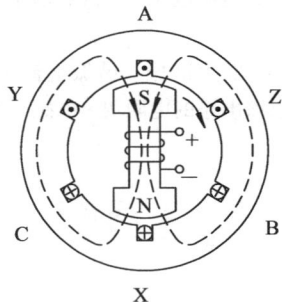

图 4-1　三相交流发电机原理

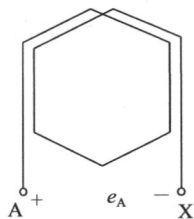

图 4-2　A 相绕组示意图

转子是转动的部分。转子铁芯上绕有励磁绕组，其中通以直流电。采用适当的磁极极面形状和励磁绕组的分布情况，可使空气隙中的磁感应强度按正弦规律分布。这样，当转子以恒定转速旋转时，定子绕组中感应出来的就是正弦电动势。

（2）三相电的概念

当转子由原动机（水轮机、汽轮机等）带动，并以匀速按顺时针方向转动时，定子三相绕组依次切割磁力线，产生电动势。由于三个绕组的结构完全相同，又是以同一速度切割同一转子磁极的磁力线，只是绕组的轴线互差 120°，因而三相绕组中产生的是三个频率相同、幅值相等、相位互差 120° 的电动势，称为三相对称电动势，它们分别为 e_A、e_B、e_C，电动势的正方向选定为自绕组的末端指向始端，并以 e_A 为参考正弦量，则三相对称电动势的函数表达式为

$$\left.\begin{array}{l} e_A = E_m \sin\omega t \\ e_B = E_m \sin(\omega t - 120°) \\ e_C = E_m \sin(\omega t - 240°) = E_m \sin(\omega t + 120°) \end{array}\right\} \quad (4\text{-}1)$$

用相量表示为

$$\left.\begin{array}{l} \dot{E}_A = E \angle 0° = E \\ \dot{E}_B = E \angle -120° = E\left(-\dfrac{1}{2} - j\dfrac{\sqrt{3}}{2}\right) \\ \dot{E}_C = E \angle 120° = E\left(-\dfrac{1}{2} + j\dfrac{\sqrt{3}}{2}\right) \end{array}\right\} \quad (4\text{-}2)$$

三相交流电出现正幅值或相应零值的顺序称为相序。一般以 e_A 为参考电动势，若 e_B 滞后于 e_A，e_C 又滞后于 e_B 时（A-B-C 的相序）称为顺相序。反之，若为 A-C-B 的相序则称为逆相序。电力系统一般采用顺相序，如无特别说明，三相电动势总是指顺相序。图 4-3 是三相对称电动势的相量图和波形图。

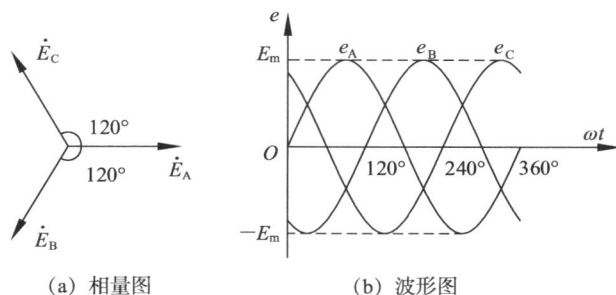

（a）相量图　　　　　　　　（b）波形图

图 4-3　三相对称电动势

显然，三相对称电动势的瞬时值或相量之和为零，即

$$\left.\begin{array}{l} e_A + e_B + e_C = 0 \\ \dot{E}_A + \dot{E}_B + \dot{E}_C = 0 \end{array}\right\} \quad (4\text{-}3)$$

4.1.2 三相电源的连接方式

（1）三相电源的星形连接

三相电源的连接方式有星形（Y）和三角形（△）两种。较为常见的是星形连接的四线制供电系统，其三相绕组的接法如图 4-4 所示，即将三个末端（X、Y、Z）连接起来，这一连接点称为中性点或零点，用 N 表示。从中性点引出的导线称为中性线或零线，如果中性线接地，则该线又称为地线。从始端 A、B、C 引出的三根供电线称为相线或端线，俗称火线。

三相电源连接成星形时，如图 4-4 所示，可以得到两种电压。一种是每相始端与末端间的电压，即相线与中性线间的电压，称为相电压，其有效值用 U_A、U_B、U_C 表示，或统一用 U_P 表示，其参考方向规定为由每相绕组的始端指向末端（或端线指向中线）。另一种是任意两始端间的电压，即两相线间的电压，称为线电压，其有效值用 U_{AB}、U_{BC}、U_{CA} 表示，或统一用 U_L 表示，其参考方向规定为由下标中的前一字母指向后一字母。

如果忽略电源三相绕组以及导线中的阻抗，那么三个相电压就等于相对应的三个电动势。因为三个电动势是对称的，所以三个相电压也对称。故得

$$\left.\begin{array}{l} \dot{U}_A = U_A \angle 0° \\ \dot{U}_B = U_B \angle -120° \\ \dot{U}_C = U_C \angle 120° \end{array}\right\} \tag{4-4}$$

三相电源连接成星形时，显然相电压和线电压是不相等的，在图 4-4 所示参考方向下，根据 KVL 定律，线电压与相电压的关系为

$$\left.\begin{array}{l} \dot{U}_{AB} = \dot{U}_A - \dot{U}_B \\ \dot{U}_{BC} = \dot{U}_B - \dot{U}_C \\ \dot{U}_{CA} = \dot{U}_C - \dot{U}_A \end{array}\right\} \tag{4-5}$$

以 $\dot{U}_A$ 为参考相量，根据式（4-5）可以画出电压的相量图，如图 4-5 所示。因为三个相电压 $\dot{U}_A$、$\dot{U}_B$、$\dot{U}_C$ 是对称的，所以三个线电压 $\dot{U}_{AB}$、$\dot{U}_{BC}$、$\dot{U}_{CA}$ 也是对称的。由相量图

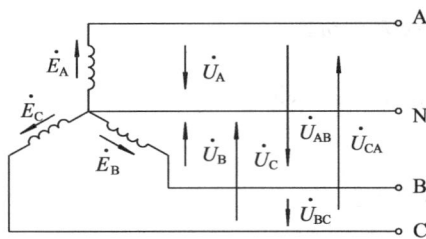

图 4-4 三相电源的星形连接

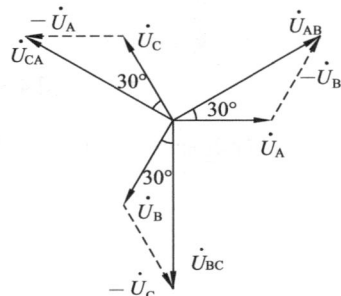

图 4-5 星形连接电压相量图

可知，各线电压与相应相电压之间的关系为

$$\left.\begin{array}{l} \dot{U}_{AB} = \sqrt{3}\,\dot{U}_{A}\angle 30° \\[6pt] \dot{U}_{BC} = \sqrt{3}\,\dot{U}_{B}\angle 30° \\[6pt] \dot{U}_{CA} = \sqrt{3}\,\dot{U}_{C}\angle 30° \end{array}\right\} \tag{4-6}$$

可见，在数值上线电压有效值等于相电压有效值的$\sqrt{3}$倍，即

$$U_{L} = \sqrt{3}\,U_{P} \tag{4-7}$$

在相位上各线电压超前于相应的相电压30°。

我国低压供电系统大多采用星形连接的三相四线制供电系统，线路的标准电压为相电压 220V，线电压为 380V（$380V = \sqrt{3} \times 220V$）。220V 可为白炽灯、日光灯等额定电压为 220V 的负载使用；380V 的线电压可以供给三相异步电动机和大功率的三相电热器等额定电压为 380V 的负载使用。

（2）三相电源的三角形连接

在生产实际中，发电机的三相绕组很少连接成三角形，通常接成星形。对三相变压器来讲，两种接法都有。

电源的三角形接法如图 4-6 所示。三相绕组的首端与另一相的末端依次连接，构成一个闭合回路，然后从三个连接点引出三条相线。可以看出这种接法供电只需三条导线，但它所提供的电压只有一种，即

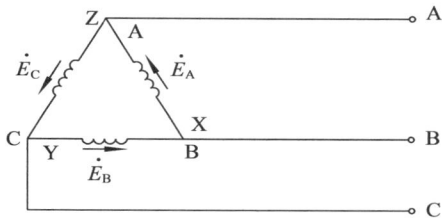

图 4-6　三相电源的三角形连接

$$U_{L} = U_{P} \tag{4-8}$$

三角形连接的电源线电压等于相电压。

练习与思考

1. 已知三相对称电源的 A 相电动势为 $e_{A} = 220\sqrt{2}\sin(314t + 60°)$ V，请写出其他两相电动势的瞬时值表达式。

2. 星形连接的对称三相电源，若相电压 $u_{A} = 220\sqrt{2}\sin\omega t$ V，则 $\dot{U}_{B}$ 和 $\dot{U}_{AB}$ 是多少？

3. 三相发电机星形连接时，绕组的相电压都是 220V，但有一相绕组的首端与末端接反了。请画出电压相量图，求三个线电压的数值。

4. 三角形连接的对称三相电源，空载运行时，三相电动势会不会在三相绕组所构成的闭合回路中产生电流？

4.2　三相负载

三相负载一般可以分为两类，一类是三相对称负载，如三相交流电动机、三相电炉等，必须接在三相电源上才能工作；另一类是单相负载，只需单相电源供电即可工作，如

白炽灯、家用电器等，为了使三相电源供电平衡，常将这样的负载大致平均分配到三相电源的三个相上，但这类负载每相的阻抗几乎不可能完全平衡，属于不对称负载。

三相电路中负载的连接方法也有星形连接和三角形连接两种。无论采用哪种连接方法，每相负载首末端之间的电压称为负载的相电压；两相负载首端之间的电压称为负载的线电压；每相负载中通过的电流称为负载的相电流，负载从供电线上取用的电流称为负载的线电流。

实际应用中，负载应采取哪一种连接方式，应根据电源电压和负载额定电压的大小来决定。原则上，负载的额定相电压等于电源的相电压应采用星形连接；负载的额定相电压等于电源的线电压应采用三角形连接。如果负载的额定电压不等于电源电压，则需用变压器。图 4-7 所示的是三相四线制电路，设其线电压为 380V，通常电灯的额定电压为 220V，故要接在相线与中线之间，而且电灯负载大量使用时，应当比较均匀地分配在各相之中；而三相电动机的三个接线端，总是与电源的三根相线相连，电动机本身的三相绕组可以连接成星形或三角形，它的连接方法在铭牌上标出，如 380V Y 联结或 380V △联结。

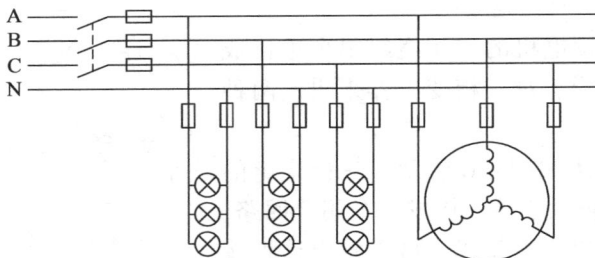

图 4-7　电灯与电动机的星形连接

4.2.1　三相负载的星形连接

若把三相负载 Z_A、Z_B、Z_C 的一端连在一起，成为一个公共点，并接到三相电源的中线上，而各负载的另一端分别接到三相电源的相线上，就构成三相负载的星形连接。

负载星形连接的三相四线制电路可用图 4-8 所示电路表示，电压和电流的参考方向都已在图中标出。三相电路中的电流有相电流与线电流之分，每相负载中通过的电流为相电流，统一用 I_P 表示；每根相线中的电流为线电流，统一用 I_L 表示。在负载为星形连接时，显然相电流即为线电流，即

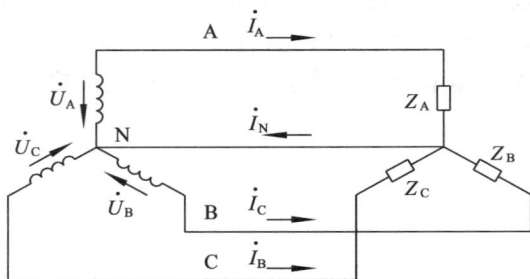

图 4-8　负载星形连接的三相四线制电路

$$I_P = I_L \tag{4-9}$$

如果不计连接导线的阻抗，负载承受的电压就是电源的相电压，而且每相负载与电源构成一个单独回路，任何一相负载的工作不受其他两相工作的影响，所以各相电流的计算方法和单相电路一样，即

$$\left. \begin{array}{l} \dot{I}_A = \dfrac{\dot{U}_A}{Z_A} \\[2mm] \dot{I}_B = \dfrac{\dot{U}_B}{Z_B} \\[2mm] \dot{I}_C = \dfrac{\dot{U}_C}{Z_C} \end{array} \right\} \tag{4-10}$$

根据图 4-8 中电流的参考方向，中性线电流为

$$\dot{I}_N = \dot{I}_A + \dot{I}_B + \dot{I}_C \tag{4-11}$$

$\dot{I}_N$ 的大小和相位可以用复数计算，也可以从相量图上求得，三相感性负载星形连接时电压和电流的相量图，如图 4-9 所示。

如果三相负载是对称的，即三相负载的复阻抗相等 $Z_A = Z_B = Z_C = Z$，则电流 $\dot{I}_A$、$\dot{I}_B$ 和 $\dot{I}_C$ 的有效值也相等，在相位上互差 $120°$，是一组对称的三相电流。三相感性对称负载星形连接时电压和电流的相量图，如图 4-10 所示。

可见当三相对称负载星形连接时，中性线电流为

$$\dot{I}_N = \dot{I}_A + \dot{I}_B + \dot{I}_C = 0$$

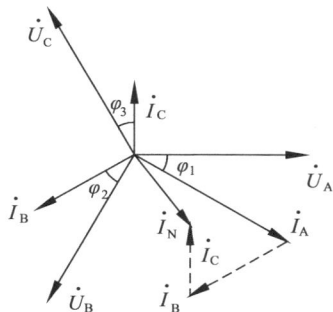

图 4-9 感性负载星形连接时的相量图　　图 4-10 感性对称负载星形连接时的相量图

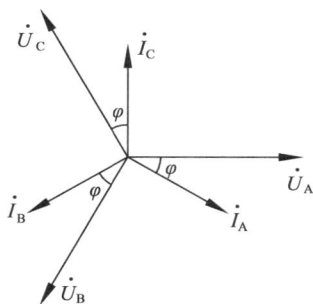

中性线中既然没有电流通过，就可以取消中性线，便成为三相三线制电路。生产上的三相负载（如三相电动机、各相电阻相等的三相电阻炉）一般都是对称负载，可不接中性线运行。三相三线制的星形连接只能在三相负载确保对称时采用，否则在没有中性线的情况下，不对称的各相负载上的电压，将不再等于电源的相电压，有的相偏高，有的相偏低，使负载损坏或不能正常工作，这都是不允许的。

中性线的作用就在于使星形连接的不对称负载的相电压等于电源的相电压。照明电路

不能保证三相负载对称，故必须设置中性线，而且要保证中性线的可靠性，因此中性线（干线）内不允许接入熔断器或开关。

【**例 4-1**】在图 4-11 的三相四线制供电线路中，已知电压为 380/220V，三相负载都是白炽灯，其中 A 相电阻 R_A 为 11Ω，B 相电阻 R_B 为 22Ω，C 相电阻 R_C 为 44Ω，求各线电流，并作相量图。

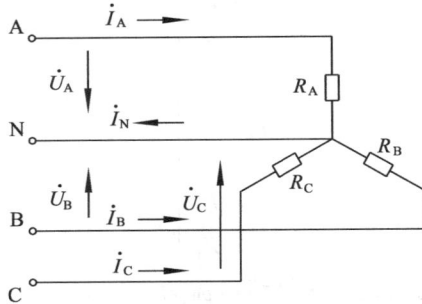

图 4-11

解：在图 4-11 中设

$$\left.\begin{array}{l} \dot{U}_A = 220\angle 0°\text{V} \\ \dot{U}_B = 220\angle -120°\text{V} \\ \dot{U}_C = 220\angle 120°\text{V} \end{array}\right\}$$

则各线电流为

$$\dot{I}_A = \frac{\dot{U}_A}{R_A} = \frac{220\angle 0°}{11}\text{A} = 20\angle 0°\text{A}$$

$$\dot{I}_B = \frac{\dot{U}_B}{R_B} = \frac{220\angle -120°}{22}\text{A} = 10\angle -120°\text{A}$$

$$\dot{I}_C = \frac{\dot{U}_C}{R_C} = \frac{220\angle 120°}{44}\text{A} = 5\angle 120°\text{A}$$

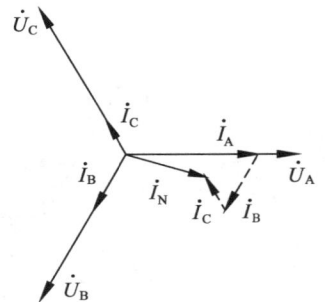

图 4-12

$$\begin{aligned} \dot{I}_N = \dot{I}_A + \dot{I}_B + \dot{I}_C &= (20\angle 0° + 10\angle -120° + 5\angle 120°)\text{A} \\ &= (20 - 5 - \text{j}8.66 - 2.5 + \text{j}4.33)\text{A} \\ &= (12.5 - \text{j}4.33)\text{A} \\ &= 13.2\angle -19.1°\text{A} \end{aligned}$$

电压和电流的相量图，如图 4-12 所示。

【**例 4-2**】上题中，若 C 相灯不开。(1)求各线电流并画出相量图；(2)若此时中性线同时断开，求 A 相和 B 相白炽灯上的电压。

解：(1)图 4-11 中若 C 相灯不开，则 R_C 视为 ∞，故 $I_C = 0$，A 相和 B 相不受影响，其相电压仍为 220V，电流不变。此时中性线电流为

$$\dot{I}_{\mathrm{N}} = \dot{I}_{\mathrm{A}} + \dot{I}_{\mathrm{B}} = (20\angle 0° + 10\angle -120°)\,\mathrm{A}$$
$$= (20 - 5 - \mathrm{j}8.66)\,\mathrm{A}$$
$$= (15 - \mathrm{j}8.66)\,\mathrm{A}$$
$$= 17.3\angle -30°\,\mathrm{A}$$

电压和电流的相量图，如图 4-13 所示。

（2）若 C 相灯不开，同时中性线也断开，则电路如图 4-14 所示，这时电路已成为单相电路，即 A 相的白炽灯和 B 相的白炽灯串联，接在线电压 $U_{\mathrm{AB}} = 380\mathrm{V}$ 的电源上，两相电流相等。至于两相电压的分配，按照分压原理可求得 A 相和 B 白炽灯的电压为

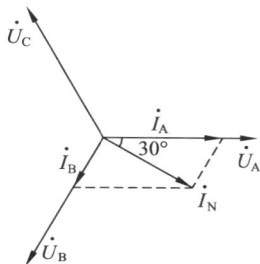

图 4-13　　　　　　　　图 4-14

$$U'_{\mathrm{A}} = 380\times\frac{R_{\mathrm{A}}}{R_{\mathrm{A}} + R_{\mathrm{B}}} = 380\times\frac{11}{11 + 22}\mathrm{V} = 126.7\mathrm{V}$$

$$U'_{\mathrm{B}} = 380\times\frac{R_{\mathrm{B}}}{R_{\mathrm{A}} + R_{\mathrm{B}}} = 380\times\frac{22}{11 + 22}\mathrm{V} = 253.3\mathrm{V}$$

说明当星形连接负载不对称时，若中性线断开，各相负载的电压不再等于电源的相电压。本例题中 A 相白炽灯因电压太低而不能正常发光，B 相白炽灯则因电压太高而烧毁。

4.2.2　三相负载的三角形连接

若把三相负载 Z_{AB}、Z_{BC}、Z_{CA}，每相负载的首端依次与另一相负载的末端连接在一起，形成三角形，然后将三个连接点分别接在三相电源的三根相线上，就构成三相负载的三角形连接。显然这种连接只能是三相三线制。

负载三角形连接的电路可用图 4-15 所示电路表示，电压和电流的参考方向都已在图中标出。每相负载分别接在电源的两根相线间，所以每相负载的相电压 U_{P} 等于电源的线电压 U_L，即

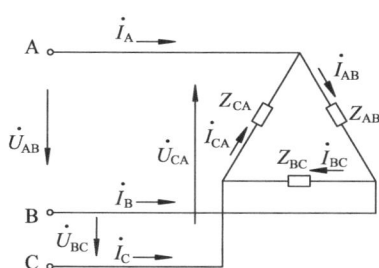

图 4-15　负载三角形连接的三相电路

$$U_{\mathrm{P}} = U_L \tag{4-12}$$

由于三相电源是对称的，因此不论三相负载对称与否，负载相电压总是对称的。

各相负载的相电流为

$$
\left.\begin{aligned}
\dot{I}_{AB} &= \frac{\dot{U}_{AB}}{Z_{AB}} \\[2mm]
\dot{I}_{BC} &= \frac{\dot{U}_{BC}}{Z_{BC}} \\[2mm]
\dot{I}_{CA} &= \frac{\dot{U}_{CA}}{Z_{CA}}
\end{aligned}\right\} \tag{4-13}
$$

在负载三角形连接时，线电流 $\dot{I}_A$、$\dot{I}_B$、$\dot{I}_C$ 和相电流 $\dot{I}_{AB}$、$\dot{I}_{BC}$、$\dot{I}_{CA}$ 间的关系可由图 4-15 根据 KCL 定律得出

$$
\left.\begin{aligned}
\dot{I}_A &= \dot{I}_{AB} - \dot{I}_{CA} \\
\dot{I}_B &= \dot{I}_{BC} - \dot{I}_{AB} \\
\dot{I}_C &= \dot{I}_{CA} - \dot{I}_{BC}
\end{aligned}\right\} \tag{4-14}
$$

如果三相负载是对称的，即 $Z_{AB} = Z_{BC} = Z_{CA} = Z$，又因为线电压是三相对称的，根据式(4-13)可知，负载相电流也是对称的。三相感性对称负载三角形连接时电压和电流的相量图，如图 4-16 所示。

线电流是根据式(4-14)得出的，显然三相对称负载三角形连接时，线电流也是对称的。由图 4-16 可知，在数值上对称负载三角形连接时，线电流与相电流有效值间的关系为

$$
I_L = \sqrt{3}\, I_P \tag{4-15}
$$

在相位上，各线电流滞后于相应的相电流 30°，它们的相量关系为

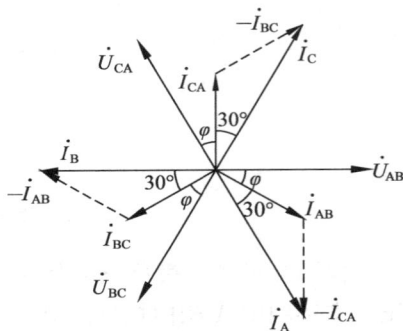

图 4-16 感性对称负载三角形连接时的相量图

$$
\left.\begin{aligned}
\dot{I}_A &= \sqrt{3}\, \dot{I}_{AB} \angle -30° \\
\dot{I}_B &= \sqrt{3}\, \dot{I}_{BC} \angle -30° \\
\dot{I}_C &= \sqrt{3}\, \dot{I}_{CA} \angle -30°
\end{aligned}\right\} \tag{4-16}
$$

🧠 练习与思考

1. 什么是对称三相电动势、电压或电流？什么是对称负载？

2. 三相电源的线电压和相电压是如何定义的，关系如何？三相负载的线电流和相电流是如何定义的，关系如何？

3. 请谈谈负载星形连接的三相四线制电路中线的作用。

4. 三相电路中负载有哪两种连接方法？当负载额定电压等于电源线电压时，应如何连

接？当负载额定电压等于电源线电压的 $1/\sqrt{3}$ 时，应如何连接？

5. 如图 4-17 所示，为三相对称星形负载的电流和线电压的相量图，已知线电压为 380V，电流为 10A，请在图中绘制相电压相量图，并计算每相负载的等效阻抗。

6. 为什么电灯开关一定要接在相线（火线）上？

7. 在对称三相电路中，下述两式是否正确：（1）$I_L = \dfrac{U_P}{|Z|}$；

（2）$I_L = \dfrac{U_L}{|Z|}$。

图 4-17

8. 有 220V、100W 的白炽灯 66 盏，应如何接入线电压为 380V 的三相四线制电路？求负载在对称情况下的线电流。

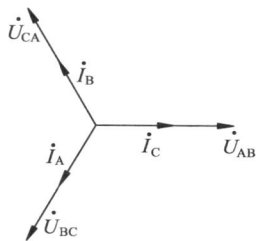

4.3 三相电路的功率与计算

在三相电路中，不论负载采用星形连接还是三角形连接，总有功功率等于各相有功功率之和，即

$$P = P_A + P_B + P_C \tag{4-17}$$

总无功功率等于各相无功功率之和，即

$$Q = Q_A + Q_B + Q_C \tag{4-18}$$

总视在功率为

$$S = \sqrt{P^2 + Q^2} \tag{4-19}$$

若三相负载对称，则各相的有功功率、无功功率分别相等，即

$$P_A = P_B = P_C = U_P I_P \cos\varphi$$
$$Q_A = Q_B = Q_C = U_P I_P \sin\varphi$$

从而得到用相电压、相电流表示的总有功功率、无功功率和视在功率为

$$\left.\begin{array}{l} P = 3U_P I_P \cos\varphi \\ Q = 3U_P I_P \sin\varphi \\ S = 3U_P I_P \end{array}\right\} \tag{4-20}$$

当对称负载是星形连接时，由于 $U_L = \sqrt{3}\,U_P$、$I_L = I_P$，故

$$P_Y = 3U_P I_P \cos\varphi = 3\left(\frac{U_L}{\sqrt{3}}\right)I_L \cos\varphi = \sqrt{3}\,U_L I_L \cos\varphi$$

当对称负载是三角形连接时，由于 $U_L = U_P$、$I_L = \sqrt{3}\,I_P$，故

$$P_\triangle = 3U_P I_P \cos\varphi = 3U_L\left(\frac{I_L}{\sqrt{3}}\right)\cos\varphi = \sqrt{3}\,U_L I_L \cos\varphi$$

可见，不论对称负载是星形连接或是三角形连接，用线电压、线电流表示的总有功功率、无功功率和视在功率为

$$\left.\begin{array}{l} P=\sqrt{3}\,U_L I_L \cos\varphi \\ Q=\sqrt{3}\,U_L I_L \sin\varphi \\ S=\sqrt{3}\,U_L I_L \end{array}\right\} \qquad (4\text{-}21)$$

应注意，式(4-21)中的 φ 角仍为相电压与相电流之间的相位差。

【例 4-3】有一台三相电动机，每相等效电阻 $R=29\Omega$，等效感抗 $X_L=21.8\Omega$。绕组为星形连接，接于线电压 $U_L=380V$ 的三相电源上。试求电动机的相电流、线电流以及从电源输入的功率。

解：由题意 $I_P=\dfrac{U_P}{|Z|}=\dfrac{220}{\sqrt{29^2+21.8^2}}=6.1A$

$$I_L=I_P=6.1A$$

$$P=\sqrt{3}\,U_L I_L \cos\varphi=\sqrt{3}\times380\times6.1\times\frac{29}{\sqrt{29^2+21.8^2}}=3200\text{W}=3.2\text{kW}$$

【例 4-4】线电压 $U_L=380V$ 的三相电源上接有两组对称负载，电路如图 4-18 所示，星形连接负载和三角形连接负载的每相复阻抗均相等，复阻抗 $Z=(4+3j)\Omega$。分别计算两种接法三相负载的总有功功率。

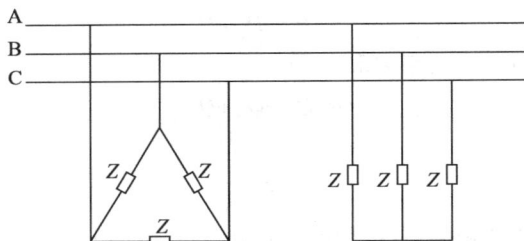

图 4-18

解：每相负载复阻抗的模为

$$|Z|=\sqrt{4^2+3^2}=5\Omega$$

每相负载的功率因数为

$$\cos\varphi=\frac{R}{|Z|}=\frac{4}{5}=0.8$$

对于星形连接负载，有

$$I_L=I_P=\frac{U_P}{|Z|}=\frac{U_L/\sqrt{3}}{|Z|}=\frac{380/\sqrt{3}}{5}=44A$$

$$P_Y=\sqrt{3}\,U_L I_L \cos\varphi=\sqrt{3}\times380\times44\times0.8\text{W}=23.2\text{kW}$$

对于三角形连接负载，有

$$I_L=\sqrt{3}\,I_P=\sqrt{3}\,\frac{U_P}{|Z|}=\sqrt{3}\,\frac{U_L}{|Z|}=\sqrt{3}\times\frac{380}{5}=132A$$

$$P_\triangle=\sqrt{3}\,U_L I_L \cos\varphi=\sqrt{3}\times380\times132\times0.8\text{W}=69.5\text{kW}$$

由此可见，当电源的线电压相同，且两种连接方法每相负载复阻抗均相等时，三角形连接负载的有功功率是星形连接负载的有功功率的 3 倍，即 $P_\triangle = 3P_Y$。

练习与思考

1. 一般情况下，$S = S_A + S_B + S_C$ 是否成立？

2. 同一三相负载，采用三角形连接，接于线电压为 220V 的三相电源上；以及采用星形连接，接于线电压为 380V 的三相电源上。试求这两种情况下三相负载的相电流、线电流及有功功率的比值。

3. 同一三相负载，采用三角形连接及星形连接，接于线电压相同的三相电源上，试求这两种情况下三相负载的相电流、线电流及有功功率的比值。

习　题

一、选择题

1. 在三相四线制中性点接地供电系统中，线电压指的是(　　)的电压。

A. 相线之间　　　　　　B. 零线对地间　　　　　　C. 相线对零线间　　　　　　D. 相线对地间

2. 在三相对称交流电源星形连接中，线电压超前于相应的相电压(　　)。

A. 120°　　　　　　B. 90°　　　　　　C. 60°　　　　　　D. 30°

3. 三相对称负载星形连接时，三相总电流(　　)。

A. 等于 0　　　　　　　　　　　　B. 等于其中一相电流的三倍

C. 等于其中一相电流　　　　　　　D. 不确定

4. 三相负载星形连接时，若 A 相断路，无中线，则 B 相、C 相负载承受(　　)。

A. 相电压　　　　　　　　　　　　B. B 相、C 相负载串联承受相电压

C. 线电压　　　　　　　　　　　　D. B 相、C 相负载串联承受线电压

5. 三相负载星形连接时，若 A 相短路，无中线，则 B 相、C 相负载承受(　　)。

A. 相电压　　　　　　　　　　　　B. B 相、C 相负载串联承受相电压

C. 线电压　　　　　　　　　　　　D. B 相、C 相负载串联承受线电压

6. 螺口灯头的安装，在灯泡装上后，灯泡的金属螺口不能外露，且应接在(　　)上。

A. 相线　　　　　　B. 中性线　　　　　　C. 保护线　　　　　　D. 以上均可

7. 照明开关接线时，所有开关均应控制电路的(　　)。

A. 相线　　　　　　B. 中性线　　　　　　C. 保护线　　　　　　D. 以上均可

8. 当低压电器发生火灾时，首先应做的是(　　)。

A. 迅速设法切断电源　　　　　　　B. 迅速离开现场去报告领导

C. 迅速用干粉或者二氧化碳灭火器灭火　　　D. 迅速用水扑救

二、分析计算题

1. 有一电源和负载都是星形连接的对称三相电路，已知电源相电压为 220V，负载每相复阻抗模 $|Z| = 10\Omega$。试求负载的相电流和线电流，电源的相电流和线电流。

2. 有一电源和负载都是三角形连接的对称三相电路，已知电源相电压为 220V，负载每相复阻抗模 $|Z| = 10\Omega$。试求负载的相电流和线电流，电源的相电流和线电流。

3. 在线电压为 380V 的三相四线制电源上，接有额定电压为 220V、功率为 100W 的白炽灯。设 A 相和 B 相各接 20 盏，C 相接 40 盏，求相电流和中性线电流。

4. 上题中，若 A 相因熔丝烧断而灯泡全部熄灭，中性线又因故断开，求 B 相和 C 相灯泡上的电压。

5. 在线电压为 380V 的三相四线制电源上，星形接法负载的 A 相接电阻，B 相接电感，C 相接电容，各相的阻抗值都是 10Ω。(1)画出电路图；(2)以 $\dot{U}_A$ 为参考相量，求 $\dot{I}_A$、$\dot{I}_B$、$\dot{I}_C$ 和 $\dot{I}_N$；(3)画出电压和电流的相量图。

6. 已知在三角形连接的三相对称负载中，每相负载为 30Ω 电阻与 40Ω 感抗串联，电源线电压为 380V，求相电流和线电流的数值。

7. 三角形对称负载的每相复阻抗为 $Z = 16+j24\Omega$，接于对称三相电源上，其线电压为 380V，试求：(1)负载的相电流、线电流，并画出它们的相量图；(2)当 CA 相断开时，再解本题；(3)当端线 A 断开时，再解本题。

8. 有一台三相异步电动机，其绕组接成三角形，接在线电压 $U_L = 380V$ 的电源上，从电源取用的功率 $P = 11.43kW$，功率因数 $\cos\varphi = 0.87$，试求电动机的相电流和线电流。

9. 已知三相对称电路，每相负载的电阻 $R = 4\Omega$、感抗 $X_L = 3\Omega$，试求：(1)设电源电压 $U_L = 220V$，求负载三角形连接时的相电压、相电流和线电流，并画出相量图。(2)设电源电压 $U_L = 380V$，求负载星形连接时的相电压、相电流和线电流，并画出相量图。(3)比较上述两种情况下的相电压、相电流和线电流。

10. 在习题图 4-1 所示电路中，已知电源线电压为 380V，$R_A = R_B = R_C = 10\Omega$，$Z_A = 10+j10\Omega$，$Z_B = 10-j10\Omega$。以 $\dot{U}_A$ 为参考相量，按图中设定的参考方向，求各电流。

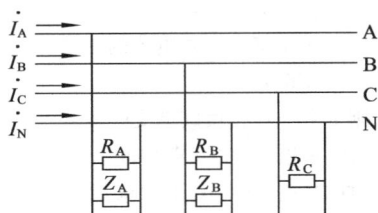

习题图 4-1

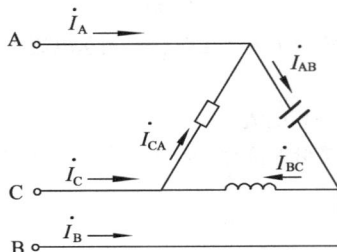

习题图 4-2

11. 三相电路如习题图 4-2 所示，已知 $R = 38\Omega$，$X_L = X_C = 38\Omega$，线电压为 380V。以线电压 $\dot{U}_{AB}$ 为参考相量，求各相电流和线电流。

12. 三相电路如习题图 4-3 所示，已知 $R = 5\Omega$，$X_L = X_C = 5\Omega$，接在线电压为 380V 的三相四线制电源上，试求：(1)各线电流及中性线电流；(2)A 线断开时的各线电流及中性线电流；(3)中性线及 A 线都断开时各线电流。

习题图 4-3

习题图 4-4

13. 已知三相电路如习题图 4-4 所示，线电压 380V，负载对称，$R = 220\Omega$，分别接成星形和三角形，试求：(1)电源线路中的总电流 $\dot{I}_A$、$\dot{I}_B$、$\dot{I}_C$；(2)总有功功率。

第 5 章　变压器与电动机

随着经济社会的发展，现代化和信息化不断推进，电能成为应用最为广泛的能源之一。变压器是一种将一定电压的交流电转换为频率相同的另一电压交流电的静止电气设备，在电力系统、电子通信系统和电子线路中有广泛的应用。电动机是一种将电能转换为机械能的电气设备，被广泛应用于工农业生产和家庭生活。两者均是通过电磁感应原理实现能量的传递。本章首先回顾了磁路的基本知识，然后重点介绍了单相变压器及三相异步电动机的工作原理及特性。

5.1　磁路

在前面几章中已讨论过各种电路的基本定律和分析方法。但在很多电工设备中，如变压器、电机、电工测量仪表、电磁铁等，它们不仅有电路的问题，同时还有磁路的问题。只有同时掌握了电路和磁路的基本理论，才能对各种电工设备做全面的分析。

5.1.1　磁路的基本概念

（1）*磁路*

众所周知，在通有电流的线圈周围会产生磁场。很多电工设备，如变压器、电机、电工测量仪表、电磁铁等，在工作时都要有磁场参与作用，因此必须把磁场聚集在一定的空间范围内，以便加以利用。为此，在电工设备中常用高导磁率的铁磁材料做成一定形状的铁芯，使之形成一个磁通的路径，使磁通的绝大部分通过这一路径而闭合，这种磁通的路径称为磁路。

（2）*磁路的基本物理量*

磁场中的基本物理量有磁感应强度 B、磁通 Φ、磁导率 μ、磁场强度 H。这些物理量的出处及定义在物理学中已学习过，这里只做简单的回顾。

① 磁感应强度 B。磁感应强度 B 是表示磁场内某点磁场强弱和方向的物理量，是一个矢量。它的大小等于通过垂直于磁场方向单位面积的磁力线数目，它的方向可用右手螺旋定则来确定。如果磁场内各点的磁感应强度大小相等、方向相同，则称之为均匀磁场。磁感应强度在国际单位制中的单位是特斯拉（T），简称特，1 特 = 1 韦伯/米²（$1T = 1Wb/m^2$）。

② 磁通 Φ。磁通 Φ 表示垂直通过某一截面的磁力线总数，在均匀磁场中，磁通 Φ 等于磁感应强度 B 与磁场方向相垂直的截面积 S 的乘积，即

$$\Phi = BS \tag{5-1}$$

磁通在国际单位制中的单位是韦伯(Wb)，简称韦。

③ 磁导率 μ。磁导率 μ 是一个用来表示磁场介质磁性的物理量，也是用来衡量物质导磁能力的物理量。磁导率在国际单位制中的单位是亨/米(H/m)。

真空中的磁导率 μ_0 为一常数，可由实验测得 $\mu_0 = 4\pi \times 10^{-7} \text{H/m}$。

任意一种物质的磁导率 μ 和真空的磁导率 μ_0 的比值称为该物质的相对磁导率，用 μ_r 表示，即

$$\mu_r = \frac{\mu}{\mu_0} \tag{5-2}$$

④ 磁场强度 H。磁场强度 H 也是矢量，它是表示磁场中各点的磁力大小和方向的物理量，其方向与该点处磁感应强度 B 的方向相同，其大小满足式(5-3)。

$$B = \mu H \tag{5-3}$$

（3）磁性材料的磁性能

自然界中有导电的良导体，如各类金属材料；也有导磁性能好的材料，如硅钢、坡莫合金等。按照物质的导磁性能不同，大体可分为非磁性材料和磁性材料两类。非磁性材料，其相对磁导率 $\mu_r \approx 1$，如水银、铜、硫、金、银、铅、铝、铂等，不能被强烈磁化。磁性材料(也称为铁磁材料)，如铁、钴、镍及其合金材料等，具有以下几大特点：

① 高导磁性。磁性材料的相对磁导率 $\mu_r \gg 1$，一般可达 $10^2 \sim 10^4$ 量级，在磁场中可被强烈磁化，被放入磁场后，磁感应强度会显著增大。因此，各种电机、变压器和电磁仪表等电气设备的线圈中，均放有由磁性材料制成的一定形状的铁芯，在这种线圈中通入不大的励磁电流，便可在磁性材料中产生足够大的磁通和磁感应强度，利用高性能的磁性材料可使同一容量的电机或变压器的质量和体积大大减轻和减小，从而在相同电能下大大提高电磁器件的工作效率。

② 磁饱和性。将磁性材料放入磁场强度为 H 的磁场，会被强烈磁化，其磁化曲线(B-H曲线)如图 5-1(a)所示。由于磁化所产生的磁场不会随着外磁场的增强而无限地增强，当外磁场增大到一定值时，磁感应强度达到饱和值，这种现象称为磁饱和性。从图 5-1(a)中，还可看出 B-H 曲线是非线性的，所以磁性材料的 μ 不是常数。

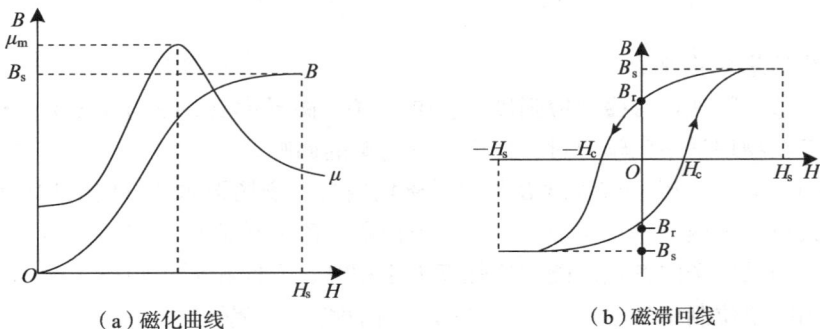

（a）磁化曲线　　　　　　　　　（b）磁滞回线

图 5-1　磁性材料性质

③ 磁滞特性。若将磁性材料进行周期性磁化，磁感应强度 B 随磁场强度 H 变化的曲线称为磁滞回线，如图 5-1（b）所示。从图 5-1（b）可见，当 H 已减小到零时，B 并未回到零值，而是等于 B_r。这种磁感应强度滞后于磁场强度变化的性质称为磁性材料的磁滞特性，B_r 称为剩磁感应强度。要使 B 值从 B_r 减小到零，必须施加反向外磁场，对应的反向外磁场强度 H_c 称为矫顽磁力。铁芯在反复交变磁化的情况下，其磁化过程是不可逆的。

按磁性物质的磁性能，磁性材料可以分为以下三种类型：

① 软磁材料。具有较小的矫顽磁力，磁滞回线较窄，一般用来制造电机、电器及变压器等的铁芯，常用的有铸铁、硅钢、坡莫合金及铁氧体等。

② 永磁材料。具有较大的矫顽磁力，磁滞回线较宽，一般用来制造永久磁铁，常用的有碳钢及铁镍合金等。

③ 矩磁材料。具有较小的矫顽磁力和较大的剩磁，磁滞回线接近矩形，稳定性良好，在计算机和控制系统中用作记忆元件、开关元件和逻辑元件，常用的有镁锰铁氧体等。

5.1.2　磁路的基本定律

（1）磁路的基尔霍夫第一定律

在磁路的某一个结点处，磁通的代数和恒等于 0（忽略漏磁通），即

$$\sum \Phi = 0 \tag{5-4}$$

式（5-4）中，流入结点的磁通取负号，流出结点的磁通取正号。

（2）磁路的安培环路定律

磁路的安培环路定律也称为全电流定律，磁场强度 H 与产生它的电流 I 之间的关系，满足式（5-5）。

$$\oint H \mathrm{d}l = \sum I \tag{5-5}$$

式（5-5）可表述为，磁场强度矢量沿任意闭合路径的线积分等于该闭合路径所包围的全部电流的代数和。其中，电流方向与回路绕行方向符合右手螺旋定则的取正号，反之取负号。

（3）磁路的欧姆定律

将全电流定律应用到材料相同、截面积相等的无分支闭合磁路上，则有

$$\oint H \mathrm{d}l = H \oint \mathrm{d}l = Hl = \sum I = NI \tag{5-6}$$

假设该种材料的磁导率为 μ，铁芯截面积为 S，磁路平均长度为 l，定义磁通势（或称磁动势）$F = NI$，且将式（5-1）、式（5-3）代入式（5-6）可得

$$F = NI = Hl = \frac{Bl}{\mu} = \Phi \frac{l}{\mu S} = \Phi R_{\mathrm{m}} \tag{5-7}$$

式（5-7）称为磁路的欧姆定律，其中磁通势 F 是产生磁场的激励，$R_{\mathrm{m}} = \dfrac{l}{\mu S}$ 为磁路的磁阻，是表示磁路对磁通阻碍作用的物理量，显然磁阻与磁路的结构尺寸以及所采用的磁性材料密切相关。

磁路的欧姆定律是分析磁路的最基本定律之一，但它只在形式上与电路欧姆定律相

似，实质上是有较大区别的。因为磁性物质的磁导率不是常数，而是随电流变化而变化的物理量，导致磁阻也是变化的，因而通常不能用磁路的欧姆定律对磁路进行定量计算，但可以用于定性分析很多磁路问题。

磁路的基本定律就是揭示磁路基本物理量之间关系的基本规律，磁路与电路具有某些相似特性，二者的对应关系见表 5-1。

表 5-1　磁路与电路的对应关系

项目	磁路	电路
物理量	磁通势 F	电动势 E
	磁压 $U_m(Hl)$	电压 U
	磁通 Φ	电流 I
	磁感应强度 B	电流密度 J
	磁阻 R_m	电阻 R
物理定律	磁阻 $R_m = \dfrac{l}{\mu S}$	电阻 $R = \dfrac{\rho l}{S}$
	磁路的欧姆定律 $F = \Phi R_m$	电路的欧姆定律 $U = IR$
	磁路的基尔霍夫第一定律 $\sum \Phi = 0$	基尔霍夫电流定律 $\sum I = 0$

【例 5-1】 已知有空气气隙的磁路如图 5-2 所示，线圈 N_1、N_2 中通入直流电流 I_1、I_2，设铁芯的磁路长度为 L，截面积为 S，磁导率为 μ，真空中的磁导率为 μ_0，试问：

（1）电流方向如图中所示时，该磁路的总磁通势为多少？

（2）若 N_2 中的电流 I_2 反向时，总磁通势又是多少？磁感应强度是多少？磁通是多少？

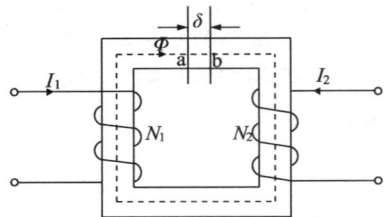

图 5-2

（3）若在图中 a、b 处切开，形成一空气气隙 δ，且 N_2 中的电流 I_2 仍然反向时，总磁通势又为多少？铁芯及空气气隙中的磁感应强度分别为多少？

解：（1）该磁路的总磁通势为

$$F_1 = N_1 I_1 - N_2 I_2$$

（2）此时磁路的总磁通势为

$$F_2 = N_1 I_1 + N_2 I_2$$

$$B = \mu H = \mu \frac{F_2}{L} = \frac{\mu}{L}(N_1 I_1 + N_2 I_2)$$

$$\Phi = BS = \frac{\mu S}{L}(N_1 I_1 + N_2 I_2)$$

（3）此时磁路的总磁通势为

$$F_3 = N_1 I_1 + N_2 I_2$$

$$B = \frac{\mu}{L - \delta}(N_1 I_1 + N_2 I_2)$$

$$B_0 = \mu_0 H_0 = \mu_0 \frac{F_3}{\delta} = \frac{\mu_0}{\delta}(N_1 I_1 + N_2 I_2)$$

练习与思考

1. 磁路的磁阻大小与哪些因素有关？对于确定材料制成的磁路，磁阻是否为常值？
2. 在磁路中，磁通密度指的是哪个物理量？

5.2　变压器

变压器是一种利用电磁感应原理而工作的电气设备。在交流电路中，变压器常用于实现电压变换、电流变换、阻抗变换及相位变换。

5.2.1　变压器的基本结构

如图 5-3（a）（b）所示为变压器的基本结构，它的主要部件是铁芯和绕组（线圈）。变压器的一般电气符号如图 5-3（c）所示。

（1）铁芯

铁芯是变压器的磁路部分，也是变压器绕组的支持骨架。铁芯的作用是导磁，以减小励磁电流。为了提高磁路的导磁性能和减少涡流及磁滞损耗，铁芯常用表面涂有绝缘漆的 0.35～0.5mm 厚的硅钢片交错叠装而成。

（2）绕组

绕组是变压器的电路部分。单相小功率变压器的绕组，多用高强度漆包线绕制，大功率变压器的绕组多用绝缘的扁铜线或铝线绕制。与交流电源连接的线圈称为原边绕组或原绕组（又称一次绕组、初级绕组），与负载连接的线圈称为副边绕组或副绕组（又称二次绕组、次级绕组）。

除铁芯和绕组之外，因容量和冷却方式等的不同，另外还需要有外壳、绝缘套管等其他部件。

（3）分类

按铁芯与绕组的配置情况，变压器可分为芯式和壳式两种。前者是绕组包围铁芯，后者是铁芯包围绕组，其结构见图 5-3。通常大型变压器为芯式，小型变压器为壳式。由于芯式铁芯结构简单，线圈的布置和绝缘也比较容易，因此，电力系统中的变压器主要采用芯式。

按相数不同，变压器可分为单相变压器、三相变压器和多相变压器等。

按每相绕组数的不同，变压器可分为单绕组变压器（常称为自耦变压器）、双绕组变压器、三绕组变压器和多绕组变压器等。

按用途的不同，变压器可分为电力变压器、电炉变压器、电焊变压器、整流变压器和仪用变压器（又称仪用互感器）等。

按冷却方式的不同，变压器可分为空气自冷式（又称干式）变压器、油浸自冷式变压

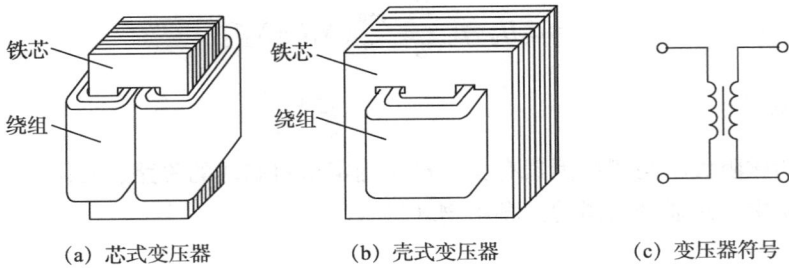

(a) 芯式变压器　　　　(b) 壳式变压器　　　　(c) 变压器符号

图 5-3　变压器的结构和符号

器、油浸风冷式变压器、强迫油循环式变压器和充气式变压器等。

（4）变压器的铭牌值

制造厂拟定的满负荷运行情况称为电气设备的额定运行，即满载运行。表征电气设备额定运行情况的电压、电流和功率等数值，称为电气设备的额定值。主要额定值标在设备铭牌上，称为铭牌值。变压器的主要额定值有以下几项。

① 额定电压。包括原绕组额定电压 U_{1N}，是指副绕组空载时原绕组允许加的电源电压值；副绕组额定电压 U_{2N}，是指原绕组加额定电压时副绕组的空载电压 U_{20}。三相变压器的额定电压是指线电压。

② 额定电流。包括原绕组额定电流 I_{1N} 和副绕组的额定电流 I_{2N}，是指在允许发热条件下，原、副绕组允许长期通过的最大电流。对于三相变压器，额定电流指线电流。

③ 额定容量。是指副绕组最大视在功率，是变压器传输功率的最大能力，数值上等于变压器副绕组额定电压和额定电流的乘积，即 $S_N = U_{2N}I_{2N}$，若忽略变压器的损耗，$S_N \approx U_{1N}I_{1N}$，对于三相变压器，$S_N = \sqrt{3}\,U_{2N}I_{2N}$。

④ 额定频率。我国规定为 50Hz。

⑤ 额定型号。以型号 S-100/10 为例来说明其含义：S 表示三相，短划线后分数的分子表示额定容量为 100kV·A，分数的分母表示高压绕组的额定电压为 10kV。

此外，铭牌上还标出变压器的额定温升、相数、接线图等。

5.2.2　变压器的工作原理

（1）电磁关系

变压器原绕组接上额定的正弦交流电压，而副绕组开路，这种情况称为变压器的空载工作。图 5-4 是单相变压器空载工作的原理图。

当原绕组两端加上正弦电压 u_1 时，原绕组中通过正弦电流 i_0，该电流称为变压器的空载电流。空载电流 i_0 通过匝数为 N_1 的原绕组，建立空载磁动势 i_0N_1。在它的作用下，产生了正弦磁通，其中大部分是主磁通 Φ，与原、副绕组交链；很小部分是漏磁通 $\Phi_{1\sigma}$，仅与原绕组交链。图中选择 u_1 与 i_0 为关联参考方向，e_1、$e_{1\sigma}$ 和 i_0 的参考方向与磁感线的参考方向都符合右手螺旋定则，如图 5-4 所示。

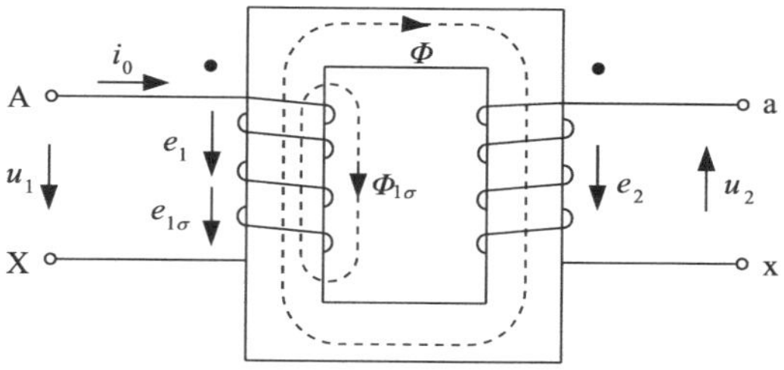

图 5-4　单相变压器空载工作的原理图

变压器的原、副绕组匝数分别为 N_1、N_2，主磁通 Φ 在原、副绕组中分别感应出主磁电动势 e_1、e_2，原绕组的漏磁通 $\Phi_{1\sigma}$ 在原绕组感应出漏磁电动势 $e_{1\sigma}$，它们的表达式分别为

$$e_1 = -N_1 \frac{\mathrm{d}\Phi}{\mathrm{d}t}, \quad e_2 = -N_2 \frac{\mathrm{d}\Phi}{\mathrm{d}t} \tag{5-8}$$

$$e_{1\sigma} = -N_1 \frac{\mathrm{d}\Phi_{1\sigma}}{\mathrm{d}t} = -L_{1\sigma} \frac{\mathrm{d}i_0}{\mathrm{d}t} \tag{5-9}$$

式中：$L_{1\sigma}$——原绕组的漏感。

由于漏磁通 $\Phi_{1\sigma}$ 经过的路径主要是非铁磁物质，其磁导率为一常数，$\Phi_{1\sigma}$ 与 i_0 成正比，故漏感 $L_{1\sigma}$ 是常数，且为 $L_{1\sigma} = N_1\Phi_{1\sigma}/i_0$。

由于原绕组所加电源电压 u_1 为正弦量，则主磁通也为正弦量。设主磁通 Φ 为参考正弦量，则有

$$\Phi = \Phi_{\mathrm{m}}\sin\omega t \tag{5-10}$$

式中：Φ_{m}——主磁通的幅值，Wb。

将式（5-10）代入式（5-8），可得主磁电动势 e_1、e_2 的瞬时值表达式分别为

$$e_1 = -N_1 \frac{\mathrm{d}\Phi}{\mathrm{d}t} = -N_1\omega\Phi_{\mathrm{m}}\cos\omega t$$

$$= 2\pi f N_1\Phi_{\mathrm{m}}\sin(\omega t - 90°) = \sqrt{2}E_1\sin(\omega t - 90°)$$

$$e_2 = -N_2 \frac{\mathrm{d}\Phi}{\mathrm{d}t} = -N_2\omega\Phi_{\mathrm{m}}\cos\omega t \tag{5-11}$$

$$= 2\pi f N_2\Phi_{\mathrm{m}}\sin(\omega t - 90°) = \sqrt{2}E_2\sin(\omega t - 90°)$$

式中：f——电源电压的频率，Hz。

由式（5-11）可见，在相位上，e_1、e_2 滞后于 Φ 90°；在数值上，它们的有效值 E_1、E_2 分别为

$$E_1 = \frac{2\pi f N_1\Phi_{\mathrm{m}}}{\sqrt{2}} = 4.44 f N_1\Phi_{\mathrm{m}}, \quad E_2 = \frac{2\pi f N_2\Phi_{\mathrm{m}}}{\sqrt{2}} = 4.44 f N_2\Phi_{\mathrm{m}} \tag{5-12}$$

用相量表示，即

$$\dot{E}_1 = -\mathrm{j}4.44 f N_1\dot{\Phi}_{\mathrm{m}}, \quad \dot{E}_2 = -\mathrm{j}4.44 f N_2\dot{\Phi}_{\mathrm{m}} \tag{5-13}$$

若认为电流 i_0 也是正弦量，并与主磁通 Φ 同相，即令 $i_0 = \sqrt{2}I_0\sin\omega t$，则由式（5-9）可得原绕组漏磁电动势：

$$e_{1\sigma} = -L_{1\sigma}\frac{\mathrm{d}}{\mathrm{d}t}(\sqrt{2}I_0\sin\omega t)$$

$$= -\sqrt{2}I_0\omega L_{1\sigma}\cos\omega t = \sqrt{2}I_0\omega L_{1\sigma}\sin(\omega t-90°) \tag{5-14}$$

用相量表示，则有

$$\dot{E}_{1\sigma} = -\mathrm{j}\dot{I}_0 X_{1\sigma} \tag{5-15}$$

式中：$X_{1\sigma}$——原绕组的漏抗，$X_{1\sigma} = \omega L_{1\sigma}$。

（2）电压变换

根据基尔霍夫电压定律和图 5-4 中所示各量参考方向，可得变压器空载时原绕组的电压平衡方程式为

$$u_1 = -(e_1+e_{1\sigma})+R_1 i_0 \tag{5-16}$$

式中：R_1——原绕组的电阻。

用相量表示，则可写为

$$\dot{U}_1 = -\dot{E}_1+R_1\dot{I}_0+\mathrm{j}X_{1\sigma}\dot{I}_0 = -\dot{E}_1+(R_1+\mathrm{j}X_{1\sigma})\dot{I}_0 = -\dot{E}_1+Z_{1\sigma}\dot{I}_0 \tag{5-17}$$

式中：$Z_{1\sigma}$——原绕组的复漏磁阻抗，$Z_{1\sigma} = R_1+\mathrm{j}X_{1\sigma}$。

式（5-17）表明：原绕组主磁电动势 E_1 的大小由电源电压 U_1、原绕组的电阻压降 $R_1 I_0$ 和漏抗压降 $X_{1\sigma}I_0$ 等三个因素所决定。然而，$Z_{1\sigma}I_0$ 的值很小，在变压器空载工作时，一般情况可认为

$$\dot{U}_1 \approx -\dot{E}_1 \tag{5-18}$$

由式（5-12）和式（5-18）可得

$$U_1 \approx E_1 = 4.44fN_1\Phi_m \tag{5-19}$$

式（5-19）表明：当电源频率 f 和原绕组匝数 N_1 一定时，变压器主磁通幅值 Φ_m 基本上由电源电压有效值 U_1 所决定。只要 U_1 不变，Φ_m 也就基本不变，这是分析变压器工作情况的一个重要根据。

变压器空载工作时，副绕组开路，电流为零，在图 5-4 中，可得副绕组的电压平衡方程式为

$$\dot{U}_{20} = \dot{E}_2 \tag{5-20}$$

由式（5-12）和式（5-20）可得

$$U_{20} = E_2 = 4.44fN_2\Phi_m \tag{5-21}$$

因此原、副绕组的电压之比可写成

$$\frac{U_1}{U_{20}} \approx \frac{E_1}{E_2} = \frac{N_1}{N_2} = K \tag{5-22}$$

式（5-22）表明变压器原、副绕组的电压之比等于原、副绕组匝数之比，用 K 表示，称为变压器的变比。

变压器的原绕组接上电源，副边加上负载，即变压器给负载供电，这种情况称为变压器的带载工作。当变压器带载工作时，主磁通 Φ 除了在原绕组中产生 e_1 外，同时在副绕组中产生感应电动势 e_2，从而在副绕组中产生电流 i_2。在副绕组的两端，即负载的两端产

生电压 u_2。i_2 与 i_1 共同作用合成主磁通，并产生仅与副绕组交链的漏磁通 $\Phi_{2\sigma}$。如图 5-5 所示，图中已设定各电压、电流、电动势和磁通的参考方向。根据基尔霍夫电压定律，可得副绕组的电压平衡方程式

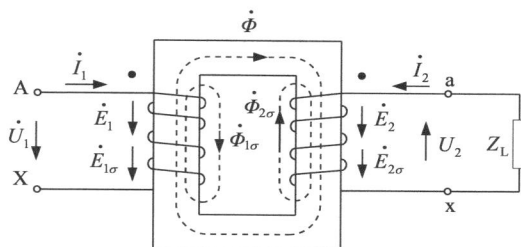

图 5-5　单相变压器带载工作的原理图

$$\dot{U}_2 = \dot{E}_2 - R_2 \dot{I}_2 - jX_{2\sigma} \dot{I}_2 = \dot{E}_2 - Z_{2\sigma} \dot{I}_2 \tag{5-23}$$

式中：R_2——副绕组的电阻；

$\quad X_{2\sigma}$——副绕组的漏抗；

$\quad Z_{2\sigma}$——副绕组的复漏磁阻抗，$Z_{2\sigma} = R_2 + jX_{2\sigma}$。

若忽略原、副绕组的复漏磁阻抗 $Z_{1\sigma}$ 和 $Z_{2\sigma}$ 的电压降，由式（5-19）和式（5-23）可知，原绕组和副绕组电压有效值之比为

$$\frac{U_1}{U_2} \approx \frac{E_1}{E_2} = \frac{N_1}{N_2} = K \tag{5-24}$$

由式（5-22）和式（5-24）可见，由于变压器原、副绕组匝数不同，变压器具有电压变换的作用。两绕组中，匝数多的绕组工作电压高，称为高压绕组，匝数少的绕组工作电压低，称为低压绕组，若以高压绕组为原绕组，低压绕组为副绕组，则变压器起降压作用；反之则起升压作用。

（3）电流变换

变压器在带载工作时，副绕组中电流 I_2 的大小主要取决于负载阻抗模 $|Z_L|$ 的大小，而原绕组的电流 I_1 的大小则取决于 I_2 的大小。这可以从两个方面来解释。

从能量的角度来看，副绕组向负载输出的功率，只能是由原绕组从电源吸取，然后通过主磁通传递到副绕组，因此 I_2 变化时，I_1 也会发生相应的变化。

从电磁关系的角度来看，空载时，主磁通是由磁动势 $N_1 \dot{I}_0$ 产生的；带载时，主磁通是由磁动势 $N_1 \dot{I}_1$ 和 $N_2 \dot{I}_2$ 共同作用产生的。由于 $Z_{1\sigma}$ 很小，$U_1 \approx E_1$，由式（5-19）可知，在 U_1 不变的情况下，空载和带载时的 Φ_m 基本相同，根据磁路欧姆定律，空载和带载时磁路中磁动势应基本相等，即

$$N_1 \dot{I}_0 = N_1 \dot{I}_1 + N_2 \dot{I}_2 \tag{5-25}$$

式（5-25）称为变压器的磁动势平衡方程式。

由于空载电流 I_0 的值很小，比额定电流小的很多，所以在满载或接近满载时，I_0 可忽略不计，原、副绕组电流的有效值之比近似为

$$\frac{I_1}{I_2} \approx \frac{N_2}{N_1} = \frac{1}{K} \tag{5-26}$$

由式(5-26)可见，原、副绕组电流的有效值之比近似为它们的匝数反比，变压器具有电流变换的作用。高压绕组匝数多，电压高而电流小，可用截面细的导线绕制；低压绕组匝数少，电压低而电流大，要用较粗的导线绕制。

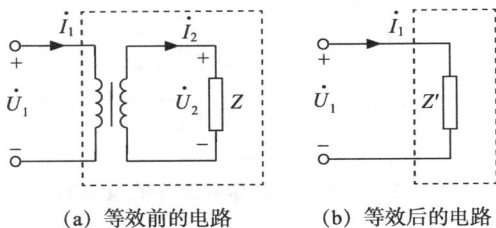

(a) 等效前的电路   (b) 等效后的电路

图 5-6 变压器的阻抗变换

（4）阻抗变换

变压器的副绕组接有阻抗模 $|Z_L|$ 的负载时，如图 5-6(a)所示，若忽略 $Z_{1\sigma}$、$Z_{2\sigma}$ 和 I_0，则

$$|Z_L| = \frac{U_2}{I_2} = \frac{U_1/K}{KI_1} = \frac{1}{K^2} \frac{U_1}{I_1} \tag{5-27}$$

U_1 与 I_1 之比相当于从变压器原绕组看进去的等效阻抗模 $|Z'_L|$，如图 5-6(b)所示，故

$$|Z'_L| = \frac{U_1}{I_1} = K^2 |Z_L| \tag{5-28}$$

可见，当负载直接接于电源时，电源的负载阻抗模为 $|Z_L|$，若通过变压器接电源时，相当于将阻抗模增加到 $|Z_L|$ 的 K^2 倍，在电子技术中经常利用变压器的这一阻抗变换作用来实现"阻抗匹配"。

【例 5-2】 如图 5-7 所示，交流信号源的电动势 $E_S = 100\text{V}$，内阻 $R_S = 800\Omega$，其负载为一收音机的扬声器，可近似地认为是纯电阻负载 $R_L = 8\Omega$。（1）若负载与信号源直接连接时，求信号源输送给扬声器的功率；（2）当负载折算至原绕组的等效电阻 $R'_L = R_S$ 时，电路呈"匹配"状态，求此时变压器的匝数比和信号源输送给扬声器的功率。

解：（1）当负载直接接在信号源上，信号源输送给扬声器的功率为

$$P = R_L I^2 = R_L \left(\frac{E_S}{R_S + R_L}\right)^2 = 8 \times \left(\frac{100}{800 + 8}\right)^2 = 0.123\text{W}$$

（2）变压器的匝数比为

$$K = \frac{N_1}{N_2} = \sqrt{\frac{R'_L}{R_L}} = \sqrt{\frac{R_S}{R_L}} = \sqrt{\frac{800}{8}} = 10$$

此时信号源输送给扬声器的功率为

$$P = R'_L I_1^2 = R'_L \left(\frac{E_S}{R_S + R'_L}\right)^2 = 800 \times \left(\frac{100}{800 + 800}\right)^2 = 3.125\text{W}$$

可见，通过变压器进行阻抗匹配后，扬声器可以得到大得多的功率。

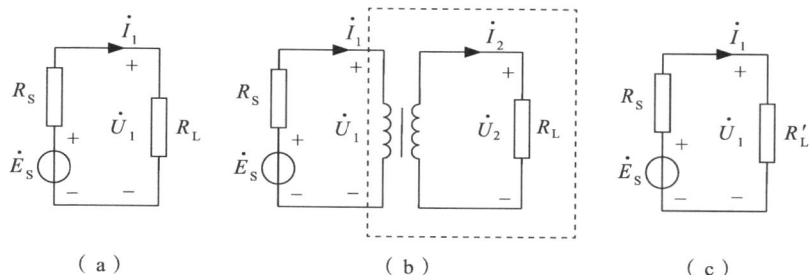

（ a ）　　　　　　（ b ）　　　　　　（ c ）

图 5-7

（5）变压器的运行特性

① 变压器的外特性。当电源电压 U_1 和负载功率因数 $\cos\varphi_2$ 为常数时，副绕组的端电压 U_2 和副绕组电流 I_2 的关系曲线 $U_2=f(I_2)$ 称为变压器的外特性，如图 5-8 所示。对电阻和电感性负载而言，由于变压器原、副绕组的复漏磁阻抗的压降，由式（5-23）可知，副绕组的端电压 U_2 随副绕组电流 I_2 的增大而减小。且功率因数越小，U_2 减小越明显。通常希望电压 U_2 的变动越小越好。因此变压器的外特性可用副绕组电压变化率 $\Delta U\%$ 来表示，即

$$\Delta U\% = \frac{U_{20}-U_2}{U_{20}} \times 100\% \tag{5-29}$$

式中：U_{20}——为副绕组开路电压。

由式（5-29）可见，负载引起的副绕组电压变化程度，既与变压器本身的参数有关，又与负载的大小和性质有关。对于一般变压器，由于其复漏磁阻抗较小，电压变化率并不是很大，约为 5%。

② 变压器的损耗与效率。变压器是一种能量转换设备，在转换过程中是有能量损耗，主要包括铁损 P_{Fe} 和铜损 P_{Cu} 两部分。铁损 P_{Fe} 包括涡流损耗和磁滞损耗，铜损 P_{Cu} 是电流流过原、副绕组电阻时产生的损耗。因此变压器的效率 η 常表示为

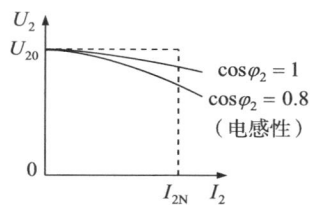

图 5-8　变压器的外特性曲线

$$\eta = \frac{P_2}{P_1} \times 100\% = \frac{P_2}{P_2+P_{Fe}+P_{Cu}} \times 100\% \tag{5-30}$$

式中：P_1——为变压器的输入功率；

　　　P_2——为变压器的输出功率。

变压器的功率损耗很小，所以效率很高，通常在 95% 以上。在一般电力变压器中，当负载为额定负载的 50%~75% 时，效率达到最大值。

5.2.3　特殊变压器

（1）自耦变压器

自耦变压器与其他变压器最大的不同在于它的绕组结构。普通变压器的原、副绕组是分开的，它们之间仅有磁的耦合，并无电的直接联系。自耦变压器则不然，它的一个绕组是另一个绕组的一部分，即原绕组和副绕组具有部分公共的绕组，如图 5-9 所示。因此，自耦变压器绕组之间既有磁的耦合又有电的直接连接。

图 5-9　自耦变压器

自耦变压器的工作原理与单相变压器相同。设原绕组的匝数为 N_1，副绕组的匝数为 N_2，略去原、副绕组的复漏磁阻抗及空载电流，则有

$$\frac{U_1}{U_2} = \frac{I_2}{I_1} = \frac{N_1}{N_2} = K$$

与普通变压器相比，自耦变压器具有以下特点：① 相同额定容量下自耦变压器具有材料省、体积小、效率高。② 自耦变压器的绕组需直接接地。由于自耦变压器有电的直接联系，故不允许其用作安全照明变压器。

实验室中常用的调压器是一种可以改变副绕组匝数的自耦变压器，其外形和电路原理图如图 5-10 所示，通过手柄调节滑动触头位置来改变副绕组匝数，从而达到平滑调节输出电压的目的，使用甚为方便。使用时需注意：原、副绕组绝对不允许对调使用，防止变压器损坏。

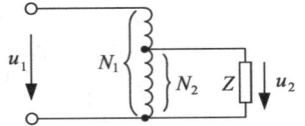

（a）外形　　　　（b）电路原理

图 5-10　调压器的外形和电路原理图

（2）电压互感器

电压互感器的接线图如图 5-11 所示。可实现用低量程的电压表测量高电压。原绕组匝数 N_1 多，并连接于被测量的高压线路中，副绕组匝数 N_2 少，并连接入电压表等负载。

由于电压表等负载阻抗非常大，电压互感器相当于工作在空载工作的降压变压器，则有

$$U_1 = \frac{N_1}{N_2} U_2 = KU_2 \tag{5-31}$$

式中：K——为电压互感器的变压比，$K>1$。

由式（5-31）可见，选择合适的 K 可以将大电压变为小电压，通过测量低压电路的小电

压 U_2 来测量出高压线路的大电压 U_1，电压互感器的型号规格较多，U_{2N} 取决于高压线路的电压等级，U_{2N} 规定为 100V，可以由与之配套的电压表盘直接读出 U_1。

电压互感器使用时需要注意：副绕组不允许短路，以免出现过电流烧坏互感器；铁芯和副绕组的一端必须可靠接地，以免在绝缘损坏时，在副绕组侧出现过电压而造成设备损坏和人身伤亡。

（3）电流互感器

电流互感器的接线图如图 5-12 所示。可实现用低量程的电流表测量大电流。原绕组匝数 N_1 少（仅一匝），导线粗，串联于被测电路中，副绕组匝数 N_2 多，导线细，串联接入电流表等负载。

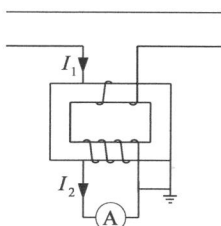

图 5-11　电压互感器

由于电流表等负载阻抗较小，电流互感器相当于短路工作的升压变压器，则有

$$I_1 = \frac{N_2}{N_1}I_2 = \frac{1}{K}I_2 = K_i I_2 \tag{5-32}$$

式中：K_i——为电流互感器的变流比，$K_i > 1$。

由式（5-32）可见，选择合适的 K_i 可以将大电流变为小电流，通过测量副绕组的小电流 I_2 来测量被测电路的大电流 I_1，电流互感器的型号规格也较多，I_{2N} 规定为 5A，可以由与之配套的电流表盘直接指示出 I_1。

电流互感器使用时需要注意：副绕组不允许开路，以防出现高电压造成危险；铁芯和副绕组的一端必须可靠接地，以防止绝缘损坏时引起人身事故和设备损坏。

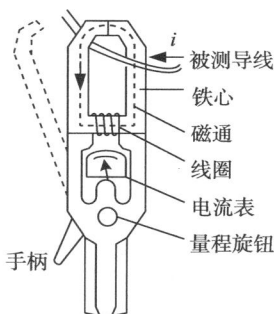

被测导线
铁心
磁通
线圈
电流表
量程旋钮
手柄

图 5-12　电流互感器　　图 5-13　钳形电流表

钳形电流表是由电流互感器和电流表组合而成。测量时通过捏紧手柄使铁芯张开，将被测导线放入张开的铁芯中，松开手柄铁芯闭合，该被测导线作为原绕组，此时副绕组中串联的电流表直接指示出被测电流的大小。钳形电流表的铁芯可开、可合，在测量时不需要断开电路而串入原绕组，因此利用钳形电流表可以方便地测量线路中的电流。其外形如图 5-13 所示。

⚙ 练习与思考

1. 变压器有哪些主要部件？各部件的功能是什么？
2. 变压器的铁芯为什么要用硅钢片叠装？

3. 什么是变压器的外特性?

4. 为什么变压器的额定容量用视在功率表示?

5.3 三相异步电动机

电动机的作用是将电能转换为机械能,现代各种生产机械都广泛应用电动机来驱动。按照电流种类的不同,电动机可分为交流电动机和直流电动机两大类。交流电动机分为异步电动机和同步电动机两类,异步电动机又分为三相异步电动机和单相异步电动机;直流电动机按照励磁方式的不同,分为他励、并励、串励和复励四种。

对要求起动转矩大,或者要求调速范围大而且平滑调速的生产机械,如电气牵引机械、龙门刨床等,均采用直流电动机驱动。同步电动机主要应用于功率较大、不需调速、长期工作的各种生产机械,如压缩机、水泵、通风机等。单相异步电动机常用于洗衣机、风扇、电冰箱、空调器等家用电器以及某些功率不大的电动工具中。除上述动力用电动机外,在自动控制系统和计算装置中还用到各种控制电动机。

三相异步电动机构造简单,运行可靠,维护方便,效率较高,价格低廉,是当今应用最广、需要量最大的电动机,它被广泛地用来驱动各种金属切削机床、起重机、锻压机、传送带、铸造机械、通风机及水泵等,其容量从几千瓦到几兆瓦。本节主要讨论三相异步电动机。

5.3.1 三相异步电动机的结构

三相异步电动机主要由固定部分(称为定子)和旋转部分(称为转子)两个基本部件构成,如图 5-14 所示,定子、转子之间有一个很小的空气隙,此外还有端盖、转轴、风扇等部件。

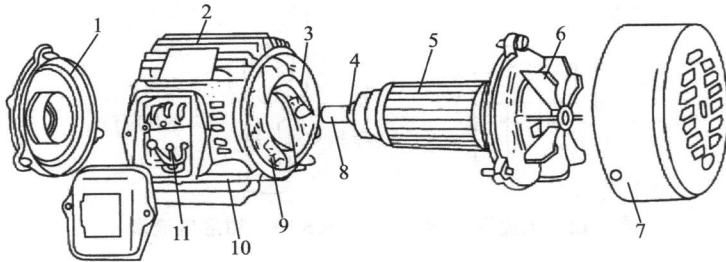

图 5-14 三相异步电动机的构造

1-端盖 2-定子 3-定子铁芯 4-轴承 5-转子 6-风扇 7-罩壳
8-转轴 9-定子绕组 10-机座 11-接线盒

(1) 定子

三相异步电动机定子主要包括定子铁芯、定子绕组和机座三部分。定子铁芯的作用是作为电动机磁路的一部分以及嵌放定子绕组,其铁芯结构如图 5-15 所示。为了减少交变磁场在定子铁芯中引起的损耗,定子铁芯一般采用导磁性能良好、损耗小的 0.5mm 厚硅钢片(冲片)叠成。为了嵌放定子绕组,在定子

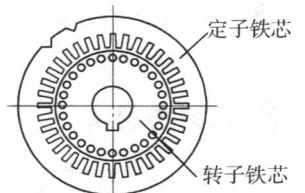

定子铁芯

转子铁芯

图 5-15 定子和转子的铁芯

冲片中均匀地冲至若干个形状相同的槽，槽型有半闭口槽、半开口槽和开口槽三种。半闭口槽适用于小型异步电动机，其绕组是用圆导线绕成的；半开口槽适用于低压中型异步电动机，其绕组是成型线圈；开口槽适用于高压大中型异步电动机，其绕组是用绝缘带包扎并浸漆处理过的成型线圈。定子绕组在槽内部分与铁芯间必须可靠绝缘，槽绝缘材料及其厚度由电动机耐热等级和工作电压来决定。

　　异步电动机的机壳主要起固定定子铁芯和支撑电动机的作用，要求其有足够的机械强度和刚度。微、小容量异步电动机可采用铸铝机座，中小型异步电动机一般采用铸铁或铸铝（合金）机座，而较大容量异步电动机采用钢板焊接机座。

　　定子绕组是电动机的电路，其作用是产生感应电动势、流过电流和实现机—电能量转换。三相定子绕组空间 120° 对称分布，共有 6 个线端引出机壳外，每相绕组的首端用符号 U1、V1、W1 标记，尾端用符号 U2、V2、W2 标记，接在接线盒中，接线盒布置如图 5-16（a）所示。根据电源电压和电动机的额定电压情况，三相定子绕组可接成星形或三角形，通常电动机容量小于 3kW 采用星形连接，如图 5-16（b）所示；大于 4kW 多采用三角形连接，如图 5-16（c）所示。

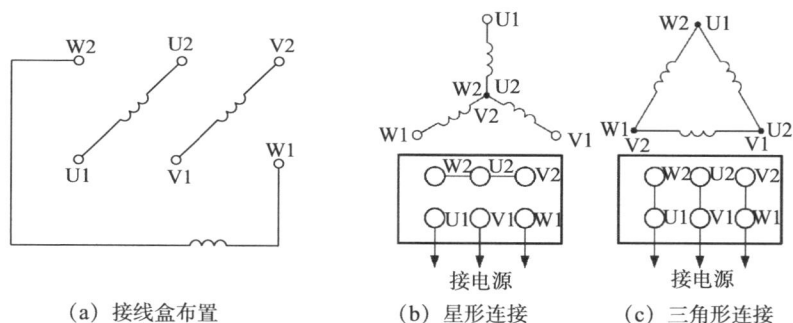

（a）接线盒布置　　　　（b）星形连接　　　　（c）三角形连接

图 5-16　三相异步电动机接线图

（2）转子

　　三相异步电动机转子主要包括转子铁芯、转子绕组和转轴三部分。转子铁芯也是电动机磁路的一部分，它和定子铁芯以及气隙共同构成电动机的完整磁路，其铁芯结构如图 5-15 所示。为了减少交变磁场在转子铁芯中引起的损耗，转子铁芯同样采用导磁性能良好、损耗小的 0.5mm 厚硅钢片（冲片）叠成。中、小型异步电动机的转子铁芯一般直接安装在电动机轴上；大型异步电动机的转子铁芯则套装在转子支架上，支架套在转轴上。在转子铁芯的外圆上开有槽，以供嵌放或浇铸转子绕组。为了改善转子铁芯散热条件，较大容量的异步电动机在转子铁芯上留有径向通风沟或轴向通风孔。转轴起支撑转子铁芯和输出机械转矩的作用；转子绕组的作用是产生感应电动势、流过电流和产生电磁转矩，其结构形式有鼠笼式和绕线式两种。

　　① 鼠笼式转子。在转子铁芯均匀分布的每个槽内各放置一根导体，在铁芯两端放置两个端环，分别把所有的导体伸出槽外部分与端环连接起来，如果去掉铁芯，则剩下来的绕组形状就像一个"鼠笼"，因此称其为鼠笼式转子。这种鼠笼式转子可以用铜条焊接而成，如图 5-17（a）所示；也可以用铝浇铸而成，如图 5-17（b）所示；对于中、小型异步电

动机，一般都采用铸铝转子，并且导条、端环以及端环上的风扇叶片铸在一起，如图 5-17（c）所示。

(a) 铜条转子   (b) 铸铝转子   (c) 铸铝转子的铝条和风叶

图 5-17　鼠笼式转子

② 绕线式转子。绕线式转子的绕组用绝缘导线嵌于转子铁芯槽内形成，其具有与定子绕组相似的对称三相绕组，一般接成星形，将三个出线端分别接到转轴上三个集电环（也称为滑环）处，再通过电刷引出电流，其接线情况及实物结构如图 5-18 所示。绕线式转子的特点是可以通过集电环和电刷在转子绕组回路中接入附加电阻，用以改善电动机的起动性能，或调节电动机的转速。为了减少电刷的磨损和摩擦损失，绕线式异步电动机有时还装有提刷短路装置，以便当电动机起动完毕而又不需要调节转速时，将电刷提起并同时将三个集电环短路。

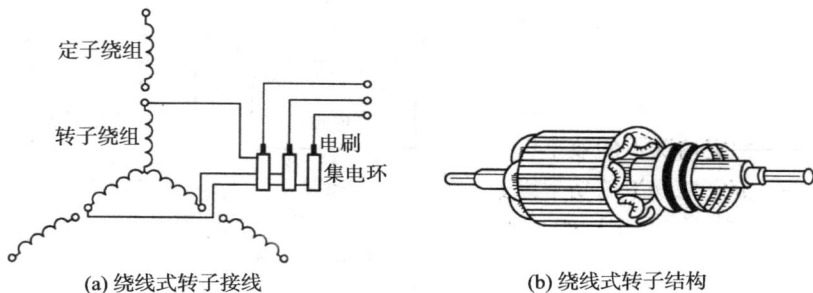

(a) 绕线式转子接线   (b) 绕线式转子结构

图 5-18　绕线式转子

鼠笼式和绕线式只是转子的构造不同，它们的基本工作原理是一样的。由于鼠笼式异步电动机具有结构简单、运行可靠、维护方便等优点，因而在生产中较多应用，而绕线式异步电动机一般在要求大起动转矩时应用。

（3）气隙

三相异步电动机定子和转子之间的空气隙称为气隙，它对电动机的性能有重大影响。气隙越大，则磁阻越大，要产生同样大小的旋转磁场，需要的励磁电流越大，而励磁电流是无功电流，因而会使电动机的功率因数变坏；反之，气隙越小，则定子和转子之间的相互感应作用越好，可以降低电动机的空载电流和提高电动机的功率因数。但是气隙过小，又可能造成定子、转子在运行中发生摩擦，从而引起装配困难和运行的不可靠。因此，异步电动机气隙大小应为定子、转子在运行中不发生机械摩擦时所允许的最小值，一般来说，对于中小型异步电动机气隙大小应为 $0.2 \sim 1.5$mm。

5.3.2　三相异步电动机的工作原理

电动机是利用电磁耦合实现能量的传递及转换的。在三相异步电动机中，三相定子绕组接通电源后产生一个旋转磁场，旋转磁场在转子中产生感应电流，转子感应电流与旋转磁场相互作用，产生转矩使转子转动。我们首先讨论在异步电动机定子绕组中通以三相交流电时所产生的磁场。

（1）旋转磁场

① 旋转磁场的产生。图 5-19（a）所示是三相异步电动机定子绕组的典型接法，图中三相绕组接成星形，各相绕组结构相同、空间上彼此相差 120°，首端用符号 U1、V1、W1 标记，尾端用符号 U2、V2、W2 标记，每相绕组仅由一个线圈组成。由于三相定子绕组对称分布、匝数相同，当将电动机接上三相对称电源后，在定子绕组中便流有三相对称电流，其表达式见式（5-33）所示，电流波形如图 5-19（b）所示。

$$\begin{cases} i_A = I_m\sin(\omega t) \\ i_B = I_m\sin(\omega t - 120°) \\ i_C = I_m\sin(\omega t - 240°) \end{cases} \tag{5-33}$$

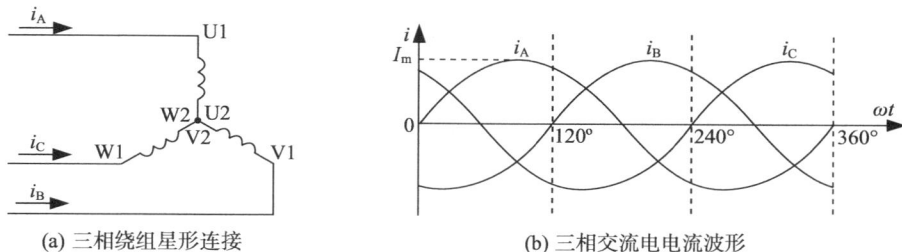

(a) 三相绕组星形连接　　　　(b) 三相交流电电流波形

图 5-19　三相绕组接入三相交流电

每相绕组通入电流后都会产生各自的交变磁场，三个交变磁场在整个定子空间中叠加生成一个合成磁场。规定电流 i 的参考方向由绕组的首端流进、尾端流出，则当电流 i 的瞬时值为正时，电流的实际方向是从绕组首端流进、尾端流出；反之，当电流 i 的瞬时值为负时，电流的实际方向是从绕组尾端流进、首端流出。

当三相绕组接通电流后，根据右手螺旋定则，分别产生各自的交变磁场，进而在定子、气隙以及转子的整个空间内产生合成的两极磁场。为了说明方便，下面选取几个典型的瞬时时刻，来分析三相定子绕组电流的合成磁场。分别当 $\omega t = 0°$、120°、240° 和 360° 时，合成磁场随三相对称交变电流变化而旋转的情况如图 5-20 所示，其中，电流的流进端标记为"⊗"，流出端标记为"⊙"。

当 $\omega t = 0°$ 时，$i_A = 0$，即 U1U2 相绕组的瞬时电流为零；$i_B < 0$，V1V2 相绕组电流的实际方向与参考方向相反，即电流从 V2 端流进、V1 端流出；$i_C > 0$，W1W2 相绕组电流的实际方向与参考方向相同，即电流从 W1 端流进、W2 端流出。此时，根据右手螺旋定则，即可确定该瞬时的合成磁场方向，如图 5-20（a）所示。

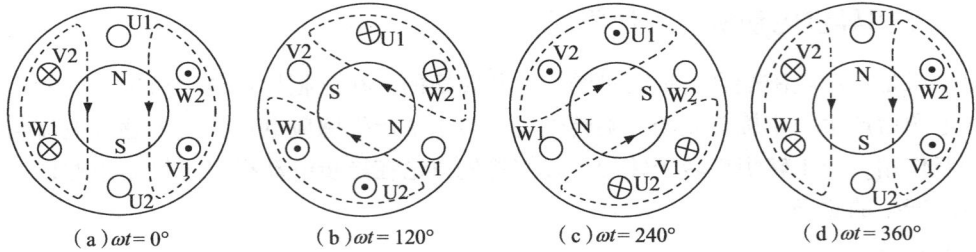

图 5-20　三相电流产生的旋转磁场($p=1$)

当 $\omega t=120°$ 时，$i_B=0$，即 V1V2 相绕组的瞬时电流为零；$i_C<0$，W1W2 相绕组电流的实际方向与参考方向相反，即电流从 W2 端流进、W1 端流出；$i_A>0$，U1U2 相绕组电流的实际方向与参考方向相同，即电流从 U1 端流进、U2 端流出。此时，根据右手螺旋定则，即可确定该瞬时的合成磁场方向，如图 5-20(b)所示。

同理可得 $\omega t=240°$ 和 360° 时的合成磁场方向，分别如图 5-20(c)(d)所示。与 $\omega t=0°$ 时相比，$\omega t=240°$ 和 360° 时的合成磁场方向，分别沿顺时针方向旋转了 240° 和 360°，即依次较前一时刻转过 120°。

由以上分析可以看出，对于图 5-19(a)所示的定子绕组，当通入图 5-19(b)所示的对称三相正弦交变电流后，产生的合成磁场具有两个磁极，即磁极对数 $p=1$，当电流交变一次(一个周期)时，合成磁场在空间上恰好旋转 360°，即旋转了 1 转。设电流的频率为 f，单位为赫兹(Hz)，即电流每秒交变 f 次或每分钟交变 $60f$ 次，则合成磁场的转速 $n_0=60f$，单位为转每分钟(r/min)。进一步分析可知，在空间上互差 120° 电角度、结构相同的对称三相绕组中，通以对称三相电流，所产生的合成磁场是大小恒定而方向随时间在空间匀速旋转的磁场，称其为旋转磁场。

② 旋转磁场的转向。如图 5-19 所示，接入三相绕组 U 相、V 相和 W 相的三相对称电源，是按照顺时针方向依次相差 120° 电角度排列的，此时，旋转磁场的旋转方向也是顺时针方向；若将接到三相绕组首端上的任意两根电源相线交换位置，则由上述分析方法可知，旋转磁场可实现逆时针方向旋转。

③ 旋转磁场的极对数。三相异步电动机的极对数(p)指的是旋转磁场的磁极对数，其与定子绕组的排布有关。在图 5-19 中，每相绕组只有一个线圈，线圈的两端相隔 180°，三相绕组的三个首端彼此相隔 120°，采用星形连接，则如图 5-20 所示，产生的旋转磁场为两极磁场，极对数 $p=1$。此时，在一个周期内，电流完成一次交变，两极旋转磁场旋转了一转，其电角度与空间角度相等。

若把每相绕组的线圈数目增加一倍，即每相绕组由两个线圈串联组成，则可得四极旋转磁场($p=2$)。产生四极旋转磁场的定子绕组排布情况如图 5-21 所示，其主要特点是：各相绕组都由两个线圈串联而成，三相绕组共六个线圈在定子槽中的圆周空间上相隔 60° 对称分布。以 U 相绕组为例，其由线圈 U1U2 和线圈 U3U4 串联而成，两个线圈呈平行结构且在空间上相隔 90°(空间角度)分布，V 相、W 相绕组的排布情况与 U 相相同，且三相绕组的三个首端(或尾端)彼此相隔 60°(空间角度)。

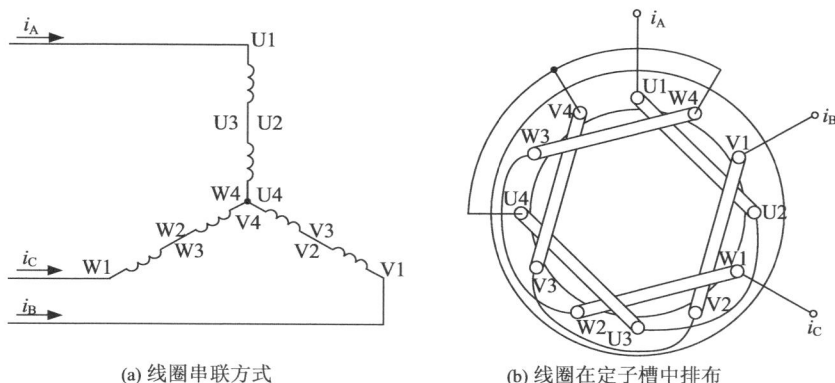

(a) 线圈串联方式 (b) 线圈在定子槽中排布

图 5-21 产生四极旋转磁场的定子绕组($p=2$)

如果仍然将图 5-19(b)所示三相交流电通入图 5-21 所示三相绕组中，则合成磁场随三相对称交变电流变化而旋转的情况如图 5-22 所示。可以看出，图 5-22 中合成磁场为四极旋转磁场($p=2$)。

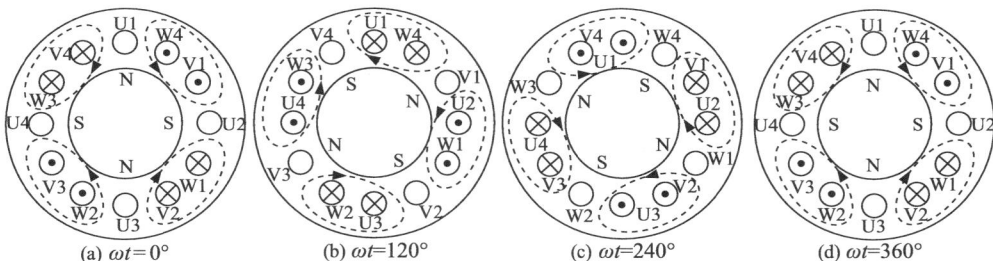

(a) $\omega t=0°$ (b) $\omega t=120°$ (c) $\omega t=240°$ (d) $\omega t=360°$

图 5-22 三相电流产生的旋转磁场($p=2$)

当 $\omega t=0°$ 时，$i_A=0$，即 U 相绕组的瞬时电流为零；$i_B<0$，V 相绕组电流的实际方向与参考方向相反，即电流从 V4 端流进、V3 端流出，再从 V2 端流进、V1 端流出；$i_C>0$，W 相绕组电流的实际方向与参考方向相同，即电流从 W1 端流进、W2 端流出，再从 W3 端流进、W4 端流出。此时，根据右手螺旋定则，即可确定该瞬时的合成磁场方向，如图 5-22(a)所示。

当 $\omega t=120°$ 时，$i_B=0$，即 V 相绕组的瞬时电流为零；$i_C<0$，W 相绕组电流的实际方向与参考方向相反，即电流从 W4 端流进、W3 端流出，再从 W2 端流进、W1 端流出；$i_A>0$，U 相绕组电流的实际方向与参考方向相同，即电流从 U1 端流进、U2 端流出，再从 U3 端流进、U4 端流出。此时，根据右手螺旋定则，即可确定该瞬时的合成磁场方向，如图 5-22(b)所示。对比图 5-22(a)(b)可知，当电流变化 1/3 周期(即 ωt 变化 120°)时，四极旋转磁场在空间上只旋转了 60°(空间角度)。

同理可得 $\omega t=240°$ 和 360° 时的合成磁场方向，分别如图 5-22(c)(d)所示，与 $\omega t=0°$ 时相比，$\omega t=240°$ 和 360° 时的合成磁场方向，分别沿顺时针方向旋转了 120° 和 180°，即依次较前一时刻转过 60°。因此，当电流完成一次交变时，四极旋转磁场仅旋转 180°，即 1/2 转，其电角度是空间角度的 2 倍。同理，若要产生六极旋转磁场($p=3$)，则定子每相绕组应使用三个线圈串联，并均匀分布于整个定子槽中的圆周空间上，且三相绕组的三个首端(或尾端)彼此相隔 40°(等于 $\frac{360°}{3p}$)。

④ 旋转磁场的转速。旋转磁场的转速又称为同步转速，它取决于磁场的极对数。根据前面分析，当仅有一对磁极($p=1$)时，交流电变化一周，磁场在空间旋转 360°，即 1 转；当有两对磁极($p=2$)时，交流电变化一周，磁场在空间旋转 180°，即 1/2 转；同理，当有三对磁极($p=3$)时，交流电变化一周，磁场在空间旋转 120°，即 1/3 转。

由上述分析可知，旋转磁场的旋转速度(即同步转速)与电流变化快慢和磁极对数有关，可表示为：

$$n_0 = \frac{60f_1}{p} \tag{5-34}$$

式中：f_1——三相电流变化的频率，Hz；

p——磁场极对数；

n_0——同步转速，r/min。

我国的标准供电频率(工频)为 50Hz，则对应不同极对数的旋转磁场同步转速见表 5-2。

表 5-2　工频旋转磁场的同步转速

极对数 p	1	2	3	4	5	6
同步转速 $n_0/(\text{r/min})$	3000	1500	1000	750	600	500

(2) 转子转动原理

三相异步电动机的定子绕组接通三相电源后，在空间旋转磁场的作用下，转子会转动起来。为了形象起见，以鼠笼型电动机为例，并在旋转磁场极对数 $p=1$ 情况下，说明转子的转动原理，如图 5-23 所示。定子磁场以同步转速 n_0 顺时针方向旋转，切割转子绕组，在转子绕组中产生感应电动势，形成感应电流，方向用右手定则判定。如图 5-23 所示，应用右手定则时，可假设定子磁极不动，而转子导条沿逆时针方向旋转切割磁感线，得到上半部分感应电流垂直纸面向外，下半部分感应电流垂直纸面向内。该感应电流在磁场中受到电磁力作用，

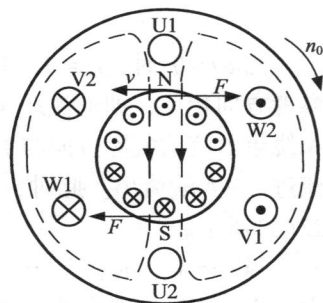

图 5-23　转子转动原理

用左手定则判定，电磁力方向也如图 5-23 所示，从而形成转动力矩，使转子与定子旋转磁场发生同方向旋转。

转子转速 n 在电动机正常运行时始终小于同步转速 n_0，这是因为若 $n=n_0$，则转子相对旋转磁场来说没有相对运动，转子绕组不切割磁感线，也就不存在转子感应电动势、感应电流和转子转动力矩。因此，转子转速与旋转磁场转速之间始终存在差异，这就是异步电动机名称的由来。用转差率 s 来表示转子转速与同步转速的差别，其表达式见式(5-35)所示。

$$s = \frac{n_0 - n}{n_0} \tag{5-35}$$

转差率 s 是异步电动机的一个重要参数。显然当 $n = 0$ 时（转子起动初始瞬间），$s = 1$ 最大，随着转子转速的增加，越接近同步转速，转差率越小。三相异步电动机的额定转速与同步转速很接近，通常在额定负载时的转差率为 $1\% \sim 9\%$。式（5-35）也可以写成式（5-36）。

$$n = (1-s)n_0 \tag{5-36}$$

当异步电动机的负载发生变化时，转子的转差率随之变化，使得转子导体的电动势、电流和电磁转矩发生相应的变化，因此异步电动机转速随负载的变化而变动。按转差率的正负、大小，异步电动机可分为电动机、发电机、电磁制动三种运行状态，如图 5-24 所示。图中 n_0 为旋转磁场同步转速，并用旋转磁极来等效旋转磁场，两个小圆圈表示一个短路线圈。

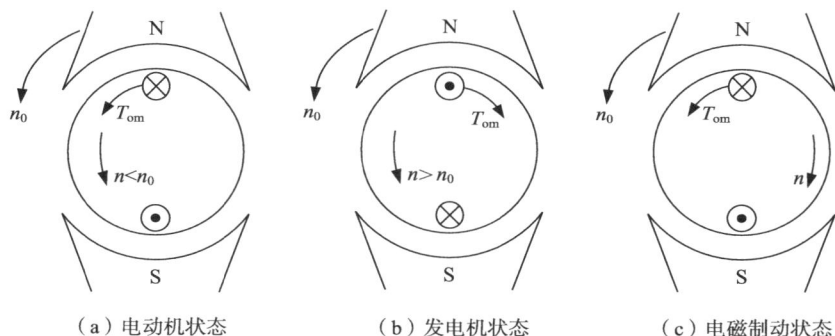

图 5-24　异步电动机的三种运行状态

① 电动机状态。如图 5-24（a）所示，当 $0 < n < n_0$，即 $0 < s < 1$ 时，转子中导体切割旋转磁场，导体中将产生感应电动势和感应电流，该电流与气隙中磁场相互作用而产生一个与旋转磁场转向相同的电磁力矩，即拖动性质的力矩。该力矩能克服负载制动力矩而拖动转子旋转，从轴上输出机械功率。根据功率平衡，该电动机一定从电网吸收有功电功率。

② 发电机状态。用原动机拖动异步电动机转子，使其转速高于旋转磁场的同步转速，即 $n > n_0$、$s < 0$ 时，如图 5-24（b）所示，转子上导体切割旋转磁场的方向与电动机状态时相反，从而导体上感应电动势、电流的方向与电动机状态相反，电磁转矩的方向与转子转向相反，电磁转矩为制动性质。此时异步电动机由转轴从原动机输入机械功率，通过电磁感应由定子向电网输出电功率。与电动机状态相反，此时电动机处于发电机状态。

③ 电磁制动状态。由于机械负载或其他外因，转子逆着旋转磁场的方向旋转，即 $n < n_0$、$s > 1$ 时，如图 5-24（c）所示。此时转子导体中的感应电动势、电流与在电动机状态下的相同，但由于转子转向与旋转磁场方向相反，电磁转矩表现为制动转矩，电动机运行于电磁制动状态，即由转轴从原动机输入机械功率的同时又从电网吸收电功率（因电流与电动机状态同方向），两者都变成了电动机内部的损耗。

【例 5-3】一台异步电动机的额定转速 $n_N = 730 \mathrm{r/min}$，电源频率为 50Hz，试求其磁极对数 p 和额定转差率 s_N。

解：因为异步电动机的额定转速 $n_N = 730\text{r/min}$，略低于同步转速 n_0，故 n_0 只能等于 750r/min。而电源频率 $f = 50\text{Hz}$，则

$$n_0 = \frac{60f_1}{p} = \frac{60 \times 50}{p} = 750\text{r/min}$$

因此，磁极对数 $p = 4$。

该电动机的额定转差率 s_N 为

$$s_N = \frac{n_0 - n_N}{n_0} = \frac{750 - 730}{750} \times 100\% = 2.67\%$$

5.3.3　三相异步电动机的转矩与机械特性

（1）三相异步电动机的电路分析

三相异步电动机内部的电磁关系同变压器相似，定子绕组与转子绕组相当于变压器的一次、二次绕组，通过磁路耦合传递能量。

① 定子电路。定子每相电路的电压方程与变压器一样，因此可以证明，定子电路的感应电动势为

$$E_1 = 4.44 f_1 N_1 \Phi_{1m} \approx U_1 \tag{5-37}$$

式（5-37）中，U_1 为三相电源的相电压；f_1 为定子感应电动势的频率，也等于电源或定子电流的频率；N_1 为定子绕组的匝数；Φ_{1m} 为通过定子绕组的磁通最大值。

② 转子电路。同理，转子电动势为

$$E_2 = 4.44 f_2 N_2 \Phi_{2m} \tag{5-38}$$

式（5-38）中，f_2 为转子磁通变化频率；N_2 为转子绕组的匝数；Φ_{2m} 为通过转子绕组的磁通最大值。

因为旋转磁场和转子间的相对转速为 $(n_0 - n)$，所以转子频率为

$$f_2 = \frac{p(n_0 - n)}{60} = \frac{(n_0 - n)}{n_0} \cdot \frac{pn_0}{60} = sf_1 \tag{5-39}$$

在电动机起动初始瞬间，$n = 0$、$s = 1$，因此 $f_2 = f_1$ 达到最大值，此时，式（5-38）可以写成：

$$E_2 = E_{20} = 4.44 f_1 N_2 \Phi_{2m} \tag{5-40}$$

当异步电动机额定负载时，$s = 1\% \sim 9\%$，则 $f_2 = 0.5 \sim 4.5\text{Hz}(f_1 = 50\text{Hz})$。式（5-38）又可以写成：

$$E_2 = sE_{20} \tag{5-41}$$

转子线圈的阻抗由线圈电阻 R_2 和电感 L_2 组成，而线圈感抗 X_2 也是和转子磁通变化频率 f_2 有关：

$$X_2 = 2\pi f_2 L_2 = s2\pi f_1 L_2 = sX_{20} \tag{5-42}$$

式（5-42）中，X_{20} 为转差率 $s = 1$，即电动机起动初始瞬间时，转子线圈的感抗，此时的感抗最大。

转子线圈的阻抗为

$$|Z_2| = \sqrt{R_2^2 + (sX_{20})^2} \tag{5-43}$$

转子线圈的电流为

$$I_2 = \frac{E_2}{|Z_2|} = \frac{sE_{20}}{\sqrt{R_2^2 + (sX_{20})^2}} \tag{5-44}$$

转子电路的功率因数为

$$\cos\varphi_2 = \frac{R_2}{\sqrt{R_2^2 + X_2^2}} = \frac{R_2}{\sqrt{R_2^2 + (sX_{20})^2}} \tag{5-45}$$

可见，电动机的转子电路中的各个参数，如转子电动势、电流、频率、感抗及功率因数等均与转差率 s 有关，即与转速有关。

（2）转矩公式

转子的功率可以表示为

$$P_2 = E_2 I_2 \cos\varphi_2 \tag{5-46}$$

转子的角速度为

$$\omega = \frac{2\pi n}{60} \tag{5-47}$$

转子上的机械功率 P_2 除以转子的角速度 ω 就是转子的电磁转矩 T_2，即

$$T_2 = \frac{P_2}{\omega} = \frac{E_2 I_2 \cos\varphi_2}{\frac{2\pi n}{60}} \tag{5-48}$$

由于定子与转子之间的磁路中有空气，不可避免地存在漏磁通，但是比较小，因此分析时通常忽略这部分漏磁通，认为转子磁通和定子磁通相等，用 Φ 表示。将式（5-38）、式（5-44）、式（5-45）代入式（5-48），整理可得

$$T_2 = K \frac{sR_2}{R_2^2 + (sX_{20})^2} U_1^2 \tag{5-49}$$

式（5-49）中，K 是一个与电动机结构有关的常数；T_2 的单位是牛·米（N·m）。

由式（5-49）可见，转矩 T_2 与定子每相电压 U_1 的平方成正比，所以电源电压的波动对电动机转矩的影响很大。此外，转矩 T_2 还与转差率 s 及转子电阻 R_2 有关。

（3）机械特性

当电源电压 U_1 和频率 f_1 恒定时，R_2 和 X_{20} 都是常数，此时根据式（5-49）可知，转子转矩只随着转差率的变化而改变。电动机的机械特性是指在一定的电源电压 U_1 和频率 f_1 之下，转矩与转差率的关系 $T = f(s)$，或转速与转矩的关系 $n = g(T)$，机械特性曲线如图 5-25（a）（b）所示。图 5-25 中，$n = g(T)$ 曲线与 $T = f(s)$ 曲线形状相似，只需将 $T = f(s)$ 曲线沿顺时针方向旋转 90°，再将其纵坐标由 s 改为 n。

在电动机的机械特性曲线上主要讨论三个转矩：

① 额定转矩 T_N。额定转矩表示电动机在额定负载时的转矩，它与输出功率及转速有关，其表达式如下：

$$T_N = 9.55 \frac{P_{2N}}{n_N} \tag{5-50}$$

式(5-50)中，P_{2N} 为电动机的额定输出机械功率，单位为 W；n_N 为电动机的额定转速，单位为 r/min。二者均可以从电动机的铭牌上读取。

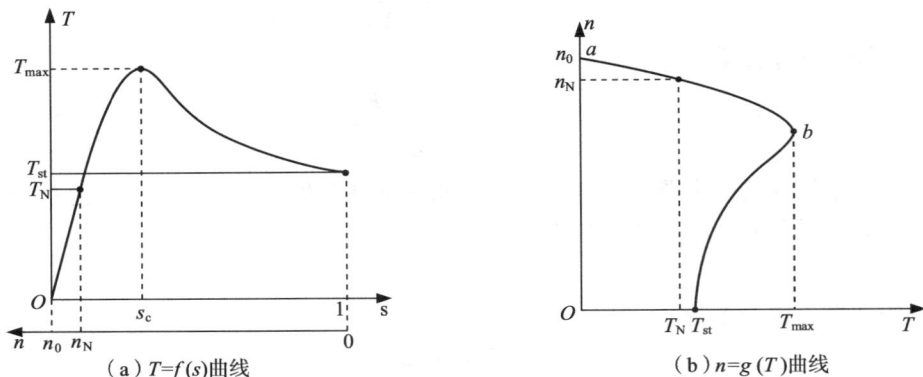

图 5-25 异步电动机的机械特性曲线

② 最大转矩 T_{max}。如图 5-25(a)所示，电动机的机械特性曲线由上升趋势逐渐转变为下降过程，转子转矩必然存在一个最大值，称为最大转矩或临界转矩，用 T_{max} 表示。对应于最大转矩的转差率称为临界转差率，用 s_c 表示，可由 $\dfrac{dT}{ds}=0$ 求得，即

$$s_c = \frac{R_2}{X_{20}} \tag{5-51}$$

再将式(5-51)代入式(5-49)可得最大转矩为

$$T_{max} = K \frac{U_1^2}{2X_{20}} \tag{5-52}$$

由式(5-51)、式(5-52)可知，临界转差率 s_c 与转子电阻有关，但与电源电压无关；而最大转矩 T_{max} 则与电压平方成正比，与转子回路电阻无关，当电压降低时，最大转矩 T_{max} 将随之减小。

当负载转矩超过最大转矩 T_{max} 时，电动机会带不动负载，从而发生闷车现象，电动机的电流急剧增大，电动机严重过热，很快会烧坏电动机。当负载转矩超过额定转矩 T_N 直至接近最大转矩 T_{max} 时称为过载，如果过载时间较短，电动机不至于立即过热烧毁，因此短时间过载是容许的。电动机产品目录中给出了最大转矩倍数，又称为过载系数，用 λ_m 表示，它是最大转矩 T_{max} 与额定转矩 T_N 的比值，即

$$\lambda_m = \frac{T_{max}}{T_N} \tag{5-53}$$

λ_m 反映了电动机的短时过载能力，一般三相异步电动机的过载系数为 1.8~2.2。

③ 起动转矩 T_{st}。当电动机起动瞬时，$n=0$、$s=1$，此时的转子转矩称为起动转矩，用 T_{st} 表示。由式(5-49)可得

$$T_{st} = K \frac{R_2 U_1^2}{R_2^2 + X_{20}^2} \tag{5-54}$$

由式(5-54)可知，起动转矩 T_{st} 与电源电压及转子电阻有关。电源电压的降低会引起起动转矩的减小；同时，转子回路电阻值的改变也会引起起动转矩的改变。

不同电气设备所需要的起动转矩不同，如起重机、电力机车等，由于负载固定，所需最大转矩可能就在起动阶段，故而需要选择起动转矩大的电动机；而像电风扇等类似电器，其起动时负载较轻，因而可以选择起动转矩较小的电动机。

（4）机械特性与电路参数的关系

① 不同电源电压下的机械特性。当电源电压降低时，同步转速 n_0 及临界转差率 s_c 均保持不变；而起动转矩 T_{st}、最大转矩 T_{max} 与电源电压的平方成正比，因而 T_{st} 与 T_{max} 将随着电源电压的降低而减小，其变化关系如图 5-26（a）所示。可见在电网电压不足时，电动机的起动能力和过载能力均会显著下降，当电网电压下降较多时，若电动机长期带额定负载运行，会使电动机发热超过容许值甚至损坏。

② 转子回路串电阻时的机械特性。绕线式异步电动机的转子回路中，可以通过电刷与集电环的滑动接触，接入适当的电阻（参见图 5-18），用来调节电动机的起动状况或转速。当转子回路串入电阻 R_Ω 后，同步转速 n_0 及最大转矩 T_{max} 与转子电阻 R_2 的改变无关，保持不变。根据式(5-51)可知，临界转差率 s_c 与转子电阻 R_2 大小成正比，将随着转子电阻的改变而变化。根据式(5-54)可知，起动转矩 T_{st} 与转子电阻 R_2 大小有关，将随着转子电阻的改变而变化，其表达式变化为：

$$T_{st} = K \frac{(R_2 + R_\Omega) U_1^2}{(R_2 + R_\Omega)^2 + X_{20}^2} \tag{5-55}$$

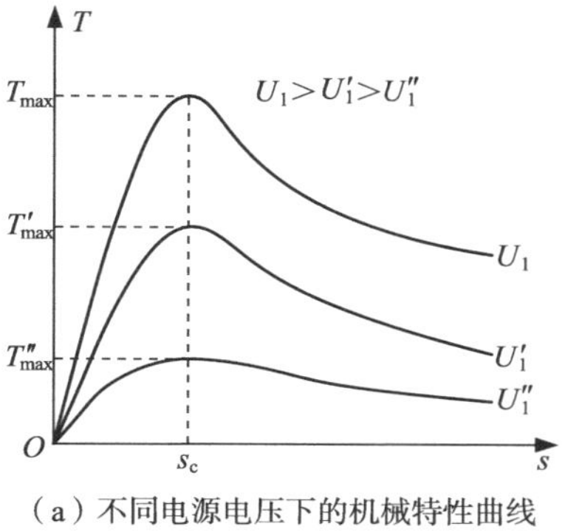

（a）不同电源电压下的机械特性曲线 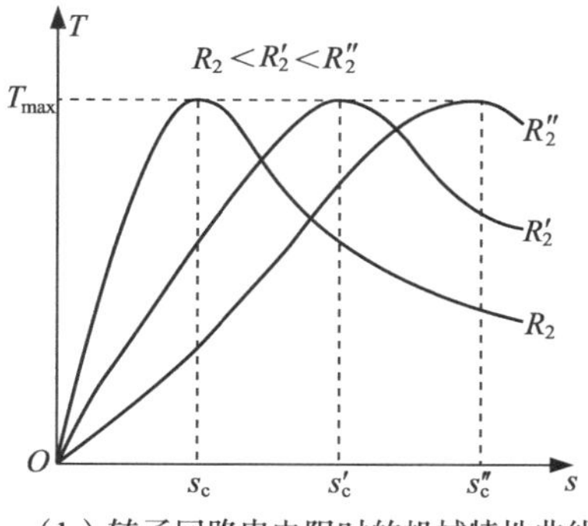　（b）转子回路串电阻时的机械特性曲线

图 5-26　机械特性与电路参数的关系曲线

当串入电阻 R_Ω 较小时，起动转矩 T_{st} 将随着 R_Ω 的增加而增大；当串入电阻 R_Ω 达到临界值时，起动转矩 T_{st} 达到最大值，即 $T_{st} = T_{max}$；若再进一步增大 R_Ω，则起动转矩 T_{st} 将随之减小。图 5-26(b)所示为不同转子电阻时的异步电动机机械特性变化曲线。

绕线式异步电动机在转子回路无外加电阻时，其机械特性曲线与鼠笼式电动机相似，从空载到满载，转速变化均较小，这种机械特性称为异步电动机的硬特性。当绕线式异步电动机串入外加电阻后，其机械特性将变软，即当负载稍有波动时，会引起电动机转速的较大变化，若串入的电阻值适当，可增大电动机起动转矩。在一定的负载转矩下，串入不同的电阻值，也将使电动机的转速发生改变。

【例 5-4】 某型号为 Y225M-4 的三相异步电动机，其额定输出功率 $P_{2N} = 45kW$，额定转速 $n_N = 1480r/min$，$T_{st}/T_N = 1.9$，$T_{max}/T_N = 2.2$，额定效率 $\eta_N = 90\%$，电源频率为 50Hz。试求其额定输入功率 P_1、额定转差率 s_N、额定转矩 T_N、起动转矩 T_{st} 和最大转矩 T_{max}。

解： 由题可知，额定输入功率为

$$P_1 = \frac{P_{2N}}{\eta_N} = \frac{45}{0.90} = 50kW$$

又因为异步电动机的额定转速 $n_N = 1480r/min$，略低于同步转速 n_0，故 n_0 只能等于 $1500r/min$，而电源频率 $f = 50Hz$，故电动机的磁极对数 $p = 2$。所以，该电动机的额定转差率 s_N 为

$$s_N = \frac{n_0 - n_N}{n_0} = \frac{1500 - 1480}{1500} \times 100\% = 1.33\%$$

该电动机的额定转矩 T_N、起动转矩 T_{st} 和最大转矩 T_{max} 分别为

$$T_N = 9.55 \frac{P_{2N}}{n_N} = 9.55 \times \frac{45 \times 10^3}{1480} = 290.4N \cdot m$$

$$T_{st} = 1.9 \times T_N = 1.9 \times 290.4 = 551.8N \cdot m$$

$$T_{max} = 2.2 \times T_N = 2.2 \times 290.4 = 638.9N \cdot m$$

5.3.4 三相异步电动机的使用

（1）三相异步电动机的铭牌

每台三相异步电动机的基座外侧都有一块铭牌，上面简要标出了这台电动机的型号、额定运行数据及使用条件等。要正确选择和使用三相异步电动机，首先必须知道它的铭牌。现以 Y160L-4 型电动机为例，来说明铭牌上各个数据的含义。

×××电机厂			
编号×××			
三相交流鼠笼电动机			
型号　Y160L-4	电压　380V	接法　△	
功率　15kW	电流　30.3A	定额　连续	
转速　1460r/min	功率因数　0.85		
频率　50Hz	绝缘等级　B		

① 型号。为了适应不同用途和不同工作环境的需要，电动机制成不同的系列，每种系列用各种型号表示。例如，型号 Y160L-4 的含义如下：

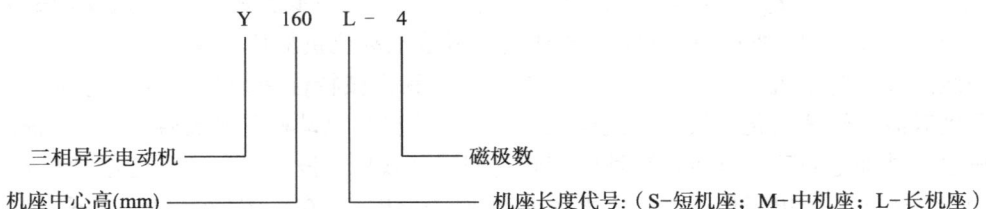

```
        Y   160   L - 4
```

三相异步电动机 ——
机座中心高(mm) ——
机座长度代号：(S-短机座；M-中机座；L-长机座)
磁极数

我国电动机的产品型号一般采用大写印刷体的汉语拼音字母和阿拉伯数字组成，其中当头的字母是根据电动机的全名称选择有代表意义的汉语拼音字母，见表 5-3。

表 5-3　三相异步电动机产品名称代号

产品名称	代号	汉字意义	产品名称	代号	汉字意义
异步电动机	Y	异	防爆型异步电动机	YB	异爆
绕线转子异步电动机	YR	异绕	高起动转矩异步电动机	YQ	异起

② 接法。三相异步电动机接法是指三相定子绕组的连接方式，有星形连接和三角形连接两种（图 5-16）。通常三相异步电动机在 3kW 以下者，连接成星形；在 4kW 以上者，连接成三角形。

③ 额定电压。额定电压 U_N 是指电动机在额定运行状态下，定子绕组上应加的线电压值，单位是伏特（V）。每相绕组的额定相电压可以根据绕组的接法来得到。如铭牌上额定电压为 380V，绕组为三角形接法时，则其相电压为 380V；若为星形接法，则其相电压为 220V。

一般规定电动机的电压不应高于或低于额定值的 5%。当电压高于额定值时，磁通将增大。若所加电压较额定电压高出较多，这将使励磁电流大大增加，电流大于额定电流，使绕组过热。同时，由于磁通的增大，铁损（与磁通平方成正比）也就增大，使定子铁芯过热。但常见的是电压低于额定值，这时引起转速下降，电流增加。如果在满载或接近满载的情况下，电流的增加将超过额定值，使绕组过热。还必须注意，在低于额定电压运行时，和电压平方成正比的最大转矩 T_{max} 会显著降低，这对电动机的运行也是不利的。

三相异步电动机的额定电压有 380V、3000V 及 6000V 等多种。

④ 额定电流。额定电流 I_N 是指电动机在外加额定电压下，输出额定功率时定子绕组的线电流，也称满载电流，单位是安培（A）。如三相定子绕组可有两种接法时，就标有两种相应的额定电流值。

⑤ 额定频率。额定频率 f_N 是指电动机所接电源的频率，单位为赫兹（Hz）。一般多为工频 50Hz。

⑥ 额定功率。额定功率 P_N 是指电动机在额定运行状态下，轴上输出的机械功率，单位是瓦特（W）。对于三相异步电动机，额定功率为

$$P_N = \sqrt{3}\, U_N I_N \eta_N \cos\varphi_N \tag{5-56}$$

式（5-56）中，η_N 为额定运行时效率，$\cos\varphi_N$ 为额定运行时的功率因数。

异步电动机是一种感性负载，定子相电流在相位上落后于相电压。在额定负载下，功率因数 $\cos\varphi_N$ 为 0.7~0.9；电动机在轻载或空载时功率因数 $\cos\varphi_N$ 很低，仅为 0.2~0.3。因此，在选择电动机容量时，应尽可能使电动机在接近额定负载下工作，防止出现"大马拉小车"现象，并力求缩短空载的时间，以获得较高的功率因数。

⑦ 额定效率。额定效率 η_N 是指电动机在额定运行状态下的效率，即

$$\eta_N = \frac{P_{2N}}{P_{1N}} \times 100\% = \frac{P_N}{\sqrt{3}\, U_N I_N \cos\varphi_N} \times 100\% \tag{5-57}$$

式(5-57)中，P_{1N} 与 P_{2N} 分别为额定输入功率与额定输出功率，二者并不相等，其差值等于电动机本身的损耗功率，包括铜损、铁损及机械损耗等。

异步电动机的额定效率 η_N 约为 75%~92%。

⑧ 额定转速。额定转速 n_N 是指电动机在额定频率 f_N、额定电压 U_N 下，输出额定功率 P_N 时的转子转速，单位是转/分(r/min)。由于生产机械对转速的要求不同，需要生产不同磁极对数的异步电动机，因此有不同的转速等级。其中，最常用的是 4 个磁极的异步电动机(同步转速 $n_0 = 1500r/min$)。

⑨ 工作方式。三相异步电动机的工作方式，按照连续运行的时间分为连续、短时和断续三种。连续工作方式是指电动机可以按铭牌上标明的功率长期连续运行，如水泵、风机、车床等设备，常选用连续工作方式的电动机。短时工作方式表示这种电动机只能在铭牌上规定的时间内满负荷运行，而不能长期连续运行，否则会造成电机过热而损坏。断续工作方式又称为重复短时工作方式，这种电动机以重复间断方式运行，周期性地工作和停车。

⑩ 绝缘等级和额定温升。绝缘等级是由电动机所用的绝缘材料决定的。按照绝缘材料的耐热性能常分为 A、E、B、F、H 等级别，其最高容许温度见表5-4。

表 5-4　绝缘等级和额定温升

级别	A	E	B	F	H
最高容许温度	105℃	120℃	130℃	155℃	180℃
额定温升	65℃	80℃	90℃	115℃	140℃

额定温升是指电动机额定运行时，最高容许温度与标准环境温度(40℃)的差值。如 A 级绝缘最高容许温度为 105℃，容许温升为 65℃。电动机在实际工作时，若环境温度低于 40℃，负载可以适当增加；若环境温度高于 40℃，则电动机负载要适当减小，以免超出电动机绝缘材料的最高容许温度而损坏或缩短使用寿命。

（2）三相异步电动机的起动

电动机从接通电源开始转动，转速逐渐增高，一直达到稳定转速为止，这一过程称为起动过程。在实际生产过程中，电动机的起动是常见操作，而电动机起动性能的优劣对生产有很大的影响。因此，在选择电动机时，应根据具体的使用条件考虑电动机的起动性能，并选择适当的起动方法以改善起动性能。反映电动机起动性能的指标主要有起动电流和起动转矩。

异步电动机起动时，起动电流一般为电动机额定电流的 4~7 倍。电动机的起动电流虽然很大，但转子一经转动后，电流就迅速减小，因而只要不是频繁起动，起动电流对电动机本身的影响不大。但是电动机的起动电流对线路是有影响的，过大的起动电流将会在供电线路上造成较大的电压降落，影响同一线路上邻近负载的正常工作。因此对于容量较大或起动较频繁的异步电动机，应设法限制它的起动电流。

电动机刚起动时电流虽然很大，但由于功率因数较低，起动转矩并不大，一般约为额定转矩的 1.0~2.2 倍。为了保证生产机械的正常起动，应保证具有足够大的起动转矩；但起动转矩若过大，则会使传动机构受到较大冲击而损坏。因此对电动机起动性能的主要要求为：在具有足够大的起动转矩情况下，设法将起动电流限制在允许范围内。

一般鼠笼式异步电动机的起动性能不及绕线式异步电动机，它的起动电流较大，常需采取一定的措施来限制其起动电流。鼠笼式异步电动机的起动方法主要有两种，即直接起动和降压起动。

① 直接起动。又称为全压起动，就是用刀开关和交流接触器将电动机直接接到具有额定电压的电源上。直接起动法的优点是操作简单、无需附加的起动设备，主要缺点是起动电流较大。电动机能否直接起动，各地区电力局都有一定的规定。比如，有的地区规定：用电单位如有独立的变压器，则在电动机起动频繁时，电动机容量小于变压器容量的 20% 时允许直接起动；如果电动机不经常起动，则它的容量小于变压器容量的 30% 时允许直接起动；如果没有独立的变压器，则电动机直接起动时所产生的电压降不超过 5% 时允许直接起动。二三十千瓦以下的小型异步电动机一般可以采用直接起动法。

② 降压起动。对于容量较大或起动较频繁的电动机，为了减小它的起动电流，常采用降压起动方法，即在电动机起动时给定子绕组加一个较低的电压，待起动完毕后再加全压运行。由于起动时电压的降低，减小了起动电流，但起动转矩与电压的平方成正比，其值也将随之大大减小。因此，降压起动适用于空载或轻载情况下的起动。常用的降压起动方法有星形—三角形（Y—△）换接起动和自耦降压起动。

Y—△换接起动适用于定子绕组在正常运行时要求三角形连接的异步电动机。起动时先将定子绕组接成星形，待转速接近额定转速时再换接成三角形，故称这种方法为 Y—△换接起动。

图 5-27（a）为采用三刀双掷开关进行 Y—△换接的起动接线图。起动时将 Q2 放在"Y起动"位置上，再合上电源开关 Q1，于是电动机在星形连接下起动，待转速接近额定转速后，迅速将 Q2 从"Y起动"位置倒向"△运行"位置，于是就完成电动机的起动，此后电动机正常运行于三角形连接。

起动时，电动机定子绕组星形连接，电动机每相定子绕组上的电压是电源线电压 U_L 的 $1/\sqrt{3}$。此时电路的线电流等于相电流，即流过每个绕组的电流为

$$I_{LY} = \frac{U_L/\sqrt{3}}{Z} \tag{5-58}$$

式（5-58）中，Z 为每相绕组的等效阻抗。当电动机接近额定转速时，电动机定子绕组改为三角形连接，这时电动机每相绕组的电压为电源线电压 U_L。此时电路的线电流为

$$I_{L\triangle} = \sqrt{3}\frac{U_L}{Z} \tag{5-59}$$

比较以上两个电流得

$$\frac{I_{LY}}{I_{L\triangle}} = \frac{\dfrac{U_L/\sqrt{3}}{Z}}{\sqrt{3}\dfrac{U_L}{Z}} = \frac{1}{3} \tag{5-60}$$

即定子绕组星形连接时，由电源提供的起动电流仅为定子绕组三角形连接时的 1/3。

由于起动转矩与每相绕组电压的平方成正比，星形连接时的绕组电压降低了 $1/\sqrt{3}$，所以起动转矩将降到三角形连接的 $1/3$，即

$$T_{stY} = \frac{1}{3}T_{st\triangle} \tag{5-61}$$

Y—△换接起动限制了起动电流，具有设备简单、成本低、体积小、运行可靠等优点；但同时也减小了起动转矩，因而只适用于空载或轻载情况，这是降压起动的缺点。

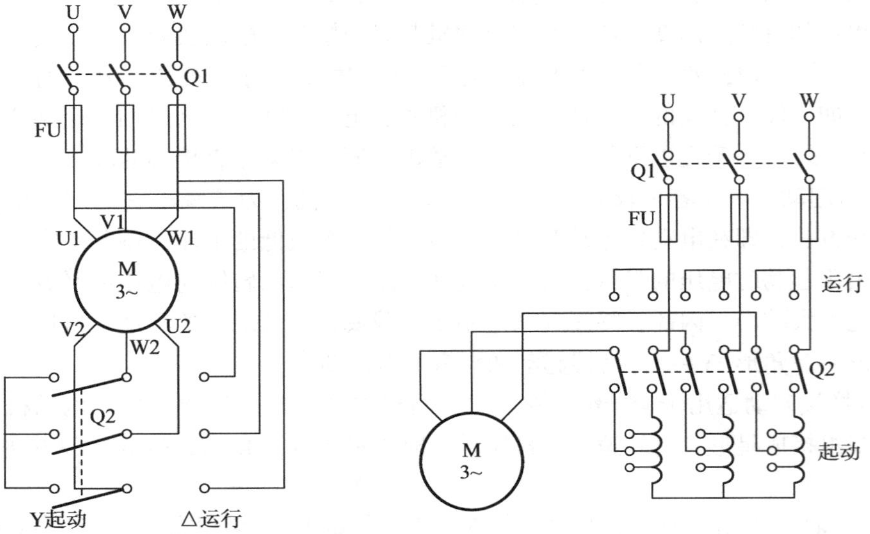

（a）Y—△换接起动接线　　　　（b）自耦降压起动接线

图 5-27　降压起动接线

自耦降压起动是在起动时利用自耦变压器降低加到定子绕组的电压来减小起动电流，接线图如图 5-27(b) 所示。起动时，先把开关 Q2 放在"起动"位置，合上 Q1 起动。当转速接近额定值时，将 Q2 从"起动"位置倒向"运行"位置，切除自耦变压器，进入全压运转。自耦降压起动常用于容量较大或正常运行为星形接法而不能采用 Y—△换接起动的鼠笼式异步电动机。

设自耦变压器的电压比为 K，经过自耦变压器降压后，加在电动机上的电压为 U_L/K。

此时电动机的起动电流 I'_{st} 便与电压成相同比例的减小，是原来在额定电压下直接起动电流 I_{stN} 的 $1/K$。又由于电动机接在自耦变压器的二次侧，自耦变压器的一次侧接在三相电源侧，故电源所供给的起动电流 I''_{st} 为

$$I''_{st} = \frac{1}{K}I'_{st} = \frac{1}{K^2}I_{stN} \tag{5-62}$$

由此可见，利用自耦变压器降压起动的鼠笼式异步电动机，电网电流 I''_{st} 是直接起动电流 I_{stN} 的 $1/K^2$。由于加到电动机上的电压为直接起动时的 $1/K$，因此，同直接起动相比，起动转矩也同样为直接起动的 $1/K^2$。

通常自耦变压器备有抽头，以便得到不同的电压，例如电源电压的 70%、64%、55%

（即 $1/K$＝70%、64%、55%），根据对起动转矩的要求而选用。当要求起动转矩较小时，可选择较低的抽头档；当要求具有较大的起动转矩时，可选择较高的抽头档。这种起动方法的优点是可以根据起动时负载的大小来选择不同的电压抽头，在保证起动转矩的情况下，尽可能减小起动电流；它的缺点是起动设备体积大、重量重、价格较高。

鼠笼式异步电动机采用降压起动时，虽减小了起动电流，但起动转矩也相应减小，因而只适用于轻载或空载起动；对于必须要重载起动(例如起重机中的电动机等)时，既要起动电流小、又要起动转矩大，则应当采用绕线式异步电动机。

如图 5-28 所示，对于绕线式异步电动机，通常在转子电路中串接大小适当的起动电阻 R_{st}，就可以达到减小起动电流的目的。同时，转子电路中接入大小适当的起动电阻 R_{st} 后，可提高转子电路的功率因数 $\cos\varphi$，由图 5-26（b）可见，起动转矩可以相应提高。因此，绕线式异步电动机常用于要求起动转矩较大的生产机械，例如卷扬机、锻压机、起重机等，起动后随着转速上升，将起动电阻 R_{st} 逐段切除即可。

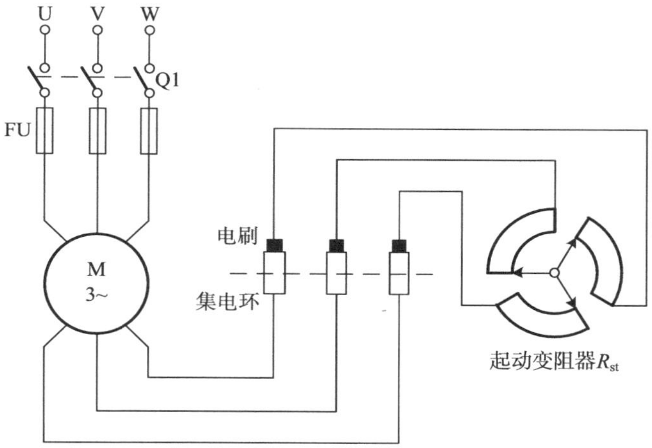

图 5-28　绕线式异步电动机的起动接线

（3）三相异步电动机的调速

所谓调速，是指在某一负载下人为地改变电动机转速，以满足生产过程的要求。在生产、运输中所用机械往往要求调节其运转速度，若用机械方法(如齿轮变速箱、皮带轮等)调速，不但设备笨重、效率低、操作不便，性能也不一定能满足要求。如能采用直接调节电动机转速的方法，不但能改善调速性能，还便于实现自动控制。

根据式(5-34)、式(5-36)可知，三相异步电动机的转速 n 为

$$n = (1-s)n_0 = (1-s)\frac{60f_1}{p} \tag{5-63}$$

可知，要改变异步电动机的转速 n，可以通过改变电源频率 f_1、磁场极对数 p 和转差率 s 三种方式来实现。

① 变频调速。异步电动机的转速 n 与电源频率 f_1 成正比，因而改变电源频率 f_1 就可以达到调速目的。变频调速是一种无级调速，通过连续改变供电电源频率(变频时，电源电压的有效值也按一定规律变化)，可以平滑地在较大范围内进行调速，并具有较硬的机

械特性。变频调速一般用于鼠笼式异步电动机。

采用变频调速时，必须有专门的变频电源给电动机供电。如图 5-29 所示，目前常采用交—直—交变频调速系统。它将三相工频电源($f=50\text{Hz}$)通过整流器、滤波器后转化为直流电，然后直流电作为三相桥式逆变器的电源，由逆变器输出频率可调、电压有效值可调的三相交流电，以此调节异步电动机的转速。由于变频调速效率最高、性能最好，因而是异步电动机的主要调速方法。

图 5-29 变频调速装置

② 变极调速。异步电动机的转速 n 与磁场的磁极对数 p 成反比，当极对数 p 减小一半时，转子转速 n 相应提高一倍。因此，通过改变极对数 p 能够实现电动机的调速目的。由于异步电动机中要求定子、转子极对数必须相同，因此在改变定子极对数时，必须相应地改变转子极对数。对于绕线式异步电动机来说，实现较为麻烦；而鼠笼式异步电动机的转子极对数则能自动与定子极对数相对应，因此变极调速仅适用于鼠笼式异步电动机。

变极调速是一种有级调速，因为极对数 p 只能成倍的改变，转速也只能成倍的改变，因此不能用于要求平滑调速的场合，而是多用在对调速性能要求不高的场合，如金属切削机床、通风机等设备。工厂中常用的是二级调速(速比为 $2:1$)，称为双速电动机，还有少量的三速、四速电动机。

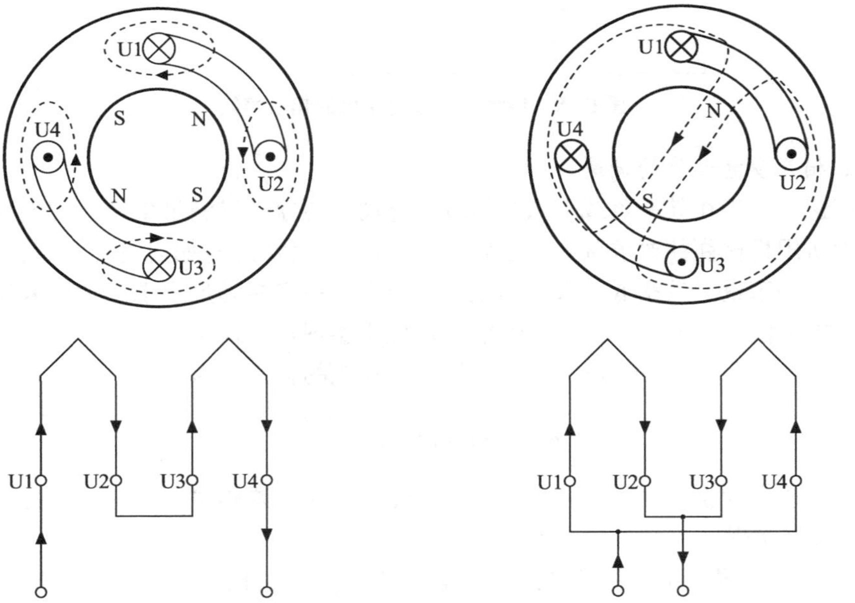

图 5-30 改变极对数 p 的调速方法

图 5-30 所示是 4/2 极(极对数 p 为 2/1 对)双速电动机定子绕组的两种接法。把 U 相绕组分成两部分线圈,即 U1U2 和 U3U4。图 5-30(a)中两部分线圈顺向串联,得到极对数 $p=2$。图 5-30(b)中两部分线圈反向并联(也可以将两部分线圈反向串联),得到极对数 $p=1$。在换极时,一部分线圈中的电流方向不变,而另一部分线圈中的电流必须改变方向。

可见,采用变极调速的电动机,每相绕组必须带有中心抽头,以便实现线路的换接。此外,在定子上安装两套不同极对数的独立绕组,也可获得双速电动机,但采用一套绕组的变极调速更为经济。当定子上装有一套带中心抽头的变极绕组和一套普通绕组时,便可获得三速电动机;当定子上安装的两套绕组均带有中心抽头时,则可获得四速电动机。

③ 变转差率调速。绕线式异步电动机的调速是通过串接在转子回路中的调速电阻来实现的。如图 5-26(b)所示,在负载转矩不变的情况下,改变转子电路的电阻 R_2 即可改变电动机的机械特性。比如增大电阻 R_2 时,转差率 s 上升,从而使异步电动机的转速 n 下降。这种方法与上述变频调速和变极调速的区别在于,没有改变同步转速 n_0 的大小,而是通过串接调速电阻改变转差率 s 的大小来实现调速。调速的平滑性取决于所接入调速电阻的级数,调速电阻分段越多,调速级数也越多,但其控制线路显得过于庞大,因此一般不超过 5 级。

这种调速方法的优点是简单易行,目前广泛应用于起重、运输、提升机械和冶金工厂的多种生产机械上。缺点是调速平滑性差,调速电阻要消耗较大的功率、效率低,低速时需串接大电阻,机械特性较软,转速稳定性差。

(4) 三相异步电动机的制动

三相异步电动机断电后,因转子及拖动系统的惯性作用,总要经过一定时间才能停转。在很多场合要求电动机断电后,机械设备能迅速停止运行,以提高机械设备的生产效率和安全度。三相异步电动机的制动方法有机械制动和电气制动两大类。

机械制动通常利用电磁铁制成的电磁制动器来实现。电动机起动时,电磁制动器线圈通电,电磁铁吸合使制动闸瓦松开;电动机断电时,电磁铁因制动器线圈同时断电而释放,在弹簧作用下,制动闸瓦将电动机转轴紧紧抱住,从而实现制动。起重机械常采用这种制动方法,不但提高了工作效率,还可以防止在生产过程中因突然断电使重物落下而造成的事故。

电气制动是在电动机转子上产生一个与原转动方向相反的电磁转矩——制动转矩来实现制动。三相异步电动机常用的电气制动方法有能耗制动、反接制动和发电反馈制动三种。

① 能耗制动。图 5-31(a)是能耗制动的原理图。当电动机断电后,立即向定子绕组中通入直流电而产生一个固定不动的磁场。由于转子仍以惯性转速运转,转子导条与固定磁场间存在相对运动并产生感应电动势,形成转子电流。这个转子电流与固定磁场的相互作用,产生一个与电动机惯性转动方向相反的电磁转矩,从而起到制动作用。

能耗制动的特点是制动平稳准确、耗能小,但需配备直流电源。

② 反接制动。图 5-31(b)是反接制动的原理图。当电动机需停转时,将三根电源线中的任意两根对调位置,使旋转磁场反向,此时转子与旋转磁场形成很大的相对转速(n_0+n),其相对转动方向与正常运行时相反,于是在转子上产生制动转矩,使电动机迅速减速。当转速接近零时,必须立即切断电源,否则电动机将会反转。

反接制动的特点是设备简单、制动效果较好，但制动电流大。反接制动时，定子一般都串接电阻，限制制动电流。有些中小型机床主轴的制动采用这种方法。

③ 发电反馈制动。电动机运行中，当转子的转速 n 超过旋转磁场的转速 n_0 时，电动机犹如一个异步发电机。由于旋转磁场的方向未变，而 $n>n_0$，故转子绕组切割磁场的方向发生了改变，导致转子绕组中感应电动势方向的改变，从而使转子电流方向改变，电磁转矩变为制动转矩，如图 5-31(c) 所示。此时电动机将机械能变为电能反馈给电网。

发电反馈制动是一种比较经济的制动方法，且制动节能效果好；但使用范围较窄，只有当电动机的转速大于旋转磁场的转速时，才产生制动转矩。该方法一般在起重机械放下重物时和多速电动机从高速变为低速时使用。

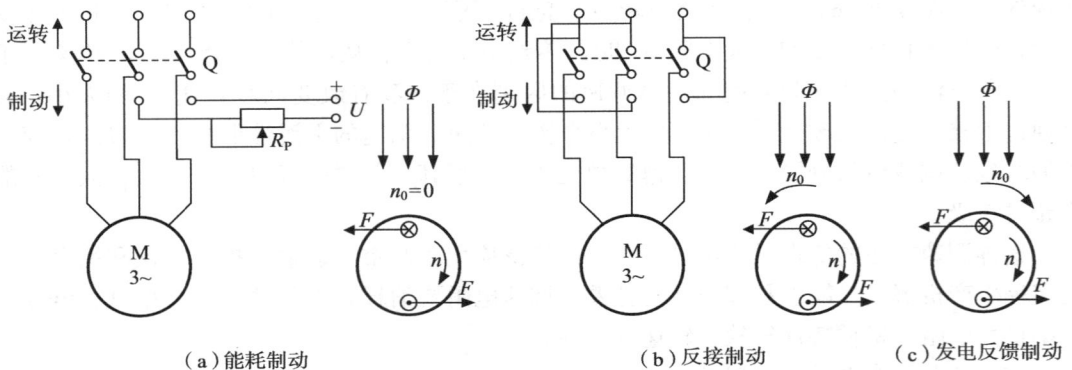

（a）能耗制动　　　（b）反接制动　　　（c）发电反馈制动

图 5-31　电气制动原理

练习与思考

1. 三相异步电动机的旋转磁场是怎样产生的？什么叫转差率？

2. 额定频率为 50Hz 的三相异步电动机，若接在 60Hz 频率的电源上使用，将会发生何种现象？

3. 为什么三相异步电动机的起动电流很大，而起动转矩不大？

4. 异步电动机在额定负载运行时，若电源电压下降过多，会产生什么后果？异步电动机的转子电阻对起动转矩有什么影响？

5. 为什么三相异步电动机不能长期运行在最大转矩附近？

习 题

一、选择题

1. 电动机和变压器常用的铁芯材料为（　　）。

A. 软磁材料　　　　B. 永磁材料　　　　C. 矩磁材料　　　　D. 以上材料均可以

2. 在磁路中，与电路中的电流作用相同的物理量是（　　）。

A. 磁通势　　　　B. 磁阻　　　　C. 磁通　　　　D. 磁感应强度

3. 铁磁材料在磁化过程中，当外加磁场强度不断增加，而测得的磁感应强度几乎不变的性质称为（　　）。

A. 磁滞性　　　　　　　　B. 磁饱和性　　　　　　C. 高导磁性　　　　　D. 剩磁性

4. 变压器是通过( )进行能量传递的。

A. 主磁通　　　　　　　B. 原绕组漏磁通　　　　C. 副绕组漏磁通　　　D. 原、副绕组漏磁通

5. 变压器对( )的变换不起作用。

A. 电压　　　　　　　　B. 电流　　　　　　　　C. 阻抗　　　　　　　D. 功率

6. 变压器的负载变化时,其( )基本不变。

A. 输出功率　　　　　　B. 输入功率　　　　　　C. 输入电流　　　　　D. 励磁电流

7. 单相变压器的变比为 4,若原绕组接 48V 直流电压,则副绕组上的电压为( )。

A. 0V　　　　　　　　B. 12V　　　　　　　　C. 48V　　　　　　　D. 192V

8. 变压器的铁损包含( ),它们与电源的电压和频率有关。

A. 磁滞损耗和磁阻损耗　　　　　　　　　　B. 磁滞损耗和涡流损耗

C. 涡流损耗和磁化饱和损耗　　　　　　　　D. 原、副绕组电阻的损耗

9. 对于电阻性和电感性负载,当变压器副绕组电流增加时,副绕组上的电压( )。

A. 增大　　　　　　　　B. 减小　　　　　　　　C. 保持不变　　　　　D. 不确定

10. 某单相变压器带阻感负载运行时,负载系数相同的情况下,$\cos\varphi_2$ 越高,电压变化率 $\Delta U\%$ ( )。

A. 越小　　　　　　　　B. 保持不变　　　　　　C. 越大　　　　　　　D. 不确定

11. 工作时,电压互感器的副绕组不允许( );电流互感器的副绕组不允许( )。

A. 短路;短路　　　　　B. 开路;开路　　　　　C. 短路;开路　　　　D. 开路;短路

12. 已知一台三相异步电动机的额定频率 f_N 为 50Hz,额定转速 n_N 为 720r/min,则该电动机的极对数 p 和同步转速 n_0 分别为( )。

A. 2;1500r/min　　　　B. 3;1000r/min　　　　C. 4;750r/min　　　　D. 5;600r/min

13. 三相异步电动机的旋转磁场转向与( )有关。

A. 电源频率　　　　　　B. 转子转速　　　　　　C. 磁场极对数　　　　D. 电源相序

14. 当供电电源的电压降低时,三相异步电动机的起动转矩将( )。

A. 增大　　　　　　　　B. 减小　　　　　　　　C. 不变　　　　　　　D. 与负载有关

15. 当供电电源的电压降低时,三相异步电动机的最大转矩将( )。

A. 增大　　　　　　　　B. 减小　　　　　　　　C. 不变　　　　　　　D. 与负载有关

16. 从降低起动电流来考虑,三相异步电动机可以采用降压起动,但起动转矩将( )。

A. 增大　　　　　　　　B. 减小　　　　　　　　C. 不变　　　　　　　D. 不能确定

17. 为防止在生产过程中因突然断电使重物落下而造成的事故,三相异步电动机应使用( )方法制动。

A. 机械制动　　　　　　B. 能耗制动　　　　　　C. 反接制动　　　　　D. 发电反馈制动

18. 三相异步电动机形成旋转磁场的条件是( )。

A. 在三相绕组中通以任意的三相电流　　　　B. 在三相绕组中通以完全相同的三相电流

C. 在三相绕组中通以三相对称的正弦交流电流　　D. 在三相绕组中通以直流电流

二、分析计算题

1. 有两个用相同材料制成的铁芯,上面绕制的线圈匝数相同,即 $N_1 = N_2$,各通以相同的直流电流,即 $I_1 = I_2$,磁路的平均长度相等,即 $l_1 = l_2$,但截面积 $S_1 < S_2$。试用磁路的欧姆定律分析二者的磁感应强度 B_1 与 B_2 的大小,以及磁通 Φ_1 与 Φ_2 的大小?

2. 为什么主磁通的感应电动势计算公式为 $e_1 = -N_1 \dfrac{\mathrm{d}\Phi}{\mathrm{d}t}$? 而漏磁电动势计算公式却为 $e_{1\sigma} = -L_{1\sigma} \dfrac{\mathrm{d}i_0}{\mathrm{d}t}$?

3. 有一空载变压器,原绕组侧加额定电压 220V,并测得原绕组电阻 $R_1 = 11\Omega$,试问原绕组侧的电流

是否等于 20A？

4. 如果变压器原绕组的匝数增加一倍，而所加电压不变，试问励磁电流将有何变化？

5. 一台频率 $f=50Hz$ 的变压器，原绕组为 100 匝，副绕组为 50 匝。如果原绕组接在 2000V 的电源上，试求：（1）铁芯中的最大磁通；（2）空载时副绕组的端电压。

6. 有一台单相照明变压器，容量为 10kV·A，电压为 380/220V。（1）今欲在副绕组侧接上 40W、220V 的白炽灯，最多可接多少盏？计算此时的原、副绕组工作电流；（2）欲接功率因数为 0.44、电压为 220V、功率为 40W 的日光灯（每盏灯附有功率损耗为 8W 的镇流器），问最多可接多少盏？

7. 有一台容量为 6kV·A、额定电压为 10000/230V 的单相变压器，如果在原绕组两端加上额定电压，在额定负载情况下测得副绕组电压为 223V，试求：（1）变压器原、副绕组的额定电流；（2）电压变化率。

8. 将 $R_L=8\Omega$ 的扬声器接到变压器副绕组，已知 $N_1=400$，$N_2=200$。试求：（1）变压器的原绕组等效负载电阻 R'_L；（2）将电动势 $E=8V$，$R_0=100\Omega$ 的交流信号源接于变压器原绕组上，其信号源输出功率；（3）若将扬声器直接接于"8V，100Ω"的信号源上，其信号源输出功率。

9. 变压器的额定容量为 2kV·A，电压为 220/24V，每匝线圈的感应电动势为 0.4V，变压器工作在额定状态。试求：（1）原、副绕组的匝数各为多少？（2）变比为多少？（3）原、副绕组的电流各为多少？

10. 一台自耦变压器，原绕组的匝数 $N_1=800$，接于 220V 的交流电源上，副绕组的匝数 $N_2=400$，接入 $R=8\Omega$，$X=6\Omega$ 的负载，忽略内阻抗压降，试求：（1）副绕组的电压 U_2；（2）副绕组的电流 I_2；（3）输出的有功功率。

11. 一台额定容量为 50kV·A、额定电压为 6000/230V 的单相变压器，铁损 $P_{Fe}=300W$，满载时的铜损 $P_{Cu}=800W$。若为满载时 $Z_L=0.81+j0.61\Omega$ 的负载供电，副绕组的端电压为 220V。试求：（1）变压器的原、副绕组额定电流；（2）变压器满载时的输入功率和输出功率；（3）变压器满载时的效率。

12. 一台三相异步电动机的额定频率 $f_N=50Hz$，额定电压 $U_N=380V$，△连接，额定转速 $n_N=578r/min$。试求：（1）同步转速 n_0；（2）极对数 p；（3）额定转差率 s_N。

13. Y205S-6 型三相异步电动机的技术数据为：45kW，380V，△连接，$n_N=938r/min$，$\cos\varphi_N=0.88$，$\eta_N=92.3\%$，$T_{st}/T_N=1.9$，$T_{max}/T_N=2.2$，$f_N=50Hz$。试求：（1）额定转矩 T_N、起动转矩 T_{st} 和最大转矩 T_{max}；（2）电源电压因故障降为 300V 时，电动机能否带额定负载运行？

14. Y132S-4 型三相异步电动机的技术数据为：5.5kW，380V，△连接，$n_N=1440r/min$，$\cos\varphi_N=0.84$，$\eta_N=85.5\%$，$T_{st}/T_N=1.9$，$T_{max}/T_N=2.2$，$I_{st}/I_N=7.0$，$f_N=50Hz$。试求：（1）额定转矩 T_N、起动转矩 T_{st} 和最大转矩 T_{max}；（2）额定转差率 s_N；（3）额定电流 I_N 和起动电流 I_{st}？

15. Y180L-4 型三相异步电动机的技术数据为：30kW，380V，△连接，$n_N=1467r/min$，$\cos\varphi_N=0.87$，$\eta_N=90.5\%$，$T_{st}/T_N=1.9$，$T_{max}/T_N=2.2$，$I_{st}/I_N=7.0$，$f_N=50Hz$。（1）求 Y—△换接起动时的起动电流、起动转矩。（2）当负载转矩为额定转矩 T_N 的 80% 时，是否可采用 Y—△换接起动？（3）当负载转矩为额定转矩 T_N 的 30% 时，是否可采用 Y—△换接起动？

16. 若习题 15 中的三相异步电动机运行在 60Hz、380V 电源上，其余条件不变，电动机的起动转矩 T_{st}、最大转矩 T_{max} 和起动电流 I_{st} 有什么变化？

17. 某三相异步电动机运行时，突然有一根相线断线，此时能否继续运行？当电动机停转之后，能否再起动？

第6章 电气控制

电气控制技术是自动控制技术的重要组成部分，采用各种电气、电子器件对控制对象按生产和工艺的要求进行有效的控制。在电动机拖动生产机械过程中，利用继电器、接触器对电动机和生产设备进行控制和保护。本章介绍实现继电接触控制的控制电器，如刀闸、按钮、继电器、接触器等，以及基本的控制环节和保护环节的典型线路。

6.1 低压控制电器

对电能的生产、输送、分配和使用起控制、调节、检测、转换及保护作用的电工器械统称为电器。

一般所称的低压电器是指其工作电压不超过交流 1200V 或直流 1500V 的电器。

低压控制电器主要用于低压电力拖动系统中，负责电动机的运行进行切换、控制、调节和保护。常用的低压控制电器种类繁多，按动作方式可分为手动和自动两类。手动电器的动作是由工作人员手动操纵，如刀开关、按钮等；自动电器则是根据指令、信号或某些物理量的变化自动动作，如中间继电器、交流接触器等。

6.1.1 开关电器

开关电器是指低压电器中作为不频繁地手动接通和分断电路的开关，或作为机床电路中电源的引入开关。

（1）刀开关

刀开关，又称闸刀开关，其实物、结构和符号如图 6-1 所示。刀开关通常用于不频繁操作的低压电路中，用作接通和切断电源，或用来将电路与电源隔离，有时也用来控制小容量电动机的直接起动与停机。刀开关由闸刀（动触点）、静插座（静触点）、手柄和绝缘底板等组成。

刀开关种类很多。按极数分为单极、双极和三极；按转换方向分为单投和双投等。刀开关一般与熔断器串联使用，以便在短路或过负荷时，熔断器熔断而自动切断主电路。控制对象一般为 380V、5.5kW 以下的小电机。

（2）组合开关

组合开关，也称转换开关，如图 6-2 所示，常用于机床控制电路的电源开关，也用于小容量电动机的起停控制或照明线路的开关控制。常用的三极开关中，每一极都有一对静

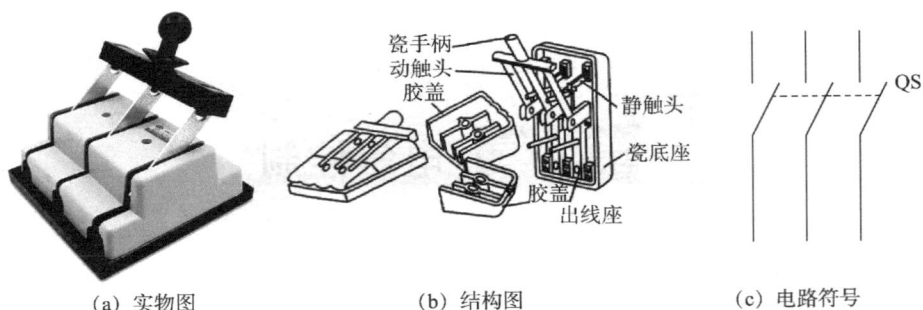

(a) 实物图　　　　　　（b）结构图　　　　　　（c）电路符号

图 6-1　刀开关

触片与盒外接线柱相接，动触片受手柄控制可以转动，以实现线路的通断控制。当手柄旋转时，转轴带动动触片，使得三个触点可以同时接通或断开。

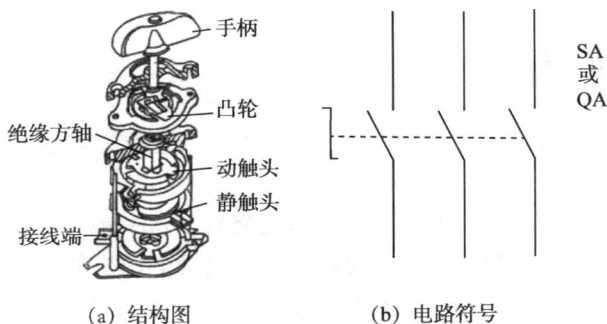

（a）结构图　　　　　　　（b）电路符号

图 6-2　组合开关

（3）空气断路器

空气断路器，又称自动开关，能够实现短路、过载、失压保护。图 6-3（a）（b）分别为其实物和电路符号。工作原理如图（c）所示，过电流脱扣器的衔铁在正常情况下不吸合，而欠电压脱扣器的衔铁在正常电压下吸合。当发生严重过载或短路故障时，主电路中串联的线圈产生较强的电磁力，使衔铁克服弹簧的拉力，过电流脱扣器（图 6-3 仅画出一相）将锁钩顶开，使主触点分断，从而切断电源；当电压过低或失压时，衔铁释放并使主触点断开，欠电压脱扣器将脱钩顶开，断开电源。当电源电压恢复正常时，必须重新合闸，才能恢复正常工作，从而实现失压保护。

（a）实物图　　　　　　（b）电路符号

图 6-3　空气断路器

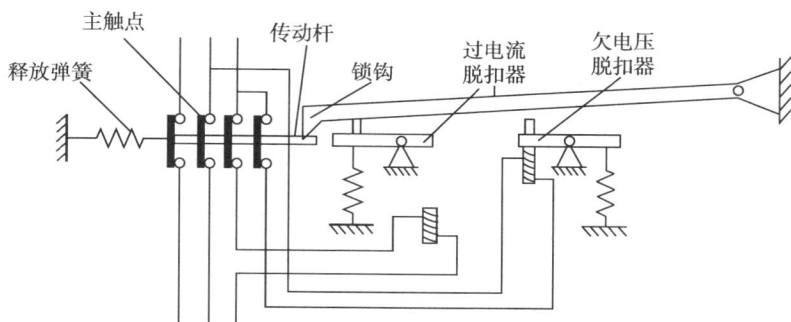

（c）工作原理图

图 6-3　空气断路器(续)

6.1.2　主令电器

主令电器是用作闭合或断开控制电路、以发出指令或进行程序控制的开关电器。

（1）按钮

按钮常用于接通和断开控制电路，其实物和结构如图 6-4 所示。

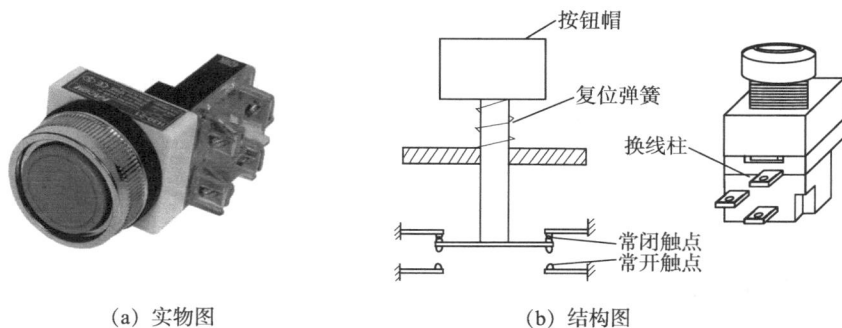

（a）实物图　　　　　　　　　（b）结构图

图 6-4　按钮

　按钮的电路符号分为三种，如图 6-5 所示。常开按钮(动合按钮)如图 6-5(a)所示，按下按钮时，触点接通；松开后，在弹簧作用下触点自动恢复到断开状态。常闭按钮(动断按钮)如图 6-5(b)所示，其工作情况与动合按钮相反，按下按钮时，触点断开；松开后，触点自动恢复到闭合状态。复合按钮是一个动合按钮和一个动断按钮的组合，兼有动合和动断功能，如图 6-5(c)所示。

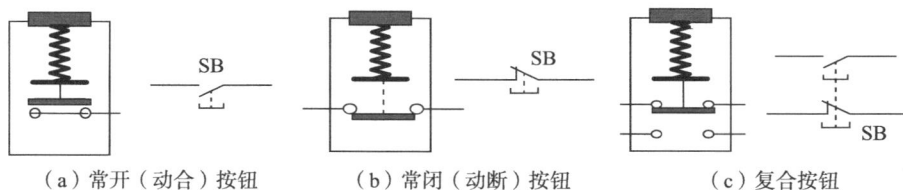

（a）常开（动合）按钮　　　　（b）常闭（动断）按钮　　　　（c）复合按钮

图 6-5　按钮的电路符号

（2）行程开关

行程开关，也称限位开关，如图 6-6 所示。它用于电路的限位保护、行程控制、自动切换等。其结构与按钮类似，但其动作是通过运动部件上的撞块机械撞击行程开关上的压头来实现。当撞块压住行程开关时，动断触点断开，动合触点闭合，当撞块离开时，触点在弹簧作用下复位。

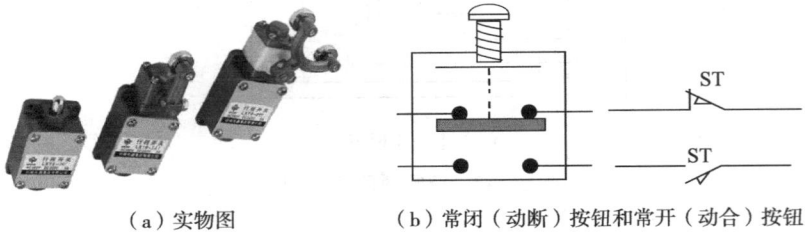

（a）实物图 　　　　　　　　（b）常闭（动断）按钮和常开（动合）按钮

图 6-6　行程开关

6.1.3　执行电器

执行电器是指接收控制信息并对受控对象施加控制作用的装置。

（1）交流接触器

交流接触器是用于频繁地接通和断开大电流电路的开关电器，如图 6-7 所示。包括电磁铁（静、动铁芯和吸引线圈）和触点组（主触点和辅助触点）。接触器控制对象是电动机及其他电力负载，接触器技术指标包括额定工作电压、电流、触点数量等。

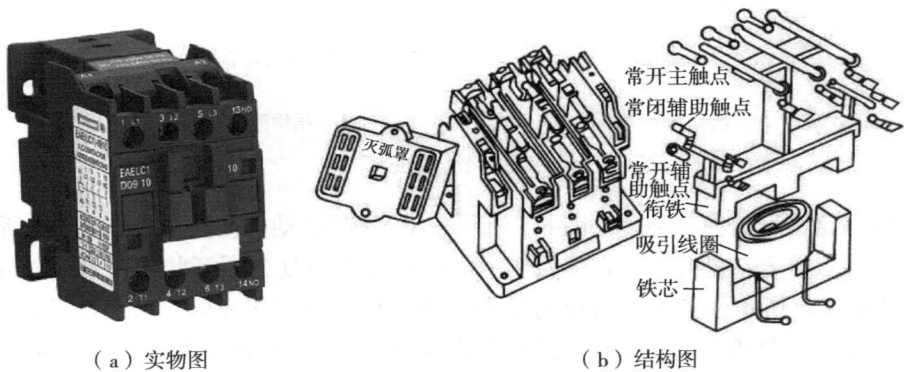

（a）实物图 　　　　　　　　（b）结构图

图 6-7　交流接触器

交流接触器的电路符号如图 6-8 所示。其中，接触器主触点用于主电路，承载较大电流，因此需加装灭弧装置；辅助触点则有常开和常闭之分，用于控制电路，承载的电流小，无需加灭弧装置。

交流接触器的工作原理如图 6-9 所示。当控制电路中的线圈通电时，线圈产生电磁吸引力将衔铁吸下，进而使主电路中的常开主触点闭合，控制电路中的常开辅助触点闭合，常闭辅助触点断开。线圈断电后，电磁吸引力消失，触点在弹簧的作用下恢复到原来的状态。

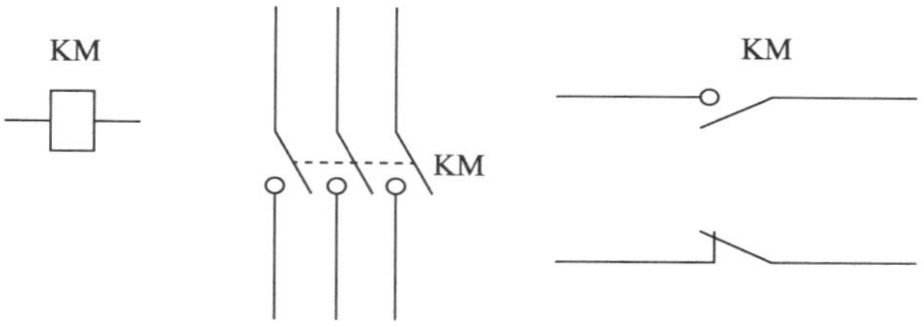

（a）接触器线圈　（b）接触器主触点　（c）辅助触点

图 6-8　按钮电路符号

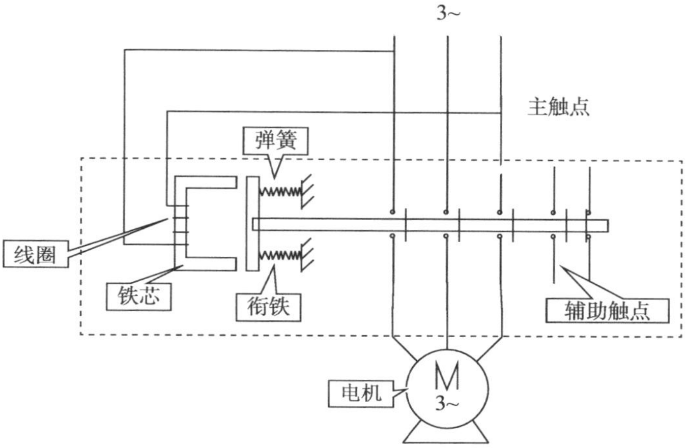

图 6-9　交流接触器的工作原理

（2）继电器

继电器和接触器的工作原理相同，都是用线圈控制触点的动作。主要区别在于，接触器的主触点能够承载大电流，而继电器的触点只能承载小电流。所以，继电器通常用在控制电路中。常见继电器类型包括中间继电器、电压继电器、电流继电器、时间继电器（具有延时功能）、热继电器（做过载、欠压或缺相保护）等。例如，中间继电器（KA）通常用于传递信号，并可同时控制多个电路，也可直接用于控制小容量电动机或其他电气执行元件。中间继电器触点容量较小，但触点数目多，用于控制线路中。中间继电器实物图和电路符号如图 6-10 所示。

（a）实物图　　　　（b）线圈、常开和常闭触点

图 6-10　中间继电器

6.1.4 保护电器

（1）熔断器

熔断器通常串联在被保护电路中，一旦发生短路或严重过载时，熔断器中的熔件（熔丝或熔片）因过热而自动熔断，从而切断电路，起到保护作用。熔件的熔断时间与电流大小相关，电流越大，熔断越快。由于熔断器对过载保护的灵敏度较低，因此主要用于短路保护。熔断器实物图和电路符号如图 6-11 所示。

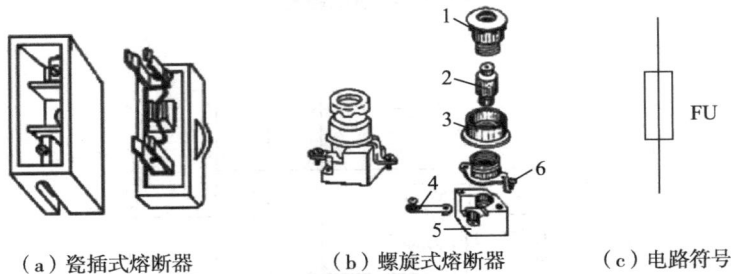

（a）瓷插式熔断器　　　　（b）螺旋式熔断器　　　（c）电路符号

图 6-11　熔断器

1-瓷帽；2-熔断管；3-瓷套；4-下接线端子；5-座子；6-上接线端子

根据保护特性，熔体额定电流 I_F 选择原则如下。

①无冲击电流的场合（如电灯、电炉）：

$$I_F \geqslant I_L \tag{6-1}$$

②一般电机：

$$I_F \geqslant \left(\frac{1}{2.5} \sim \frac{1}{3}\right) I_{st} \tag{6-2}$$

③频繁起动的电机：

$$I_F \geqslant \left(\frac{1}{1.6} \sim \frac{1}{2}\right) I_{st} \tag{6-3}$$

式中，异步电动机的起动电流 $I_{st} = (5 \sim 7) I_N$，I_N 为电动机的额定电流。

选择熔体额定电流 I_F 时，需确保其避开电动机的起动电流 I_{st}，但仍具备对短路电流的保护能力。

（2）热继电器

热继电器是一种用于保护电动机免受长期过电流致损坏的保护电器。电机工作时，若因负载过重而使电流增大，但仍低于短路电流时，熔断器无法提供保护作用，此时应采用热继电器进行过载保护。热继电器的动作时间随输入信号的变化而变化，其输入信号可以为电压、电流等电量，也可以是温度、时间、速度和压力等非电量。

热继电器如图 6-12 所示，其发热元件接入电机主电路，若电机长时间过载运行，发热元件将双金属片被烤热。因双金属片的下层膨胀系数大，使其向上弯曲，并拉动弹簧复位机构，串联在控制电路中的常闭触点断开，从而切断电机控制电路，实现过载保护。若要重新起动电机，需按下复位按钮。

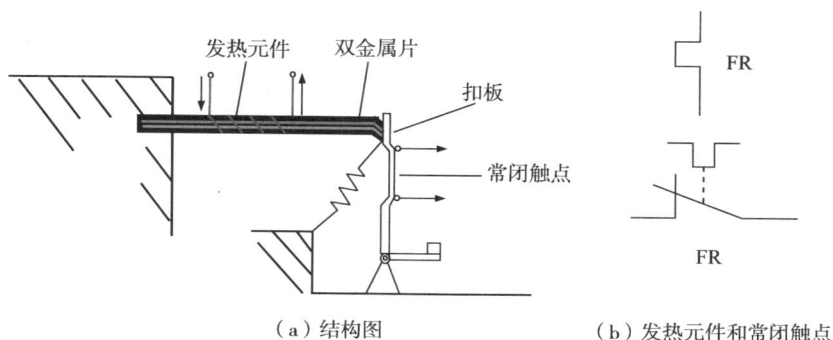

（a）结构图　　　　　　　（b）发热元件和常闭触点

图 6-12　继电器

除此之外，在采用继电器和接触器控制时，在电动机运行过程中，若电源电压降至额定值的 85% 以下，接触器的铁芯由于吸力不足会自动释放，使触点断开，切断电动机电源，从而避免因低电压运行导致电机损坏，实现欠压保护。另外，在电网停电后若电源突然恢复，电机不会自动起动，从而防止意外起动带来的安全风险，实现失压（或零压）保护。

🧠 **练习与思考**

1. 为什么热继电器不用于短路保护？为什么在三相主电路中只用两个发热元件就可以保护三相异步电动机？

2. 为什么熔断器不能用于过载保护？

3. 在 220V 的控制电路中，能否将两个 110V 的继电器线圈串联使用？

6.2　三相电机的基本控制环节

三相异步电动机因其结构简单、结实可靠、维护便利等特点，在现代工农业生产中被广泛用于拖动各种生产机械。机械设备的运行方式多种多样，对电动机的性能和控制方式提出多种要求，电动机提出包括起动、停车、正反转和调速等自动控制。采用继电器、接触器及按钮等控制电器组成的触点断续控制电路，是实现电动机控制的一种常见且简便的方法，这种控制系统通常称为继电接触器控制系统。

电动机的控制系统通常由主电路和控制电路构成。主电路是接通电动机的电路，电流的大小取决于电动机的功率，通常较大。控制电路是操纵电动机按一定要求工作的继电接触器控制电路，电流通常较小。所有复杂的控制线路，都是由基本控制元件、控制环节和控制电路组成。下面基于三相异步电动机的常用控制系统，介绍控制电路的基本环节、基本电路和工作原理。

6.2.1　电动机的直接起动

直接起动（全压起动）是一种简单的起动方式，其特点是起动电流较大，起动转矩相对较小。适用于电动机容量不超过 110kW，且小于供电变压器容量的 20% 的低功率场合。

（1）点动控制

如图 6-13 所示，在点动控制的运行过程中，合上刀开关 QS，接通三相交流电源，按下按钮 SB，交流接触器的线圈 KM 通电，其主触点 KM 闭合，电机开始转动；松开按钮后，线圈 KM 断电，主触点 KM 断开，电机停转。点动控制是一种用于实现电动机短时运转的典型控制方式，常用于调整生产机械运动部件的位置。

点动控制常用于吊车、行车等需要定位操作的场合。如果需要电动机连续运行，操作人员必须长时间按住按钮，工作不便。

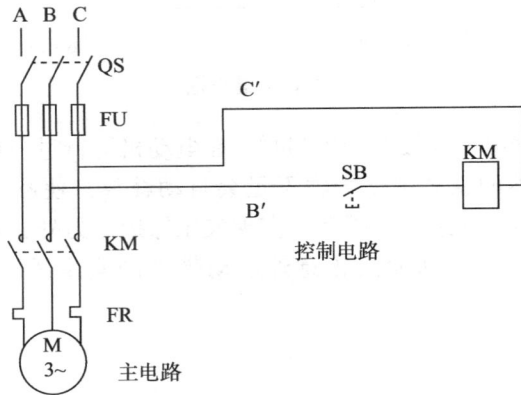

图 6-13 点动控制电路

（2）连续运行控制（长动控制）

在实际应用中，大多数生产机械（如拖动水泵、通风机等）通常需要长时间连续运行，因此必须设置起动环节和停转环节。连续运行控制电路如图 6-14 所示，在电动机的起动过程中，按下起动按钮 SB2，线圈 KM 通电，电机起动，同时，辅助触点 KM 闭合，松开按钮后，线圈仍可通过辅助触点保持通电状态，电机连续运转。辅助触点 KM 的作用称为自锁。

按下停止按钮 SB1，线圈 KM 失电，主电路和控制电路中的常开触点全部断开，电机停转，同时解除自锁保护。本电路还具有短路保护、过载保护和失压保护的功能。

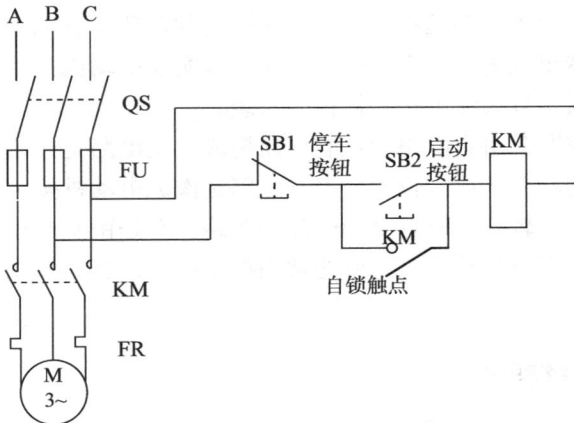

图 6-14 连续运行控制电路

实现异步电动机既能点动又能连续运行可通过如下两种方法：

①使用复合按钮。电路如图 6-15 所示，需要点动控制时，按下点动复合按钮 SB3，其常闭触点先断开，切断接触器辅助触点 KM 的自锁，随后 SB3 常开触点闭合，接通点动控制电路，接触器 KM 线圈得电吸合，KM 主触点闭合，电动机 M 起动运转。停机时松开点动复合按钮 SB3 即可。若需要电动机连续运行，按下按钮 SB2，由于按钮 SB3 的常闭触点处于闭合状态，使接触器 KM 线圈保持通电状态，电动机 M 连续运行。

图 6-15　点动和连续运行控制电路(一)

②使用中间继电器。电路如图 6-16 所示，按下按钮 SB3，接触器 KM 线圈通电，电动机 M 实现点动运行。按下按钮 SB2，中间继电器 KA 线圈通电并自锁，接触器 KM 线圈保持通电，电动机 M 实现连续运行。

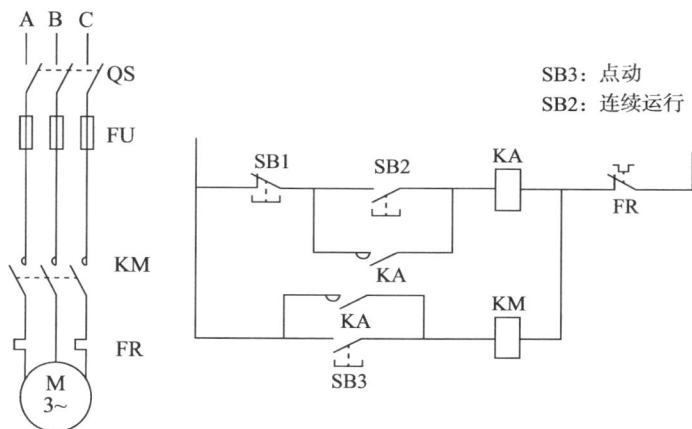

图 6-16　点动和连续运行控制电路(二)

(3)异地控制

异地控制是一种多地点控制方式，某些生产设备要求在不同地点能够同时控制拖动设备的电动机。例如甲乙两地同时控制一台电机，如图 6-17 所示。需要注意的是，两起动按钮 SB1、SB3 并联，两停车按钮 SB2、SB4 串联。按下任意一个起动按钮都会使 KM 得电，电动机起动运行，按下任意一个停止按钮都会使 KM 断电，电动机停止运行。

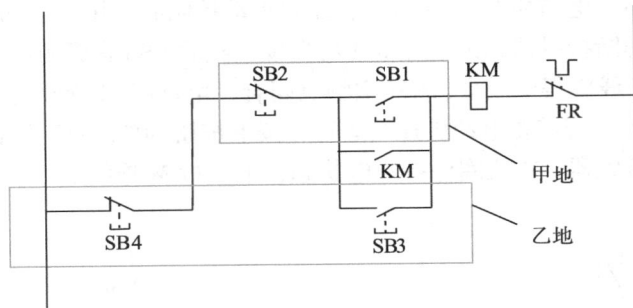

图 6-17　异地控制电路

6.2.2　电动机的正反转控制

在生产实践中，许多生产机械要求运动部件能够向正、反两个方向运动，例如起重机的升降、机床工作台的前进与倒退、生产车间中天车的升降及前后左右移动等。基于三相异步电动机的工作原理，三相交流电动机的正反转控制可通过调换电动机定子三个接线端中的任意两根连线来实现。如图 6-18 所示，按下按钮 SBF，线圈 KMF 通电，电机起动正转，同时，辅助触点 KMF 闭合，即使按钮松开，线圈保持通电状态，电机连续运转。要从正转切换到反转，需先按下停止按钮 SB1，使正转接触器断电，然后再按反转按钮SBR，电机开始反转。

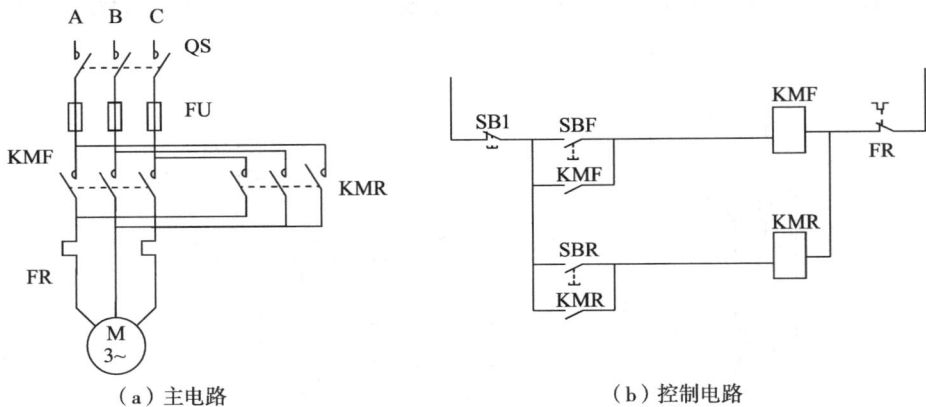

（a）主电路　　　　　　　　　　　　　（b）控制电路

图 6-18　正反转控制电路

该电路在实现正反转切换时，必须先停车才能由正转切换到反转或由反转到正转，且控制电动机的两个接触器在同一时刻只能有一个工作。如果两个接触器的主触点同时闭合，将导致电源短路。通过复合按钮组成的机械互锁和通过互锁触点组成的电气互锁构成了互锁控制，防止两组主触点同时吸合，为电动机的正反转控制提供了双重保障。

如图 6-19 所示，当按下起动按钮 SBF 时，电路中的线圈 KMF 通电，常开触点 KMF 闭合，电机正转，作为电气互锁保护的常闭触点 KMF 打开，使得反转线圈 KMR 不能通电；

当按下起动按钮 SBR，串接在正转控制电路中的复合按钮 SBR 先断开，正转接触器线圈 KMF 断电，同时互锁常闭触点 KMF 闭合，电机反转时，常闭触点 KMR 打开，从而保证两个接触器 KMF 和 KMR 不同时通电。

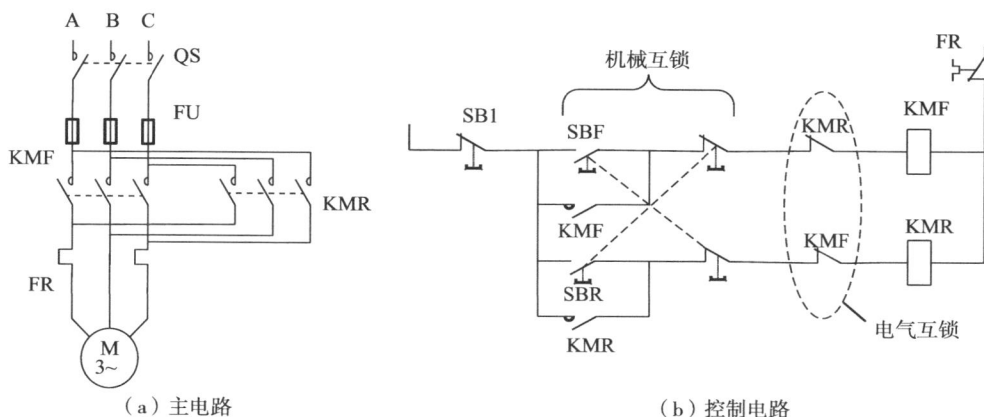

（a）主电路　　　　　　　　　　　　（b）控制电路

图 6-19　带互锁的正反转控制电路

6.2.3　电动机的行程控制（开关自动控制）

行程控制实质为电机的正反转控制，只是在行程的终端加入了自动发出命令的限位开关。行程控制包括限位控制和自动往返控制，通过到达特定位置自动切换来实现动作切换，无需人工干预。以下介绍这两个行程控制电路，主电路均同图 6-19（a）所示。

（1）限位控制

行程开关 STA 和 STB 分别装在工作台的起始位置和终点位置，由装在工作台上的挡块来触发。按下起动按钮 SB2，图 6-20（a）中电动机正向运行，带动工作台向前运动，当到达右侧极端位置时，挡块撞开 STA 开关，电机停转；按下起动按钮 SB3，电动机开始反向运行，当到左侧极端位置时，挡块撞开 STB 开关，电机停转。

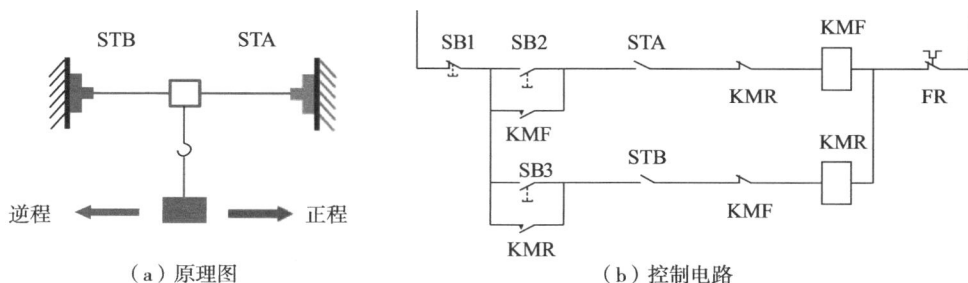

（a）原理图　　　　　　　　　　（b）控制电路

图 6-20　限位控制电路

（2）自动往返控制

自动往返控制能够实现电动机到达终点后能自动返回的往复运动。其关键措施是限位开关采用复合式开关。正向运行到 STA 位置时，挡块撞开 STA，线圈 KMF 断电释放，电机停转的同时线圈 KMR 通电吸合，起动反向运行；反之亦然。如图 6-21 所示，这个过程会不断循环进行。当按下停止按钮 SB1，线圈 KMF 和 KMR 同时断电释放，电动机脱离电源并停止转动。

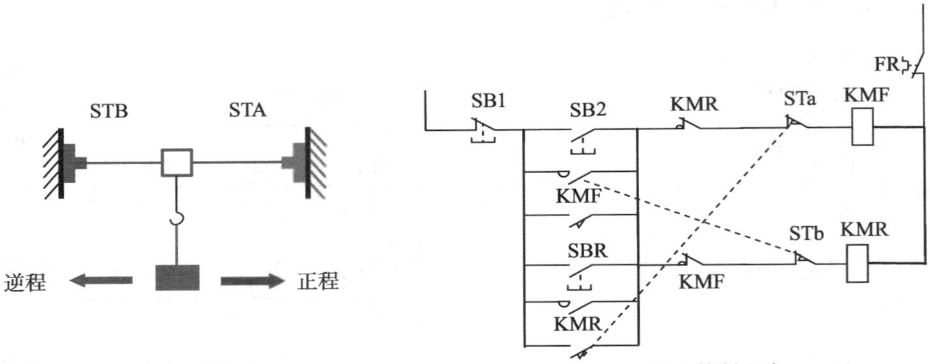

（a）原理图　　　　　（b）控制电路

图 6-21　自动往返控制电路

限位开关除用于电动机的正反转控制外，还可实现自动循环、制动、变速等功能。在控制电路中，通过增加限位开关数量，还能有效防止某个限位开关故障失效，从而避免工作台继续移动导致的安全事故，起到终端保护的作用。

6.2.4　电动机的时间控制

在生产实际中，常要求几台电动机按规定的时间和顺序运转，这就需要时间控制（定时控制）来实现。时间控制是利用具有延时功能的时间继电器加入到控制电路中，确保电动机的控制按照设定的时间或顺序进行。时间继电器的触点类型见表 6-1。

表 6-1　时间继电器触点类型表

		通电式	断电式
瞬时动作	常闭触点		
	常开触点		
延时动作	常开 通电后延时闭合		常闭 断电后延时闭合
	常闭 通电后延时断开		常开 断电后延时断开

定时类型包含空气式、钟表式，电子式等，其中电子式又包括阻容式和数字式。常用的阻容式时间继电器有 JS20、JS15、JS14A、JSJ 等系列。数字式时间继电器分为电源分频式、石英分频式和 RC 振荡式三种类型，有 DH48S、DH14S、JS14S 等系列。在交流电路中常采用结构简单、延时范围大的空气式时间继电器，利用空气阻尼作用而使动作延时，有 JS7-A 和 JJSK2 等多种类型。以空气式时间继电器的工作原理为例，如图 6-22 所示，通

过调节螺钉调节进气孔的大小来调节延时时间，延时时间是自衔铁吸引线圈通电时刻起，直到微动开关动作时止的时间段。当线圈通电后，衔铁吸合后向下移动，连杆带动触点动作。当线圈断电后，衔铁在恢复弹簧的作用下复位，空气由出气孔迅速排出。

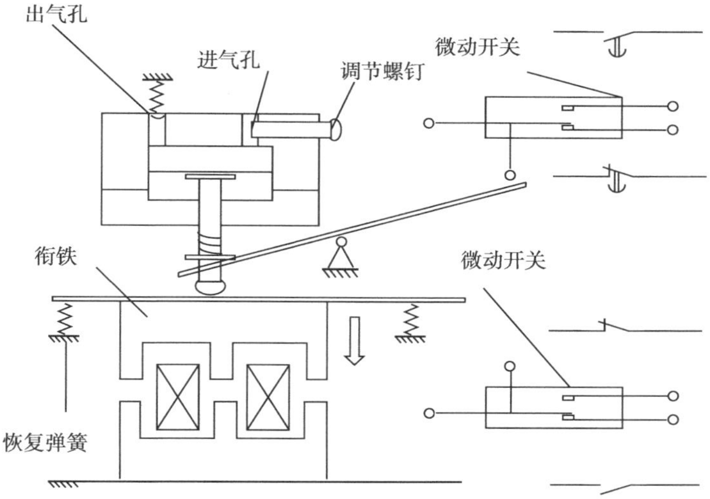

图 6-22　通电延时空气式时间继电器的工作原理

（1）顺序控制

顺序控制电路一：无延时要求。如图 6-23 所示两台电机，根据生产要求，电机 M1 起动后，电机 M2 才能起动，且 M2 可单独停止。在图 6-23 的控制电路中，电机 M1 接触器的常开触点 KM1 与电机 M2 接触器线圈串联。只有电机 M1 起动后，常开触点 KM1 闭合，电机 M2 接触器 KM2 才能通电。按下停车按钮 SB3，可使电机 M2 单独停止。

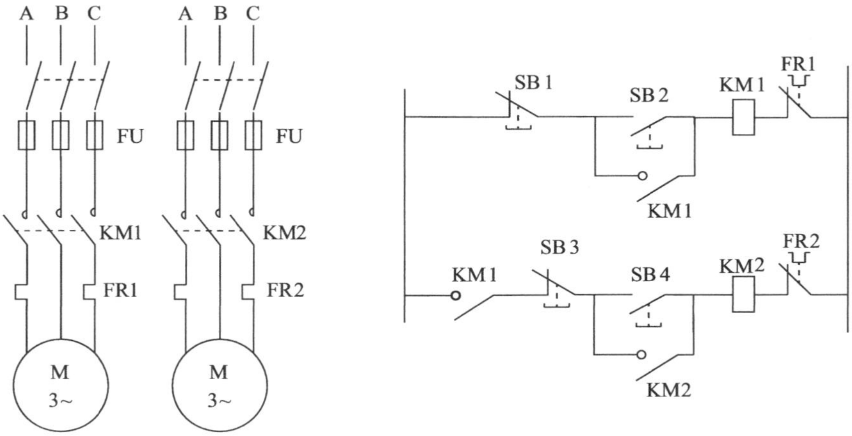

图 6-23　顺序控制电路（一）

顺序控制电路二：有延时要求，电机 M1 起动后，电机 M2 延时起动，如图 6-24 所示。将时间继电器 KT 的通电延时闭合的常开触点串接在电机 M2 接触器 KM2 的线圈电路中，实现按下起动按钮 SB2 后，电机 M1 先起动，电机 M2 在延时后起动。

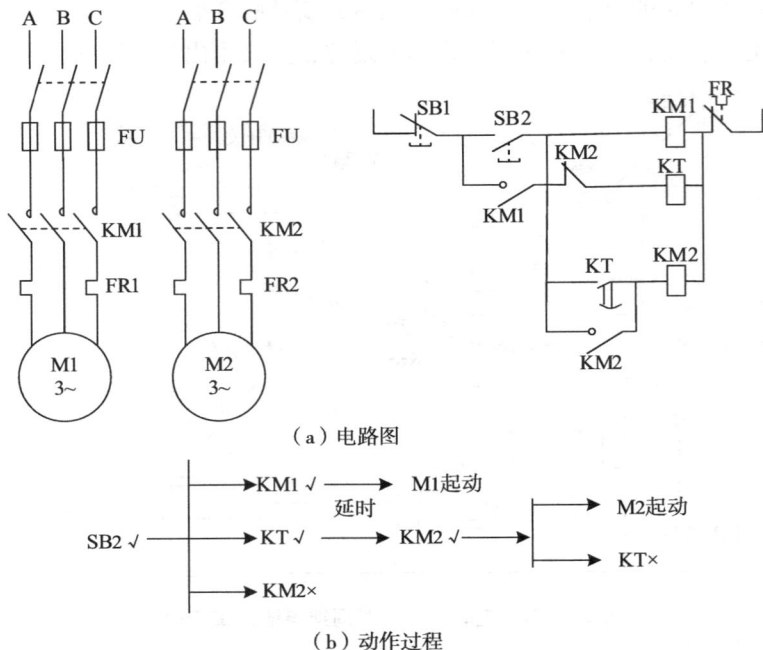

（a）电路图

（b）动作过程

图 6-24　顺序控制电路(二)

（2）Y-△起动控制

　　Y-△降压起动是三相异步电动机常用的降压起动方式。在电机起动时，其定子绕组采用 Y 形接法，经过起动时间后换接为正常运行的 △ 形接法。图 6-25 中采用了通电延时时间继电器 KT 的两个触点：延时断开的常闭触点和延时闭合的常开触点。KM-Y 闭合，电机接成 Y 形；KM-△闭合，电机接成 △ 形。同时加入电气互锁避免造成电源短路。

（a）主电路　　　　　　　　　　　　（b）控制电路

图 6-25　Y-△起动控制电路

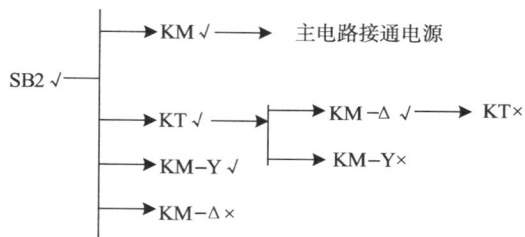

（c）动作过程

图 6-25　Y–△ 起动控制电路（续）

6.2.5　电动机的速度控制

电动机的速度控制通常通过速度继电器来实现。其工作原理为，速度继电器的轴由电动机带动，其外环转动到一定速度时，速度继电器的外环旋转至预设位置，撞击动触点，使常开触点闭合，常闭触点打开，如图 6-26 所示。

【例 6-1】分析如图 6-27 所示的速度控制—反接制动电路。

解：正常工作时，KM1 通电，电机正向运转，速度继电器（KS）常开触点闭合；停车时，按 SB1，KM1 断电，KM2 通电，开始反接制动，当电机的速度接近零时，KS 打开，电机停止运转，反接制动结束。

图 6-26　速度继电器

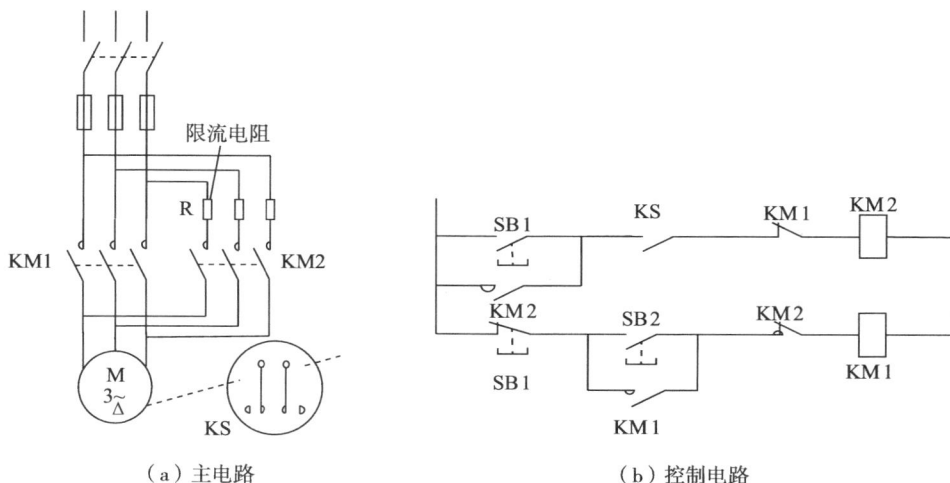

（a）主电路　　　　　　　　（b）控制电路

图 6-27　速度控制—反接制动电路

练习与思考

1. 控制电路中自锁和互锁是如何实现的？
2. 通电延时和断电延时有什么区别？
3. 能否绘出三相笼型异步电动机既能点动又能连续工作的继电接触器控制电路？

习 题

一、选择题

1. 热继电器对三相异步电动机起( )的作用。

A. 短路保护　　　　　　　　B. 欠压保护　　　　　　　　C. 过载保护

2. 在电动机的继电器接触器控制电路中，零压保护的功能是( )。

A. 防止电源电压降低烧坏电动机　　　　B. 防止停电后再恢复供电时电动机自行起动

C. 实现短路保护

3. 习题图 6-1 所示的控制电路中，SB 为按钮，KM 为交流接触器，若按动 SB1，试判断下面的结论哪个是正确的？( )

A. 只有接触器 KM1 通电动作　　　　　　B. 只有接触器 KM2 通电动作

C. 接触器 KM1 与 KM2 通电都动作　　　　D. 接触器 KM1、KM2 都不动作

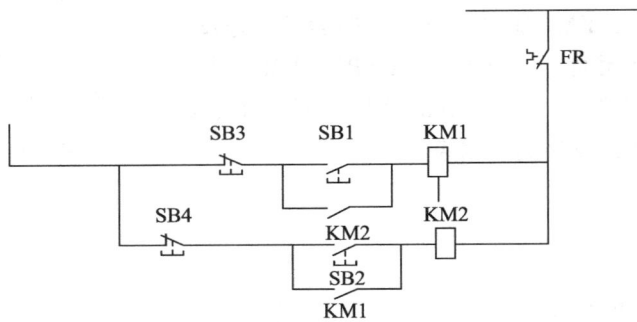

习题图 6-1

4. 关于通电延时时间继电器的延时常闭触点，以下说法正确的是( )。

A. 延时闭合、延时断开　　　　　　　　B. 瞬时闭合、瞬时断开

C. 瞬时闭合、延时断开　　　　　　　　D. 瞬时断开、延时闭合

5. 降低电源电压以后，三相交流异步电动机的起动电流将( )。

A. 降低　　　　　　B. 不变　　　　　　C. 提高　　　　　　D. 无法确定

二、分析计算题

1. 简述主令电器的概念和作用？请举两个例子。

2. 在电动机的主电路中，已装有熔断器，但电路中还有热继电器，试说明原因。

3. 习题图 6-2 中的控制电路存在的问题是什么？

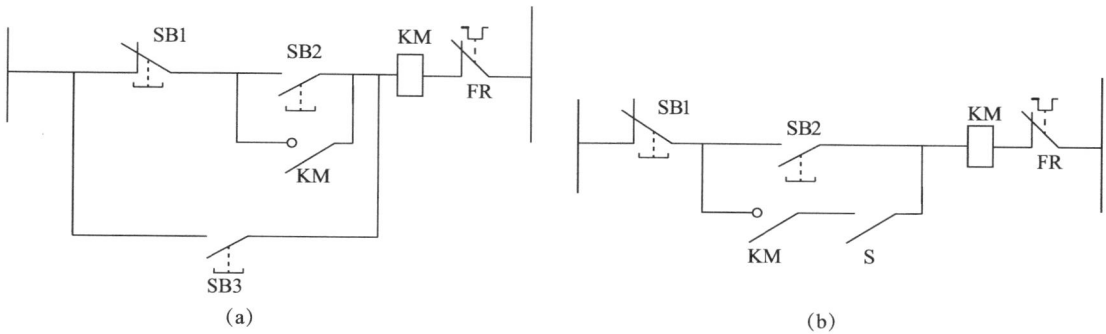

（a）　　　　　　　　　　　　（b）

习题图 6-2

4. 已知接触器的线圈和指示灯的额定电压均为 220V，试绘出异步电动机的主电路和控制电路，要求：（1）短路保护；（2）过载保护；（3）电动机运行时绿色指示灯亮，停车时红色指示灯亮。

5. 试画出一个能够两地点控制一台三相笼型异步电动机连续工作的继电接触器控制电路。

第 7 章　半导体器件

半导体器件是构成电路的基本元件，半导体二极管、三极管和场效应管是最基本的半导体器件。本章首先介绍半导体的基本知识、PN 结的形成及其单向导电性，重点讨论二极管、三极管和场效应管的基本结构、工作原理、特性曲线和主要参数。

7.1　半导体的基本知识

根据导电能力的不同，可以将物质划分为导体、半导体和绝缘体。导电能力常用电阻率来表示，半导体的电阻率一般为 $10^{-3} \sim 10^{9} \Omega \cdot cm$。目前常用的半导体有硅(Si)、锗(Ge)和砷化镓(GaAs)等。半导体的导电特性具有它的特殊性：

① 热敏、光敏特性。半导体的导电能力随着环境温度的升高或光照强度的增加而显著增大。

② 掺杂特性。当在纯净半导体中掺入微量的杂质后，其导电能力可增加几十万至几百万倍。

7.1.1　本征半导体

本征半导体是化学成分完全纯净、结构完整的半导体晶体。常用的本征半导体有硅和锗晶体，原子结构如图 7-1 所示。它们都是四价元素，最外层有 4 个电子。内层的电子很难挣脱原子核的束缚，而最外层的电子受原子核的束缚较小，容易成为自由电子，称其为价电子。

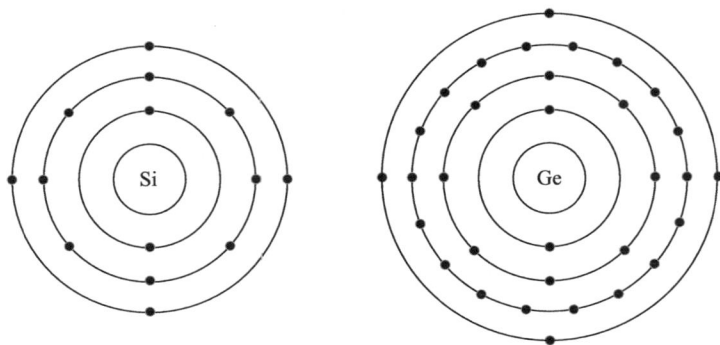

图 7-1　硅(Si)和锗(Ge)的原子结构

在本征半导体中，每一个原子分别与周围的 4 个原子相结合，每两个相邻原子之间共用一对价电子，形成共价键，价电子受到共价键的束缚。当获得一定能量后(温度升高或受光照时)，价电子便可挣脱共价键的束缚成为自由电子，同时共价键中留下一个空位，称为空穴，这种现象称为本征激发(又称热激发)，如图 7-2 所示。

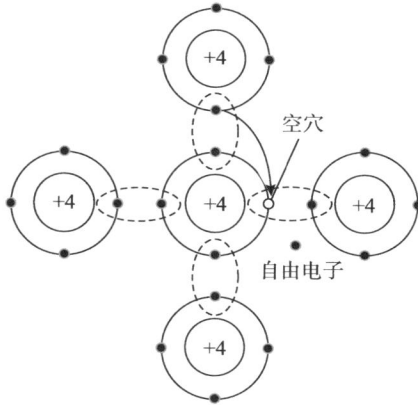

图 7-2　自由电子和空穴的形成

在外电场的作用下，空穴吸引邻近的价电子来填补，而在邻近原子出现新的空穴，如此下去，犹如空穴在运动，运动方向与电子运动方向相反。空穴的定向运动形成空穴电流，自由电子的定向运动形成电子电流。空穴可以看成是带电量与电子相等、符号相反的粒子，因此，半导体中有自由电子和空穴两种运载电荷的粒子，称为载流子。

在本征半导体中，自由电子和空穴总是成对出现，二者在运动中相遇又会复合。在一定温度下，载流子的产生和复合达到动态平衡，维持一定数目。温度越高，载流子的浓度越高，导电性能就越好。所以，温度是影响半导体器件导电性能的重要因素。

7.1.2　杂质半导体

在本征半导体中掺入微量的特定元素作为杂质，可使半导体的导电性能发生显著变化。根据掺入杂质的不同，杂质半导体可分为 N 型半导体和 P 型半导体。

(1) N 型半导体

在本征半导体硅或锗中掺入微量五价元素，如磷等，可形成 N 型半导体，也称电子型半导体。磷原子的最外层有 5 个价电子，在与周围硅或锗原子组成共价键时，只需 4 个价电子，而多余的 1 个价电子很容易挣脱磷原子核的束缚成为自由电子，而磷原子因失去 1 个价电子成为带正电的离子，如图 7-3 所示。由此，半导体中自由电子数目大量增加，自由电子数远大于空穴数，自由电子导电成为主要导电方式。所以，在 N 型半导体中，自由电子为多数载流子，空穴为少数载流子。

(2) P 型半导体

在本征半导体硅或锗中掺入微量三价元素，如硼等，可形成 P 型半导体，也称空穴型半导体。硼原子的最外层有 3 个价电子，在与周围的硅或锗原子组成共价键时，因缺少 1 个价电子，产生一个空位。当相邻共价键受到激发获得能量时，就有可能填补这个空位，使硼原子成为带负电的离子，如图 7-4 所示。于是，半导体中产生了大量的空穴，空穴数远大于自由电子数，空穴导电成为主要导电方式。因此，在 P 型半导体中，空穴为多数载流子，自由电子为少数载流子。

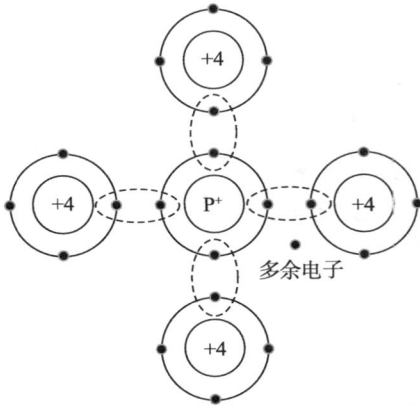

图 7-3　N 型半导体的共价键结构　　　图 7-4　P 型半导体的共价键结构

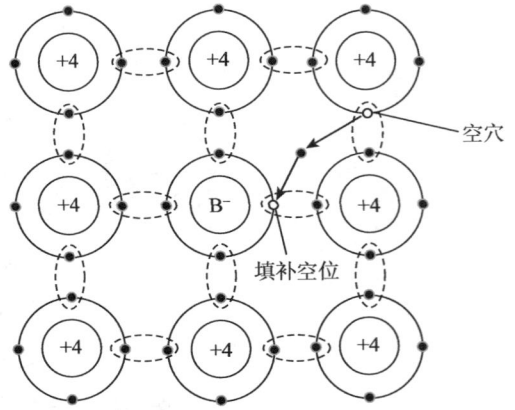

7.1.3　PN 结

通过不同的掺杂工艺，在一块本征半导体的两侧分别掺入三价和五价杂质元素，制作 P 型和 N 型半导体，其交界面将形成一个很薄的特殊物理层，称为 PN 结。

（1）PN 结的形成

如图 7-5 所示，在 P 区和 N 区的交界面，因两侧载流子浓度的差异，P 区的多子空穴向 N 区扩散，而 N 区的多子自由电子向 P 区扩散，形成了多子的扩散运动。扩散来的空穴和电子在交界面处复合，致使在交界面附近留下了不能移动的负离子和正离子，这些正负离子形成了一个很薄的空间电荷区，也就是 PN 结。

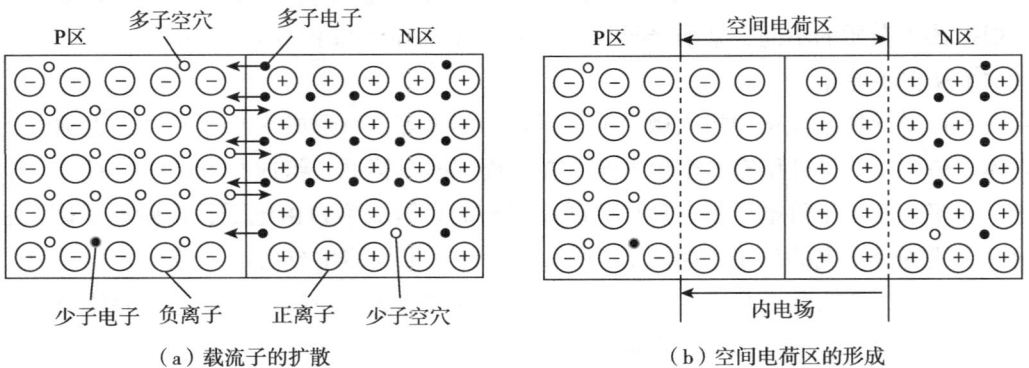

（a）载流子的扩散　　　　　　（b）空间电荷区的形成

图 7-5　PN 结的形成

PN 结形成的同时，在空间电荷区产生了一个由 N 区指向 P 区的内电场。内电场阻碍多子的扩散运动，而有利于 N 区的少子空穴向 P 区运动、P 区的少子自由电子向 N 区运动。这种在内电场作用下产生的少子的定向运动称为漂移运动。漂移运动与扩散运动的作用相反，多子的扩散使空间电荷区变宽，内电场增强；少子的漂移使空间电荷区变窄，内电场减弱。最终，这两种运动将达到动态平衡。

（2）PN 结的单向导电性

将电源的正极接 P 区，负极接 N 区，即 PN 结外加正向电压，称 PN 结正向偏置，简称 PN 结正偏，如图 7-6（a）所示。PN 结正偏时，外电场方向与 PN 结内电场的方向相反，内电场被削弱，空间电荷区变窄，促进了多子的扩散运动，阻碍了少子的漂移运动。此时，多子扩散运动产生的扩散电流占主导地位，且数值较大，PN 结表现为一个阻值较小的电阻，处于导通状态。

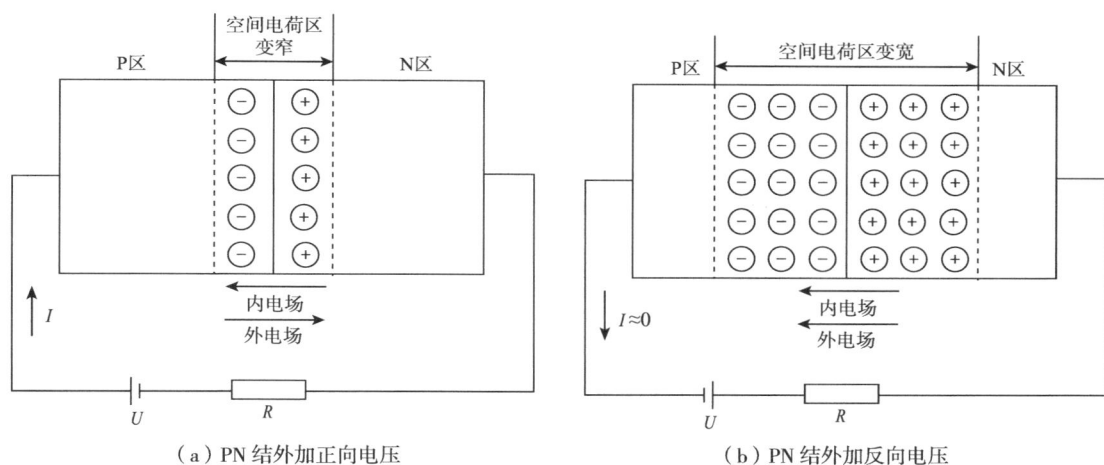

（a）PN 结外加正向电压　　　　　　　　（b）PN 结外加反向电压

图 7-6　PN 结的单向导电性

将电源的正极接 N 区，负极接 P 区，即 PN 结外加反向电压，称 PN 结反向偏置，简称 PN 结反偏，如图 7-6（b）所示。PN 结反偏时，外电场方向与 PN 结内电场的方向一致，加强了内电场的作用，空间电荷区变宽，促进了少子的漂移运动，阻碍了多子的扩散运动。此时，少子漂移运动产生的漂移电流占主导地位。由于少数载流子是本征激发产生的，数目很少，因此漂移电流极小，可近似为零。所以，PN 结呈现高电阻，处于截止状态。

综上所述，PN 结外加正向电压时，电阻值很小，处于导通状态；PN 结外加反向电压时，电阻值很大，处于截止状态，这就是 PN 结的单向导电性。

🧠 **练习与思考**

1. N 型半导体的多数载流子为自由电子，那么 N 型半导体是否带负电，为什么？
2. PN 结是如何形成的？
3. 当温度升高时，PN 结是否还具有单向导电性？

7.2 半导体二极管

7.2.1 基本结构

半导体二极管简称二极管，它是将 PN 结进行外壳封装后，并在 P 端和 N 端分别引出一个电极构成的。二极管按结构分为点接触型、面接触型和平面型三大类。点接触型二极管(一般为锗管)的 PN 结面积很小，不能通过较大电流，但其高频性能好，一般适用于小功率整流电路、高频检波电路和数字电路中的开关元件，如图 7-7(a)所示。面接触型二极管(一般为硅管)的 PN 结面积大，可承受较大的电流，但其工作频率较低，一般用于整流电路，如图 7-7(b)所示。平面型二极管是采用先进的集成电路制造工艺制成，适用于大功率整流电路，如图 7-7(c)所示。图 7-7(d)为二极管的符号。

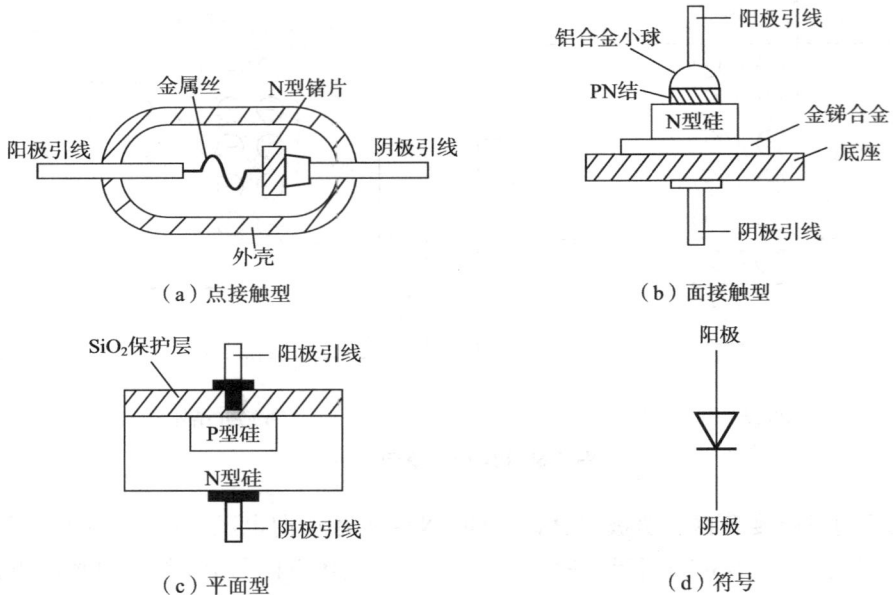

（a）点接触型

（b）面接触型

（c）平面型

（d）符号

图 7-7　二极管的结构和符号

7.2.2 伏安特性

由于二极管的结构本身是一个 PN 结，因此它具有单向导电性。流过二极管的电流与二极管两端的电压之间的关系可以用曲线 $i=f(u)$ 来描述，这条曲线称为二极管的伏安特性曲线，如图 7-8 所示。

二极管的伏安特性可以分为正向特性和反向特性两部分进行说明。

（1）正向特性

图 7-8 的第①段为正向特性，在其起始阶段，当二极管的正向电压很小时，不足以克

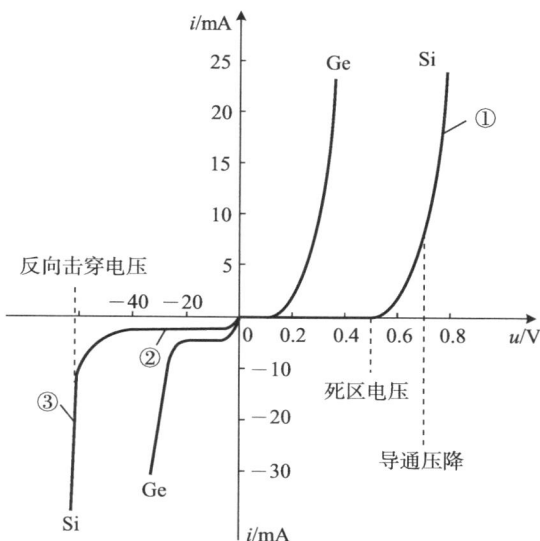

图 7-8 二极管的伏安特性曲线

服 PN 结内电场对多数载流子扩散运动的阻碍作用，正向电流几乎为零。一旦正向电压超过一定数值时，电流开始出现，这个电压值称为死区电压(又称门槛电压或开启电压)。通常，硅管的死区电压为 0.5V，锗管的死区电压为 0.1V。当正向电压大于死区电压时，正向电流迅速增大，二极管正向导通。导通时的正向电压称为导通压降，硅管为 0.6~0.8V，一般取 0.7V，锗管为 0.2~0.3V，一般取 0.2V。

（2）反向特性

当二极管加反向电压时，由 PN 结的反向特性可知，会形成很小的反向电流，并且在一定范围内基本不随反向电压的变化而变化，故称为反向饱和电流，如图 7-8 的第②段所示。

当反向电压大于一定数值时，反向电流急剧增加，这种现象称为二极管的反向击穿，如图 7-8 的第③段所示。产生反向击穿时的反向电压称为反向击穿电压。二极管被击穿后，将失去单向导电性。

二极管的伏安特性与温度有关，温度升高时正向特性曲线左移，反向特性曲线下移。

7.2.3 主要参数

二极管的参数是其性能的定量描述，也是合理选用器件和正确使用的依据。

① 最大整流电流 I_F。I_F 是指二极管长期使用时，允许通过二极管的最大正向平均电流。当超过 I_F 时，会使 PN 结因为过热而损坏。

② 最高反向工作电压 U_{RM}。U_{RM} 是指二极管在使用时，允许外加的最大反向电压。当超过 U_{RM} 时，二极管可能会发生反向击穿。通常，定义 U_{RM} 为反向击穿电压的一半。

③ 最大反向电流 I_{RM}。I_{RM} 是指在室温下，二极管外加最高反向工作电压时的反向电流。反向电流越小，二极管的单向导电性越好。反向电流受温度的影响大，温度增加，反

向电流明显增加。

7.2.4 二极管电路分析

从二极管的伏安特性可知，它是一种非线性器件。为了计算分析方便，在一定条件下，可以将其线性化处理，看作理想元件。

当二极管外加正向电压时，二极管导通，导通压降为零；外加反向电压时，二极管截止，反向电流为零。此时二极管称为理想二极管，相当于一个理想开关，导通时开关闭合，截止时开关断开，如图 7-9 所示。

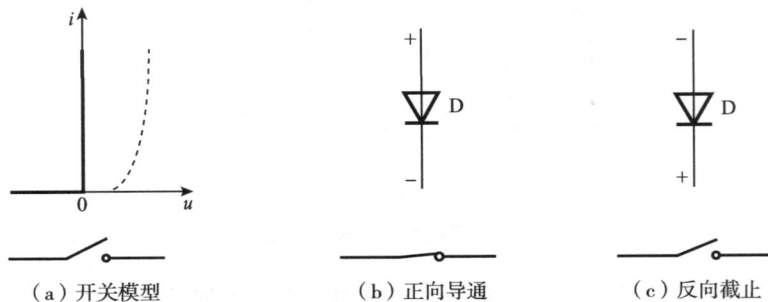

（a）开关模型 （b）正向导通 （c）反向截止

图 7-9 理想二极管

在电子技术中，二极管的应用范围很广，主要是利用其单向导电性用于整流、限幅、钳位等，下面进行举例说明。

【例 7-1】 由二极管组成的电路如图 7-10（a）所示，已知 $u_i = 6\sin\omega t$ V 为正弦波，$R = 1\text{k}\Omega$，试分析二极管的工作状态，并在图 7-10（b）中画出输出电压 u_o 的波形。

解：将二极管 D 视为理想二极管进行分析，当 $u_i > 3\text{V}$ 时，二极管导通，导通压降为零，$u_o = 3\text{V}$；当 $u_i \leqslant 3\text{V}$ 时，二极管截止，所在支路断开，$u_o = u_i$。由此可以画出输出电压 u_o 的波形如图 7-10（b）所示。由图可见，输出电压的幅值被限制到 3V 以下，因此二极管起到了限幅的作用。

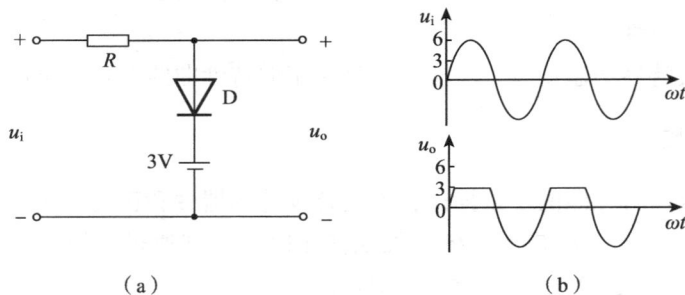

（a）　　　　　　　　　　　（b）

图 7-10

【例 7-2】 电路如图 7-11 所示，已知 $U_{\text{CC}} = 10\text{V}$，$U_1 = 5\text{V}$，$U_2 = 0\text{V}$，$R = 4.7\text{k}\Omega$，二极管 D_1、D_2 为理想二极管，试分析二极管的工作状态，并求出输出端的电位 U_0。

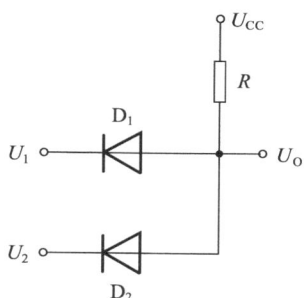

图 7-11

解： 因为 $U_2 < U_1$，所以二极管 D_2 优先导通，输出端的电位 $U_0 = 0V$，此时二极管 D_1 承受反向电压，处于截止状态。这里二极管起到了钳位的作用。

7.2.5　稳压二极管

稳压二极管是一种特殊的面接触型半导体硅二极管，简称稳压管。其符号和伏安特性曲线如图 7-12 所示。稳压二极管的伏安特性与普通二极管类似，差异之处是稳压二极管的反向特性曲线比较陡，几乎与纵轴平行。

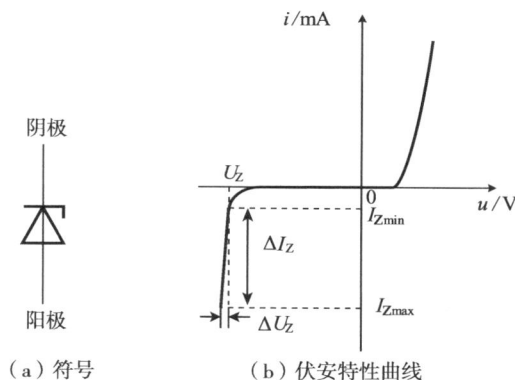

图 7-12　稳压二极管

（1）工作原理

稳压二极管是利用二极管的反向击穿特性来实现电压的稳定。从反向特性曲线可以看出，当反向电压在一定范围内变化时，反向电流很小。当反向电压增大到击穿电压 U_Z 时，反向电流急剧增加，稳压二极管反向击穿。反向击穿后，电流在很大范围内变化，而电压变化很小，起到了稳定电压的作用。

稳压二极管与普通二极管不同，它的反向击穿是可逆的，只要不超过允许的最大反向电流，就不会因为过热而烧毁。

（2）主要参数

① 稳定电压 U_Z。稳定电压是指稳压二极管在正常工作时管子两端的电压。

② 稳定电流 I_Z。稳定电流是指稳压二极管在正常工作时的参考电流。I_{Zmin} 和 I_{Zmax} 是

稳压管在正常稳压状态下的最小稳定电流和最大稳定电流。

③ 动态电阻 r_Z。动态电阻是指稳压二极管端电压的变化量与相应电流变化量的比值，即

$$r_Z = \frac{\Delta U_Z}{\Delta I_Z} \tag{7-1}$$

稳压二极管的反向特性曲线越陡，动态电阻越小，稳压性能越好。

④ 最大允许功耗 P_{ZM}。最大允许功耗是指稳压二极管不发生热击穿的最大功率损耗，即

$$P_{ZM} = U_Z \cdot I_{Zmax} \tag{7-2}$$

（3）电路举例

稳压二极管在电路中的主要作用是稳压和限幅，其应用于稳压的电路如图7-13所示。电路中 U_I 为待稳定的直流电压，R 为限流电阻，确保稳压二极管的稳定电流介于 I_{Zmin} 和 I_{Zmax} 之间。

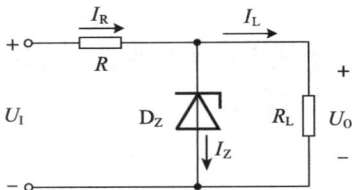

图7-13　稳压二极管组成的稳压电路

由图7-13所示的电路可以列出如下方程：

$$U_I = I_R R + U_O \tag{7-3}$$

$$I_R = I_Z + I_L \tag{7-4}$$

引起稳压电路输出电压变化的因素，主要是输入电压 U_I 的变化和负载电阻 R_L 的改变。R_L 保持不变，若输入电压发生变化，稳压过程为：假设 U_I 增加，在稳压电路未调节之前，U_O 增加，因为 $U_Z = U_O$，所以 U_Z 增加，I_Z 增加，根据式(7-4)，I_R 增加，电阻 R 的压降增加。依据式(7-3)，因 U_I 增加，导致 $I_R R$ 增加，抵消了 U_I 增加对 U_O 增加的影响，使 U_O 基本保持不变。

U_I 保持不变，若负载电阻发生改变，即输出电流 I_L 发生变化，稳压过程为：假设 I_L 增加，根据式(7-4)，I_R 增加，电阻 R 的压降增加，依据式(7-3)，U_O 减小。因为 $U_Z = U_O$，所以 U_Z 减小，I_Z 减小，I_R 减小，$I_R R$ 减小，U_O 增加，抵消了 I_L 增加引起 U_O 减小的影响，从而使 U_O 基本保持不变。

7.2.6　其他二极管

（1）发光二极管

发光二极管是一种将电能转换为光能的半导体器件，符号如图7-14所示。它通常采用砷化镓、磷化镓等化合物半导体制成。发光二极管的基本结构是一个 PN 结，当发光二极管外加正向电压时，多数载流子的扩散运动增强，大量自由电子与空穴在空间电荷区复合，释放出的能量转化为光能，从而使发光二极管发光。

图 7-14　发光二极管的符号　　图 7-15　光电二极管的符号

发光二极管具有工作电压低、工作电流小、寿命长等优点，常用于信号指示、显示屏和光纤通信等领域。

（2）光电二极管

光电二极管又称光敏二极管，是一种将光能转换为电能的半导体器件，符号如图 7-15 所示。光电二极管的基本结构与普通二极管类似，也是一个 PN 结，但在其管壳上开有一个可以接收外部光照的窗口。光电二极管工作在反向偏置状态下，当 PN 结受到光照时，可以激发产生电子–空穴对，提高少数载流子的浓度，形成相对于无光照时大许多的反向电流。当光照强度发生变化时，反向电流的大小也随之变化。

光电二极管作为光电检测器件，应用非常广泛，常用于光的测量、光电自动控制和光纤通信等方面。

练习与思考

1. 二极管的结构类型有哪些？
2. 为什么反向饱和电流在一定范围内与反向电压的大小基本没有关系？
3. 温度下降时，二极管的导通压降如何变化？
4. 稳压二极管利用了二极管的什么特性？
5. 电路如图 7-16 所示，二极管是理想的，输入电压 $u_i = 10\sin\omega t$ V，试分析二极管的工作状态，并画出输出电压 u_o 的波形。

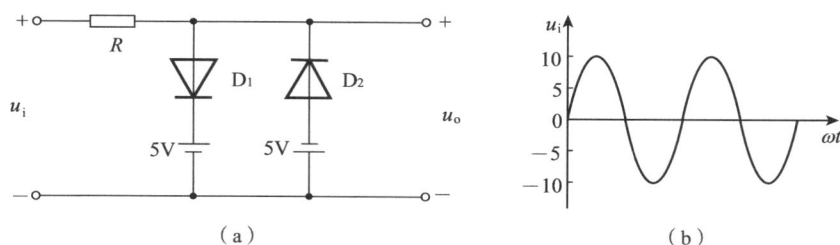

（a）　　　　　　　　　　　　　　　　　（b）

图 7-16

6. 电路如图 7-17 所示，判断该电路是否可以实现稳压？

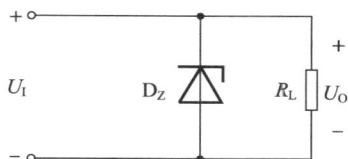

图 7-17

7.3 半导体三极管

半导体三极管又称双极型晶体管，统称为晶体管。半导体三极管的种类有很多，按照功率分为小、中、大功率管；按照半导体材料分为硅管和锗管等；按照工作频率分为低频管和高频管。

7.3.1 基本结构

半导体三极管的基本结构有 NPN 和 PNP 两种类型，其结构示意图和符号如图 7-18 所示。

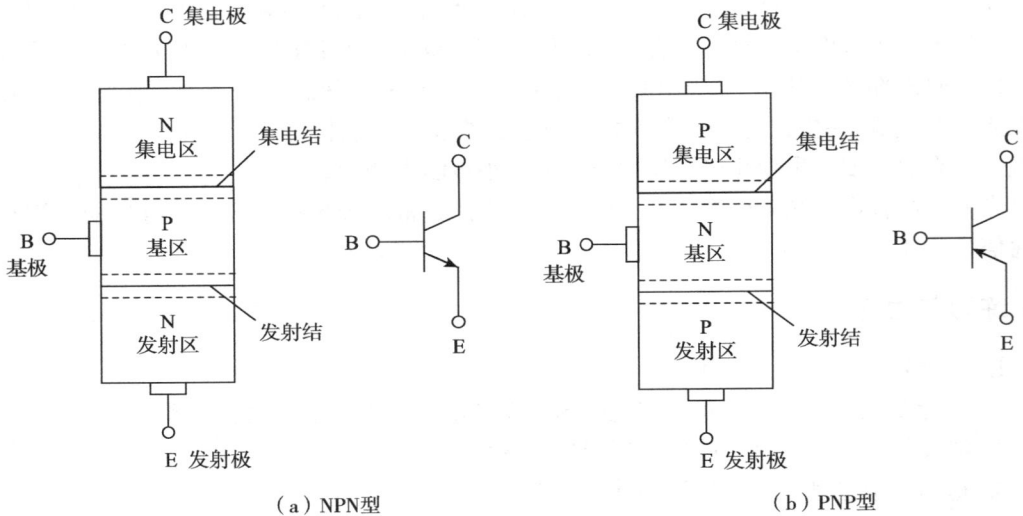

（a）NPN型　　　　　　　　　　　　　（b）PNP型

图 7-18　半导体三极管的结构示意图和符号

在一块半导体上，掺入不同的杂质，生成三个不同的杂质区域。从三个区域各引出一个电极，分别为发射极 E、集电极 C、基极 B，它们对应的杂质区域分别称为发射区、集电区和基区。发射区与基区之间的 PN 结为发射结，集电区与基区交界处的 PN 结为集电结。发射极上的箭头表示发射结正向偏置时，发射极电流的实际方向。

NPN 型三极管和 PNP 型三极管的工作原理类似，仅在使用时电源极性连接不同。下面以 NPN 型为例来分析讨论，其结论同样适用于 PNP 型三极管。

7.3.2 电流放大原理

为了了解三极管的电流放大原理和其中的电流分配关系，先做一个实验，实验电路如图 7-19 所示。把三极管连接成两个回路：输入回路和输出回路。输入回路包含三极管的基极和发射极，输出回路包含三极管的集电极和发射极，发射极是公共端，因此这种接法称为三极管的共发射极接法。

电路中三极管 T 的类型为 NPN 型，电源 U_{BB} 和 U_{CC} 的极性必须按照图示连接，使发射结外加正向电压(正向偏置),由于电源 U_{CC} 大于 U_{BB},集电结加的是反向电压(反向偏置),这样三极管才能起到放大作用。

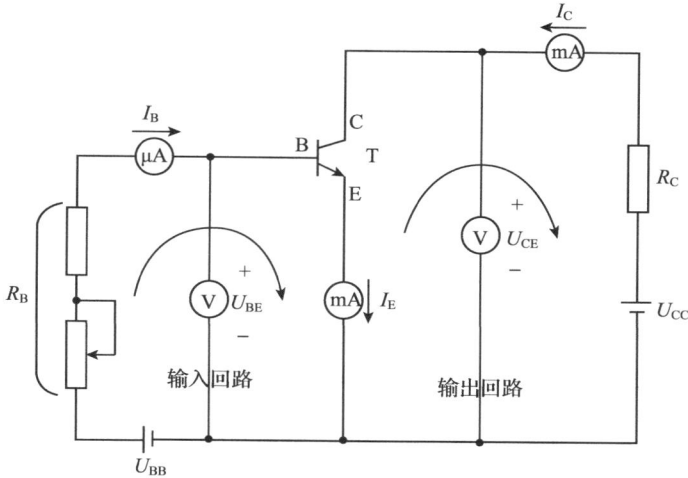

图 7-19 三极管电流放大的实验电路

设 $U_{CC}=6V$,改变电阻 R_B,基极电流 I_B、集电极电流 I_C 和发射极电流 I_E 都会发生变化,电流方向如图 7-19 所示,测量结果见表 7-1。

表 7-1 三极管的电流测量数据 mA

I_B	0	0.02	0.04	0.06	0.08	0.10
I_C	<0.001	0.70	1.50	2.30	3.10	3.95
I_E	<0.001	0.72	1.54	2.36	3.18	4.05

由测量结果可得如下结论:

① $I_E=I_C+I_B$,表明三极管三个电极分配的电流符合基尔霍夫电流定律。

② I_C 和 I_E 比 I_B 大很多,从表第三列和第四列的电流数据可知,I_C 与 I_B 的比值依次为

$$\bar{\beta}=\frac{I_C}{I_B}=\frac{1.50}{0.04}=37.5, \quad \bar{\beta}=\frac{I_C}{I_B}=\frac{2.30}{0.06}=38.3$$

反映了三极管的电流放大作用。此外,电流放大作用还体现在基极电流的微小变化 ΔI_B,会引起集电极电流较大的变化 ΔI_C,对比表中第二列到第五列的数据,可以得出:

$$\beta=\frac{\Delta I_C}{\Delta I_B}=\frac{I_{C3}-I_{C2}}{I_{B3}-I_{B2}}=\frac{I_{C4}-I_{C3}}{I_{B4}-I_{B3}}=\frac{I_{C5}-I_{C4}}{I_{B5}-I_{B4}}=40$$

③ 当 $I_B=0$(基极开路)时,$I_C=I_{CEO}$,由表可知,$I_{CEO}<0.001mA$。

不论电路形式如何,三极管用作放大器件时,都需要提供一定的条件。

内部条件:发射区掺杂浓度很高;基区很薄(几微米至几十微米),且掺杂浓度很低;集电区面积比发射区面积大。

外部条件:发射结正偏,集电结反偏。

下面通过分析偏置电压下内部载流子的传输过程,来解释三极管的电流放大原理。图

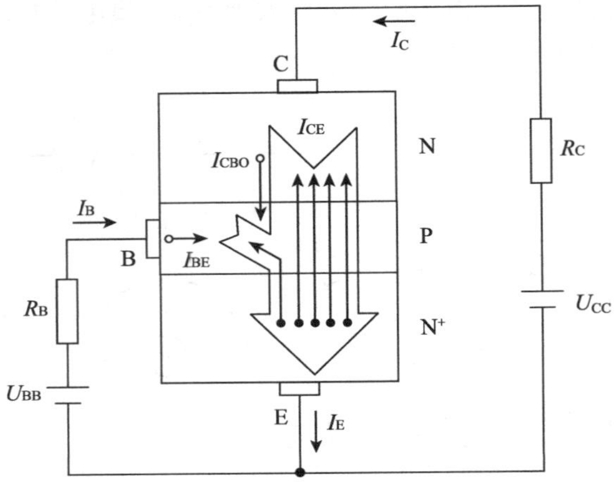

图 7-20　放大状态下三极管内部载流子的传输过程示意图

7-20 为三极管在放大状态下内部载流子的传输过程示意图。

（1）发射区向基区扩散电子

由于发射结外加正向电压，发射区的多数载流子自由电子不断通过发射结向基区扩散，基区的多子空穴向发射区扩散，二者共同形成发射极电流 I_E。因为基区空穴浓度很低，且比发射区的自由电子浓度低很多，因此空穴电流很小，可以忽略不计。

（2）电子在基区扩散与复合

由发射区扩散到基区的自由电子在发射结附近聚集，发射结边界的自由电子浓度高于集电结附近的自由电子浓度，形成了一定的浓度梯度。因而扩散到基区的自由电子继续向集电结方向扩散。在扩散过程中，有一部分电子与基区的空穴复合，形成电流 I_{BE}，基本上等于基极电流 I_B。

（3）集电区收集从发射区扩散过来的电子

由于集电结外加反向电压，加强了集电结内由集电区指向基区的内电场。受电场的作用，从基区扩散到集电结边缘的自由电子越过集电结，漂移到集电区，形成电流 I_{CE}。此外，集电区的少数载流子空穴和基区的少数载流子自由电子向对方发生漂移运动，形成反向饱和电流 I_{CBO}。这个电流数值很小，但受温度影响大。如果忽略 I_{CBO}，则 $I_C \approx I_{CE}$。

如上所述，从发射区扩散到基区的自由电子，只有一少部分与基区的空穴复合形成电流 I_{BE}，绝大部分被集电极收集形成电流 I_{CE}。I_{CE} 和 I_{BE} 的比值反映了三极管的电流放大能力，称为三极管的共发射极直流电流放大系数，用 $\bar{\beta}$ 表示，即

$$\bar{\beta} = \frac{I_{CE}}{I_{BE}} = \frac{I_C - I_{CBO}}{I_B + I_{CBO}} \approx \frac{I_C}{I_B} \tag{7-5}$$

电流放大作用还体现在基极电流的微小变化 Δi_B 引起集电极电流的较大变化 Δi_C，Δi_C 与 Δi_B 之比定义为三极管的共发射极交流电流放大系数，用 β 表示，即

$$\beta = \frac{\Delta i_C}{\Delta i_B} \tag{7-6}$$

从前面电流放大实验分析可知，在一定范围内，$\bar{\beta}$ 和 β 均可视为常数，且 $\bar{\beta} \approx \beta$。因

此，在以后的电路分析中，二者不再加以区分。

由三极管的电流分配关系，可以得出：

$$I_E = I_C + I_B \approx I_B + \bar{\beta} I_B = (1 + \bar{\beta}) I_B \qquad (7\text{-}7)$$

通过对内部载流子运动过程的分析，可以理解要使三极管起到电流放大作用，发射结必须正偏，集电结必须反偏。即对于 NPN 型三极管，满足关系：集电极电位 > 基极电位 > 发射极电位；对于 PNP 型三极管，满足关系：集电极电位 < 基极电位 < 发射极电位。

7.3.3　特性曲线

三极管的特性曲线用来描述各电极电流与电压之间的关系，是分析三极管放大电路的重要依据。下面以 NPN 型三极管的共发射极接法为例，讨论其输入特性和输出特性。将三极管视为一个二端口网络，其中一个端口是输入回路，另一个是输出回路，如图 7-21 所示。

图 7-21　三极管共发射极接法

（1）输入特性

输入特性是指当输出电压 u_{CE} 一定时，输入电流 i_B 与输入电压 u_{BE} 之间的关系，用函数表示为：

$$i_B = f(u_{BE}) \big|_{u_{CE}=\text{常数}} \qquad (7\text{-}8)$$

图 7-22 为 NPN 型硅管的输入特性曲线。对于硅管而言，当 $u_{CE} \geqslant 1\text{V}$ 时，集电结已反向偏置，内电场增强，集电极收集电子的能力也增强，可以将从发射区扩散到基区的自由电子中绝大部分拉入集电区。此后，即使继续增大 u_{CE}，只要保持 u_{BE} 不变，i_B 也基本保持不变。因此，$u_{CE} > 1\text{V}$ 后的输入特性曲线基本上是重合的。

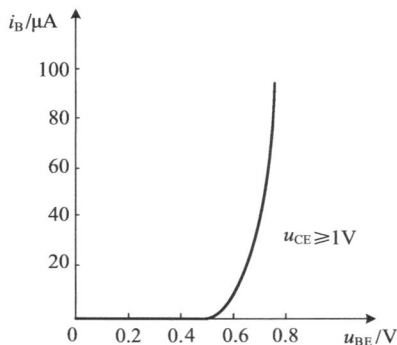

图 7-22　NPN 型硅三极管共发射极接法的输入特性曲线

与二极管的正向特性一样，三极管的输入特性曲线也存在一段死区。只有当 u_{BE} 大于死区电压(硅管死区电压为 0.5 V)时，才会产生基极电流。当 u_{BE} 大于导通压降(硅管导通压降为 0.7 V)后，i_B 随 u_{BE} 的增加而迅速增大。

（2）输出特性

输出特性是指当输入电流 i_B 一定时，输出电流 i_C 与输出电压 u_{CE} 之间的关系，用函数表示为

$$i_C = f(u_{CE})\big|_{i_B=常数} \tag{7-9}$$

对于不同的 i_B 值，可绘制出不同的曲线，所以三极管的输出特性曲线是一族曲线，如图 7-23 所示。

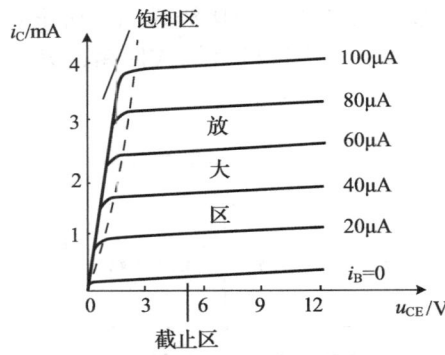

图 7-23　NPN 型硅三极管共发射极接法的输出特性曲线

通常将三极管的输出特性曲线分为三个区，对应于三极管的三种工作状态。

① 放大区。在放大区域内，三极管输出特性曲线族中的每条曲线几乎与横轴平行，并且间距近似相等，所以 i_C 基本与 u_{CE} 无关，只受 i_B 的控制，Δi_C 与 Δi_B 呈线性关系，即 $\Delta i_C = \beta \Delta i_B$，也就是说三极管对电流有放大作用。三极管工作在放大状态时，发射结正偏，集电结反偏。

② 截止区。$i_B = 0$ 时对应的输出特性曲线以下的区域称为截止区。根据电流放大实验结论，此时 $i_C = I_{CEO}$，由于 I_{CEO} 很小，可以忽略不计，因此 $i_C \approx 0$，集电极与发射极之间如同一个开关的断开状态。对于硅管而言，$u_{BE} < 0.5V$ 时已开始进入截止状态；锗管为 $u_{BE} < 0.1V$ 时开始进入截止状态。但是为了使三极管截止可靠，常取 $u_{BE} < 0$。也就是说，当三极管工作在截止状态时，发射结反偏，集电结也反偏。

③ 饱和区。输出特性曲线中 i_C 随 u_{CE} 快速上升的区域称为饱和区。在该区域内，一般有 $u_{CE} < u_{BE}$，因此集电结内电场被削弱，收集电子的能力减弱。此时 i_B 的变化对 i_C 的影响很小，三极管失去电流放大作用，即 $\Delta i_C \neq \beta \Delta i_B$。由此可知，三极管工作在饱和状态时，发射结正偏，集电结也正偏。对于小功率管，可以认为当 $u_{CE} = u_{BE}$(即 $u_{BC} = 0$)时，三极管处于临界饱和，图 7-23 中的虚线即为临界饱和线。三极管处于饱和状态时，u_{CE} 的值称为饱和压降 U_{CES}，数值很小，因此集电极与发射极之间近似于一个开关的闭合状态。通常小功率硅管 $U_{CES} \approx 0.3V$，锗管 $U_{CES} \approx 0.1V$。

三极管的三种工作状态对于模拟电路和数字电路有着不同的应用。在模拟电路中，主要利用三极管的电流放大作用，使其工作在放大区，用于实现输入信号的放大。在数字电

路中，三极管大多工作在截止区和饱和区，起到开关的作用。

7.3.4　主要参数

三极管的参数用来表征管子的性能，是正确选择和合理使用的依据。主要参数有：

（1）电流放大系数

关于电流放大系数的意义前面已进行了介绍，它反映了三极管对电流的放大特性。

① 共发射极直流电流放大系数 $\bar{\beta}$

$$\bar{\beta} = \frac{I_C}{I_B} \tag{7-10}$$

② 共发射极交流电流放大系数 β

$$\beta = \frac{\Delta i_C}{\Delta i_B} \tag{7-11}$$

（2）极间反向电流

① 集电极-基极反向饱和电流 I_{CBO}。I_{CBO} 是指发射极开路时，集电结外加反向电压时的反向电流，测量电路如图 7-24 所示。由于集电结反偏，集电区和基区的少数载流子向对方漂移，形成漂移电流 I_{CBO}。I_{CBO} 受温度影响大，温度增加，I_{CBO} 增加，但在一定温度下，基本是个常数，故称为反向饱和电流。一般，小功率硅管的 I_{CBO} 小于 1 μA，锗管的 I_{CBO} 约为几微安到几十微安。

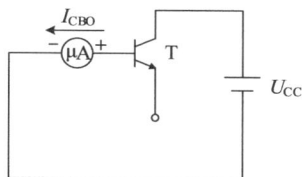

图 7-24　I_{CBO} 的测量电路　　　图 7-25　I_{CEO} 的测量电路

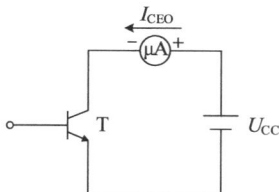

② 集电极-发射极反向饱和电流 I_{CEO}。如前所述，I_{CEO} 是指基极开路时，集电极与发射极之间的反向电流，测量电路如图 7-25 所示。它是由集电区穿过基区到达发射区，所以又称为穿透电流。小功率硅管的 I_{CEO} 约为几微安，锗管的 I_{CEO} 约为几十微安，在实际选用时，其值越小越好。

（3）极限参数

① 集电极最大允许电流 I_{CM}。当集电极电流超过一定数值时，三极管的 β 要下降，β 下降到正常数值 2/3 时所对应的集电极电流，称为集电极最大允许电流 I_{CM}。当集电极工作电流 i_C 大于 I_{CM} 时，三极管不一定会烧坏，但 β 值会明显减小。

② 集电极最大允许耗散功率 P_{CM}。当集电极电流流过集电结时，集电结要消耗一定的功率（$P_C = u_{CE} \cdot i_C$），从而导致其发热，结温升高，引起三极管参数变化。当三极管因受热而引起的参数变化不超过允许值时，集电极所消耗的最大功率称为集电极最大允许耗散功率 P_{CM}。

③ 集电极-发射极反向击穿电压 $U_{(BR)CEO}$。$U_{(BR)CEO}$ 是指三极管基极开路时，集电极与

发射极之间的反向击穿电压。当 $u_{CE}>U_{(BR)CEO}$ 时，穿透电流 I_{CEO} 急剧增大，三极管被击穿。

极限参数集电极最大允许电流 I_{CM}、集电极最大允许耗散功率 P_{CM} 和集电极–发射极反向击穿电压 $U_{(BR)CEO}$ 共同确定了三极管的安全工作区，如图 7-26 所示。

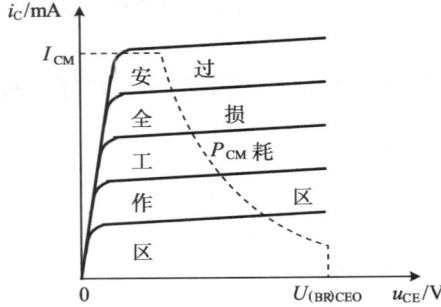

图 7-26　三极管的安全工作区

7.3.5　三极管工作状态分析

三极管的工作状态主要由发射结和集电结所承受的偏置电压的大小和极性决定。三极管工作在不同状态，两个 PN 结的偏置电压表现出不同的特点。表 7-2 给出了 NPN 型硅管和 PNP 型锗管在不同工作状态下的 PN 结偏置电压。

表 7-2　三极管在不同工作状态下的 PN 结偏置电压　　　　　　　　　　　V

管子类型	工作状态					
	放大		截止		饱和	
	U_{BE}	U_{BC}	U_{BE}	U_{BC}	U_{BE}	U_{BC}
NPN 型硅管	≥0.7	<0	≤0	<0	≥0.7	>0
PNP 型锗管	≤-0.2	>0	≥0	>0	≤-0.2	<0

【例 7-3】在如图 7-27 所示的电路中，已知三极管为 NPN 型硅管，三个电极的直流电位分别为 $U_B=2.7V$、$U_E=2.0V$、$U_C=2.2V$，试判断三极管的工作状态。

解： 在已知三极管类型的前提下，只需要确定发射结和集电结偏置电压的大小即可。通过计算，可以得出，$U_{BE}=U_B-U_E=0.7V$，$U_{BC}=U_B-U_C=0.5V$。对比表 7-2 总结的三极管不同工作状态下 PN 结偏置电压的特点，可以判断出三极管处于饱和工作状态，因为此时发射结正偏，集电结也正偏。

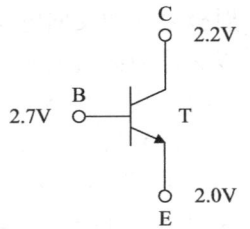

图 7-27

【例 7-4】由万用表测得某放大电路中三极管三个电极 A、B、C 的直流电位如图 7-28 所示，试判断三极管的类型是 NPN 型还是 PNP 型？是硅管还是锗管？电极 A、B、C 中哪个是基极、发射极和集电极？

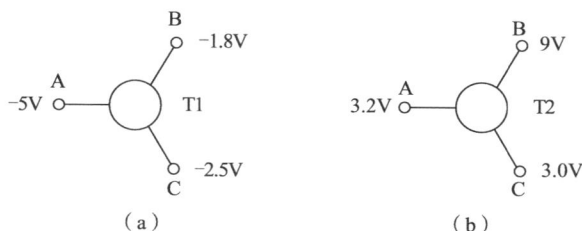

（a）　　　　　　　　　　（b）

图 7-28

解：三极管处于放大状态，发射结正偏，集电结反偏，硅三极管的发射结导通压降为 0.7 V，锗三极管的发射结导通压降为 0.2 V。通过计算图 7-28（a）中三个电极的电位差发现，三极管 T1 电极 B 与电极 C 的电位差为 0.7 V，可以判断 T1 为硅管，同时可以确定电极 A 为集电极。对比集电极（电极 A）与电极 B、C 的电位值发现，集电极电位最小，因此可以判断 T1 管为 PNP 型。此外，依据电极 A 的电位 < 电极 C 的电位 < 电极 B 的电位，进一步判断电极 B 为发射极、电极 C 为基极。

对于图 7-28（b）中的三极管 T2，首先通过计算发现电极 A 与电极 C 的电位差为 0.2 V，可以判断 T2 为锗管，并确定电极 B 为集电极。其次，对比集电极（电极 B）与电极 A、C 的电位值可知，集电极电位最大，因此可以判断 T2 管为 NPN 型。最后，依据电极 B 的电位 > 电极 A 的电位 > 电极 C 的电位，判断电极 A 为基极、电极 C 为发射极。

练习与思考

1. 三极管要实现电流放大，所具备的内部条件和外部条件分别是什么？

2. 在制作三极管时，为什么将基区做得很薄且掺杂浓度很低？

3. 三极管工作在饱和区的电流放大系数和工作在放大区的电流放大系数是否一样大，为什么？

4. 当温度升高时，三极管的特性曲线有何变化，输入特性曲线是左移还是右移，输出特性曲线是上移还是下移？

5. 通过哪些参数可以确定三极管是否处于安全工作区？

7.4 绝缘栅型场效应管

场效应管是一种利用电场效应来控制其导电能力的半导体器件，其外形与半导体三极管相似，但二者的控制特性却截然不同。半导体三极管是由自由电子和空穴两种极性的载流子参与导电，故又称双极型晶体管，它是一种电流控制电流型器件，通过控制基极电流实现对集电极电流的控制。而场效应管仅由多数载流子（自由电子或空穴）参与导电，因此又称为单极型晶体管，属于电压控制电流型器件。场效应管因具有体积小、输入阻抗高、噪声小、功耗低、制造工艺简单以及易于集成等优点，被广泛应用于集成电路中。

场效应管按照结构的不同，可以分为结型场效应管和绝缘栅型场效应管，本节主要介绍绝缘栅型场效应管。

绝缘栅型场效应管由金属、氧化物和半导体制成，故又称为金属-氧化物-半导体场效应管，简称 MOS 管。绝缘栅型场效应管按照导电沟道形成机理的不同，可分为增强型和耗尽型两类，按导电沟道的不同，每一类又可分为 N 沟道和 P 沟道两种类型。

7.4.1 增强型绝缘栅型场效应管

（1）基本结构

N 沟道增强型绝缘栅型场效应管简称增强型 NMOS 管，其结构示意图如图 7-29（a）所示。以一块掺杂浓度较低的 P 型硅片作为衬底，利用扩散的方法形成两个高掺杂的 N^+ 区，然后在 P 型硅片衬底表面生长一层很薄的 SiO_2 绝缘层，并在 SiO_2 的表面和 N^+ 区的表面安装三个铝电极：分别为栅极 G、源极 S 和漏极 D，另外在衬底引出衬底引线 B（通常在管内与源极 S 接在一起）。由于栅极与其他电极和硅片之间是绝缘的，故有绝缘栅型场效应管之称。N 沟道增强型绝缘栅型场效应管的符号如图 7-29（b）所示，其中箭头方向表示由 P 型衬底指向 N 型沟道，垂直虚线代表沟道，虚线表明在没有加合适的栅源电压之前，漏极与源极之间无导电沟道。

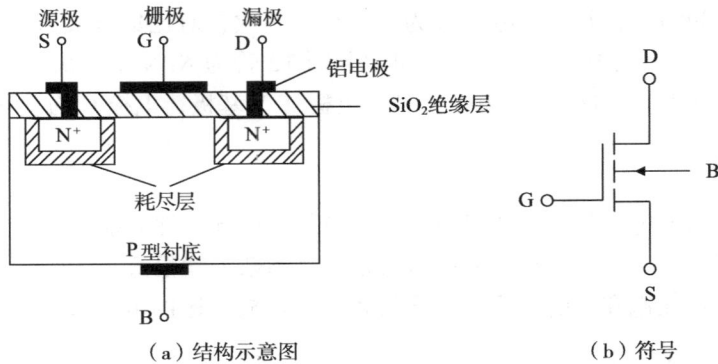

（a）结构示意图　　　　（b）符号

图 7-29　N 沟道增强型绝缘栅型场效应管的结构示意图和符号

（2）工作原理

① $u_{DS}=0$，u_{GS} 对沟道的控制作用。当栅源之间不外加电压时（即 $u_{GS}=0$），源区（N^+ 区）和漏区（N^+ 区）被 P 型衬底隔开，形成两个背靠背的 PN 结，如图 7-30（a）所示。因此，即使漏源之间加上电压，不管极性如何，总有一个 PN 结是反偏的，不会产生漏极电流。

栅源之间外加如图 7-30（b）所示的正向电压 u_{GS}，且数值很小时，由于源极和衬底连接在一起，则栅极和衬底之间便产生了一个垂直于半导体表面由栅极指向 P 型衬底的电场。该电场排斥 P 型衬底的空穴，剩下不可移动的负离子，形成耗尽层，同时将 P 型衬底的自由电子吸引到衬底靠近 SiO_2 绝缘层的一侧。由于 u_{GS} 数值较小，因此吸引到绝缘层和 P 型衬底交界面附近的电子不够多，未能形成导电沟道。

当 u_{GS} 增大到一定程度时，绝缘层和 P 型衬底交界面附近的电子足够多，便形成一个 N 型薄层，称之为反型层，这个反型层就构成了源极和漏极之间的导电沟道，如图 7-30（c）所示。通常将开始形成导电沟道时的栅源电压称为开启电压，用 $U_{GS(th)}$ 表示。显然

u_{GS} 越大，作用于半导体表面的电场就越强，导电沟道就越厚，沟道电阻就越小，故为增强型。

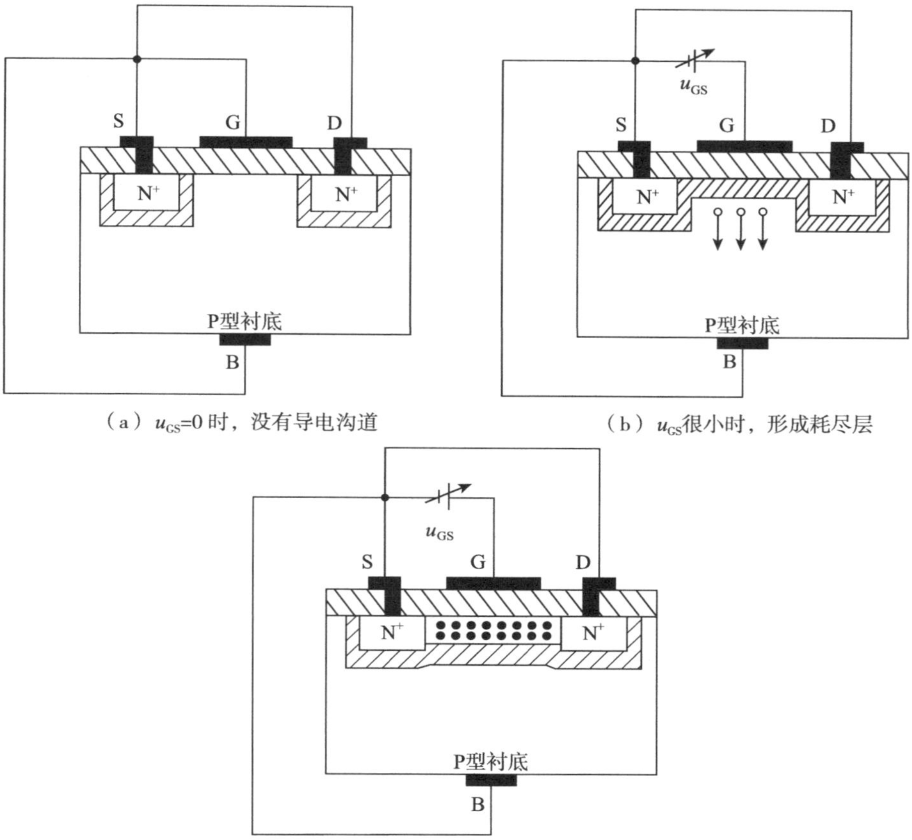

（a）$u_{\text{GS}}=0$ 时，没有导电沟道　　　　　　（b）u_{GS} 很小时，形成耗尽层

（c）$u_{\text{GS}}>U_{\text{GS(th)}}$ 时，形成导电沟道

图 7-30　u_{GS} 对沟道的控制作用

② $u_{\text{GS}}>U_{\text{GS(th)}}$，$u_{\text{DS}}$ 对导电沟道的影响。当 $u_{\text{GS}}>U_{\text{GS(th)}}$ 时，在漏源之间外加正向电压 u_{DS}，便会产生漏极电流 i_{D}。当 u_{DS} 很小时，即 $u_{\text{DS}}<u_{\text{GS}}-U_{\text{GS(th)}}$（$u_{\text{GD}}=u_{\text{GS}}-u_{\text{DS}}>U_{\text{GS(th)}}$），漏极电流 i_{D} 随着 u_{DS} 增大而迅速增大。i_{D} 流经导电沟道时会产生压降，使栅极与沟道中各点的电位差不再相等，存在电位梯度。靠近源极处的导电沟道最厚，靠近漏极处的导电沟道最薄，使整个沟道呈楔形，如图 7-31（a）所示。

随着 u_{DS} 的不断增大，当 $u_{\text{DS}}=u_{\text{GS}}-U_{\text{GS(th)}}$ 时，即 $u_{\text{GD}}=U_{\text{GS(th)}}$，此时在导电沟道靠近漏极端出现夹断点，称为预夹断，如图 7-31（b）所示。

u_{DS} 继续增大，使 $u_{\text{DS}}>u_{\text{GS}}-U_{\text{GS(th)}}$（$u_{\text{GD}}<U_{\text{GS(th)}}$），则夹断点向源极方向延伸形成夹断区，如图 7-31（c）所示。此时导电沟道电阻很大，因此当 u_{DS} 继续增加时，增加的部分几乎都降落在夹断区，用于克服夹断区对漏极电流 i_{D} 的阻力，致使降落在导电沟道的电压基本不变，导致 i_{D} 不再随着 u_{DS} 的增大而增大，趋于饱和，呈现恒流特性。

(a) $u_{GD} > U_{GS(th)}$

(b) $u_{GD} = U_{GS(th)}$

(c) $u_{GD} < U_{GS(th)}$

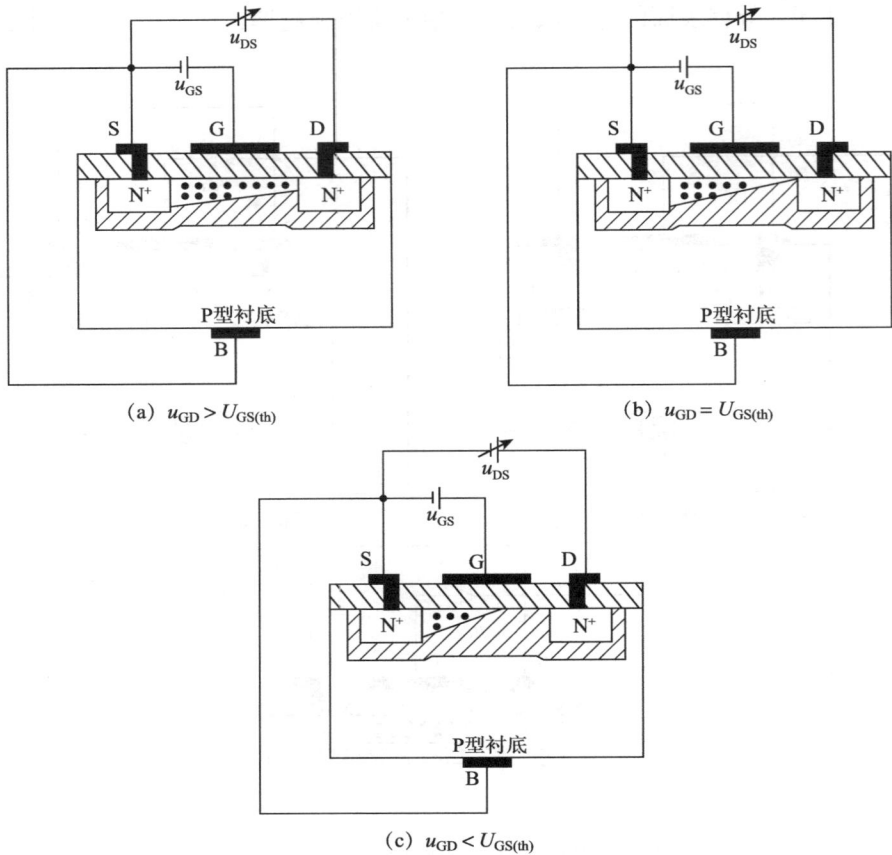

图 7-31 u_{DS} 对导电沟道的影响

（3）特性曲线

由于绝缘栅型场效应管的栅极是绝缘的，栅极电流几乎为零，所以不讨论输入特性。

① 输出特性。输出特性指的是栅源电压 u_{GS} 在一定的情况下，漏极电流 i_D 与漏源电压 u_{DS} 之间的关系，用函数表示为

$$i_D = f(u_{DS})\big|_{u_{GS}=\text{常数}} \tag{7-12}$$

增强型 NMOS 管的输出特性曲线如图 7-32 所示，可以分为三个区。

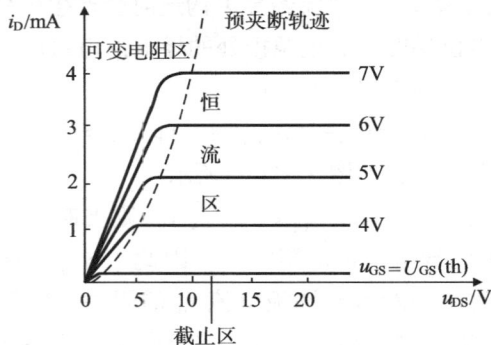

图 7-32   增强型 NMOS 管的输出特性曲线

截止区：当 $u_{GS}<U_{GS(th)}$ 时，导电沟道尚未形成，漏极电流 $i_D=0$，处于截止工作状态。

可变电阻区：当 $u_{GS}>U_{GS(th)}$、$u_{DS}<u_{GS}-U_{GS(th)}$ 时，增强型 NMOS 管进入可变电阻区。由于 u_{DS} 相对较小，导电沟道没有出现夹断，漏极电流 i_D 随着漏源电压 u_{DS} 的增大而迅速增加，漏源之间可以看成是一个线性电阻。当 u_{GS} 较小时，导电沟道较薄，漏源之间的电阻较大；当 u_{GS} 较大时，导电沟道较厚，漏源之间的电阻较小。因此，漏源之间可视为一个受 u_{GS} 控制的可变电阻。

恒流区：当 $u_{GS}>U_{GS(th)}$、$u_{DS}>u_{GS}-U_{GS(th)}$ 时，增强型 NMOS 管工作在恒流区。此时，靠近漏极一侧的导电沟道已经出现夹断，漏极电流 i_D 几乎与 u_{DS} 无关，只受 u_{GS} 控制，在图 7-32 中表现为几乎与横轴平行的直线，i_D 可以看作是受 u_{GS} 控制的电流源。

② 转移特性。转移特性指的是在漏源电压 u_{DS} 一定的情况下，漏极电流 i_D 与栅源电压 u_{GS} 之间的关系，表示为

$$i_D=f(u_{GS})\big|_{u_{DS}=常数} \tag{7-13}$$

当增强型 NMOS 管工作在恒流区时，漏极电流 i_D 只受栅源电压 u_{GS} 的控制。在输出特性曲线的恒流区作垂直于横轴的直线，读取垂线与各条曲线交点的坐标值，建立 i_D 与 u_{GS} 的坐标系，连接各点所绘制的曲线就是转移特性曲线，如图 7-33 所示。

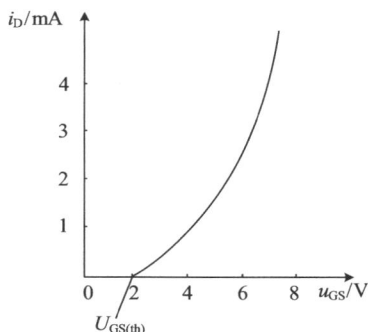

图 7-33　增强型 NMOS 管的转移特性曲线

P 沟道增强型绝缘栅型场效应管的结构示意图和符号如图 7-34 所示，其衬底为 N 型半导体，载流子为空穴。工作原理与增强型 NMOS 管类似，不同的是其栅源电压 $U_{GS(th)}<0$，当 $u_{GS}<U_{GS(th)}$ 时，才能形成 P 型导电沟道，漏源电压 u_{DS} 为负值。

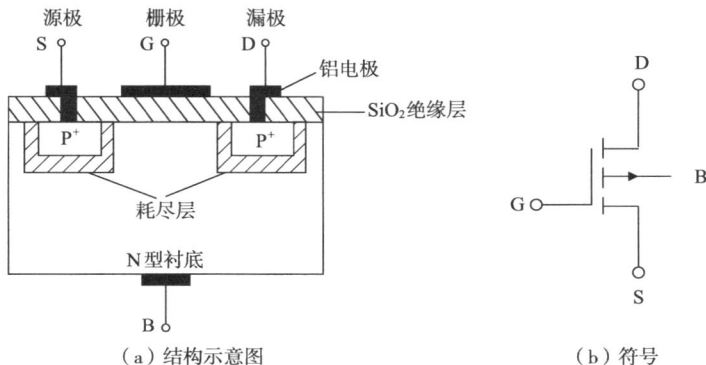

（a）结构示意图　　（b）符号

图 7-34　P 沟道增强型绝缘栅型场效应管的结构示意图和符号

7.4.2 耗尽型绝缘栅型场效应管

N 沟道耗尽型绝缘栅型场效应管(耗尽型 NMOS 管)的结构示意图和符号如图 7-35 所示。它在结构上与增强型 NMOS 管基本相似，不同的是，这种管子在制造时，在 SiO_2 绝缘层中掺入了大量正离子。无需外加电压，在正离子的电场作用下，P 型衬底便能感应生成 N 型沟道(称为初始沟道)。

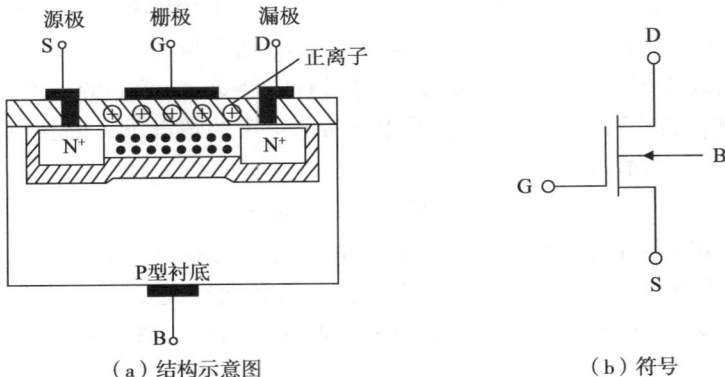

図 7-35 N 沟道耗尽型绝缘栅型场效应管的结构示意图和符号

图 7-35　N 沟道耗尽型绝缘栅型场效应管的结构示意图和符号

由于初始导电沟道的存在，即使 $u_{GS}=0$，只要外加正向电压 u_{DS}，便会产生漏极电流 i_D。当 $u_{GS}>0$ 时，栅极与衬底之间的电场强度增加，沟道内感应的自由电子增多，导电沟道变宽，沟道电阻变小，漏极电流 i_D 增加。

当 $u_{GS}<0$ 时，栅极与衬底之间的电场强度减弱，导电沟道变窄，沟道电阻变大，漏极电流 i_D 减小。当 u_{GS} 负向增大到一定数值时，导电沟道完全消失，漏极电流 i_D 趋于零，故为耗尽型。使导电沟道出现完全夹断所对应的栅源电压称为夹断电压 $U_{GS(off)}$。

耗尽型 NMOS 管的输出特性曲线如图 7-36 所示，曲线形状与增强型 NMOS 管一样，不同的是耗尽型 NMOS 管的栅源电压 u_{GS} 可以为正值、零和负值。转移特性曲线如图 7-37 所示。

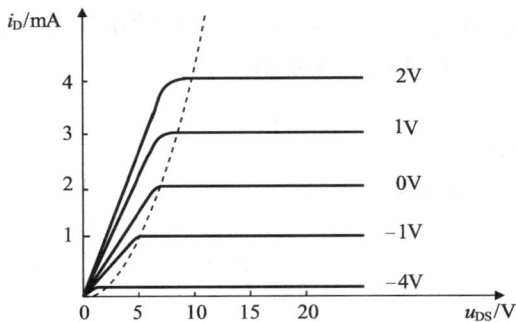

图 7-36　耗尽型 NMOS 管的输出特性曲线　　**图 7-37　耗尽型 NMOS 管的转移特性曲线**

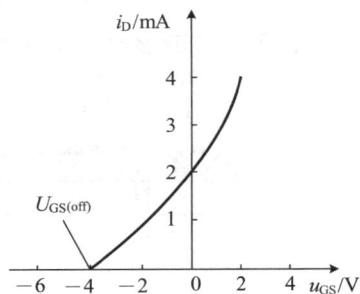

P 沟道耗尽型绝缘栅型场效应管的结构示意图和符号如图 7-38 所示，其夹断电压 $U_{GS(off)}$ 为正值，漏源电压 u_{DS} 为负值。

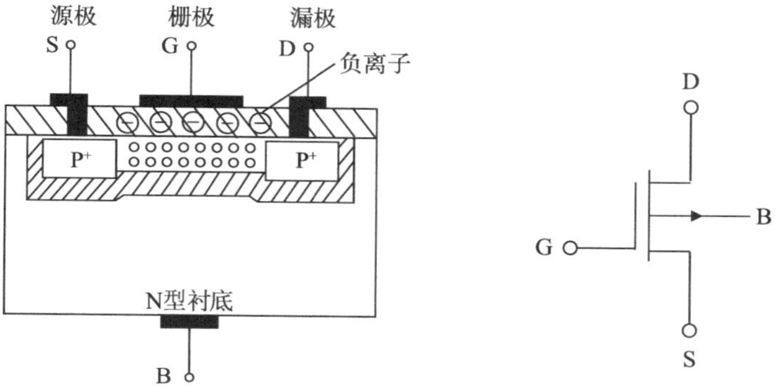

（a）结构示意图　　　　　　　（b）符号

图 7-38　P 沟道耗尽型绝缘栅型场效应管的结构示意图和符号

7.4.3　主要参数及特点

（1）直流参数

① 开启电压 $U_{GS(th)}$。$U_{GS(th)}$ 是增强型 MOS 管的参数，指的是 u_{DS} 为一固定值（例如 10 V）时，使 i_D 等于某一微小电流（例如 50 μA）时所需要的栅源电压 u_{GS}。

② 夹断电压 $U_{GS(off)}$。$U_{GS(off)}$ 是耗尽型 MOS 管的参数，指的是 u_{DS} 为一固定值（例如 10 V）时，使 i_D 减小到某一微小电流（例如 20 μA）时栅源之间所加的电压。

③ 饱和漏极电流 I_{DSS}。它是耗尽型 MOS 管的参数，当 $u_{GS}=0$，u_{DS} 大于 $U_{GS(off)}$ 时所对应的漏极电流，称为饱和漏极电流 I_{DSS}。

④ 直流输入电阻 R_{GS}。R_{GS} 指的是在漏源之间短路的条件下，栅源之间所加的直流电压与栅极直流电流的比值，R_{GS} 可达 $10^9 \sim 10^{15} \Omega$。

（2）交流参数

① 低频跨导 g_m。g_m 是指在 u_{DS} 为常数时，漏极电流的微变量与引起它变化的栅源电压微变量之比，即

$$g_m = \frac{\partial i_D}{\partial u_{GS}} \Big|_{u_{DS}=常数} \tag{7-14}$$

低频跨导反映了栅源电压对漏极电流的控制能力，它相当于转移特性曲线上工作点切线的斜率。

② 输出电阻 r_{ds}。r_{ds} 表征了漏源电压对漏极电流的影响，是输出特性曲线斜率的倒数。在恒流区内，输出特性曲线与横轴平行，$r_{ds} \rightarrow \infty$。

（3）极限参数

① 最大漏极电流 I_{DM}。I_{DM} 是指绝缘栅型场效应管在正常工作时，漏极电流允许的上限值。

② 最大耗散功率 P_{DM}。绝缘栅型场效应管的耗散功率等于漏源电压与漏极电流的乘积，这些耗散在管子中的功率将变成热能，使管子的温度升高。为了限制管的温度不要升得太快，就要使它的耗散功率不能超过 P_{DM}。

③ 最大漏源电压 $U_{(BR)DS}$。$U_{(BR)DS}$ 是指雪崩击穿时，使漏极电流急剧上升的漏源电压值。

④ 最大栅源电压 $U_{(BR)GS}$。$U_{(BR)GS}$ 指的是栅源间反向电流开始急剧升高时的栅源电压值。

（4）主要特点

MOS 场效应管的栅极 G、源极 S 和漏极 D 分别对应于半导体三极管的基极 B、发射极 E 和集电极 C，但与三极管相比，MOS 场效应管有如下特点：

① MOS 场效应管只有一种载流子（自由电子或空穴）参与导电，故称为单极型晶体管；半导体三极管有两种载流子（自由电子和空穴）同时参与导电，故称为双极型晶体管。

② MOS 场效应管是一种电压控制电流型器件，以栅源电压控制漏极电流；半导体三极管是一种电流控制电流型器件，以基极电流控制集电极电流。

③ 由于栅极是绝缘的，因此 MOS 场效应管比半导体三极管具有更高的输入电阻。

④ MOS 场效应管相比于半导体三极管，温度稳定性好、噪声小、功耗低、制造工艺简单、便于集成，更多地应用于大规模和超大规模集成电路中。

🧠 **练习与思考**

1. 为什么说绝缘栅型场效应管是单极型器件？
2. 绝缘栅型场效应管与半导体三极管各自有何特点？
3. 说明绝缘栅型场效应管开启电压和夹断电压的物理意义？

📚 习　题

一、选择题

1. 在半导体材料中，N 型半导体的自由电子浓度（　　　）空穴浓度。

   A. 高于　　　　　　　　　B. 等于　　　　　　　　　C. 低于

2. P 型半导体的多数载流子为带正电的空穴，因此它（　　　）。

   A. 带正电　　　　　　　　B. 带负电　　　　　　　　C. 不带电

3. PN 结外加反向电压时，空间电荷区将（　　　）。

   A. 变宽　　　　　　　　　B. 变窄　　　　　　　　　C. 不变

4. 电路如习题图 7-1 所示，二极管是理想的，输出电压 U_o 为（　　　）。

   A. 5 V　　　　　　　　　B. −12 V　　　　　　　　C. 12 V

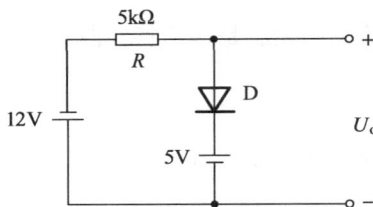

习题图 7-1　　　　　　　　　　　习题图 7-2

5. 在习题图 7-2 所示的电路中，输出电压 U_o 为（　　　）。

   A. 3 V　　　　　　　　　B. −3 V　　　　　　　　C. 1 V

6. 电路如习题图 7-3 所示，二极管的工作状态分别为(　　　)。

　　A. D_1、D_2 均导通　　　　B. D_1 导通、D_2 截止　　　　C. D_1 截止、D_2 导通

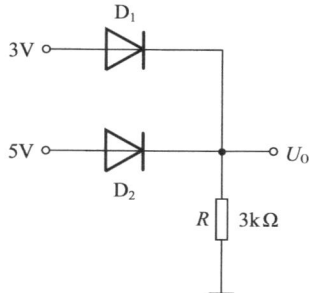

习题图 7-3

7. 稳压二极管是利用二极管工作在(　　　)状态下的恒压特性。

　　A. 正向导通　　　　　　B. 反向截止　　　　　　C. 反向击穿

8. 稳压电路如习题图 7-4 所示，稳压二极管 D_{Z1}、D_{Z2} 的稳定电压分别为 6 V 和 10 V，若忽略导通压降，则输出电压 U_o 为(　　　)。

　　A. 10 V　　　　　　　B. 6 V　　　　　　　C. 15 V

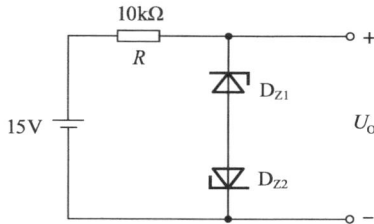

习题图 7-4

9. 半导体三极管的控制方式是(　　　)。

　　A. 输入电流控制输出电流

　　B. 输入电压控制输出电压

　　C. 输入电压控制输出电流

10. 半导体三极管工作在饱和区的外部条件是(　　　)。

　　A. 发射结正偏，集电结反偏

　　B. 发射结正偏，集电结正偏

　　C. 发射结反偏，集电结反偏

11. 在某放大电路中，测得三极管三个电极的电位分别为 3.3V、7V、2.6V。则这三个电极分别为(　　　)。

　　A. 基极、集电极、发射极　　　　B. 发射极、基极、集电极

　　C. 集电极、发射极、基极

12. 某放大电路中三极管三个电极 1、2、3 的电流如习题图 7-5 所示，测得 $I_1 = 1$mA，$I_2 = -1.02$mA，$I_3 = 0.02$mA，则三极管类型和发射极标号为(　　　)。

　　A. PNP，2　　　　　　B. NPN，1　　　　　　C. NPN，3

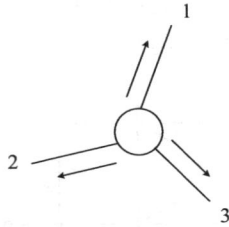

习题图 7-5

13. 在某放大电路中，测得三极管三个电极的电位分别为-3V、-2.3V、-6V。则这三个电极分别为
(　　)。

    A. 基极、集电极、发射极　　　　B. 集电极、基极、发射极　　　　C. 基极、发射极、集电极

14. N 沟道耗尽型 MOS 管工作在放大状态时，其栅源电压(　　)。

    A. 必须为正值　　　　　　　　B. 必须为负值　　　　　　　　C. 正值、负值均可以

15. 用万用表测得电路中绝缘栅型场效应管各电极的对地电位如习题图 7-6 所示，若开启电压
$U_{GS(th)}$=2V，则该管工作在(　　)。

    A. 截止区　　　　　　　　　　B. 恒流区　　　　　　　　　　C. 可变电阻区

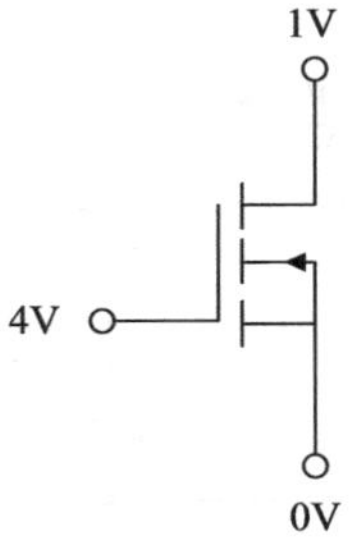

习题图 7-6

二、分析计算题

1. 试分别判断习题图 7-7 所示电路中二极管的状态，并求出输出电压 U_O。

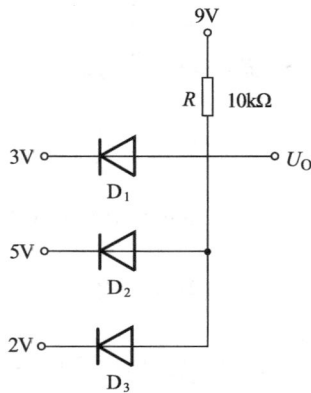

习题图 7-7

2. 电路如习题图 7-8 所示，已知 $u_i = 12\sin\omega t$ V，试分析二极管的工作状态，并画出输出电压 u_o 的

波形。

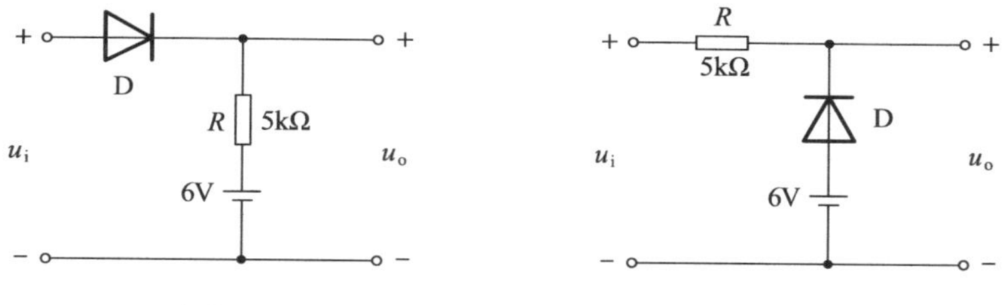

（a）

（b）

习题图 7-8

3. 电路如习题图 7-9 所示，二极管为理想二极管，试判断二极管的状态，并求出输出电压 U_0。

（a）

（b）

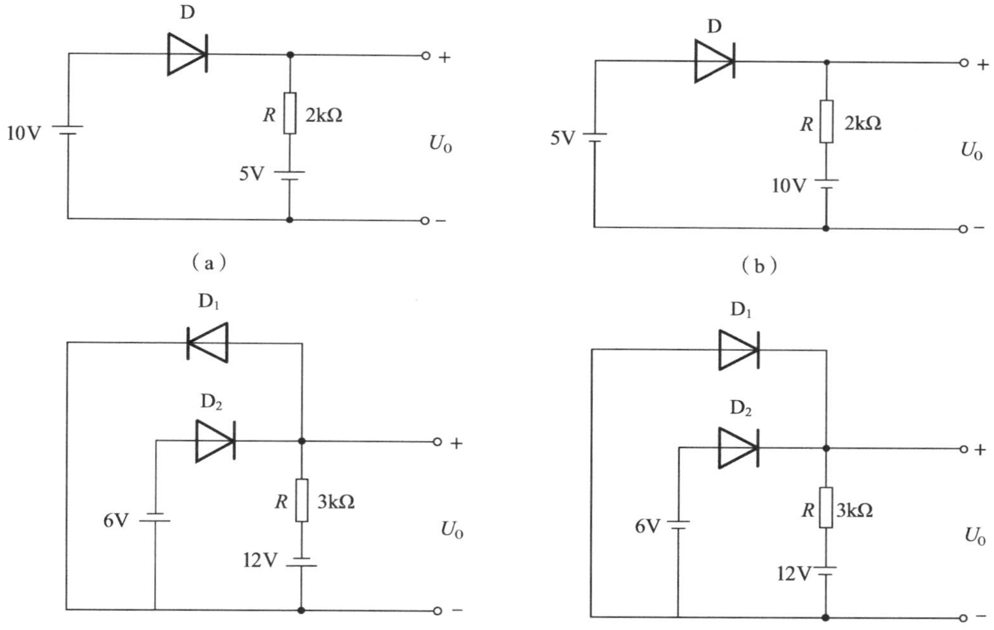

（c）

（d）

习题图 7-9

4. 测得某放大电路中三极管三个电极的电流如习题图 7-10 所示，试分别判断三极管的类型，并求出它们的电流放大系数 $\bar{\beta}$。

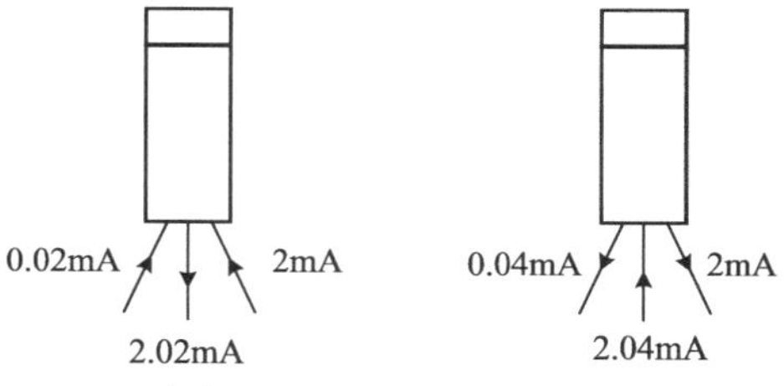

0.02mA   2mA

2.02mA

（a）

0.04mA   2mA

2.04mA

（b）

习题图 7-10

5. 在某放大电路中，硅三极管对地的电位如习题图 7-11 所示，试判断三极管所在的工作区域。

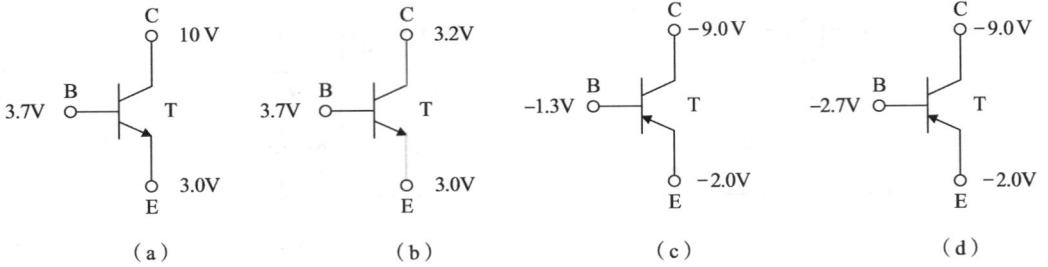

习题图 7-11

6. 测得工作在某放大电路中的三极管三个电极 1、2、3 对地电位分别如下列各组数值，试分别判断它们是 NPN 型还是 PNP 型？是硅管还是锗管？并确定出基极、发射极、集电极。

(a) $U_1 = 3.0V$，$U_2 = 2.3V$，$U_3 = 6.0V$ (b) $U_1 = -3.6V$，$U_2 = -3.4V$，$U_3 = -6.0V$

(c) $U_1 = 9.0V$，$U_2 = 5.0V$，$U_3 = 5.2V$ (d) $U_1 = -9.0V$，$U_2 = -5.5V$，$U_3 = -4.8V$

7. 在习题图 7-12 所示的电路中，试判断三极管的工作状态？

习题图 7-12

8. 绝缘栅型场效应管栅极、源极和漏极的对地电位如习题图 7-13 所示，已知增强型 NMOS 管的 $U_{GS(th)} = 2V$，耗尽型 NMOS 管的 $U_{GS(off)} = -4V$，增强型 PMOS 管的 $U_{GS(th)} = -2V$，耗尽型 PMOS 管的 $U_{GS(off)} = 4V$，试判断管的工作区域。

习题图 7-13

第8章 基本放大电路

在电子技术的许多应用领域，常常需要先将微弱的信号放大，再进行测量、变换、控制、显示等进一步处理。因此，对电信号进行不失真放大，是模拟信号处理中最基本的功能，实现这一功能的单元电路称为放大电路。放大电路是构成其他模拟电路，如稳压、滤波、振荡器等功能电路的基本单元。在上一章介绍的半导体器件中，晶体三极管具有电流放大的作用，本章将介绍以晶体三极管为放大元件的基本放大电路，包括其电路结构、工作原理、分析方法，以及特点和应用。

8.1 基本共发射极放大电路

晶体三极管有发射极、集电极和基极三个电极，在放大电路中，其中任何一个电极都可以作为输入回路和输出回路的公共端。因此，三极管放大电路有共发射极、共集电极和共基极三种连接方式，如图8-1所示。

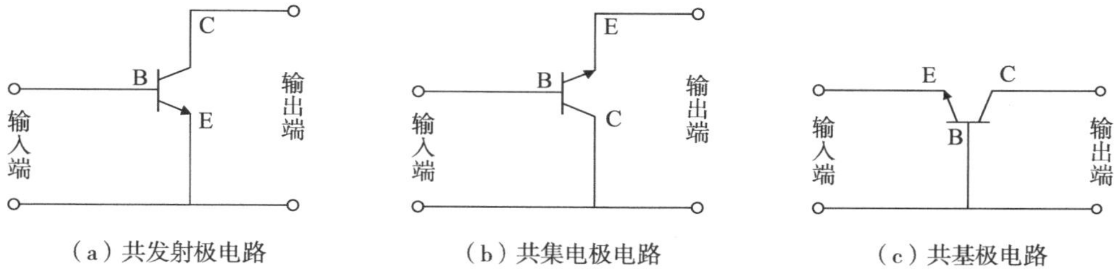

（a）共发射极电路 　　　　（b）共集电极电路 　　　　（c）共基极电路

图8-1 三极管的三种连接方式

8.1.1 电路结构与工作原理

本节以基本共发射极交流放大电路为例，介绍放大电路的组成及工作原理。

（1）电路结构

图8-2所示为共发射极接法的基本交流放大电路。其中：输入端接交流信号源（通常用一个电动势为 e_S 和内阻为 R_S 串联构成的电压源来表示），输入电压为 u_i，输出端接负载电阻 R_L，输出电压为 u_o。

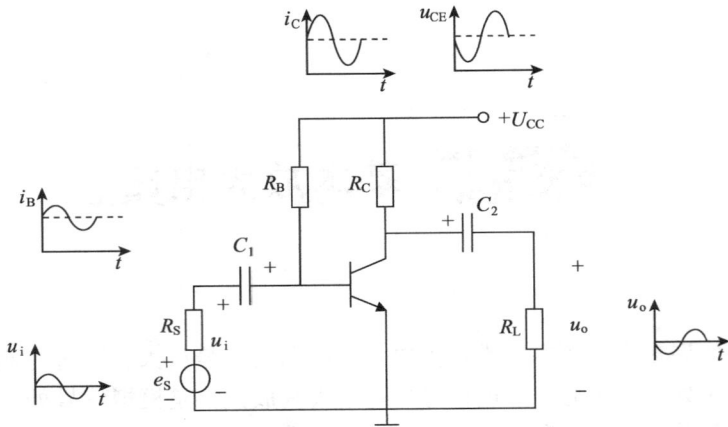

图8-2 基本共射放大电路及工作波形

电路中各个元器件的作用如下：

①三极管 T。放大电路的核心器件，利用基极微小电流的变化控制集电极较大电流的变化，从而实现对输入信号的放大作用。也就是让能量较小的输入信号通过三极管的控制作用，调节电源 U_{CC} 供给的能量，以在输出端获得能量较大的信号。

②集电极电源 U_{CC}。放大电路的工作电源，其作用包括：第一，为整个电路提供能量；第二，保证集电结处于反向偏置状态。U_{CC} 取值一般为几伏到几十伏。

③基极偏置电阻 R_B。提供合适的基极电流 I_B，确保放大电路获得合适的工作点。R_B 的阻值一般为几十千欧到几百千欧。

④集电极负载电阻 R_C。主要作用是将集电极电流的变化转换为电压的变化，实现电压放大。为让三极管满足放大条件，为了满足三极管的放大条件 R_C 的阻值通常比 R_B 小得多，一般为几千欧到几十千欧。

⑤耦合电容 C_1 和 C_2。起隔直通交的作用，一方面，隔断放大电路和信号源、负载之间的直流通路，使得三者之间没有直流联系；另一方面，对交流信号起耦合作用，保证交流信号能够顺利通过放大电路。耦合电容一般选用容量较大的电解电容器，数值一般在几微法到几十微法之间，使用时需注意极性。

（2）工作原理

输入端未加输入信号时，放大电路的工作状态称为静态。此时在直流电源 U_{CC} 的作用下，三极管的发射结正向偏置、集电结反向偏置，发射结的正向偏置电压为 U_{BE}，在三极管上形成静态的基极电流 I_B 和集电极电流 I_C，I_C 在集电极电阻上形成直流压降 $I_C R_C$，U_{CE} 与 $I_C R_C$ 之和等于直流电源 U_{CC}，由于耦合电容 C_2 的作用，U_{CE} 不能输出到负载电阻上，电路的输出为零。

输入端加上输入信号时，放大电路的工作状态称为动态。输入信号 u_i 通过电容 C_1 耦合在三极管的发射结两端，根据叠加定理，发射结两端的电压 u_{BE} 为直流信号 U_{BE} 和交流信号 u_i 两个分量的叠加。发射结电压的变化会引起三极管各级电流的相应变化，如图8-2中的波形所示。集电极电阻 R_C 将变化的电流 i_C 转换成变化的电压，又由于 $u_{CE} = U_{CC} -$

$i_C R_C$，u_{CE} 的变化方向与 i_C 相反，经过耦合电容 C_2 滤除直流后得到输出信号 u_o，与 u_i 相比它是一个被反相放大的交流信号。

放大电路中既有直流分量、又有交流分量，在分析过程中对电压和电流的符号作如下规定：用大写字母加大写下标表示直流分量，如 I_B、I_C 和 U_{CE} 等；用小写字母加小写下标表示交流分量，如 i_b、i_c 和 u_{ce} 等；用小写字母加大写下标表示总量，即直流分量和交流分量之和，如 i_B、i_C 和 u_{CE} 等。

由于耦合电容的作用，直流信号和交流信号在放大电路中的通路是不同的。因此放大电路可以分为直流通路和交流通路。直流通路是放大电路中直流信号通过的途径，而交流通路则是交流信号通过的途径。把放大电路分解成直流通路和交流通路是为了分析方便，但实际上两种电流在电路中是同时存在的。

8.1.2　放大电路的静态分析

放大电路的分析需要分为静态和动态两种情况。静态分析是在放大电路的输入 $u_i = 0$ 时进行的，分析对象是直流信号，因此需要在直流通路中进行分析、静态分析的主要目的是确定电路中的静态值 I_B、I_C 和 U_{CE}，这些静态值在三极管的输入和输出特性曲线上称为静态工作点，或称为 Q 点。静态工作点的位置对放大电路的工作性能影响很大，是动态分析的基础。

放大电路静态分析主要有两种方法：估算法和图解法。

（1）估算法

放大电路的静态值是直流量，因此可以通过分析电路的直流通路来进行计算。画直流通路时，电容 C_1 和 C_2 视为开路，得到的放大电路的直流通路如图 8-3 所示。

直流通路包括两条回路：左边为基极回路，右边为集电极回路。根据基极回路可以计算出静态时的基极电流

$$I_B = \frac{U_{CC} - U_{BE}}{R_B} \approx \frac{U_{CC}}{R_B} \qquad (8-1)$$

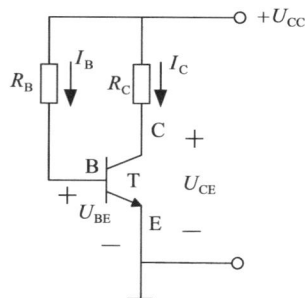

图 8-3　基本共射放大电路的直流通路

式中 U_{BE}（硅管约为 0.7V）比 U_{CC} 小得多，计算时通常可以忽略不计。

根据三极管集电极电流与基极电流之间的关系，有

$$I_C = \beta I_B \qquad (8-2)$$

再根据集电极回路可以计算出

$$U_{CE} = U_{CC} - I_C R_C \qquad (8-3)$$

（2）图解法

图解法利用三极管的输入、输出特性曲线，通过作图的方法来确定放大电路的静态工作点，此方法能够直观、清晰地分析静态值的变化对放大电路工作的影响。

在输入特性上，通过式（8-1）计算出 I_B，然后在输入特性曲线上找到对应的 Q 点，如图 8-4（a）所示。

在输出特性上，I_C 和 U_{CE} 之间除了要满足输出特性曲线之外，还应满足式（8-3）限定

的关系。这个关系在坐标中表示为一条直线，称为直流负载线。直流负载线的斜率为$-1/R_C$，在横轴上的截距为U_{CC}，在纵轴上的截距为U_{CC}/R_C。找到静态值I_B对应的那条输出特性曲线(图中$I_B=40\mu A$)，然后找到直流负载线与该条输出特性曲线的交点，这个交点即为静态工作点，如图8-4(b)所示。

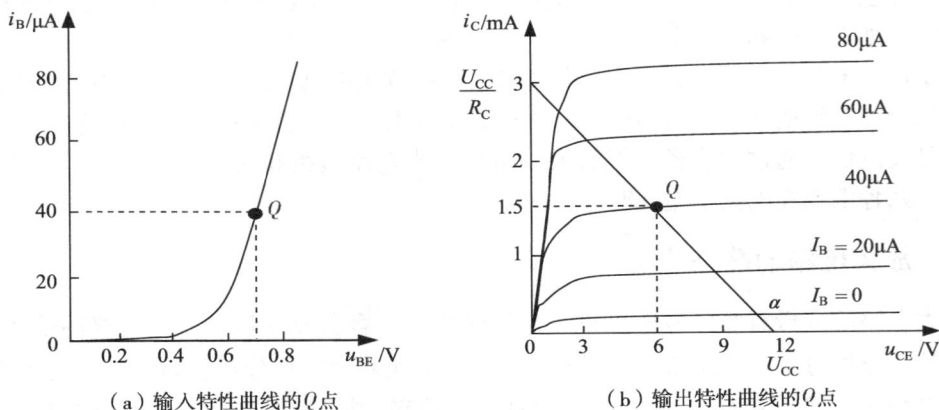

(a) 输入特性曲线的Q点   (b) 输出特性曲线的Q点

图8-4　图解法确定放大电路的静态工作点

由于交流信号是叠加在直流上的，所以合适的静态工作点对于放大电路至关重要。在图8-4中，Q点的位置不应过高或过低，否则三极管可能进入饱和区或截止区。通过改变基极电流I_B的大小，可以调整静态工作点的位置。在图8-2所示的放大电路中，当电路的参数一定时，偏置电流I_B是固定的，因此该电路被称为固定偏置放大电路。

8.1.3　放大电路的动态分析

动态分析是在放大电路有输入电压u_i时进行的，电路中的电流和电压将在静态值的基础上发生相应的变化，分析对象是交流信号，因此需要在交流通路中进行分析，目的是确定放大电路的电压放大倍数A_u、输入电阻r_i和输出电阻r_o。

放大电路动态分析的方法包括两种：微变等效电路法和图解法。

(1) 微变等效电路法

由于三极管是非线性器件，在动态分析中，如果将其等效为一个线性元件，就可以像处理线性电路那样分析三极管放大电路。线性化的条件是三极管在小信号(微变量)情况下工作，此时可以将静态工作点处微小范围变化的特性曲线用直线近似代替，这也是微变等效电路名称的由来。

①三极管的微变等效电路。放大电路的线性化关键在于将三极管进行线性化。下面从输入特性和输出特性两方面来分析三极管的线性模型。

由图8-5(a)中三极管的输入特性曲线可知，在小信号的作用下，Q点附近的工作段可以视为直线，即在微小范围内，电压Δu_{BE}和电流Δi_B成正比。因此在输入回路中，三极管可以等效成一个电阻，称为三极管的输入电阻，记为r_{be}，有

$$r_{be} = \frac{\Delta U_{BE}}{\Delta I_B}\bigg|_{U_{CE}} = \frac{u_{be}}{i_b}\bigg|_{U_{CE}} \tag{8-4}$$

低频小功率三极管的输入电阻常用下式估算

$$r_{be} \approx 200(\Omega) + (1+\beta)\frac{26(mV)}{I_E(mA)} \tag{8-5}$$

式中，I_E 是发射极电流的静态值（计算时注意其单位）。一般情况下，r_{be} 的取值为几百欧到几千欧。

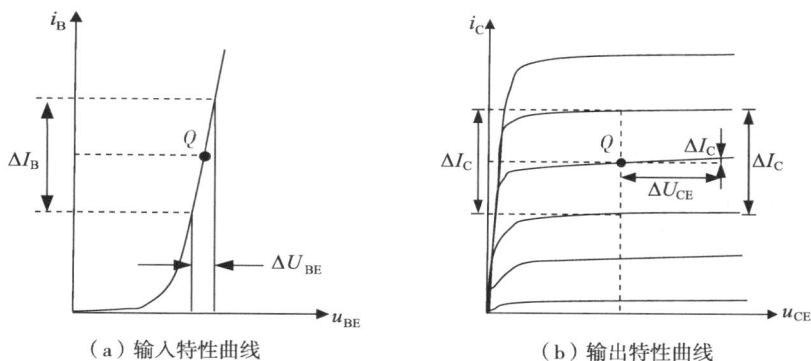

（a）输入特性曲线　　　　　　　（b）输出特性曲线

图 8-5　小信号作用下的动态分析

由图 8-5(b) 中三极管的输出特性曲线可知，放大区的曲线大致呈现一组近似与横轴平行的直线，表明集电极电流 i_c 主要与基极电流 i_b 有关。因此，在输出回路中三极管可以等效为一个受控电流源 $i_c = \beta i_b$。另外，尽管输出特性曲线并非完全与横轴平行，但可以认为有一个非常大的电阻与受控电流源并联，称为输出电阻，阻值 $r_{ce} = \Delta U_{CE}/\Delta I_C$。由于输出电阻阻值很高，通常可以忽略不计。

由此可以得出三极管的微变等效电路如图 8-6 所示。

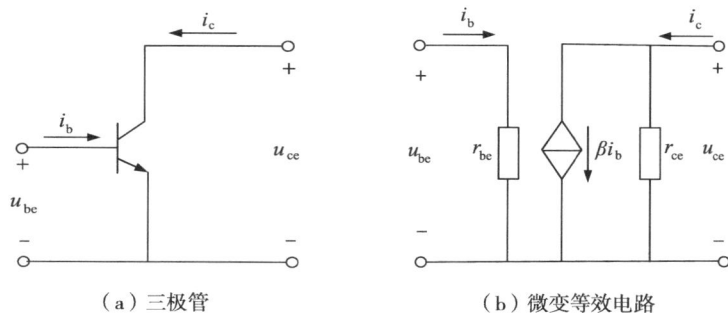

（a）三极管　　　　　　　　　　（b）微变等效电路

图 8-6　三极管的微变等效电路

②微变等效电路法分析动态参数。在图 8-2 所示的基本共射放大电路中，将电容 C_1 和 C_2 视为短路，同时将直流电源也视作短路，可以得到如图 8-7(a) 所示的交流通路。将交流通路中的三极管进行微变等效，即可得到如图 8-7(b) 所示的放大电路的微变等效电路。

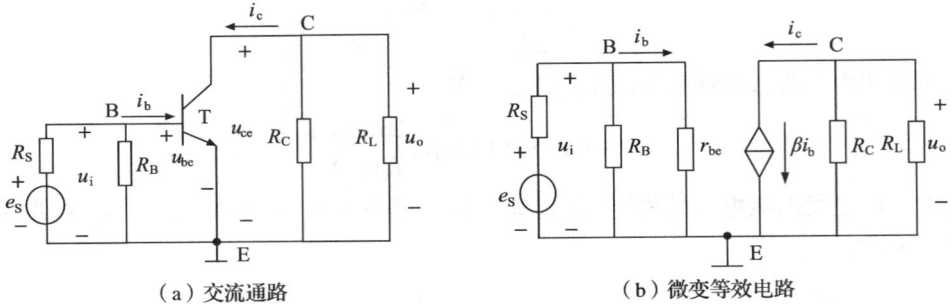

（a）交流通路　　　　　　（b）微变等效电路

图 8-7　基本共射放大电路的交流通路和微变等效电路

a. 电压放大倍数

根据图 8-7(b)所示的微变等效电路，可以计算放大电路的电压放大倍数。设输入的是正弦信号，则电压和电流均可用相量表示。

电路的输入电压和输出电压为

$$\dot{U}_i = \dot{I}_b r_{be}$$

$$\dot{U}_o = -\dot{I}_c(R_C /\!/ R_L) = -\beta \dot{I}_b R'_L$$

式中，$R'_L = R_C /\!/ R_L$，因此放大电路的电压放大倍数

$$A_u = \frac{\dot{U}_o}{\dot{U}_i} = \frac{-\beta \dot{I}_b R'_L}{\dot{I}_b r_{be}} = -\beta \frac{R'_L}{r_{be}} \tag{8-6}$$

从式(8-6)可以看出，基本共射放大电路的放大倍数具有以下特点：第一，电压放大倍数为负，表示输出电压和输入电压反相；第二，电压放大倍数与负载电阻 R_L 有关，负载电阻越大，放大倍数越大；第三，由于三极管的等效输入电阻 r_{be} 与静态值 I_E 有关，因此电压放大倍数也受静态工作点影响；第四，由于 r_{be} 的值比较小，因此该电路的电压放大倍数通常较大。

b. 输入电阻

输入电阻是从放大电路输入端(除去信号源)看进去的等效电阻，即信号源的负载电阻，由图 8-7(b)分析输入电阻

$$r_i = \frac{\dot{U}_i}{\dot{I}_i} = R_B /\!/ r_{be} \approx r_{be} \tag{8-7}$$

式中近似相等的原因是 R_B 的阻值远大于 r_{be}。因此基本共射放大电路的输入电阻较低。

对于电压型信号源而言，希望输入电阻尽可能高，其原因如下：第一，较低的 r_i 将从信号源获取较大的电流而增加信号源的负担；第二，信号源内阻 R_S 和输入电阻 r_i 串联，放大电路的输入电压 u_i 由 r_i 的分压决定，r_i 越大，u_i 越大；第三，若放大电路与前一级放大电路相连，本级放大电路的 r_i 即为前级的负载电阻，若 r_i 过小，会降低前级的放大倍数。

c. 输出电阻

对于负载电阻 R_L，放大电路可以等效成一个有内阻的电压源，其内阻即为放大电路的输出电阻 r_o。输出电阻可采用加压求流法计算，将信号源短路，保留其内阻，在输出端开路加上 U'_o，产生的电流为 I'_o，则放大电路的输出电阻

$$r_o = \frac{U'_o}{I'_o} \tag{8-8}$$

在图 8-7(b)中，当 $\dot{U}_i = 0$，$\dot{I}_b = 0$ 时，$\beta \dot{I}_b$ 也为零，因此共发射极放大电路的输出电阻

$$r_o = R_C \tag{8-9}$$

R_C 一般为几千欧，因此共发射极放大电路的输出电阻较高。

对于放大电路而言，一般输出电阻越低越好。如果输出电阻较大(相当于信号源的内阻较大)，当负载变化时，输出电压的变化较大，放大电路带负载的能力较差。所以 r_o 越小，带载能力越强。

特别注意，r_i 中不应含有 R_S，因为 R_S 是信号源的内阻或前级电路的输出电阻；r_o 中不应含有 R_L，因为 R_L 是电路的负载或后级电路的输入电阻。

(2)图解法

采用图解法进行动态分析，可以直观地观察放大电路的信号放大过程及其可能产生的非线性失真。

①作交流负载线。前文已介绍直流负载线，它反映了静态时电流 I_C 和电压 U_{CE} 之间的关系。由于耦合电容 C_2 的隔直作用，负载电阻 R_L 不加考虑，因此直流负载线的斜率为 $-1/R_C$。交流负载线反映动态时电流 i_c 和电压 U_{CE} 的变化关系，此时电容 C_2 可视为短路，R_L 与 R_C 并联，故其斜率为 $-1/R'_L$。因为 $R'_L < R_C$，所以交流负载线比直流负载线要陡。当输入信号为零时，放大电路仍应处在静态工作点 Q，因此交流负载线仍然过 Q 点。根据经过 Q 点和斜率 $-1/R'_L$ 这两个条件，可以画出放大电路的交流负载线，如图 8-8 所示。

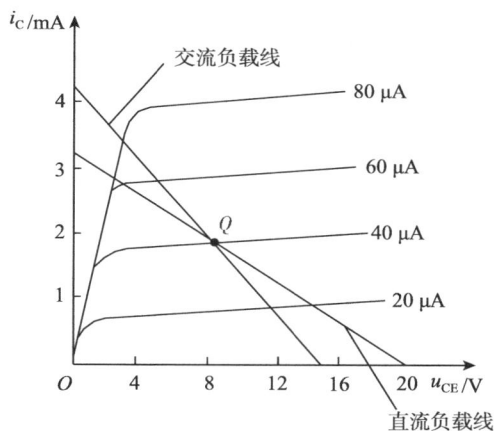

图 8-8　直流负载线和交流负载线

②根据输入信号 u_i 在输入特性曲线上求 i_B。假设三极管为硅管，其 $U_{BE} = 0.7\text{V}$。放大电路输入微小正弦信号 $u_i = 0.02\sin\omega t\text{V}$，在图 8-9(b)中画出

$$u_{BE} = U_{BE} + u_i = 0.7 + 0.02\sin\omega t\text{V}$$

在输入特性曲线上，u_{BE} 的变化引起 i_B 的变化。由于 u_i 是微小信号，图中 Q_1 至 Q_2 段可近似看成直线，因此交流电流 i_b 也是正弦量。在输入特性曲线上测出 i_B 的变化范围是 $20 \sim 60\mu\text{A}$。

$$i_B = I_B + i_b = 40 + 20\sin\omega t\mu\text{A}$$

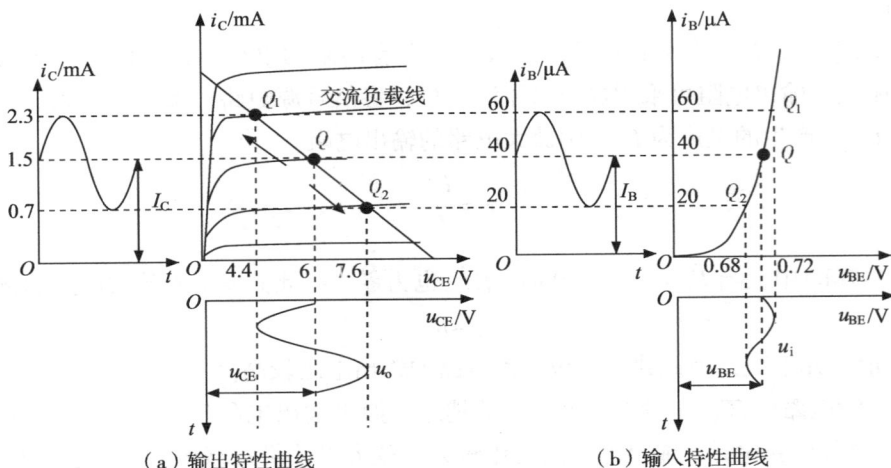

（a）输出特性曲线　　　　　　　　（b）输入特性曲线

图8-9　放大电路图解法动态分析

③根据 i_B 在输出特性曲线上求 u_{CE} 和 i_C。在图 8-9（a）中，根据输出特性曲线和交流负载线，可以确定动态范围在 Q_1 至 Q_2 之间。由此可以画出 u_{CE} 和 i_C 的波形，并由作图可以测出 u_{CE} 的波动范围是 4.4~7.6V，i_C 的波动范围是 0.7~2.3mA，即

$$u_{CE} = U_{CE} + u_{ce} = 6 - 1.6\sin\omega t \, \text{V}$$

$$i_C = I_C + i_c = 1.5 + 0.8\sin\omega t \, \text{mA}$$

u_{CE} 经耦合电容滤掉直流后，得到输出电压

$$u_o = u_{ce} = -1.6\sin\omega t \, \text{V}$$

放大电路的电压放大倍数

$$A_u = \frac{\dot{U}_o}{\dot{U}_i} = \frac{1.6\angle 180°}{0.02\angle 0°} = -80$$

（3）两种非线性失真

放大电路的基本要求是在不失真的情况下，对输入信号进行放大。在输入小信号的情况下，引起信号失真的主要原因是静态工作点不合适，导致三极管在某些时刻进入截止区或饱和区工作，这种失真通常称为非线性失真。

在图 8-10（a）中，静态工作点 Q_1 的位置过高，在输入特性曲线上，i_b 的波形虽然没有受到影响，但在输出特性曲线上，三极管进入饱和区工作，i_c 波形顶部出现失真，u_o 由于和 i_c 反相则在底部产生失真。这是由于三极管的饱和而引起的，故称为饱和失真。

在图 8-10（b）中，静态工作点 Q_2 的位置过低，在输入特性曲线上，三极管在信号负半周进入截止区工作，i_b 波形底部出现失真。因此，在输出特性曲线上，i_c 底部也出现失真，而 u_o 出现顶部失真。这是由于三极管的截止而引起的，故称为截止失真。

因此，为了避免放大电路产生非线性失真，必须合理设置静态工作点的位置。

（a）饱和失真

（b）截止失真

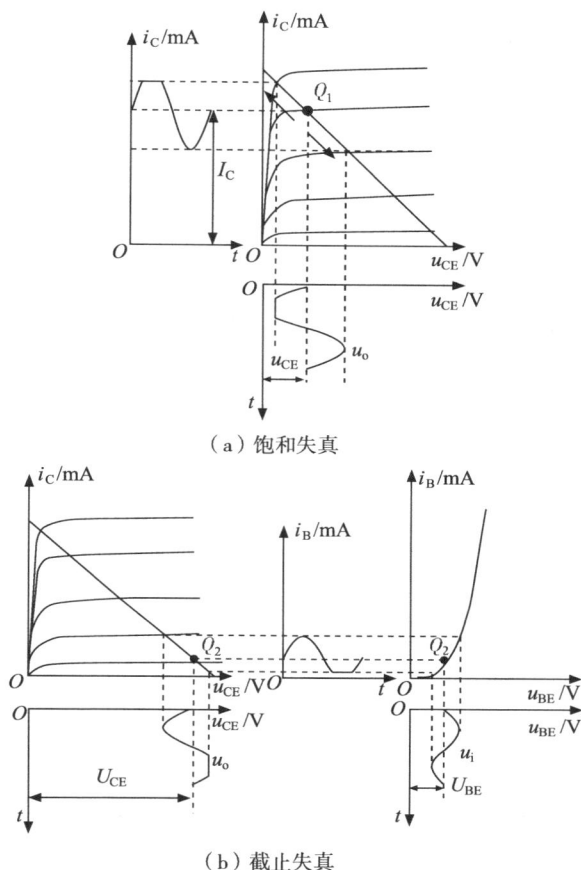

图 8-10　放大电路的两种非线性失真

【例 8-1】在图 8-2 所示的放大电路中，$U_{CC}=12V$，$R_B=600k\Omega$，$R_C=R_L=3k\Omega$，晶体管 $\beta=150$，试求解电路的：（1）静态工作点；（2）动态参数。

解：（1）画出电路的直流通路如图 8-3 所示，根据基极回路方程可得

$$I_B=\frac{U_{CC}-U_{BE}}{R_B}\approx\frac{U_{CC}}{R_B}=\frac{12}{600}=0.02mA=20\mu A$$

根据集电极电流和基极电流的控制关系可得

$$I_C=\beta I_B=150\times0.02=3mA$$

根据集电极回路方程可得

$$U_{CE}=U_{CC}-I_C R_C=12-3\times3=3V$$

（2）画出电路的微变等效电路如图 8-7（b）所示，首先求 r_{be}，

$$I_E\approx I_C=3mA$$

$$r_{be}=200+(1+\beta)\frac{26}{I_E}=200+(1+150)\times\frac{26}{3}\Omega\approx1.5k\Omega$$

根据电压放大倍数、输入电阻和输出电阻的定义可得

$$A_u = -\beta \frac{R'_L}{r_{be}} = -150 \times \frac{\frac{3}{2}}{1.5} = -150$$

$$r_i = R_B // r_{be} \approx r_{be} = 1.5\text{k}\Omega$$

$$r_o = R_C = 3\text{k}\Omega$$

🧠 练习与思考

1. 在三极管放大电路中，为什么要设置静态工作点？
2. 改变 R_C 和 U_{CC} 对放大电路的直流负载线分别有什么影响？
3. 能否增大 R_C 来提高放大电路的电压放大倍数？当 R_C 过大时对放大电路的工作有何影响？（设 I_B 不变）
4. 发现输出波形失真，是否说明静态工作点一定不合适？

8.2　分压偏置共射放大电路

8.2.1　电路结构与工作原理

通过前述分析可知，静态工作点不仅决定了电路是否产生非线性失真，同时也会影响放大倍数、输入电阻等动态参数。然而，在实际应用中，上一节所介绍的固定偏置共射放大电路的静态工作点较为不稳定。影响静态工作点稳定的原因有很多，其中温度是最主要的因素。当温度升高时，三极管放大系数 β、穿透电流 I_{CEO} 增大，导致集电极电流 I_C 明显增大，使静态工作点上移，进而可能产生饱和失真。反之，温度降低时，静态工作点下移，容易导致截止失真。

在固定偏置放大电路中，若基极电阻 R_B 确定，基极电流 I_B 便保持恒定。然而，若能使偏置电流 I_B 在温度升高时自动减小，以抑制 I_C 的增大，则静态工作点可保持相对稳定。为提高静态工作点的稳定性，通常采用分压偏置放大电路，其电路结构如图 8-11(a) 所示，对应的直流通路如图 8-11(b) 所示。

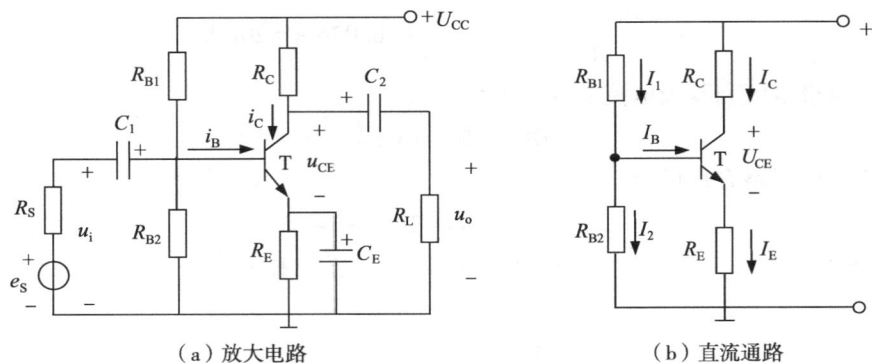

（a）放大电路　　　　　　　　（b）直流通路

图 8-11　分压偏置共射放大电路

下面介绍分压偏置共射放大电路稳定静态工作点的原理。在该电路中，通过合理选择电路参数，使得 $I_1 = I_2 \gg I_B$，则基极电位

$$V_B = \frac{R_{B2}}{R_{B1} + R_{B2}} U_{CC} \qquad (8\text{-}10)$$

可见 V_B 不受温度变化的影响。若使 $V_B \gg U_{BE}$，则有

$$I_C \approx I_E = \frac{V_B - U_{BE}}{R_E} \approx \frac{V_B}{R_E} \qquad (8\text{-}11)$$

因此可以认为 I_C 也不受温度变化的影响。

在上述分析中，需满足两个近似条件，$I_2 \gg I_B$ 和 $V_B \gg U_{BE}$，在实际应用中，通常满足 $I_2 = (5 \sim 10) I_B$ 和 $V_B = (5 \sim 10) U_{BE}$ 即可。原因是：I_2 的取值不能太大，否则电阻 R_{B1} 和 R_{B2} 需取较小值，使得电路电流增大，功率损耗上升，同时降低放大电路的输入电阻，R_{B1} 和 R_{B2} 取值一般为几十千欧；V_B 取值也不能太大，否则 V_E 也随之增大，使得 U_{CE} 减小，使得放大电路输出电压变化范围变小。

分压偏置放大电路稳定 Q 点的过程可以总结为：当温度升高时，I_C 增大，I_E 就会增大，使得 V_E 增大，导致 U_{BE} 减小（根据 V_B 不变），I_B 减小（根据输入特性曲线），I_C 随之减小，起到稳定静态工作点的作用。

在稳定 Q 点的过程中，发射极电阻 R_E 起到了关键作用，具体体现为：当温度变化引起 I_C 变化时，通过 R_E 上电压的变化使得 u_{BE} 向相反方向变化，从而影响 I_B。这种将输出量通过一定方式引回至输入回路，进而影响输入量的机制称为反馈。R_E 在电路中起到直流负反馈的作用。

增大 R_E 可提高静态工作点的稳定性，但过大的 R_E 将导致发射极电位 V_E 升高，从而降低输出电压的幅值，在小信号放大情况下 R_E 一般为几百欧到几千欧。另外，交流信号同样会在 R_E 上产生压降，使得输入电压 u_i 不能完全加在 B、E 两端，导致 u_o 减小。为避免此影响，在 R_E 两端并联一个旁路电容 C_E。其作用如下：对于直流信号，C_E 相当于开路，R_E 仍起稳定 Q 点的作用；对于交流信号，C_E 将电阻 R_E 短路，保证输入信号不受损失。一般旁路电容 C_E 的取值为几十微法至几百微法。

8.2.2　电路分析

（1）静态分析

根据图 8-11（b）所示的直流通路，首先由式（8-10）和式（8-11）分别计算出基极电位 V_B 和 I_C。

$$V_B = \frac{R_{B2}}{R_{B1} + R_{B2}} U_{CC}$$

$$I_C \approx I_E = \frac{V_B - U_{BE}}{R_E}$$

进而计算出 I_B 和 U_{CE}

$$I_B = \frac{I_C}{\beta} \qquad (8\text{-}12)$$

$$U_{CE} = U_{CC} - I_C R_C - I_E R_E \approx U_{CC} - I_C (R_C + R_E) \tag{8-13}$$

（2）动态分析

图 8-11（a）所示的分压偏置放大电路，其微变等效电路如图 8-12（a）所示。在交流信号作用下，旁路电容 C_E 将电阻 R_E 短路。若令 $R_B = R_{B1} // R_{B2}$，可推导出该电路的微变等效电路与固定偏置放大电路的微变等效电路完全相同，因此动态参数

$$A_u = \frac{\dot{U}_o}{\dot{U}_i} = -\beta \frac{R'_L}{r_{be}} \quad (R'_L = R_C // R_C)$$

$$r_i = \frac{\dot{U}_i}{\dot{I}_i} = R_{B1} // R_{B2} // r_{be} \tag{8-14}$$

$$r_o = R_C$$

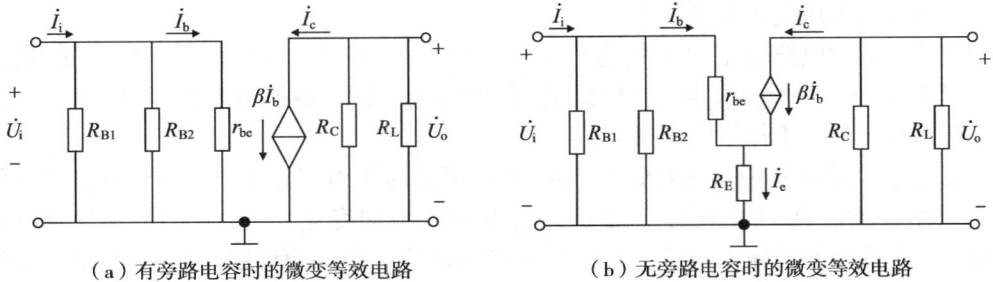

（a）有旁路电容时的微变等效电路　　　　（b）无旁路电容时的微变等效电路

图 8-12　分压偏置放大电路的微变等效电路

如果在分压偏置共射放大电路中未接入旁路电容 C_E，则其微变等效电路如图 8-12（b）所示。由图可知

$$\dot{U}_i = \dot{I}_b r_{be} + \dot{I}_e R_E = \dot{I}_b [r_{be} + (1+\beta) R_E]$$

$$\dot{U}_o = -\dot{I}_c (R_C // R_L) = -\dot{I}_c R'_L$$

所以

$$A_u = \frac{\dot{U}_o}{\dot{U}_i} = -\beta \frac{R'_L}{r_{be} + (1+\beta) R_E}$$

$$r_i = \frac{\dot{U}_i}{\dot{I}_i} = R_{B1} // R_{B2} // [r_{be} + (1+\beta) R_E] \tag{8-15}$$

$$r_o = R_C$$

比较式（8-14）和式（8-15）可以看出，若未接入旁路电容，R_E 的存在会降低电路的放大倍数，但同时会增加输入电阻。另外，将式（8-15）中的 A_u 的表达式进行变换

$$A_u = -\beta \frac{R'_L}{r_{be} + (1+\beta) R_E} = -\frac{R'_L}{\dfrac{r_{be}}{\beta} + \dfrac{(1+\beta) R_E}{\beta}} \approx -\frac{R'_L}{R_E}$$

可见电压放大倍数仅与电阻值有关，而不受温度影响，从而提高了电路的稳定性。

【例 8-2】在图 8-13 所示的分压式偏置放大电路中，已知晶体管 $\beta = 50$，$r_{BE} = 1.6\text{k}\Omega$，$U_{BE} = 0.7\text{V}$，$U_{CC} = 20\text{V}$，$R_{B1} = 180\text{k}\Omega$，$R_{B2} = 20\text{k}\Omega$，$R_C = R_L = 3.3\text{k}\Omega$，$R_E'' = 300\Omega$，$R_E' = 1\text{k}\Omega$。试计算该电路的(1)静态工作点；(2)动态参数 A_u，r_i 和 r_o。

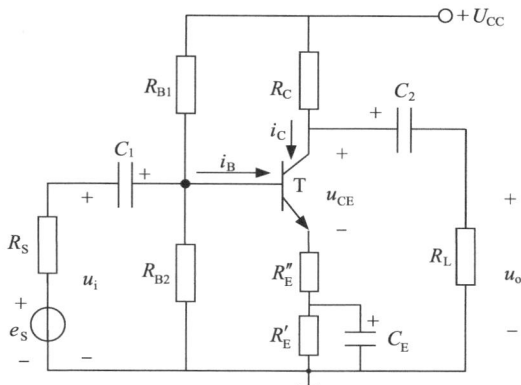

图 8-13

解：(1)电路的直流通路如图 8-11(b)所示，则有

$$V_B \approx \frac{R_{B2}}{R_{B1}+R_{B2}}U_{CC} = \frac{20}{180+20}\times 20 = 2\text{V}$$

$$I_C \approx I_E = \frac{V_B - U_{BE}}{R_E} = \frac{2-0.7}{1.3\times 10^3}\text{A} = 1\text{mA}$$

$$I_B = \frac{I_C}{\beta} = \frac{1}{50}\text{mA} = 20\mu\text{A}$$

$$U_{CE} \approx U_{CC} - I_C(R_C + R_E) = 20 - 1\times 10^{-3}\times(3.3+1.3)\times 10^3 = 15.4\text{V}$$

(2)微变等效电路如图 8-12(b)所示，注意发射极电阻只剩 R_E''，则有

$$A_u = -\beta\frac{R_L'}{r_{be}+(1+\beta)R_E''} = -50\times\frac{\dfrac{3.3}{2}}{1.6+(1+50)\times 0.3} = -4.88$$

$$r_i = R_{B1}//R_{B2}//[r_{be}+(1+\beta)R_E''] = 8.72\text{k}\Omega$$

$$r_o = R_C = 3.3\text{k}\Omega$$

🧠 练习与思考

1. 在实际中调整分压式偏置电路的静态工作点时，应调节哪个元器件的参数比较方便？接上发射极电阻的旁路电容 C_E 后是否影响静态工作点？

2. 在图 8-11(a)所示放大电路中，若出现以下情况，对放大电路的工作会带来什么影响？(1)R_{B1} 断开；(2)R_{B2} 断开；(3)C_E 断开；(4)C_E 短路。

8.3 射极输出器

在前面两节中讨论的放大电路均采用基极输入，从集电极输出的共发射极接法。本节介绍另一种常用的单管放大电路，该电路从三极管的发射极输出信号，称为射极输出器，如图 8-14(a)所示。对于交流信号，直流电源 U_{CC} 看成是短路，其交流通路如图 8-14(b)所示。对于交流通路，输入回路和输出回路的公共端为集电极，因此射极输出器是共集电极放大电路。

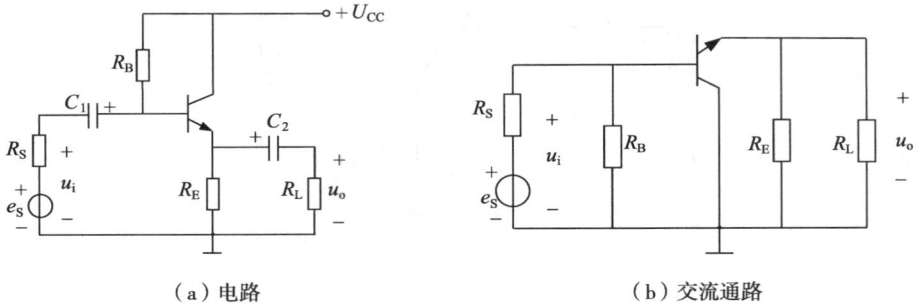

（a）电路   （b）交流通路

图 8-14 射极输出器

8.3.1 静态分析

图 8-15 所示是射极输出器的直流通路，由输入回路可列电压方程

$$U_{CC}=I_B R_B+U_{BE}+I_E R_E$$
$$=U_{BE}+I_B\left[R_B+(1+\beta)R_E\right]$$

则有

$$I_B=\frac{U_{CC}-U_{BE}}{R_B+(1+\beta)R_E}$$

$$I_E=(1+\beta)I_B \tag{8-16}$$

$$U_{CE}=U_{CC}-I_E R_E$$

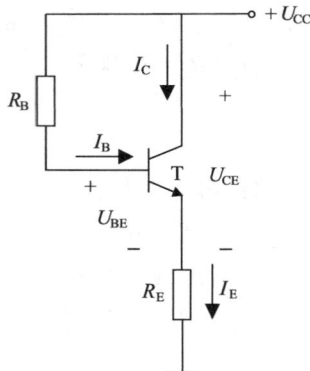

图 8-15 射极输出器的直流通路

8.3.2 动态分析

射极输出器的微变等效电路如图 8-16 所示，由此可分析其动态参数。

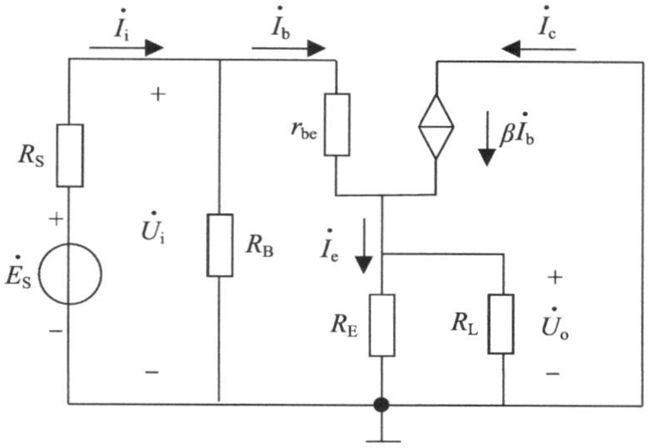

图 8-16 射极输出器的微变等效电路

（1）电压放大倍数

由图 8-16 微变等效电路可得出

$$\dot{U}_i = \dot{I}_b r_{be} + \dot{I}_e R'_L = \dot{I}_b r_{be} + \dot{I}_b (1+\beta) R'_L$$

$$\dot{U}_o = \dot{I}_e R'_L = (1+\beta) \dot{I}_b R'_L \quad (R'_L = R_L /\!/ R_E)$$

由此可求得放大倍数

$$A_u = \frac{\dot{U}_o}{\dot{U}_i} = \frac{\dot{I}_b (1+\beta) R'_L}{\dot{I}_b r_{be} + \dot{I}_b (1+\beta) R'_L} = \frac{(1+\beta) R'_L}{r_{be} + (1+\beta) R'_L} \tag{8-17}$$

由式（8-17）可知：射极输出器的电压放大倍数小于 1，但由于 $r_{be} \ll (1+\beta) R'_L$，其放大倍数约等于 1。此外，射极输出器的输出电压和输入电压同相，输出电压跟随输入电压的变化，因此射极输出器又被称作射极跟随器。尽管射极输出器不具备电压放大的功能，但由于 $I_e = (1+\beta) I_b$，故仍具有电流放大和功率放大的能力。

（2）输入电阻

射极输出器的输入电阻

$$r_i = \frac{\dot{U}_i}{\dot{I}_i} = R_B /\!/ \frac{\dot{I}_b r_{be} + (1+\beta) \dot{I}_b R'_L}{\dot{I}_b} = R_B /\!/ [r_{be} + (1+\beta) R'_L] \tag{8-18}$$

通常 R_B 的阻值较大（几十千欧至几百千欧），同时 $r_{be} + (1+\beta) R'_L$ 也比较大。因此，射极输出器的输入电阻很高，可达几十千欧至几百千欧。

（3）输出电阻

为了计算射极输出器的输出电阻 r_o，需将图 8-16 中的信号源短路，保留其内阻 R_S，如图 8-17 所示。设 R_S 与 R_B 并联后的等效电阻为 R'_S，在输出端去掉 R_L，加上交流电压 $\dot{U}_o$，假设产生的电流为 $\dot{I}_o$。则有

$$\dot{I}_o = \dot{I}_b + \beta\dot{I}_b + \dot{I}_e = \frac{\dot{U}_o}{r_{be}+R'_S} + \beta\frac{\dot{U}_o}{r_{be}+R'_s} + \frac{\dot{U}_o}{R_E}$$

$$= \left(\frac{1+\beta}{r_{be}+R'_S} + \frac{1}{R_E}\right)\dot{U}_o$$

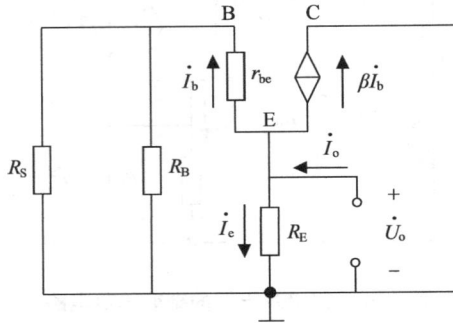

图 8-17　计算 r_o 的等效电路

$$r_o = \frac{\dot{U}_o}{\dot{I}_o} = \frac{1}{\dfrac{1+\beta}{r_{be}+R'_S} + \dfrac{1}{R_E}} = \frac{r_{be}+R'_S}{1+\beta}//R_E \tag{8-19}$$

通常 $\dfrac{r_{be}+R'_S}{1+\beta} \ll R_E$，因此

$$r_o \approx \frac{r_{be}+R'_S}{1+\beta} \tag{8-20}$$

射极输出器的输出电阻非常低，一般为十几到几十欧姆。

综上所述，射极输出器具有以下显著特点：第一，电压放大倍数接近 1；第二，输入电阻高；第三，输出电阻低。

射极输出器的应用十分广泛。利用其输入电阻高的特点，可以作为多级放大电路的输入级，以减小从信号源索取的电流；利用其输出电阻低的特点，可以作为多级放大电路的输出级，以提高带负载的能力；还可作为两级放大电路之间作为缓冲级，起阻抗匹配的作用。

🧠 练习与思考

1. 既然射级输出器的输出电压和输入电压是相同的，为什么要设计射极输出器？
2. 试比较共发射极放大电路和共集电极放大电路各具有什么特点。

8.4　多级放大电路

在实际应用中，放大电路通常需要具备高输入电阻、低输出电阻和较大的放大倍数。然而，单管放大电路很难同时满足上述要求，因此通常采用多级放大电路来实现。多级放大电路由若干个单级放大电路级联而成，图 8-18 所示为多级放大电路的方框图，其中输入级和中间级用作电压放大，输出级用作功率放大。

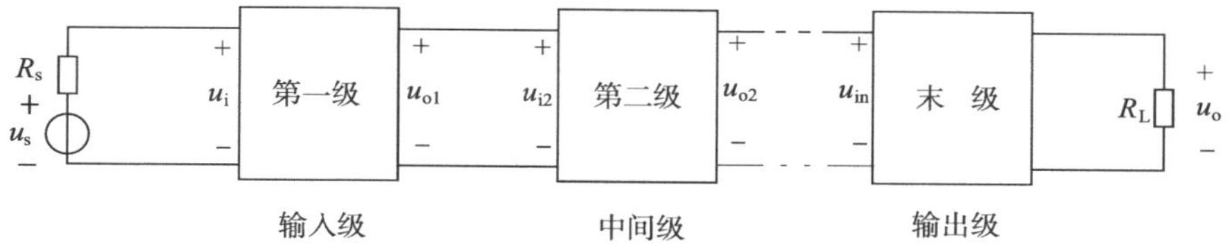

图 8-18　多级放大电路方框图

8.4.1　级间耦合方式

在多级放大电路中，各级放大电路之间的连接方式称为级间耦合。常见的耦合方式包括：阻容耦合、直接耦合和变压器耦合。

（1）阻容耦合方式

将两级放大电路通过电容连接起来，称为阻容耦合。耦合电容具有"隔直通交"的作用，对直流量可以看成开路，因此，前、后级的静态工作点是相互独立的，并且可以单独调整。

阻容耦合方式的缺点在于：第一，由于耦合电容对低频信号呈现出较大的电抗，低频信号会受到显著衰减，因此阻容耦合的低频特性差，不能放大缓慢变化的信号；第二，由于大容量电容难以集成，因此阻容耦合方式不适用于集成电路。

（2）直接耦合方式

两级放大电路之间不通过任何元件，直接相连的方式称为直接耦合。直接耦合方式不仅能放大交流信号，也能放大直流或缓慢变化的信号。并且由于容易集成，这种耦合方式在集成电路中被广泛应用。

直接耦合方式的缺点是由于前后级直接相连，导致各级的静态工作点相互影响。

（3）变压器耦合方式

变压器能够将前级的交流信号传送到后级，因此可用作耦合元件。变压器耦合的主要优点是能够实现阻抗、电压和电流的变换，同时容易实现前、后级之间的完全隔离。变压器耦合的缺点是变压器本身较重和体积较大。此外，也无法传送变化缓慢的或直流信号。

8.4.2　多级放大电路的主要性能指标

对于一个 n 级放大电路，前一级的输出信号是后一级的输入信号，所以整个放大电路的电压放大倍数等于各级电压放大倍数的乘积，即

$$A_u = \frac{\dot{U}_o}{\dot{U}_i} = \frac{\dot{U}_{o1}}{\dot{U}_{i1}} \cdot \frac{\dot{U}_{o2}}{\dot{U}_{o1}} \cdot \ldots \cdot \frac{\dot{U}_o}{\dot{U}_{o(n-1)}} = A_{u1} \cdot A_{u2} \cdot \ldots \cdot A_{un} \tag{8-21}$$

多级放大电路的输入电阻等于第一级的输入电阻，即

$$R_i = R_{i1} \tag{8-22}$$

多级放大电路的输出电阻等于最后一级的输出电阻，即

$$R_o = R_{on} \qquad (8-23)$$

【例 8-3】将图 8-14(a) 的射极输出器与图 8-13 的共发射极放大电路组成两级放大电路，如图 8-19 所示。已知：$\beta_1 = \beta_2 = 50$，T_1 和 T_2 均为 3DG8D，其中 $U_{CC} = 24V$，$R_{B1} = 1M\Omega$，$R_{E1} = 27k\Omega$，$R'_{B1} = 82k\Omega$，$R'_{B2} = 43k\Omega$，$R_{C2} = 10k\Omega$，$R'_{E1} = 510\Omega$，$R'_{E2} = 7.5k\Omega$。试求：(1) 前后级放大电路的静态值($U_{BE} = 0.6V$)；(2) 放大电路的输入 r_i 电阻和输出电阻 r_o；(3) 各级电压放大倍数 A_{u1}，A_{u2} 及两级电压放大倍数 A_u。

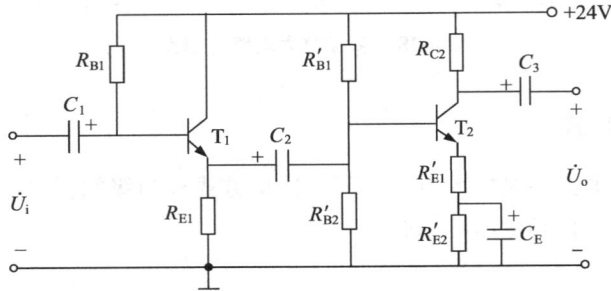

图 8-19

解： (1) 电路的两级之间为阻容耦合方式。第一级是射极输出器，静态值为

$$I_{B1} = \frac{U_{CC} - U_{BE1}}{R_{B1} + (1+\beta_1)R_{E1}} = \frac{24 - 0.6}{1000 + (1+50) \times 27} \text{mA} = 9.8\mu A$$

$$I_{E1} = (1+\beta_1)I_{B1} = (1+50) \times 0.00098 \text{mA} = 0.49 \text{mA}$$

$$U_{CE1} = U_{CC} - R_{E1}I_{E1} = 24 - 0.49 \times 27 = 10.77V$$

第二级是分压偏置电路，静态值为

$$V_{B2} = \frac{U_{CC}}{R'_{B1} + R'_{B2}} R'_{B2} = \frac{24}{82+43} \times 43 = 8.26V$$

$$I_{C2} \approx I_{E2} = \frac{V_{B2} - U_{BE2}}{R'_{E1} + R'_{E2}} = \frac{8.26 - 0.6}{0.51 + 7.5} = 0.96 \text{mV}$$

$$I_{B2} = \frac{I_{C2}}{\beta_2} = \frac{0.96}{50} \text{mA} = 19.2\mu A$$

$$U_{CE2} = U_{CC} - I_{C2}(R'_{C2} + R'_{E1} + R'_{E2}) = 24 - 0.96 \times (10 + 0.51 + 7.5) = 6.71V$$

(2) 画出微变等效电路，如图 8-20 所示。

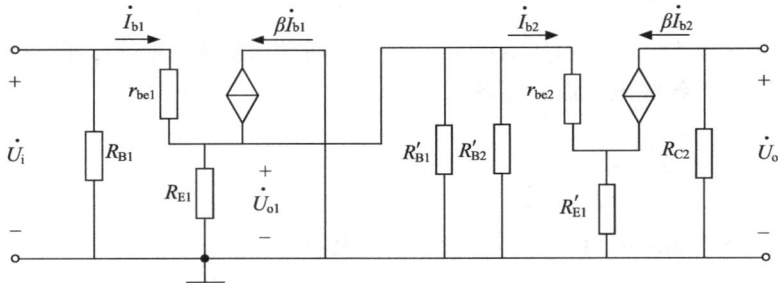

图 8-20　微变等效电路

放大电路的输入电阻 r_i 等于第一级的输入电阻 r_{i1}。第一级是射极输出器，它的输入电阻与负载有关，而第一级放大电路的负载即第二级输入电阻 r_{i2}。计算可得

$$r_{be2} = 200 + (1+\beta_2)\frac{26}{I_{E2}} = 200 + (1+50) \times \frac{26}{0.96} = 1.58\text{k}\Omega$$

$$r_{i2} = R'_{B1} /\!/ R'_{B2} /\!/ [r_{be2} + (1+\beta_2)R''_{E1}] = 14\text{k}\Omega$$

$$R'_{L1} = R_{E1} /\!/ r_{i1} = \frac{27 \times 14}{27 + 14} = 9.22\text{k}\Omega$$

同理

$$r_{be1} = 200 + (1+\beta_1)\frac{26}{I_{E1}} = 200 + (1+50) \times \frac{26}{0.49} = 3\text{k}\Omega$$

式中 $R'_{L1} = R_{E1} /\!/ r_{i2}$ 为前级的负载电阻，其中 r_{i2} 为后级的输入电阻。

于是得出

$$r_i = r_{i1} = R_{B1} /\!/ [r_{be1} + (1+\beta_1)R'_{L1}] = 320\text{k}\Omega$$

输出电阻

$$r_o = r_{o2} = R_{C2} = 10\text{k}\Omega$$

（3）射极输出器的电压放大倍数为

$$A_{u1} = \frac{(1+\beta_1)R'_{L1}}{r_{be1} + (1+\beta_1)R'_{L1}} = \frac{(1+50) \times 9.22}{3 + (1+50) \times 9.22} = 0.994$$

分压式偏置电路的电压放大倍数为

$$A_{u2} = -\beta_2 \frac{R_{C2}}{r_{be2} + (1+\beta_2)R''_{E1}} = -50 \times \frac{10}{1.79 + (1+50) \times 0.51} = -18$$

两级电压放大倍数

$$A_u = A_{u1} \cdot A_{u2} = 0.994 \times (-18) = -17.9$$

🧠 练习与思考

1. 阻容耦合和直接耦合的特点是什么？它们分别适用于什么场合？

2. 在多级放大电路中，若要整个电路的输出电阻较低，应在最后一级选择哪种放大电路？

8.5　差分放大电路

在阻容耦合放大电路中，低频特性较差。在工业控制中，经常遇到需要处理缓慢变化的信号，例如用热电偶测量炉温时，由于炉温变化很慢，热电偶提供的是一个缓慢变化的电压信号。处理这种信号不能采用阻容耦合方式，只能采用直接耦合的多级放大电路。由于直接耦合方式中各级的 Q 点之间相互影响，在各级的放大作用下，即便输入电压为零，第一级 Q 点的微弱变化也会被逐级放大，导致输出级的 Q 点发生很大的变化。最终在输出端可能会出现一个明显的输出电压。这种输入电压等于零，输出电压不为零且不规则缓慢变化的现象称为零点漂移，简称零漂。零点漂移是直接耦合放大电路的主要问题。

引起零点漂移的原因很多，如晶体管参数(I_{CBO}，U_{BE}，β)随温度变化、电源电压波动、电路元器件参数的变化等。其中温度的影响最为严重，因此零点漂移也被称为温度漂移，简称温漂。抑制零漂的方法有很多种，如采用温度补偿电路、稳压电源及精选电路元件等，而最有效且广泛采用的方法是差分放大电路。

8.5.1　电路结构

差分放大电路是抑制零点漂移最有效的电路结构。在多级直接耦合放大电路中，第一级广泛采用差分放大电路。图 8-21 所示是用两个三极管组成的双端输入-双端输出差分放大电路。信号电压 u_{i1} 和 u_{i2} 由两管基极输入，输出电压 u_o 则取自两管的集电极之间。该电路结构对称，在理想的情况下，两管的特性及对应电阻元件的参数值完全相同，因此它们的静态工作点也相同。

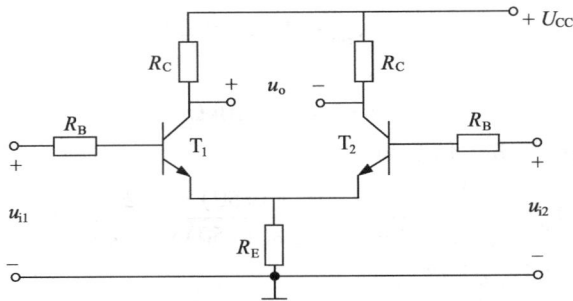

图 8-21　差分放大电路

在静态时，$u_{i1} = u_{i2} = 0$，即在图 8-21 中将两边输入端短路，由于电路的对称性，两边的集电极电流相等，集电极电位也相等，即

$$I_{\text{C1}} = I_{\text{C2}}, \quad V_{\text{C1}} = V_{\text{C2}}$$

故输出电压

$$u_o = V_{\text{C1}} - V_{\text{C2}} = 0$$

8.5.2　工作原理

在动态时，有信号输入，差分放大电路的工作可以分为以下三种情况来分析。

（1）共模信号

两个电压大小相等、极性相同的输入信号称为共模信号，即 $u_{i1} = u_{i2}$。虽然共模信号能够引起两管集电极电流的变化，但由于该变化量相同，因此两管集电极电压的变化也是相同的，输出电压

$$u_o = V_{\text{C1}} + \Delta V_{\text{C1}} - (V_{\text{C2}} + \Delta V_{\text{C2}}) = \Delta V_{\text{C1}} - \Delta V_{\text{C2}} = 0$$

换言之，差分放大电路对共模信号的电压没有放大作用，共模电压放大倍数 A_c 为零。因此差分放大电路对共模信号具有抑制作用。

由于温度变化可能导致两管集电极电流或电压发生变化，同时外界干扰信号也对两个

输入端产生相同的影响，这些情况可以看成输入端接收了大小相等、极性相同的共模信号。因此，差分放大电路对零点漂移的抑制作用，实质上就是对共模信号的抑制。

（2）差模信号

两个电压大小相等、极性相反的输入信号称为差模信号，即 $u_{i1} = -u_{i2}$。在差模信号的作用下，两个管子的集电极电流和电压呈现反向变化，输出电压

$$u_o = V_{C1} + \Delta V_{C1} - (V_{C2} - \Delta V_{C2}) = \Delta V_{C1} + \Delta V_{C2} = 2\Delta V$$

因此差分放大电路对差模信号具有放大作用。

（3）比较输入

两个输入信号电压既非共模，又非差模，它们的大小和相对极性是任意的，称为比较输入。在分析时可以将这种信号分解为共模分量和差模分量。例如 $u_{i1} = 20\text{mV}$，$u_{i2} = 16\text{mV}$。可将 u_{i1} 分解为 $u_{i1} = 18\text{mV} + 2\text{mV}$，$u_{i2}$ 分解为 $u_{i2} = 18\text{mV} - 2\text{mV}$。这样，可以认为 18mV 为输入信号中的共模分量，而 +2mV 和 -2mV 为差模分量。差分放大电路放大的实际上是两个输出信号的差值。当两个输入信号存在差值时，差分放大电路会对其进行放大，因此该电路也称为差动放大电路。

8.5.3　共模抑制比

在实际情况下，差分放大电路很难做到完全对称，因此实际的差分放大电路对共模分量仍有一定的放大作用。由于差模分量是需要放大的有用信号，而共模分量往往是干扰、噪声、漂移等无用信号，因此要求差分放大电路有较大的差模放大倍数 A_d 和较小的共模放大倍数 A_c，通常用共模抑制比 K_{CMRR} 表示，即

$$K_{CMR} = \frac{A_d}{A_c} \tag{8-24}$$

或用对数形式表示

$$K_{CMR} = 20\lg \frac{A_d}{A_c} \tag{8-25}$$

显然，共模抑制比越大，表明放大器对差模信号的分辨能力和对共模分量的抑制能力越强，在理想情况下，$K_{CMR} \to \infty$。

🧠 **练习与思考**

1. 为什么零点漂移又称为温度漂移？

2. 差分放大电路是怎样实现放大有效信号、抑制零点漂移的？这种功能是用什么参数来衡量的？

8.6　功率放大电路

在多级放大电路中，输出级的任务是直接驱动负载，因此需要设计功率放大电路向负载提供足够大的功率。功率放大电路主要关注点是输出功率、效率和失真。

8.6.1 功率放大电路的类型

功率放大电路(简称功放)根据三极管处于放大状态时间的不同,可以分为甲类、乙类和甲乙类三种工作状态,如图 8-22 所示。

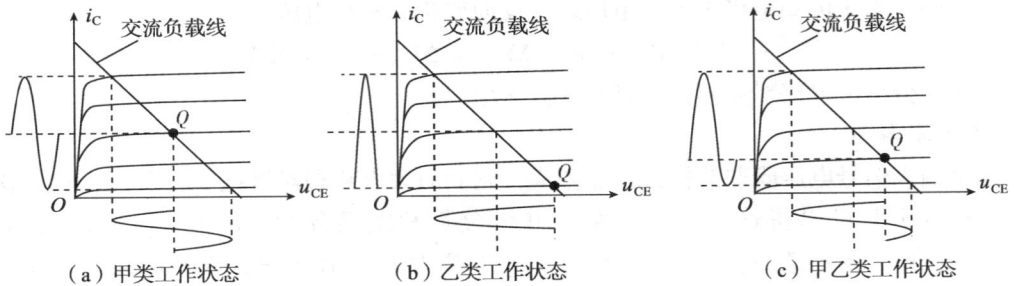

图 8-22 功率放大电路的三种工作状态

(1)甲类工作状态

甲类放大的静态工作点大致设置在交流负载线的中点,因此输入信号的整个周期内三极管都处于放大状态。前面介绍的几种放大电路都属于甲类放大,但在功率放大电路中,电流一般较大,当没有信号输入时,三极管的静态损耗较大,使得转换效率较低。在理想情况下,甲类放大电路的效率最高只能达到 50%。

(2)乙类工作状态

乙类放大的静态工作点设置在交流负载线的截止点,三极管仅在输入信号的半个周期内处于放大状态。在没有信号输入时三极管的静态功耗近似为零,电路的效率较高,但是信号会出现严重的失真。

(3)甲乙类工作状态

甲乙类放大的静态工作点介于甲类和乙类之间,三极管有一个较小的静态电流,因此其转换效率也介于甲类和乙类之间。

8.6.2 互补对称功率放大电路

(1)乙类互补对称放大电路

在上面介绍的三种功放中,甲类功放的失真最小,同时效率最低;乙类和甲乙类效率较高,但失真较大。

以乙类功放为例,三极管仅在输入信号的半个周期处于放大的状态。为了减少信号失真,可以采用两只三极管,一只为 NPN 型,另一只为 PNP 型,构成如图 8-23 所示的电路,该电路称为无输出电容互补对称放大电路,简称 OCL 放大电路。在输入信号的正半周,NPN 管工作,PNP 管截止,负载 R_L 中流过的电流为 i_{C1};在输入信号的负半周,PNP 管工作,NPN 管截止,负载 R_L 中流过的电流为 i_{C2}。在该电路中,两只三极管交替工作,互为补充,称为互补功率放大电路。

在乙类功放中,由于三极管的静态工作点设置在截止点上,在两个管子交替工作时会进入三极管的死区，从而在输出信号的正负半周交接处会产生失真，称为交越失真。

（2）甲乙类互补对称放大电路

为了克服交越失真，应适当提高静态工作点的位置，避免进入死区，即采用甲乙类放大电路。图 8-24 是一个甲乙类互补对称放大电路，在电路中，电阻 R_{B1}、R_{B2} 和二极管 D1、D2 构成偏置电路，利用 D1 和 D2 的正向偏置电压使得两个三极管处于微导通的状态。当有信号输入时，三极管可以避开死区，直接进入工作状态。

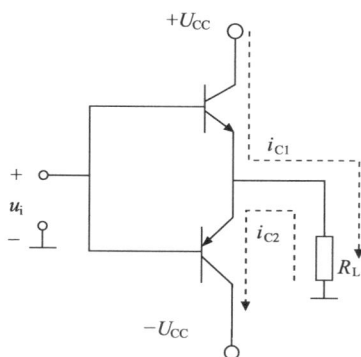

图 8-23　乙类互补对称放大电路

练习与思考

1. 功率放大电路的要求与电压放大电路有哪些不同？
2. 什么是交越失真，如何消除交越失真？

习　题

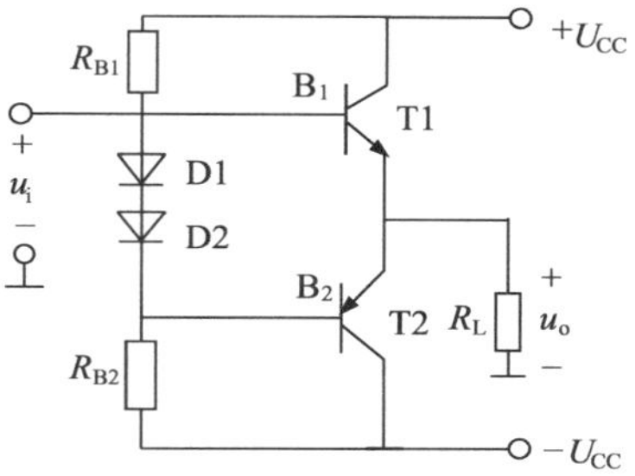

图 8-24　甲乙类互补对称放大电路

一、选择题

1. 在图 8-2 所示的基本共射放大电路中，欲使静态的集电极电流 I_C 减小，则应（　　　）。

A. 保持 U_{CC}，R_B 一定，减小 R_C

B. 保持 U_{CC}，R_C 一定，增大 R_B

C. 保持 R_B，R_C 一定，增大 U_{CC}

2. 在图 8-2 中，若将 R_B 减小，则静态集电极电流 I_C（　　　），集电极电位 V_C（　　　）。

A. 增大　　　　　　　　B. 减小　　　　　　　　C. 基本不变

3. 在图 8-2 中，若将 R_B 增大，则静态基极电流 I_B（　　　），电压放大倍数 $|A_u|$（　　　），输入电阻 r_i（　　　），输出电阻 r_o（　　　）。

A. 增大　　　　　　　　B. 减小　　　　　　　　C. 基本不变

4. 图 8-2 中的三极管原处于放大状态，若将 R_B 调到零，则三极管（　　　）。

A. 处于饱和状态　　　B. 仍处于放大状态　　　C. 被烧毁

5. 在图 8-3 所示的基本共射放大电路的直流通路中，$U_{CC} = 12V$，$R_C = 4k\Omega$，$\beta = 50$，U_{BE} 可忽略，若使 $U_{CE} = 4V$，则 R_B 应为（　　　）。

A. 360kΩ　　　　　　　B. 300kΩ　　　　　　　C. 600kΩ

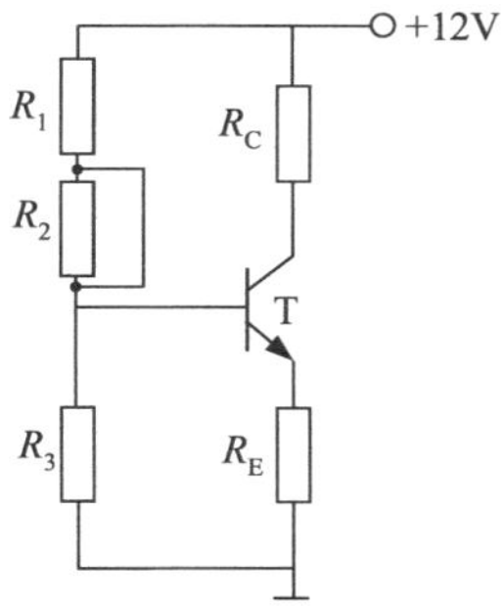

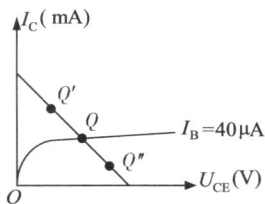

习题图 8-1　　　　　　　　**习题图 8-2**

6. 电路如习题图 8-1 所示，已知 $R_1 = 5\text{k}\Omega$，$R_2 = 15\text{k}\Omega$，$R_3 = 10\text{k}\Omega$，$R_C = 2\text{k}\Omega$，$R_E = 2\text{k}\Omega$，当电阻 R_2 不慎被短路后（如图），该电路中的晶体管处于（　　　）。

　　A. 截止状态　　　　　　　B. 放大状态　　　　　　　C. 饱和状态

7. 固定偏置放大电路的静态工作点 Q 如习题图 8-2 所示，欲使工作点移至 Q' 需使（　　　）。

　　A. 偏置电阻 R_B 增大

　　B. 集电极电阻 R_C 减小

　　C. 偏置电阻 R_B 减小

8. 固定偏置放大电路的静态工作点 Q 如习题图 8-2 所示，当温度升高时工作点 Q 将（　　　）。

　　A. 不改变　　　　　　　　B. 向 Q' 移动　　　　　　C. 向 Q'' 移动

9. 习题图 8-3 所示的放大电路（　　　）。

　　A. 能稳定静态工作点

　　B. 不能稳定静态工作点

　　C. 不仅能稳定静态工作点且效果比接有射极电阻时更好。

10. 习题图 8-4 所示的放大电路（　　　）。

　　A. 不能稳定静态工作点。

　　B. 能稳定静态工作点，但比无二极管 D 的电路效果要差。

　　C. 能稳定静态工作点且效果比无二极管 D 的电路更好

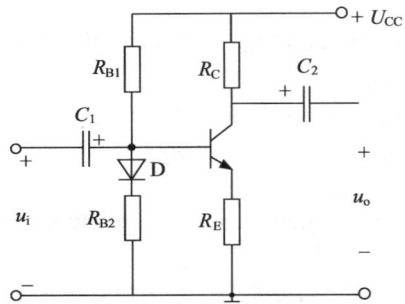

习题图 8-3　　　　　　　　　　　习题图 8-4

11. 分压式偏置单管放大电路的发射极旁路电容 C_E 因损坏而断开，则该电路的电压放大倍数将（　　　）。

　　A. 增大　　　　　　　　　B. 减小　　　　　　　　　C. 不变

12. 就放大作用而言，射极输出器是一种（　　　）。

　　A. 有电流放大作用而无电压放大作用的电路

　　B. 有电压放大作用而无电流放大作用的电路

　　C. 电压和电流放大作用均没有的电路

13. 射极输出器的输入输出公共端是（　　　）。

　　A. 集电极　　　　　　　　B. 发射极　　　　　　　　C. 基极

14. 两级共射阻容耦合放大电路，若将第二级换成射极输出器，则第一级的电压放大倍数将（　　　）。

　　A. 增大　　　　　　　　　B. 减小　　　　　　　　　C. 不变

15. 放大电路如习题图 8-5 所示，其输入电阻 r_i 的正确表达式是（　　　）。

　　A. $R_S + [(r_{be} + (1+\beta)R_E)] // R_B$　　　　　　B. $(R_S // R_B) // [r_{be} + (1+\beta)(R_E // R_L)]$

　　C. $R_B // [r_{be} + (1+\beta)R_E]$　　　　　　　　　D. $R_B // [(r_{be} + (1+\beta)(R_E // R_L)]$

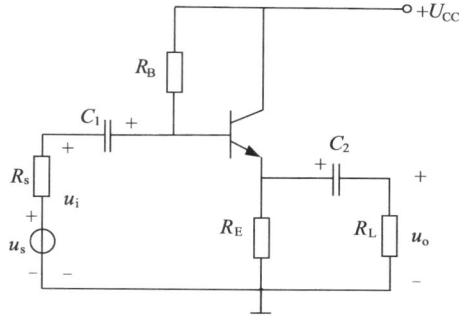

习题图 8-5

16. 在直接耦合多级放大电路中，若在第一级采用了差分放大电路，主要目的是(　　)。

A. 提高电压放大倍数　　　B. 抑制零点漂移　　　C. 提高带负载能力

17. 双端输出的差分放大电路，对共模输入信号的电压放大倍数近似等于(　　)。

A. 零　　　　　　　　B. 无穷大　　　　　　C. 一个管子的电压放大倍数

18. 功率放大电路通常工作在(　　)。

A. 大信号状态　　　　B. 小信号状态　　　　C. 脉冲信号状态

二、分析计算题

1. 三极管放大电路如习题图 8-6(a)所示，已知 $U_{CC} = 12V$，$R_B = 240k\Omega$，$R_C = 3k\Omega$，$R_L = 3k\Omega$，晶体管的 $\beta = 40$。(1)试画出直流通路并估算静态工作点 I_B、I_C 和 U_{CE}；(2)如三极管的输出特性如习题图 8-6(b)所示，试用图解法作出放大电路的静态工作点；(3)画出电路的微变等效电路，并求出放大电路的电压放大倍数 A_u，输入电阻 r_i，输出电阻 r_o。

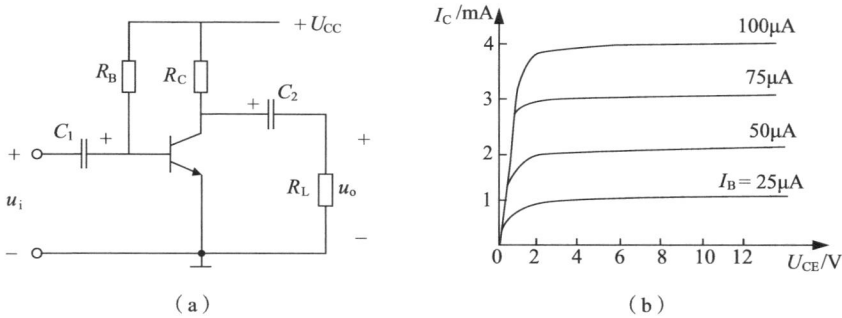

（a）　　　　　　　　　　　　　　（b）

习题图 8-6

2. 在习题图 8-6(a)中，若 $U_{CC} = 12V$，三极管的 $\beta = 100$，通过测量测出电路的静态值 $U_{CE} = 6V$，$I_C = 2mA$，并测出当输入有效值为 1mV 的电压信号时，输出电压信号为 100mV，试分别求出电阻 R_B、R_C 和 R_L 的阻值。

3. 放大电路如习题图 8-7 所示，已知三极管的 $\beta = 100$，$R_C = 2.4k\Omega$，$R_E = 1.5k\Omega$，$U_{CC} = 12V$，忽略 U_{BE}。若要使 U_{CE} 的静态值达到 4.2V，且 R_{B2} 中的电流 I_2 是基极电流 I_B 的 10 倍，试计算 R_{B1}，R_{B2} 的阻值。

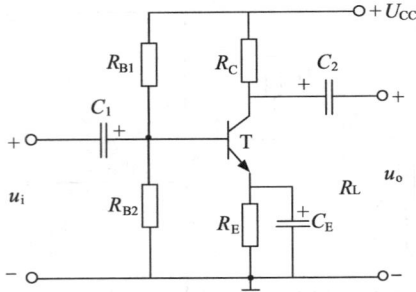

习题图 8-7

4. 在习题图 8-7 中，三极管的电流放大系数 $\beta=50$，$U_{CC}=12V$，$U_{BE}=0.6V$，$R_{B1}=20k\Omega$，$R_{B2}=10k\Omega$，$R_C=3k\Omega$，$R_E=2k\Omega$，$r_{be}=1k\Omega$，试计算：（1）计算静态工作点；（2）画出微变等效电路并计算电压放大倍数、输入电阻和输出电阻；（3）若加入 $R_L=6k\Omega$ 的负载电阻，求放大倍数，并说明负载电阻对电压放大倍数的影响。

5. 若将习题图 8-7 中的旁路电容 C_E 断开，试问：（1）电路的静态工作点是否发生变化；（2）画出微变等效电路，分析电路的电压放大倍数、输入电阻和输出电阻是否发生变化。

6. 在习题图 8-8 所示的射极输出器中，已知三极管的 $\beta=60$，$U_{CC}=20V$，$R_B=200k\Omega$，$R_E=3.9k\Omega$，$R_L=1.5k\Omega$，$U_{BE}=0.7V$，$r_{be}=0.8k\Omega$，试计算：（1）画出直流通路，并计算静态工作点；（2）画出微变等效电路，并计算 A_u、r_i 和 r_o。

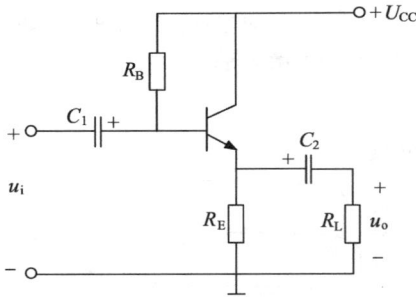

习题图 8-8

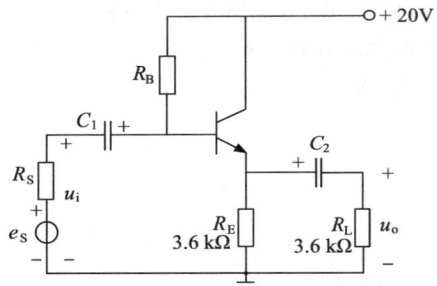

习题图 8-9

7. 习题图 8-9 所示电路中，已知三极管的 $\beta=100$，$r_{be}=1k\Omega$，静态时 $U_{CE}=5.5V$。试求：（1）输入电阻 r_i；（2）若 $R_S=3k\Omega$，$A_{us}=\dfrac{U_o}{E_S}=?$ $r_o=?$（3）若 $R_S=30k\Omega$，$A_{us}=?$ $r_o=?$（4）将上述（1）、（2）、（3）的结果对比，说明射极输出器有什么特点？

8. 习题图 8-10 所示电路中，已知三极管的 $\beta=50$，$U_{CC}=12V$，$R_B=300k\Omega$，$R_C=R_E=2k\Omega$，$U_{BE}=0.7V$。试计算（1）在 A 端输出时的电压放大倍数 A_{u1}、输入电阻和输出电阻；（2）在 B 端输出时的电压放大倍数 A_{u2}、输入电阻和输出电阻。

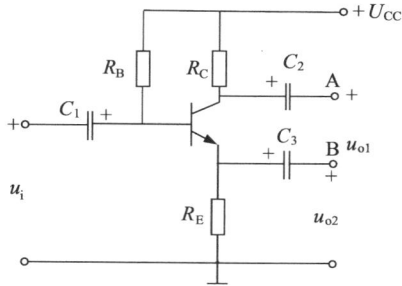

习题图 **8-10**

9. 两级放大电路如习题图 8-11 所示，晶体管的 $\beta_1 = \beta_2 = 40$，$r_{be1} = 1.37 \text{k}\Omega$，$r_{be2} = 0.89 \text{k}\Omega$。（1）画出直流通路，并估算各级电路的静态值；（2）画出微变等效电路，并计算 A_{u1}，A_{u2} 和 A_u；（3）计算 r_i 和 r_o。

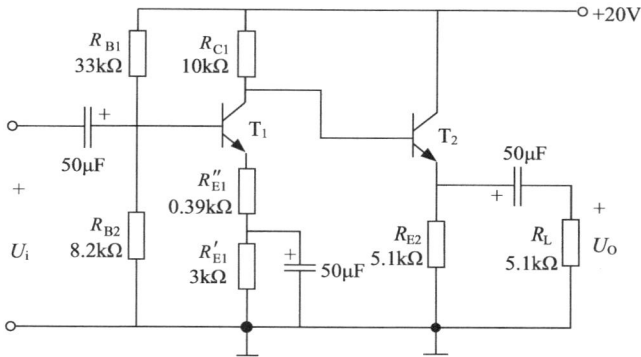

习题图 **8-11**

第 9 章　集成运算放大器

集成电路(integrated circuit, IC)是继电子管和晶体管后，第三代具有电路功能的电子器件。与前面两章所讲的分立电路不同，集成电路是采用一定工艺把电路中所需的各个元件以及连线集成在一小块半导体芯片上，不仅体积更小、质量更轻、功耗更低，而且减少了电路的焊接点，具有更好的可靠性。集成运算放大器是最常用的一类模拟集成电路，简称集成运放或运放。它最初主要应用在模拟计算机上实现信号运算功能，因此称为运算放大器。目前集成运放已经成为电子电路的基本器件，广泛应用于信号测量、处理、产生和转换等领域。

9.1　集成运算放大器概述

9.1.1　集成运算放大器的组成

集成运算放大器是一种具有很高放大倍数的直接耦合多级放大电路，通常由输入级、中间级和输出级组成，如图 9-1 所示。

图 9-1　集成运算放大器的组成

① 输入级一般由双端输入的差分放大电路组成，其输入电阻大(可达几十千欧到几兆欧)，静态电流小，可以有效抑制零点漂移等共模干扰。

② 中间级主要实现电压放大，要求能够提供足够大的电压放大倍数，一般由共发射极放大电路组成。由于采用多级放大，集成运放的电压放大倍数可达一万倍到百万倍。

③ 输出级与负载相连，通常采用互补对称的功率放大电路或射极输出器，输出电阻很小，一般只有几十欧到几百欧，带负载能力强。

总之，集成运放是一种具有电压放大倍数高、输入电阻大、输出电阻小、零点漂移小等特点的集成器件，其图形符号如图 9-2 所示。图中，"▷"表示信号传递的方向，"A_{uo}"表示放大倍数。左侧

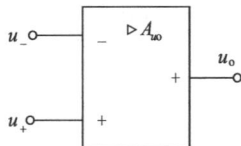

图 9-2　集成运算放大器图形符号

"+"端为同相输入端，电压用"u_+"表示，"−"端为反相输入端，电压用"u_-"表示；右侧为输出端。所有端口的电压都是由该端口到地之间的电压(为了简洁，接地端在图中可以省略)。当信号从同相端输入时，输出电压与输入电压同相；当信号从反相端输入时，输出电压与输入电压反相。

图 9-3 给出了 F007 型圆壳式和双列直插式两种封装的外形和引脚，图中各引脚的功能如下：引脚 1、5——外接调零电位器(通常为 10kΩ)；引脚 2——反相输入端；引脚 3——同相输入端；引脚 4——负电源端，接−15V 电源；引脚 6——输出端；引脚 7——正电源端，接+15V 电源；引脚 8——空脚。

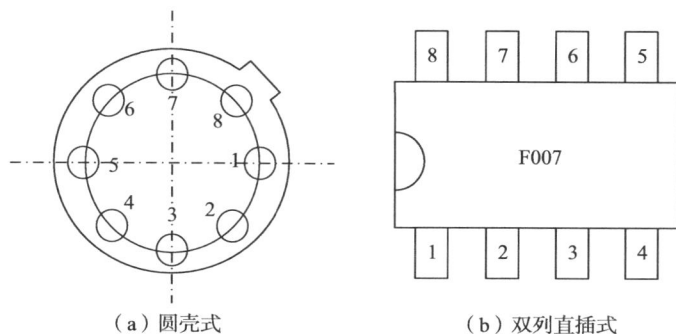

（a）圆壳式　　　　　　　　（b）双列直插式

图 9-3　F007 型集成运算放大器的外形和引脚图

9.1.2　集成运算放大器的参数

集成运算放大器的参数是评价其性能优劣的重要技术指标，常用的主要指标如下：

① 开环电压放大倍数 A_{uo}。开环电压放大倍数是指在运算放大器没有外接反馈电路时所测出的差模电压放大倍数。A_{uo} 越高，所构成的运算电路越稳定，运算精度也越高。A_{uo} 通常约为 $10^4 \sim 10^7$，也可用对数形式表示

$$A_{uo} = 20\lg\frac{\Delta u_o}{\Delta(u_+ - u_-)}$$

单位为分贝，即 80~140dB。

② 开环差模输入电阻 r_{id}。r_{id} 是运算放大器在不加反馈时的输入电阻。r_{id} 越大，运放从信号源取用的电流越小，对输入信号的影响越小。r_{id} 一般为几兆欧，如果输入级采用场效应管，可达百万兆欧。

③ 开环输出电阻 r_o。r_o 是运算放大器在不加反馈时的输出电阻。r_o 越小，运放的带载能力越强。r_o 一般为十几欧到几百欧。

④ 共模抑制比 K_{CMR}。K_{CMR} 是差模电压放大倍数和共模电压放大倍数的比值，若用对数形式 $20\lg|K_{CMR}|$ 表示，单位为 dB。运算放大器的共模抑制比一般大于 80dB。

⑤ 最大输出电压 U_{OM}。最大输出电压是指输出电压和输入电压保持不失真关系时，能提供的最大输出电压。F007 型集成运算放大器的最大输出电压约为 ±13V。

⑥ 输入失调电压 U_{IO}。当两个输入端输入电压都为 0 时，理想情况下输出 u_o 应该为 0。但实际的集成运放难以做到差动输入级完成对称。因此，要使得输入为 0 时输出电压

$u_o = 0$，必须在输入端附加一个几毫伏的补偿电压，称为输出失调电压 U_{IO}。其值越小，电路对称度越高。

⑦ 输入失调电流 I_{IO}。输入失调电流 I_{IO} 是当输入电压为 0 时，两个输入端之间静态基极电流之差，即 $I_{IO} = |I_{B1} - I_{B2}|$。$I_{IO}$ 反映了输入级差分管输入电流的对称性，I_{IO} 取值为 $10 \sim 100\text{nA}$，一般希望 I_{IO} 值尽可能小。

⑧ 输入偏置电流 I_{IB}。输入电压为 0 时，两个输入端静态基极电流的平均值，称为输入偏置电流，即 $I_{IB} = (I_{B1} + I_{B2})/2$。通常希望输入偏置电流越小越好，一般在零点几微安级。

⑨ 最大差模输入电压 U_{IDM}。U_{IDM} 是指运算放大器的两个输入端之间所能承受的最大电压。当电压超过这个值时，集成运放输入级的三极管将会反向击穿，使得运放输入特性变差，甚至永久损坏。

⑩ 最大共模输入电压 U_{ICM}。U_{ICM} 是指保证运算放大器正常工作情况下，输入端允许的最大共模电压。当共模电压超出这个值时，运放的共模抑制比将显著下降。

9.1.3 理想集成运算放大器

(1) 理想运算放大器模型

集成运算放大器具有开环差模电压放大倍数高、输入电阻高、输出电阻低及共模抑制比高等特点。在大多数工程计算中，可以将其看成理想运算放大器，理想化的条件是：① 开环电压放大倍数 $A_{uo} \to \infty$；② 差模输入电阻 $r_{id} \to \infty$；③ 开环输出电阻 $r_o \to 0$；④ 共模抑制比 $K_{CMR} \to \infty$。

图 9-4 所示为理运算放大器的图形符号。与图 9-2 中集成运算放大器符号相比，集成运放符号中的放大倍数 A_{uo} 被"∞"取代，代表理想运放的开环电压放大倍数是"∞"。

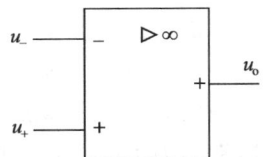

图 9-4 理想运算放大器的图形符号

(2) 理想运放的电压传输特性

集成运算放大器的电压传输特性是指输出电压与输入电压之间关系的特性曲线，如图 9-5 所示。图中虚斜线表示实际运放的传输特性，直角实折线表示理想运放的传输特性。从集成运算放大器的电压传输特性来看，运放的工作区域可分为线性区和饱和区(非线性区)。

① 线性区。理想运放工作在线性区时，输出电压 u_o 和输入电压 $(u_+ - u_-)$ 之间具有线性关系，满足

$$u_o = A_{uo}(u_+ - u_-) \tag{9-1}$$

由于理想运放的 $A_{uo} \to \infty$，而输出电压 u_o 是有限值，因此 $u_+ - u_- = 0$，即

$$u_+ = u_- \tag{9-2}$$

可见，当理想运放工作在线性区时，同相输入端与反相输入端电位相等，两个输入端如同短路，但并非真正的短路，因此称为"虚短"。

由于理想集成运算放大器的差模输入电阻 $r_{id} \to \infty$，可以认为两个输入端的输入电流为零，即

$$i_+ = i_- = 0 \tag{9-3}$$

式中，i_+ 和 i_- 分别表示运放同相端和反相端的输入电流。从式(9-3)中看出，两个输入端如同被断路一样，但并非真正断路，因此称为"虚断"。

"虚短"和"虚断"是理想运放工作在线性区的两个重要特性，也是分析运放的线性应用电路的主要依据。

② 饱和区。理想运放工作在饱和区时，输出电压和输入电压之间不再是线性关系，而是

$$u_o = \begin{cases} U_{O(sat)} & (u_{id} = u_+ - u_- > 0) \\ -U_{O(sat)} & (u_{id} = u_+ - u_- < 0) \end{cases} \qquad (9\text{-}4)$$

由于理想运放在饱和区仍然有 $r_{id} \to \infty$，因此 $i_+ = i_- = 0$。也就是说，在饱和区，"虚断"仍然成立。但由于 $u_+ \neq u_-$，"虚短"不再成立。

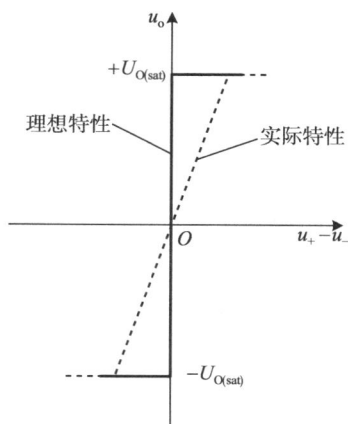

图 9-5　运算放大器的电压传输特性

🧠 练习与思考

1. 集成运算放大器内部由哪几部分构成？各部分有何特点？
2. 集成运算放大器理想化的条件有哪些？
3. 什么是"虚断"？什么是"虚短"？

9.2　信号运算电路

信号运算电路是集成运放工作在线性区的重要应用。集成运放可以构成比例、加法、减法、积分和微分等各种信号运算电路。由于运放具有极高的开环电压增益，因此，为了确保运放工作在线性区，电路必须设置负反馈。

9.2.1　比例运算电路

比例运算电路是最基本的运算电路，是构成加法、减法、微分、积分等运算电路的基础。

（1）反相比例运算电路

反相比例运算电路如图 9-6 所示，输入信号 u_i 通过电阻 R_1 送到反相输入端，同相输入端通过电阻 R_2 接"地"，反馈电阻 R_f 连接在输出端和反相输入端之间。

在反相输入端，由于"虚断" $i_- = 0$，有 $i_1 = i_f$。根据电阻的电流和电压关系，有

图 9-6　反相比例运算电路

$$\frac{u_i - u_-}{R_1} = \frac{u_- - u_o}{R_f} \qquad (9\text{-}5)$$

又根据"虚短"，有 $u_- = u_+$。再根据"虚断" $i_+ = 0$，可知电阻 R_2 上的电流为 0，其两端电位相等，即 $u_+ = 0$。

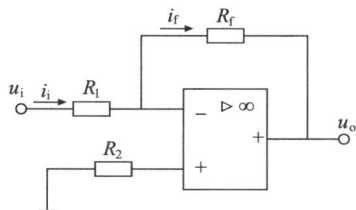

因此 $u_- = u_+ = 0$，这一特点称为"虚地"，代入式(9-5)可以求出输出电压 u_o 和输入电压 u_i 的关系：

$$u_o = -\frac{R_f}{R_1} u_i \qquad\qquad (9\text{-}6)$$

可见，电路的输出电压与输入电压之间是比例关系，负号表示 u_i 与 u_o 反相，故称为反相比例运算电路。其闭环电压放大倍数为

$$A_{uf} = \frac{u_o}{u_i} = -\frac{R_f}{R_1} \qquad\qquad (9\text{-}7)$$

上式表明，反相比例运算电路的闭环电压放大倍数仅取决于 R_f 与 R_1 的比值，而与集成运算放大器的参数无关，这确保了比例运算电路的精度和稳定性。

图 9-6 中的电阻 R_2 称为平衡电阻，作用是保持运放输入级电路的对称性。其取值原则是使静态情况下，反相输入端和同相输入端对地的等效电阻相等。因此将动态信号 u_i 和 u_o 都接地，有 $R_2 = R_1 /\!/ R_f$。

（2）同相比例运算电路

同相比例运算电路如图 9-7 所示，输入信号 u_i 通过电阻 R_2 送到同相输入端，反相输入端通过电阻 R_1 接"地"，反馈电阻 R_f 连接在输出端和反相输入端之间。

根据"虚断" $i_- = 0$，有 $i_1 = i_f$，则

$$\frac{0 - u_-}{R_1} = \frac{u_- - u_o}{R_f} \qquad\qquad (9\text{-}8)$$

又根据"虚短" $u_- = u_+$，代入式(9-8)并整理可得

$$u_o = \left(1 + \frac{R_f}{R_1}\right) u_+ \qquad\qquad (9\text{-}9)$$

再根据"虚断" $i_+ = 0$，有 $u_+ = u_i$，代入式(9-9)可得

$$u_o = \left(1 + \frac{R_f}{R_1}\right) u_i \qquad\qquad (9\text{-}10)$$

所以同相比例运算电路的闭环电压放大倍数为

$$A_{uf} = \frac{u_o}{u_i} = 1 + \frac{R_f}{R_1} \qquad\qquad (9\text{-}11)$$

可见 u_o 与 u_i 的比例关系与集成运算放大器的参数无关，即 A_{uf} 只与 R_f 与 R_1 的比值有关，且 u_o 与 u_i 同相，$|A_{uf}| > 1$。若 $R_f = 0$ 或 $R_1 = \infty$ 时，$A_{uf} = 1$。

此时，$u_o = u_i$，即 u_o 跟随 u_i 同步变化，该电路称为电压跟随器，如图 9-8 所示。电压跟随器的输入电阻大、输出电阻小，其跟随特性比射极跟随器更好。

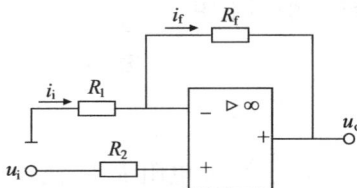

图 9-7 同相比例运算电路　　　　**图 9-8 电压跟随器**

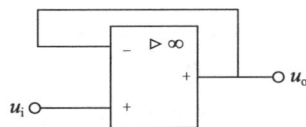

9.2.2　加法运算电路

（1）反相加法运算电路

反相加法运算电路如图 9-9 所示，和反相比例运算电路相比，它在反相输入端有多个输入信号。

根据"虚断" $i_- = 0$，有 $i_{i1} + i_{i2} = i_f$，即

$$\frac{u_{i1} - u_-}{R_{11}} + \frac{u_{i2} - u_-}{R_{12}} = \frac{u_- - u_o}{R_f} \tag{9-12}$$

又根据"虚短" $u_- = u_+$ 和"虚断" $i_+ = 0$，有 $u_- = u_+ = 0$，代入式（9-12）可以求出

$$u_o = -\left(\frac{R_f}{R_{11}} u_{i1} + \frac{R_f}{R_{12}} u_{i2}\right) \tag{9-13}$$

式（9-13）表明，输出电压 u_o 与输入电压 u_{i1} 和 u_{i2} 按照不同的比例系数相加，负号表示 u_o 与输入电压（u_{i1} 和 u_{i2}）反相，所以称为反相加法运算电路。当 $R_{11} = R_{12} = R_f$ 时，有 $u_o = -(u_{i1} + u_{i2})$。平衡电阻 $R_2 = R_{11} // R_{12} // R_f$。

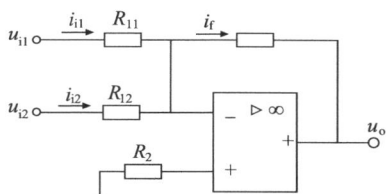

图 9-9　反相加法运算电路　　　　图 9-10　同相加法运算电路

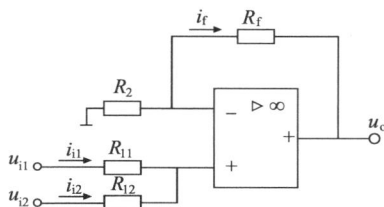

（2）同相加法运算电路

同相加法运算电路如图 9-10 所示，和同相比例运算电路相比，它在同相输入端有多个输入信号。

本电路可以利用同相比例运算电路中式（9-9）的结果，有

$$u_o = \left(1 + \frac{R_f}{R_1}\right) u_+ \tag{9-14}$$

下面计算 u_+ 和输入电压 u_{i1} 和 u_{i2} 的关系。

根据"虚断" $i_+ = 0$ 和基尔霍夫电流定律，有 $i_{i1} + i_{i2} = 0$，即

$$\frac{u_{i1} - u_+}{R_{21}} + \frac{u_{i2} - u_+}{R_{22}} = 0 \tag{9-15}$$

整理式（9-15）可得

$$u_+ = \frac{R_{22}}{R_{21} + R_{22}} u_{i1} + \frac{R_{21}}{R_{21} + R_{22}} u_{i2} \tag{9-16}$$

将式（9-16）代入式（9-14）可得

$$u_o = \left(1 + \frac{R_f}{R_1}\right)\left(\frac{R_{22}}{R_{21} + R_{22}} u_{i1} + \frac{R_{21}}{R_{21} + R_{22}} u_{i2}\right) \tag{9-17}$$

式（9-17）说明，输出电压 u_o 与输入电压 u_{i1} 和 u_{i2} 按照不同的比例系数相加，并且输出

电压与输入电压同相，所以称为同相比例运算电路。若 $R_f = R_1$ 且 $R_{21} = R_{22}$，有 $u_o = u_{i1} + u_{i2}$。

【例 9-1】一个测量系统的输出电压和某些非电量（经传感器变换为电量）的关系为 $u_o = -(2u_{i1} + u_{i2} + 0.25u_{i3})$，试求各输入电路的电阻和平衡电阻 R_2。设 $R_f = 50\text{k}\Omega$。

解： 由式（9-13）可得

$$R_{11} = \frac{R_f}{2} = \frac{50 \times 10^3}{2} = 25 \times 10^3 \Omega = 25\text{k}\Omega$$

$$R_{12} = \frac{R_f}{1} = \frac{50 \times 10^3}{1} = 50 \times 10^3 \Omega = 50\text{k}\Omega$$

$$R_{13} = \frac{R_f}{0.25} = \frac{50 \times 10^3}{0.25} = 200 \times 10^3 \Omega = 200\text{k}\Omega$$

平衡电阻

$$R_2 = R_{11} /\!/ R_{12} /\!/ R_{13} /\!/ R_f \approx 13.3\text{k}\Omega$$

9.2.3 减法运算电路

减法运算电路如图 9-11 所示，反相和同相输入端都有输入信号，即可实现减法运算。

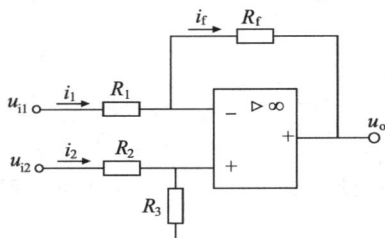

图 9-11 减法运算电路

减法运算电路可以用叠加定理进行分析。

首先，令 $u_{i1} = 0$，电路变为同相比例运算电路，电路形式和图 9-7 相似，区别在于输入信号 u_{i2} 在同相输入端存在分压。由式（9-9）可得

$$u'_o = \left(1 + \frac{R_f}{R_1}\right) u_+ \tag{9-18}$$

根据虚断 $i_+ = 0$，R_2 和 R_3 之间是串联关系，u_+ 为

$$u_+ = \frac{R_3}{R_2 + R_3} u_{i2} \tag{9-19}$$

代入式（9-18）得

$$u'_o = \left(1 + \frac{R_f}{R_1}\right) \frac{R_3}{R_2 + R_3} u_{i2} \tag{9-20}$$

其次，令 $u_{i2} = 0$，电路变为反相比例运算电路，电路形式和图 9-6 相似，区别在于平衡电阻为 R_2 和 R_3 并联。根据式（9-6），有

$$u''_o = -\frac{R_f}{R_1} u_{i1} \tag{9-21}$$

将式(9-18)和(9-21)相叠加，可得出

$$u_o = \left(1 + \frac{R_f}{R_1}\right)\frac{R_3}{R_2 + R_3}u_{i2} - \frac{R_f}{R_1}u_{i1} \tag{9-22}$$

当 $R_2 = R_1$ 和 $R_3 = R_f$ 时，式(9-22)可写为

$$u_o = \frac{R_f}{R_1}(u_{i2} - u_{i1}) \tag{9-23}$$

可见，输出电压 u_o 与两个输入电压 u_{i1} 和 u_{i2} 的差值是正比例关系，所以称为减法运算电路。若 $R_1 = R_2 = R_3 = R_f$，则有 $u_o = u_{i2} - u_{i1}$。

【例 9-2】图 9-12 所示的是两级运算电路，试求 u_o。

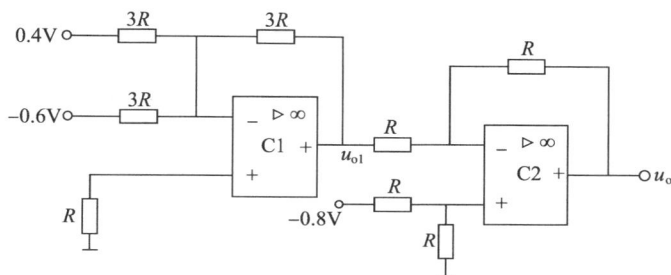

图 9-12

解： 运算放大器 C1 构成反相加法运算，所以由式(9-13)可得

$$u_{o1} = -(0.4 - 0.6) = 0.2\text{V}$$

运算放大器 C2 构成减法运算，所以由式(9-22)可得

$$u_o = -0.8 - 0.2 = -1\text{V}$$

9.2.4　积分电路和微分电路

(1)积分电路

积分电路是指输出电压与输入电压成积分关系的电路，如图 9-13 所示。在该电路中，用电容 C_F 代替了反相比例运算电路中的 R_f 作为反馈元件。

根据"虚断" $i_- = 0$，有 $i_1 = i_f$。根据电容的电流电压关系 $i = C\dfrac{\mathrm{d}u}{\mathrm{d}t}$，有

$$\frac{u_i - u_-}{R_1} = C_F\frac{\mathrm{d}(u_- - u_o)}{\mathrm{d}t} \tag{9-24}$$

根据"虚地"，$u_- = u_+ = 0$，有

$$\frac{u_i}{R_1} = -C_F\frac{\mathrm{d}u_o}{\mathrm{d}t}$$

整理之后，得到

$$u_o = -\frac{1}{R_1 C_F}\int u_i \mathrm{d}t \tag{9-25}$$

式(9-25)表明，输出电压 u_o 和输入电压 u_i 对时间的积分成正比，$R_1 C_F$ 称为积分时间

常数。

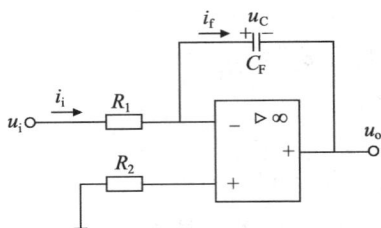

图 9-13 积分运算电路

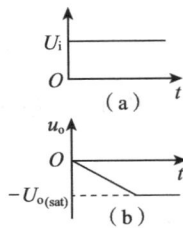

图 9-14 积分电路的阶跃响应

当输入电压 u_i 为阶跃信号时，如图 9-14(a)所示，则有

$$u_o = -\frac{U_i}{R_1 C_F}t \tag{9-26}$$

其波形如图 9-14(b)所示，输出电压 u_o 随时间 t 负向线性增加，最后达到负饱和值 $-U_{o(sat)}$。

(2) 微分电路

微分电路如图 9-15 所示，它将反相比例运算电路中的电阻 R_1 替换成电容 C。

根据"虚断" $i_- = 0$，有 $i_1 = i_f$。则

$$C\frac{d(u_i - u_-)}{dt} = \frac{u_- - u_o}{R_f} \tag{9-27}$$

根据"虚地"，$u_- = u_+ = 0$，代入式(9-27)，并整理后得到

$$u_o = -R_f C \frac{du_i}{dt} \tag{9-28}$$

即输出电压 u_o 与输入电压 u_i 对时间 t 的一次微分成正比。当 u_i 为阶跃电压信号时，u_o 为尖脉冲电压，如图 9-16 所示。

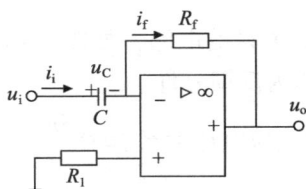

图 9-15 微分运算电路

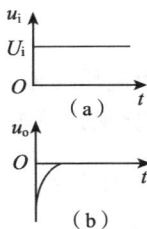

图 9-16 微分电路的阶跃响应

由式(9-28)可知，u_o 与 u_i 的变化率成比例，因此电路对输入信号的变化十分敏感，尤其是对高频干扰信号，电路的抗干扰性能较差。在实际使用时，需要采取措施增强电路抗干扰的能力。

练习与思考

1. 集成运放如何才能工作在线性区？
2. 如图 9-6 所示的反相比例运算电路，为实现 -5 的比例系数，取 $R_f = 5\Omega$，$R_1 = 1\Omega$，

你认为可以吗？为什么？由此说明选择电阻时需要注意什么？

3. 什么是"虚地"？在本节所讲的几种基本运算电路中，哪些存在虚地？

4. 在图 9-13 积分电路和图 9-15 微分电路中，若输入电压信号 u_i 是周期性正、负交变的矩形波信号，尝试画出输出电压信号 u_o 的波形图。

9.3　有源滤波器

有源滤波器是集成运放工作在线性区的另一类重要应用。滤波器（filter）是一种选频电路，能够选出有用的信号，滤除无用的信号。也就是说，滤波器允许在一定频率范围内的信号顺利通过，衰减很小，而在此频率范围以外的信号受到抑制，衰减很大。根据频率范围的不同，滤波器可分为低通滤波器（low pass filter，LPF）、高通滤波器（high pass filter，HPF）、带通滤波器（band pass filter，BPF）和带阻滤波器（band elimination filter，BEF）四种。图 9-17 展示了这四种滤波器的理想幅频特性。

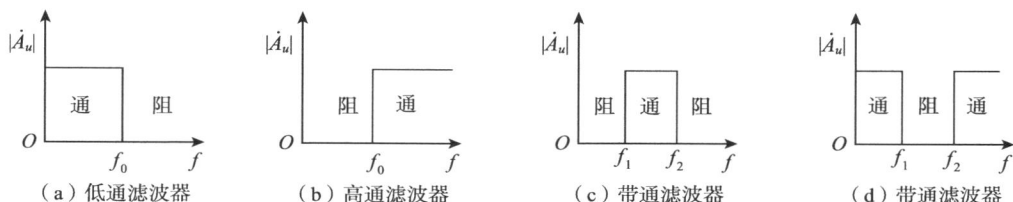

图 9-17　四种滤波器的理想幅频特性

如果滤波器仅由 RC 电路组成，称为无源滤波器。而如果滤波器由 RC 电路和运算放大器构成，由于运算放大器是有源器件，故这种滤波器称为有源滤波器。本书将重点介绍有源低通滤波器和有源高通滤波器。

9.3.1　有源低通滤波器

有源低通滤波器的电路如图 9-18（a）所示，可以看成是由一个 RC 无源低通滤波器和一个同相比例运算电路构成。设输入电压信号 u_i 为某一频率的正弦量，根据"虚短"和"虚断"的概念，有下列相量关系

$$\dot{U}_o = \left(1 + \frac{R_f}{R_1}\right)\dot{U}_- = \left(1 + \frac{R_f}{R_1}\right)\dot{U}_+$$

$$\dot{U}_+ = \dot{U}_C = \frac{\dfrac{1}{j\omega C}}{R + \dfrac{1}{j\omega C}} \cdot \dot{U}_i = \frac{\dot{U}_i}{1 + j\omega RC}$$

整理得到 $\dot{U}_o$ 与 $\dot{U}_i$ 的关系为

$$\dot{U}_o = \frac{1 + \dfrac{R_f}{R_1}}{1 + j\omega RC}\dot{U}_i$$

故电压放大倍数与频率的关系为

$$\dot{A}_{uf}(f) = \frac{\dot{U}_o}{\dot{U}_i} = \frac{1 + \dfrac{R_f}{R_1}}{1 + j\omega RC} = \frac{A_{uf0}}{1 + j\dfrac{f}{f_0}}$$

式中，$A_{uf0} = 1 + \dfrac{R_f}{R_1}$ 称为通频带电压放大倍数，$f_0 = \dfrac{1}{2\pi RC}$ 称为通带截止频率。

$\dot{A}_{uf}(f)$ 的模为

$$|\dot{A}_{uf}| = \frac{A_{uf0}}{\sqrt{1 + \left(\dfrac{f}{f_0}\right)^2}} \tag{9-29}$$

由式(9-29)求得几个特殊频率上的电压放大倍数为

$$|\dot{A}_{uf}| = \begin{cases} A_{uf0} & (f = 0) \\ \dfrac{A_{uf0}}{\sqrt{2}} & (f = f_0) \\ 0 & (f = \infty) \end{cases} \tag{9-30}$$

由式(9-30)可绘制出有源低通滤波器的幅频特性，如图9-18(b)所示。

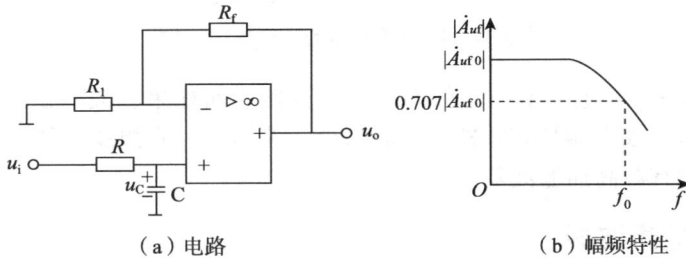

（a）电路　　　　　　　　（b）幅频特性

图 9-18　有源低通滤波器

9.3.2　有源高通滤波器

有源高通滤波器的电路如图9-19(a)所示，可以看成是由一个 RC 无源高通滤波器和一个同相比例运算电路构成。同样地，根据"虚短"和"虚断"可以得到

$$\dot{U}_o = \left(1 + \frac{R_f}{R_1}\right)\dot{U}_- = \left(1 + \frac{R_f}{R_1}\right)\dot{U}_+$$

$$\dot{U}_+ = \dot{U}_R = \frac{R}{R + \dfrac{1}{j\omega C}} \cdot \dot{U}_i = \frac{\dot{U}_i}{1 + \dfrac{1}{j\omega RC}}$$

整理得 $\dot{U}_o$ 与 $\dot{U}_i$ 的关系为

$$\dot{U}_o = \frac{1+\dfrac{R_f}{R_1}}{1+j\omega RC}\dot{U}_i$$

故电压放大倍数与频率的关系为

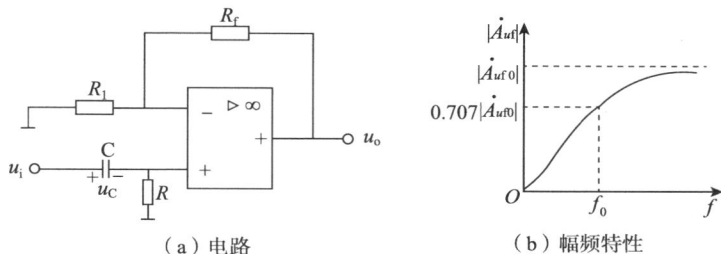

（a）电路　　　　　　　（b）幅频特性

图 9-19　有源高通滤波器

$$\dot{A}_{uf}(f) = \frac{\dot{U}_o}{\dot{U}_i} = \frac{1+\dfrac{R_f}{R_1}}{1+\dfrac{1}{j\omega RC}} = \frac{A_{uf0}}{1-j\dfrac{f_0}{f}}$$

同样地，$A_{uf0}=1+\dfrac{R_f}{R_1}$ 为通频带电压放大倍数，$f_0=\dfrac{1}{2\pi RC}$ 为通带截止频率。

$\dot{A}_{uf}(f)$ 的模为

$$|\dot{A}_{uf}| = \frac{A_{uf0}}{\sqrt{1+\left(\dfrac{f_0}{f}\right)^2}} \tag{9-31}$$

由式（9-31）求得几个特殊频率上的电压放大倍数为

$$|\dot{A}_{uf}| = \begin{cases} 0 & (f=0) \\[2mm] \dfrac{A_{uf0}}{\sqrt{2}} & (f=f_0) \\[2mm] A_{uf0} & (f=\infty) \end{cases} \tag{9-32}$$

由式（9-32）可绘制出有源高通滤波器的幅频特性，如图 9-19（b）所示。

练习与思考

1. 试说明有源低通滤波器和有源高通滤波器电路的特点，以及它们电压传输特性有何不同？

2. 如何利用低通滤波器和高通滤波器构造出带通滤波器和带阻滤波器？

3. 在图 9-19 的高通滤波器中，$R=41\text{k}\Omega$，$R_1=50\text{k}\Omega$，$R_f=75\text{k}\Omega$，$C=0.01\mu\text{F}$。试求电路的电压放大倍数。

9.4 电压比较器

电压比较器是集成运放工作在饱和区的一类重要应用。当工作在饱和区时，集成运放不引入反馈(没有反馈回路)或引入正反馈(反馈回路接在同相输入端)。电压比较器广泛应用于自动控制、测量、波形变换及模/数转换等场合。

9.4.1 单门限比较器

图 9-20(a) 所示的电路是一个单门限电压比较器，用来比较输入电压和参考电压的大小。设 U_R 为参考电压，u_i 为输入电压。运算放大器工作于开环状态，根据其在饱和区的特点，当 $u_i < U_R$ 时，$u_o = +U_{O(sat)}$；当 $u_i > U_R$ 时，$u_o = -U_{O(sat)}$。

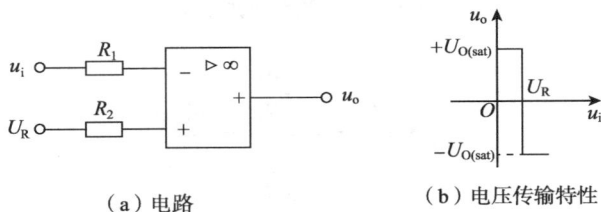

(a) 电路　　　　　　(b) 电压传输特性

图 9-20　电压比较器

图 9-20(b) 所示为电压比较器的传输特性。可见，在输入端进行模拟信号大小的比较，在输出端以高电平或低电平(即数字信号 1 或 0)来反映比较结果。

由此可见，在输入电压 u_i 经过 U_R 时，输出电压 u_o 发生跳变。U_R 也称为门限电压，由于跳变的门限电压只有一个，所以称为单门限电压比较器。

如果门限电压 $U_R = 0$，这种比较器称为过零比较器。

【例 9-3】 电路如图 9-21(a) 所示，设输入信号 $u_i = 5\cos\omega t\text{V}$、$U_{O(sat)} = 6\text{V}$、$U_R = -2.5\text{V}$，试分析输出电压 u_o 的波形。若改变参考电压 U_R，则输出电压 u_o 会怎样变化？

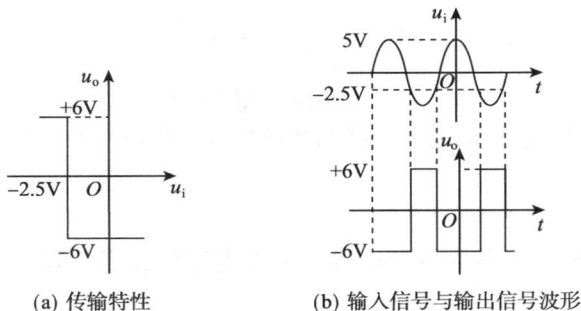

(a) 传输特性　　　　　　(b) 输入信号与输出信号波形

图 9-21

解： 该电路为单门限比较器，当 $u_i < -2.5\text{V}$ 时，$u_o = +U_{O(sat)} = +6\text{V}$；当 $u_i > -2.5\text{V}$ 时，$u_o = -U_{O(sat)} = -6\text{V}$。

根据图 9-20(b) 所示的单门限比较器的电压传输特性，可绘制出图 9-21(a) 的电压传输特性，并可绘制出图 9-21(b)的输入信号与输出信号的波形图。

从图 9-21(b)所示的波形图可以看出，当参考电压 U_R 增大时，输出电压 u_o 的正半周期宽度增加；反之，u_o 的正半周期宽度减少。由此可见，单门限比较器可以实现波形转换，可以将正弦波变换为矩形波。矩形波正半周期时间与矩形波周期之比称为占空比。当 $U_R=0$ 时，占空比等于 0.5。

9.4.2　滞回比较器

单限比较器结构简单，但抗干扰能力比较差。若输入信号受到干扰可能造成 u_i 在门限电压数值附近反复波动，将会引起比较器的输出不断跳变。若要提高电压比较器的抗干扰能力，可以采用滞回比较器。如图 9-22(a)所示，电路引入电阻 R_f 接成正反馈形式，运算放大器工作在饱和区。

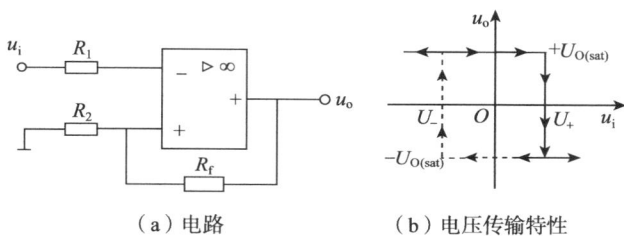

（a）电路　　　　　　（b）电压传输特性

图 9-22　滞回比较器

输入电压 u_i 由大变小或由小变大时，滞回比较器存在两种不同的门限电压：
当输出电压 $u_o=+U_{O(sat)}$ 时，

$$u_+=U'=\frac{R_2}{R_2+R_f}U_{O(sat)}$$

U' 称为上门限电压。
当输出电压 $u_o=-U_{O(sat)}$ 时，

$$u_+=U''=-\frac{R_2}{R_2+R_f}U_{O(sat)}$$

U'' 称为下门限电压。

设输入电压 $u_i<U'$，即 $u_-<u_+$，$u_o=+U_{O(sat)}$。先增大 u_i，只有当 u_i 大于上门限电压 U' 时，输出电压 u_o 才发生跳变，从 $+U_{O(sat)}$ 转变为 $-U_{O(sat)}$；再减小 u_i，只有当 u_i 小于下门限电压 U'' 时，输出电压 u_o 发生跳变，从 $-U_{O(sat)}$ 转变为 $+U_{O(sat)}$。因此，滞回比较器的电压传输特性如图 9-22(b)所示。

上述两个门限电压之差 $\Delta U=U'-U''$ 称为回差，即

$$\Delta U=U'-U''=\frac{2R_2}{R_2+R_f}U_{O(sat)}$$

与单门限比较器相比，滞回比较器的抗干扰能力更强，输出电压 u_o 一旦跳变为 $+U_{O(sat)}$ 或 $-U_{O(sat)}$ 后，参考电压 U_+ 随即自动跳变，输出电压 u_i 必须有较大反向变化时才能使 u_o 跳变。

练习与思考

1. 电压比较器的参考电压 U_R 接在运算放大器同相输入端和反相输入端，其电压传输特性有何不同？

2. 滞回比较器有什么特点？

习 题

一、选择题

1. 集成运算放大器的内部是( )。

A. 直接耦合多级放大电路

B. 阻容耦合多级放大电路

C. 变压器耦合多级放大电路

2. 集成运算放大器输出级的主要特点是( )。

A. 电压放大倍数非常高   B. 能抑制零点漂移

C. 输出电阻低，带负载能力强   D. 静态电流小

3. 用内阻为 $10M\Omega$ 的万用表直接测量一个直流信号源，再通过一个理想的电压跟随器测量，发现电压增加 10%，则该信号源的内阻为( )。

A. $900k\Omega$ B. $1M\Omega$ C. $1.1M\Omega$

4. 在习题图 9-1 所示的电路中，若 $R=45\Omega$，$R_f=45\Omega$，$R_1=15\Omega$，则闭环电压放大倍数为( )。

A. 1.5   B. -2   C. -0.5   D. -3

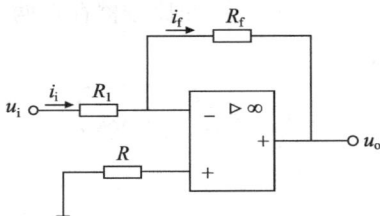

习题图 9-1

5. 在习题图 9-2 所示的电路中，输出电压 u_o 为( )。

A. u_i B. $-2u_i$ C. $-u_i$ D. $0.5u_i$

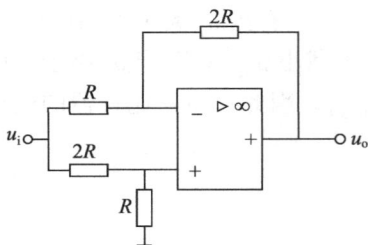

习题图 9-2

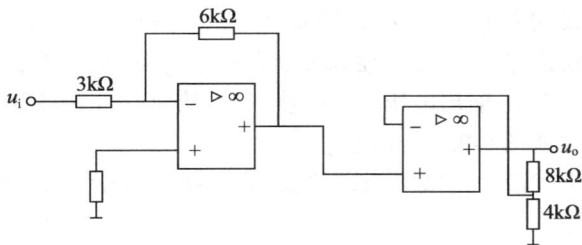

习题图 9-3

6. 在习题图 9-3 所示的电路中，若输入电压 $u_i = 1V$，则输出电压 u_o 为(   )。

A. 6V   B. 4V   C. −4V   D. −6V

7. 电路如习题图 9-4 所示，已知 $u_i = 1V$，当电位器的滑动端从 A 点移到 B 点时，输出电压 u_o 的变化范围为(   )。

A. −1 ~ +1V   B. +1 ~ 0V   C. −1 ~ 0V   D. +1 ~ −1V

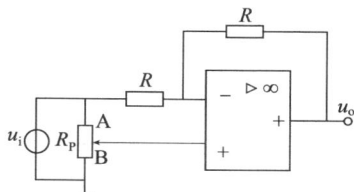

习题图 9-4

8. 与电压比较器相比，滞回比较器的主要特点是(   )。

A. 当输入电压逐渐增大或者减小时，有两个相等的阈值

B. 抗干扰能力强

C. 输出电压必须有较大的正向变化时才能使输出电压跳变

9. 电路如习题图 9-5 所示，输入电压 $u_i = 10\sin\omega t$（mV），则输出电压 u_o 为(   )。

A. 正弦波   B. 方波   C. 三角波

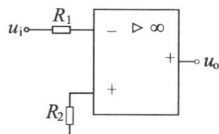

习题图 9-5

10. 某报警装置电路如习题图 9-6(a) 所示，U_R 为参考信号，u_i 为监控信号，其波形如习题图 9-6(b) 所示。从波形图判断报警指示灯 HL 亮的时间为(   )。

A. $t1, t3$ B. $t2, t4, t6$ C. $t1, t3, t5$

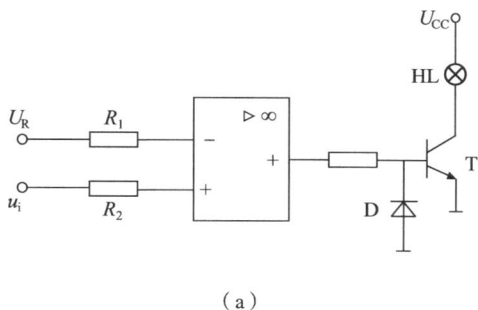

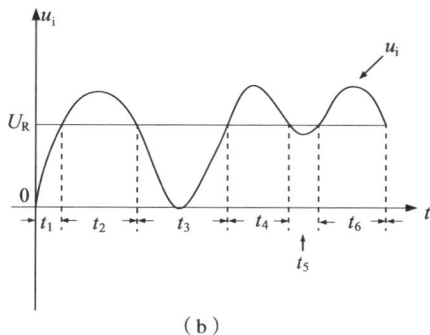

（a）   （b）

习题图 9-6

二、分析计算题

1. 写出习题图 9-7 各电路的输出电压，运算放大器是理想的，输入为直流信号。

习题图 9-7

2. 在习题图 9-8 所示的减法运算电路中，$R_1 = R_2 = 4\text{k}\Omega$，$R_F = R_3 = 20\text{k}\Omega$，$u_{i1} = 1.5\text{V}$，$u_{i2} = 1\text{V}$，试求输出电压 u_o。

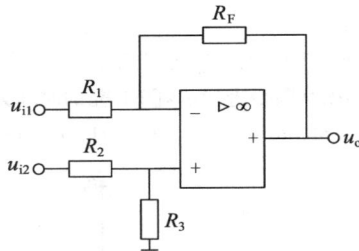

习题图 9-8

3. 已知习题图 9-9 所示的电路中，$u_{i1} = 2\text{V}$，$u_{i2} = 4\text{V}$，$u_{i3} = 6\text{V}$，$u_{i4} = 8\text{V}$，$R_1 = R_2 = 4\text{k}\Omega$，$R_3 = R_4 = R_F = 2\text{k}\Omega$。试计算输出电压 u_o。

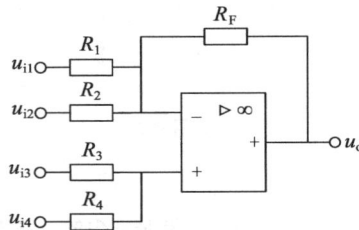

习题图 9-9

4. 求习题图 9-10 所示电路中，u_o 与各输入电压的运算关系式。

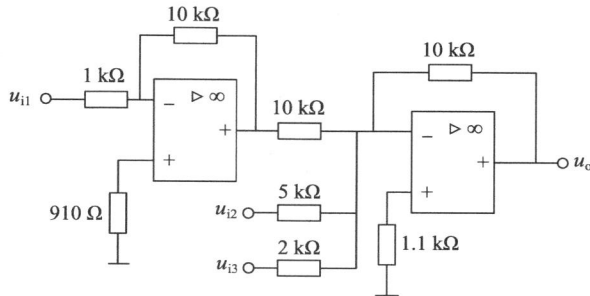

习题图 9-10

5. 已知习题图 9-11 所示的电路中，$u_{i1} = 0.6V$，$u_{i2} = 0.8V$，$R_1 = R_{F2} = 50k\Omega$，$R_2 = R_{F1} = 100k\Omega$，$R_3 = 33 \ k\Omega$，求运放的输出电压 u_o。

习题图 9-11

6. 已知习题图 9-12 所示的电路中，$R_1 = R_2 = 10k\Omega$，$R = R_3 = R_F = 20k\Omega$，求运放的输出电压 u_o。

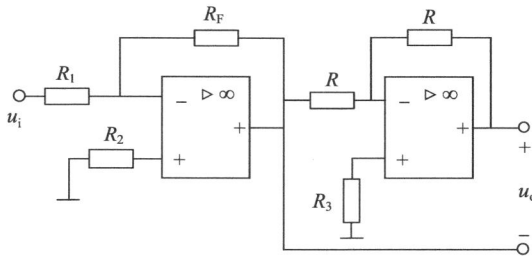

习题图 9-12

7. 如习题图 9-13 所示电路，求输出电压 u_o 与输入电压之间关系的表达式。

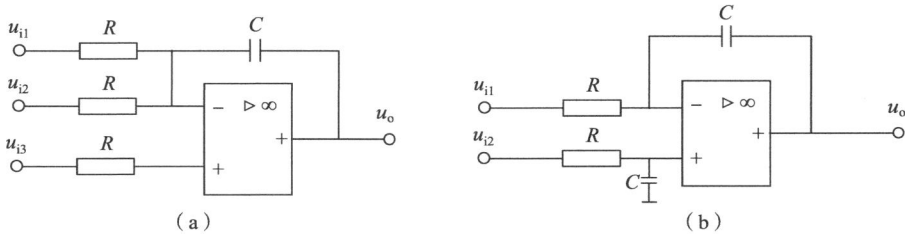

习题图 9-13

8. 试求习题图 9-14 所示电路中输出电压 u_o 与输入电压 u_i 的关系。

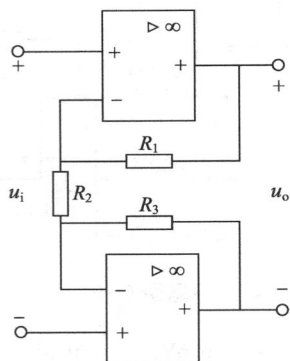

习题图 **9-14**

9. 已知习题图 9-15 所示的电路中，R_t 是 PT100 铂电阻温度传感器，对应 0 ~ 100°C 电阻在 100 ~ 138.45Ω 线性变化，该电路对应 0~100°C 线性输出 0~5V 电压。计算 R_1、R_2。

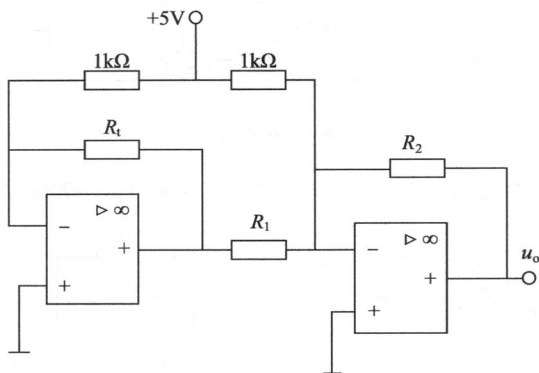

习题图 **9-15**

10. 如习题图 9-16 所示电路，试求：(1) $\dot{U}_o$ 与 $\dot{U}_i$ 的关系；(2) 电压放大倍数与频率的关系；(3) 通频带电压放大倍数；(4) 绘制电路的幅频特性。

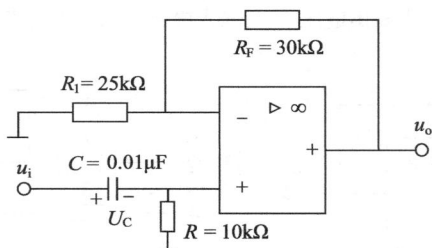

习题图 **9-16**

11. 如习题图 9-17 所示的电压比较器电路，设输入信号 $u_i = 5\sin\omega t\,V$、$U_{o(sat)} = 6V$、$U_R = -2.5V$，试分析输出电压 u_o 的波形。试求：(1) 若改变参考电压 U_R，则输出电压 u_o 会怎样变化；(2) 试求电压传输特性；(3) 绘制输入信号与输出信号的波形图。

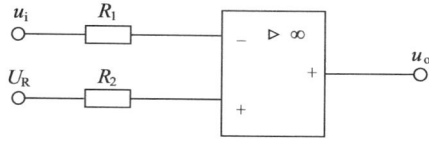

习题图 9-17

12. 在习题图 9-18 所示的电路中，求以下两种情况下的 u_{o1} 和 u_{o2}。（1）$u_{i1} = 0.1V$，$u_{i2} = -0.2V$；（2）$u_{i1} = -0.1V$，$u_{i2} = 0.2V$。

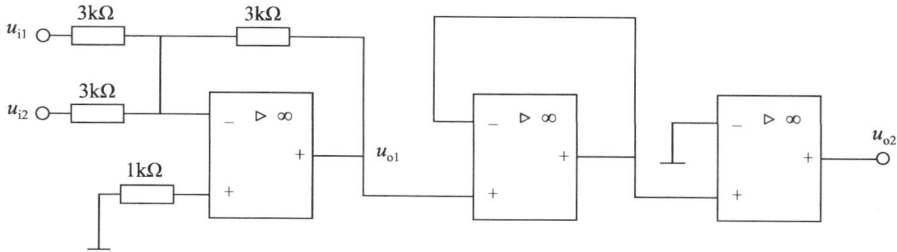

习题图 9-18

第 10 章　直流稳压电源

本章介绍直流稳压电源电路各组成部分的工作原理，主要进行单相半波与全波整流电路、电容与电感滤波电路和稳压电路等环节的电路形式和工作过程的分析和研究。

10.1　直流稳压电源组成

直流稳压电源是一种能量转换装置，将交流能量转换为直流能量，为电子设备提供稳定的直流电源，广泛应用于国防、科研、工矿企业、电解、电镀等领域。一般小功率直流稳压电源通常由电源变压器、整流电路、滤波电路、稳压电路四个部分组成，如图 10-1 所示。

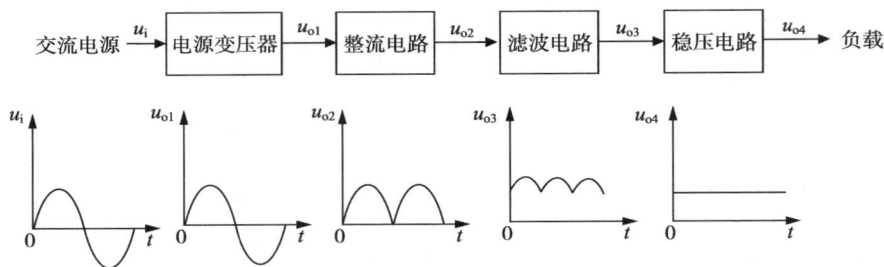

图 10-1　直流稳压电源组成

①电源变压器。将交流电源电压变换为符合整流需要的交流电压。

②整流电路。利用具有单向导电性的半导体器件将交流电变换为单向脉动的直流电。

③滤波电路。利用储能元件将整流所得的脉动直流电中的交流成分滤除。

④稳压电路。将滤波后的直流电压进一步稳定，使之不随电网电压和负载的变化而变化。

🧠 **练习与思考**

1. 直流电源的生成有哪些途径？
2. 直流稳压电源由哪些部分组成？

10. 2　整流电路

10. 2. 1　半波整流电路

单相半波整流电路是最简单的整流电路，如图 10-2 所示。电路中 T_r 为电源变压器，D 为整流核心元件二极管，R_L 为负载电阻。

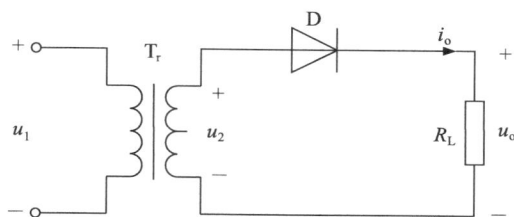

图 10-2　单相半波整流电路

设定变压器二次侧电压 $u_2 = \sqrt{2}\,U_2 \sin\omega t$，由于二极管具有单向导电性，当 u_2 在正半周时，即二次侧电位上正下负，D 承受正向电压导通，R_L 上的电压为 u_o、电流为 i_o。当 u_2 在负半周时，即二次侧电位上负下正，D 承受反向电压截止，R_L 上电压与电流为零。D 导通时忽略管压降，则 u_o 与 u_2 的半个波形形同，如图 10-3 所示。

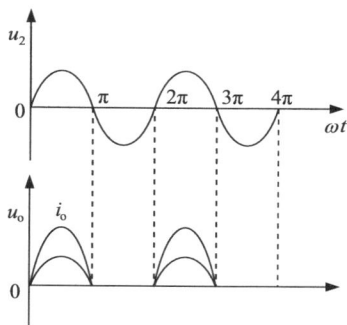

图 10-3　单相半波整流电路的电压与电流波形

负载上所得电压方向一定，但其大小在变化，是脉动的直流电压。其平均值为

$$U_o = \frac{1}{2\pi}\int_0^{2\pi}\sqrt{2}\,U_2\sin\omega t\,\mathrm{d}(\omega t) = 0.45U_2 \tag{10-1}$$

式(10-1)反映了单相半波整流电压平均值与电源变压器二次侧交流电压有效值的关系，由此可以得出整流电流的平均值为

$$I_o = \frac{U_o}{R_L} = 0.45\frac{U_2}{R_L} \tag{10-2}$$

二极管导通时的电流与负载电流相同，为

$$I_D = I_o \tag{10-3}$$

二极管截止时的承受的最高反向电压为电源变压器二次侧交流电压的最大值，即

$$U_{RM} = \sqrt{2}\,U_2 \tag{10-4}$$

半波整流电路结构简单，元件少，但只利用了交流电源的半个周期，整流电源脉动大且输出电压低，通常很少采用。

10.2.2 全波整流电路

全波整流电路如图 10-4 所示，电源变压器二次绕组有中心抽头，二极管 D_1、D_2 交替工作于电源正负半周，实现了全波整流变换。

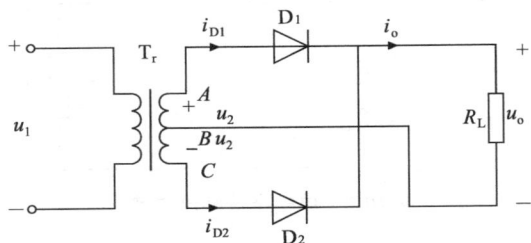

图 10-4 单相全波整流电路

在变压器二次侧电压 u_2 正半周时，由于变压器有中心抽头，A 点电位最高，B 点居中，C 点最低，D_1 承受正向电压导通，D_2 承受反向电压截止，电流 i_{D1} 从 A 点出发，流经 D_1 和 R_L 至 B 点形成回路，方向由上至下，忽略管压降，u_o 与 u_2 相等；在负半周时，C 点电位最高，B 点居中，A 点最低，D_2 承受正向电压导通，D_1 承受反向电压截止，电流 i_{D2} 从 C 点出发，流经 D_2 和 R_L 至 B 点形成回路，方向由上至下，忽略管压降，u_o 与 $-u_2$ 相等。R_L 上在电源正负半周都有同向的电流通过，形成了脉动直流电流，波形如图 10-5 所示。

图 10-5 单相全波整流电路的电压与电流波形

单相全波整流负载上的脉动直流电压平均值为

$$U_o = \frac{1}{\pi}\int_0^{2\pi}\sqrt{2}\,U_2\sin\omega t\,\mathrm{d}(\omega t) = 0.9U_2 \tag{10-5}$$

整流电流的平均值为

$$I_o = \frac{U_o}{R_L} = 0.9\frac{U_2}{R_L} \tag{10-6}$$

此时，二极管只导通了电源半个周期，其电流平均值为

$$I_D = \frac{1}{2}I_o \tag{10-7}$$

二极管截止时的承受的最高反向电压为电源变压器二次侧交流电压 u_2 最大值的两倍，即

$$U_{RM} = 2\sqrt{2}\,U_2 \tag{10-8}$$

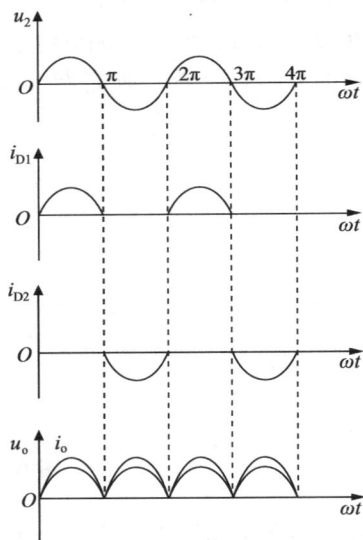

全波整流电路使用的整流器件较半波整流时多了一倍，整流电压脉动较小，变压器的利用率比半波整流时高，但变压器二次绕组需中心抽头，体积大、笨重，整流器件所承受的反向电压较高，电路的利用率低，适用于大功率输出场合。

10.2.3 桥式整流电路

单相桥式整流电路由四个二极管构成电桥形式实现全波整流，电路如图 10-6 所示。

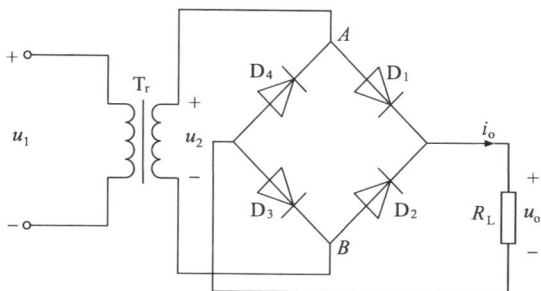

图 10-6 单相桥式整流电路

当 u_2 为正半周时，A 点电位最高，B 点电位最低，D_1 和 D_3 因承受正向电压而导通，而 D_2、D_4 因承受反向电压而截止，导通电流从 A 点 →D_1→R_L→D_3→B 点，在 R_L 上电流的方向由上至下；当 u_2 为负半周时，A 点电位最低，B 点电位最高，D_2、D_4 导通，D_1、D_3 截止，导通电流从 B 点 →D_2→R_L→D_4→A 点，在 R_L 上电流的方向依然由上至下。可见，在 u_2 的一个周期内 D_1、D_3 和 D_2、D_4 交替导通，在 R_L 上得到同全波整流一样的脉动直流电压和电流，波形如图 10-7 所示。

忽略二极管正向导通压降，单相桥式整流负载上的脉动直流电压平均值为

$$U_o = \frac{1}{\pi}\int_0^{2\pi}\sqrt{2}U_2\sin\omega t\,\mathrm{d}(\omega t) = 0.9U_2 \quad (10\text{-}9)$$

整流电流的平均值为

$$I_o = \frac{U_o}{R_L} = 0.9\frac{U_2}{R_L} \quad (10\text{-}10)$$

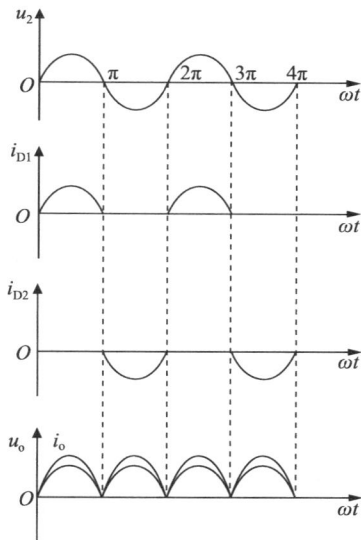

图 10-7 单相桥式整流电路的电压与电流波形

同样，二极管只导通了电源半个周期，其电流平均值为

$$I_D = \frac{1}{2}I_o \quad (10\text{-}11)$$

二极管截止时的承受的最高反向电压为电源变压器二次侧交流电压 u_2 的最大值，即

$$U_{RM} = \sqrt{2}U_2 \quad (10\text{-}12)$$

桥式整流电路具有变压器利用率高、平均直流电压高、整流元件承受的反压较低等优点，应用广泛。

🧠 **练习与思考**

1. 桥式整流电路为何能将交流电变为直流电？
2. 整流电路所得到的直流电能否直接用作放大器的直流电源？
3. 如果将图 10-6 中一个二极管断开，电路会发生什么变化？
4. 单相半波与全波整流电路中的二极管参数有何异同？

10.3 滤波电路

整流电路把交流电转换为直流电，但是所得到的电压或电流是单向脉动的，对于如电镀、蓄电池充电等设备这种脉动是允许的，但是大多数电子设备要求脉动要小，因此整流电路中都要加接滤波电路，以改善输出直流电的脉动程度。

10.3.1 电容滤波电路

在整流电路中的 R_L 两端并联一个电容(一般为大容量电解电容)，就构成了电容滤波电路，如图 10-8 所示。

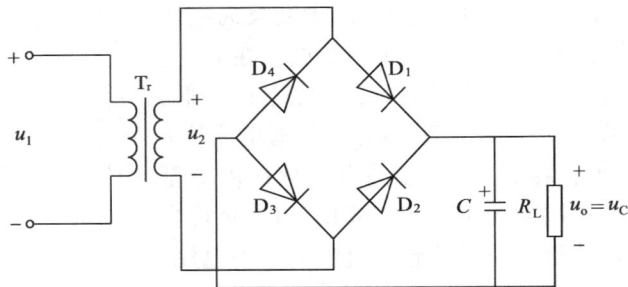

图 10-8 桥式整流电容滤波电路

在 u_2 的正半周，且 $u_2 > u_c$ 时，D_1、D_3 导通，电源一方面给负载供电，同时也对电容 C 充电。由于二极管正向电阻很小，充电很快，u_c 跟随 u_2 上升。当充到最大值 $\sqrt{2}\,U_2$ 后，u_2 和 u_c 都开始下降，u_2 按正弦规律下降，u_c 又不能突变，当 $u_2 < u_c$ 时，D_1、D_3 承受反向电压截止，C 将通过 R_L 放电。在 u_2 的负半周，情况类似，只有当 $|u_2| > u_c$ 时，D_2、D_4 才能导通，又开始对 C 充电，如此继续下去。经滤波后的波形如图 10-9 所示。

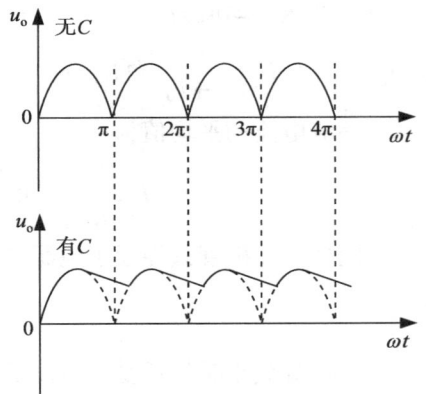

图 10-9 桥式整流电容滤波电路波形图

可见，接入电容 C 后减小了脉动程度，提高了输出直流电压。放电时间常数越大，脉动程度越小，一般要求

$$R_LC \geqslant (3 \sim 5)\frac{T}{2} \qquad (10\text{-}13)$$

式中，T 为交流电的周期。这时，$U_o \approx 1.2U_2$。

二极管截止时的承受的最高反向电压，无论有无电容滤波，都是 $\sqrt{2}U_2$。

电容滤波一般用于要求输出电压较高、负载电流较小且变化也较小的场合。

10.3.2　电感电容滤波电路

为进一步减小输出电压的脉动程度，在滤波电容之前串接一个电感线圈 L，就构成了电感电容滤波电路，如图 10-10 所示。电感是储能元件，当电流发生变化时，L 中的感应电动势将阻止其变化，使流过 L 中的电流不能突变，从而使输出电流与电压的脉动减小。

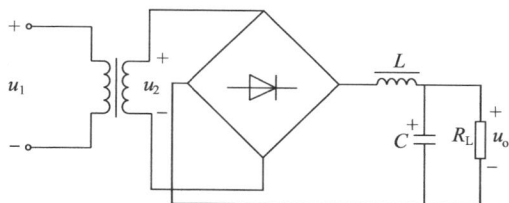

图 10-10　电感电容滤波电路

电感电容滤波电路适用于电流较大、要求输出电压脉动很小的场合，用于高频时更为适合。在电流较大、负载变动较大、并对输出电压的脉动程度要求不太高的场合下也可单独采用电感滤波电路。

10.3.3　π型滤波电路

当要求输出电压的脉动程度更小时，可以在 LC 滤波电路中再并联一个滤波电容 C，构成 π 型 LC 滤波电路，如图 10-11 所示。由于增加了滤波级数，可以得到更好的滤波效果。

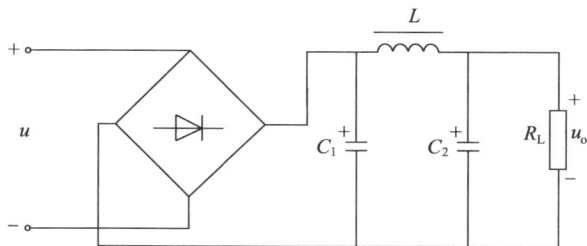

图 10-11　π型 LC 滤波电路

由于电感线圈的体积大、成本高，常用电阻代替，便构成了 π 型 RC 滤波电路，如图 10-12 所示。电阻具有降压作用，可使脉动电压的交流分量降落在电阻两端从而起到滤波作用。R 越大滤波效果越好，但同时也增加了直流分量在 R 上的压降，降低了输出电压。π 型 RC 滤波电路主要适用于负载电流较小而又要求输出电压脉动很小的场合。

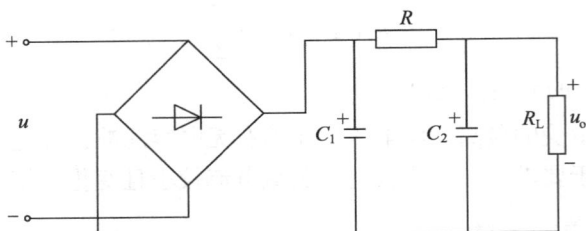

图 10-12　π 型 RC 滤波电路

🧠 练习与思考

1. 桥式整流电路接入电容滤波后，输出直流电压为什么会升高？
2. π 型滤波电路有哪些类型和特点？

10. 4　稳压电路

交流电网的电压是波动的，负载也会发生变化，这些将导致经过整流和滤波后的电压随之而变。电压的不稳定会引起测量和计算的误差，影响控制系统的稳定性，为此必须在整流滤波之后接入稳压电路。

10. 4. 1　稳压管稳压电路

图 10-13 所示是一种稳压管稳压电路，在桥式整流电路和电容滤波电路基础上增加了由限流电阻 R 和稳压管 D_Z 组成的稳压环节。

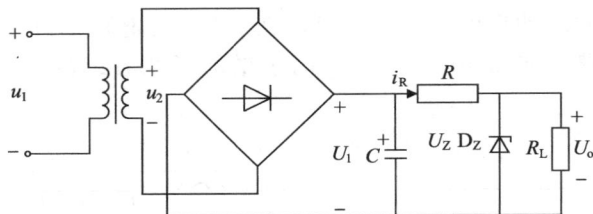

图 10-13　稳压管稳压电路

输入电压 U_I 是滤波后的直流电压，输出电压 U_O 是稳压管的稳定电压 U_Z，二者与限流电阻 R 上的电压关系为：

$$U_I = U_R + U_O = I_R R + U_Z \tag{10-14}$$

其中：

$$I_R = I_Z + I_O \tag{10-15}$$

下面分析由于电网电压波动以及负载变化情况下的稳压原理。

如果交流电网电压升高而使输入电压 U_I 增加时，输出电压 U_o 也随之增加，也即稳压二极管稳定电压 U_Z 增加。而 U_Z 稍有增加，稳压二极管的电流 I_Z 就显著增加，导致电阻 R 上的电压 U_R 增加，补偿 U_I 的增加，从而使输出电压 U_o 保持近似不变。如果交流电网电压降低，上述过程各个电量变化相反，同样使输出电压 U_o 保持近似不变。

如果负载电流 I_o 增大而使输出电压 U_o 降低时，也即稳压二极管稳定电压 U_Z 降低。而 U_Z 稍有降低，稳压二极管的电流 I_Z 就显著减小，导致电阻 R 上的电压 U_R 降低，从而使输出电压 U_o 保持近似不变。如果负载电流 I_o 减小，稳压过程相反，同样使输出电压 U_o 保持近似不变。

综上所述，稳压管稳压电路是将稳压管工作时的电流变化，转换为限流电阻的压降补偿来达到稳压的目的。

10.4.2　串联型稳压电路

(1) 电路构成

稳压管稳压电路结构简单，但输出电流小，输出电压不可调节，实际应用受到限制。串联型稳压电路利用晶体管的电流放大作用增大了输出电流，并且引入电压负反馈稳定了输出电压，同时通过改变电路参数实现了输出电压可调的功能，电路如图 10-14 所示。

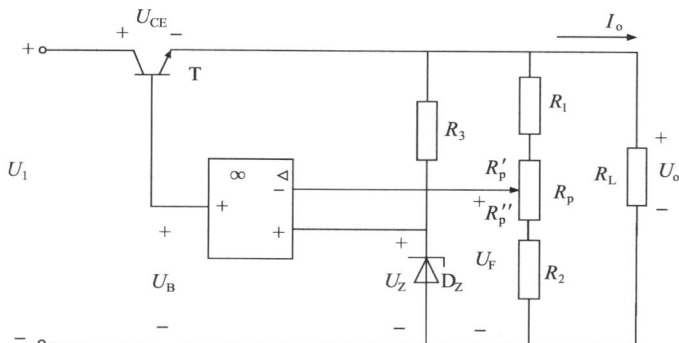

图 10-14　串联型稳压电路

图中电路由调整电路、基准电压电路、采样电路、比较放大电路四部分组成。

①调整电路。由功率管 T 组成，又称为调整管。其基极电压 U_B 为运算放大器的输出电压，由它来改变调整管的集电极电流 I_C 和管压降 U_{CE}，从而达到自动调整稳定输出电压的目的。为了有效起到电压调整作用，必须保证 T 工作于线性放大区。

②基准电压电路。由稳压二极管 D_Z 和限流电阻 R_3 组成，目的是提供一个稳定的基准电压 U_{REF}。

③采样电路。由电位器 R_1、R_2、R_p 组成的分压电路，是一个反馈网络，它将输出电压 U_o 的一部分送到运算放大器的反相输入端。

④比较放大电路。由集成运算放大器组成，其作用是将采样电压与基准电压进行比较，二者之差放大后去控制调整管 T。集成运算放大器处于负反馈系统中，工作在线性状态。

(2) 稳压原理

当输入电压 U_1 升高或负载电流 I_o 减小时，将导致 U_o 升高。采样电路将 U_o 的变化送到运放的反相输入端，即反相输入端电位 U_N 升高，与运放同相输入端的基准电压 U_{REF} 进行比较、放大后，运放的输出电压即调整管的基极电位 U_B 下降。调整管发射结电压 U_{BE} 减小，使得 I_B 减小、I_C 减小，从而 U_{CE} 增加，维持 U_o 基本不变。

当输入电压 U_I 降低或负载电流 I_o 增大时，稳压过程相反。

由电路可知

$$U_o \approx U_B = \left(1 + \frac{R_1 + R_P'}{R_2 + R_P''} \right) U_Z \tag{10-16}$$

所以，改变电位器 R_P 就可调节输出电压的大小。

10.4.3　集成稳压器

集成稳压器是利用半导体集成工艺将串联型稳压电路所有元器件集成在一块硅片上制作而成，它具有体积小、外围元件少、可靠性高、使用方便、价格低廉等特点。其内部由调整、放大、采样、基准、保护等电路组成，对外只有输入端、输出端和公共端（或调整端），亦称为三端集成稳压器。集成稳压器按功能可分为固定式三端稳压器和可调式三端稳压器两种类型。

目前，电子设备常使用输出电压固定的集成稳压器供电。固定式三端集成稳压器常用品种是 W78XX 和 W79XX 系列。W78XX 系列输出正电压，W79XX 系列输出负电压。两种系列常见额定输出电压有 5V、6V、9V、12V、15V、18V、24V 等，三端稳压器的外形及电路符号如图 10-15 所示。

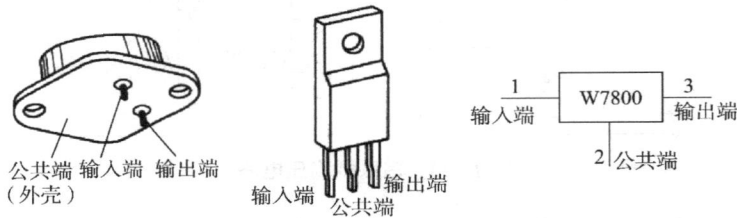

图 10-15　固定式三端稳压器外形图与电路符号

图 10-16 为固定式三端稳压器基本应用电路，U_i 为整流滤波后的输出电压，电路额定输出电压和最大输出电流由所选择的三端稳压器决定。实际中，应根据输出电压大小、极性和最大输出电流要求选择合适的型号，并注意 U_i 要比 U_o 高 2V 以上，一般在 5V 左右。

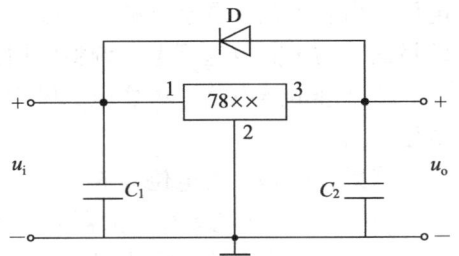

图 10-16　固定式三端稳压器的基本应用电路

电路中 C_1 用于抑制芯片的自激振荡，容量一般小于 1μF；C_2 用于消除输出电压中的高频噪声，可取小于 1μF 的电容，也可取几 μF 至几十 μF 的电容。若 C_2 容量较大且输出端断开，C_2 将对稳压器放电，从而损坏稳压器，因此在输入与输出之间接有保护二极管 D。

当需要同时输出正、负电压时，可采用 W78XX 和 W79XX 系列组成对称输出的稳压电路，如图 10-17 所示。W79XX 系列的使用方法和 W78XX 系列相同，只是要特别注意二者输入、输出电压的极性。

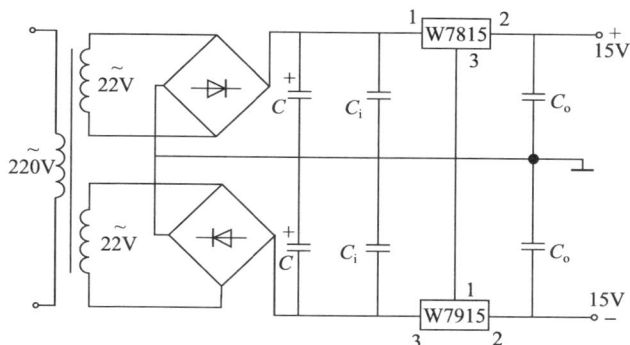

图 10-17　正负输出的稳压电路

如果需要得到更高的输出电压，可以在原有三端集成稳压器输出电压基础上进行提高。图 10-18（a）所示为利用稳压管来提高输出电压，图 10-18（b）所示为利用电阻来提高输出电压。

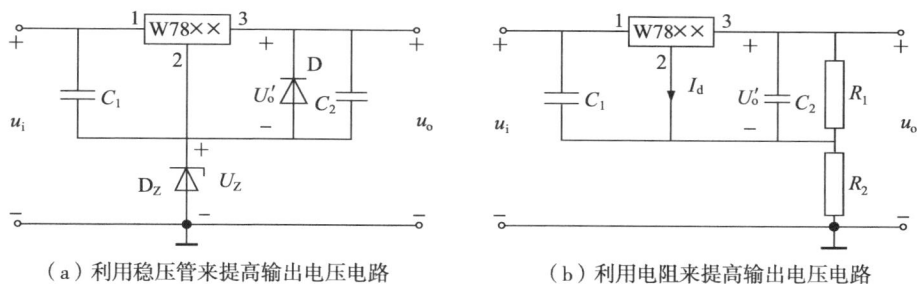

（a）利用稳压管来提高输出电压电路　　　　　（b）利用电阻来提高输出电压电路

图 10-18　提高输出电压的稳压电路

当需要输出电压可调时，可采用可调式三端稳压器，电路如图 10-19 所示。

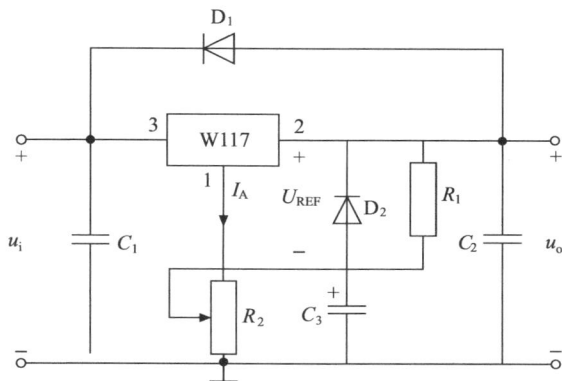

图 10-19　可调式三端稳压基本应用电路

W117 系列是可调式三端稳压器，为正电压输出。图中 C_1、C_3 用于防止自激振荡和改善负载的瞬态响应，C_2 用来减小输出纹波电压，D_1、D_2 是保护二极管，基准电压 U_{REF} 为

1.25V，R_2 为输出电压调节电位器，电路输出电压调整范围为 1.2~37V。

练习与思考

1. 图 10-13 所示电路中，电阻 R 的作用是什么？
2. 图 10-14 所示电路中，输出电压的可调节范围是多少？
3. 集成稳压器有什么优点？

习 题

一、选择题

1. 习题图 10-1 所示桥式整流电路中输出电流的平均值是(　　)。

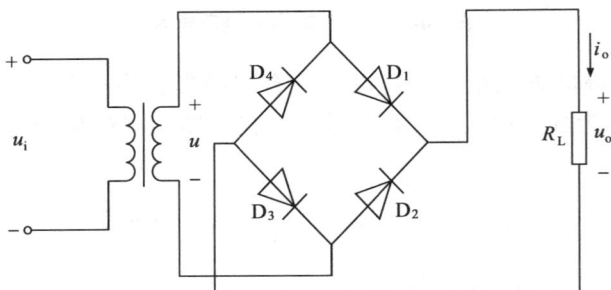

习题图 10-1

A. $0.45\dfrac{U}{R_L}$ 　　　　 B. $0.9\dfrac{U}{R_L}$ 　　　　 C. $0.9\dfrac{U_o}{R_L}$ 　　　　 D. $0.45\dfrac{U_o}{R_L}$

2. 习题图 10-2 所示桥式整流电路中输出电压的平均值是(　　)。

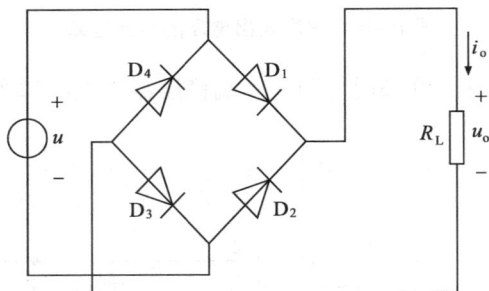

习题图 10-2

A. $0.9U$ 　　　　 B. $0.45U$ 　　　　 C. $2U$ 　　　　 D. $\sqrt{2}U$

3. 单相桥式整流电路正常工作时，输出电压平均值为 12V，当一个整流二极管断开后，输出电压平均值为(　　)。

A. 0V 　　　　 B. 3V 　　　　 C. 6V 　　　　 D. 9V

4. 单相桥式整流电路，已知负载电阻为 80Ω，负载电压为 110V，交流电压及流过每个二极管的电流为(　　)。

A. 246V、1.4A 　　　 B. 122V、1.4A 　　　 C. 122V、0.7A 　　　 D. 246V、0.7A

5. 在习题图 10-3 所示单相桥式整流电路中，二极管 D 承受的最高反向电压是(　　)。

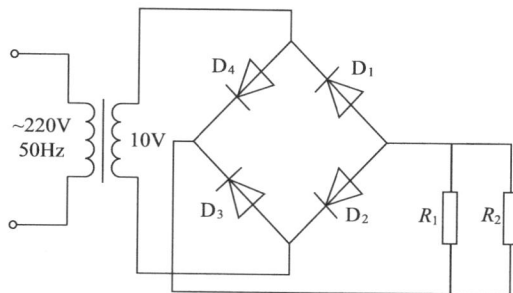

习题图 **10-3**

A. 10V　　　　　　　　B. 14. 14V　　　　　　　C. 20V　　　　　　　D. 28. 28V

6. 单相桥式整流电容滤波电路中，已知变压器二次侧电压 $u_2 = 10\sqrt{2}\sin\omega t\,\text{V}$，若测得输出电压的平均值 $U_{\text{o}} = 9\text{V}$，则电路可能发生的故障为(　　)。

A. 负载开路　　　　　　B. 电容开路　　　　　　C. 一个二极管接反　　　D. 一个二极管开路

7. 带有放大环节的串联型稳压电路中，放大环节所放大的对象是(　　)。

A. 采样电压　　　　　　　　　　　　　　　B. 基准电压与采样电压之差

C. 基准电压与采样电压之和　　　　　　　　D. 基准电压

8. 单相桥式整流电容滤波电路，接负载 $R_{\text{L}} = 120\Omega$，已知变压器二次侧电压有效值 $U_2 = 100\text{V}$，则输出电流的平均值为(　　)。

A. 1A　　　　　　　　　B. 0.5A　　　　　　　　C. 0.75A　　　　　　　D. 2A

9. 变压器二次电压 $u_2 = \sqrt{2}U_2\sin\omega t$，经过单相桥式整流电容滤波，负载电阻 R_{L} 上的平均电压等于(　　)。

A. $0.45U_2$　　　　　　B. $0.9U_2$　　　　　　　C. $1.2U_2$　　　　　　D. U_2

10. 集成稳压器 W7812 输出的电压值是(　　)。

A. +78V　　　　　　　　B. −78V　　　　　　　　C. +12V　　　　　　　D. −12V

二、分析计算题

1. 如习题图 10-4 所示电路中，已知二极管的正向压降及变压器的内阻均可忽略不计，变压器次级所标电压为交流有效值，$R_{\text{L1}} = 5\text{k}\Omega$，$R_{\text{L2}} = 10\text{k}\Omega$，试求：

(1) R_{L1}、R_{L2} 两端电压的平均值和电流平均值。

(2) 通过整流二极管 D_1、D_2、D_3 的平均电流和二极管承受的最大反向电压。

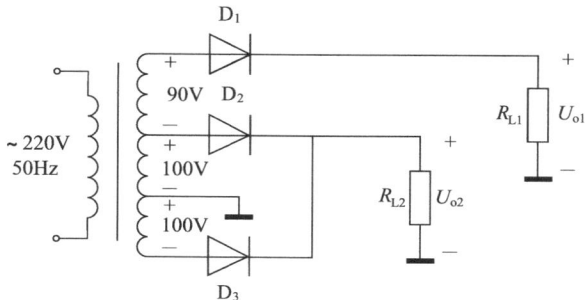

习题图 **10-4**

2. 如习题图 10-5 所示桥式整流电容滤波电路中，已知变压器次级电压 $u_2 = 10\sqrt{2}\sin\omega t\,\mathrm{V}$，电容的取值满足 $R_L C \geqslant (3\sim5)\dfrac{T}{2}$，$T = 20\mathrm{ms}$，$R_L = 100\Omega$。试求：

(1) 估算输出电压平均值。

(2) 估算二极管的正向平均电流和反向峰值电压。

(3) 估算电容 C 的容量。

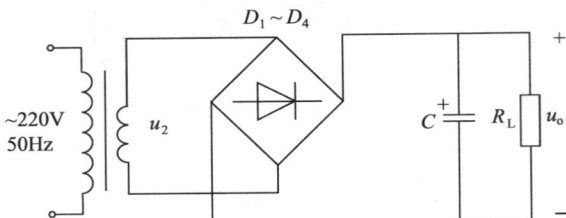

习题图 10-5

3. 如习题图 10-6 所示，$R_{L1} = R_{L2}$。(1) 当 $U_{21} = -U_{22} = 20\mathrm{V}$ 时，U_{o1} 和 U_{o2} 各为多少？(2) 当 $U_{21} = 18\mathrm{V}$，$U_{22} = -22\mathrm{V}$ 时，U_{o1} 和 U_{o2} 各为多少？

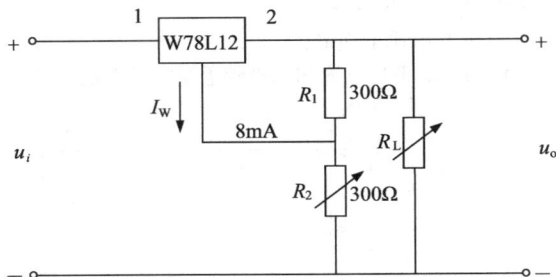

习题图 10-6

4. 在习题图 10-7 所示的直流稳压电源中，W78L12 的最大输出电流 $I_{omax} = 0.1\mathrm{A}$；输出电压为 12V，1、2 端之间电压大于 3V 才能正常工作。试求：

(1) 输出电压 U_o 的调节范围。

(2) U_i 的最小值应取多少伏？

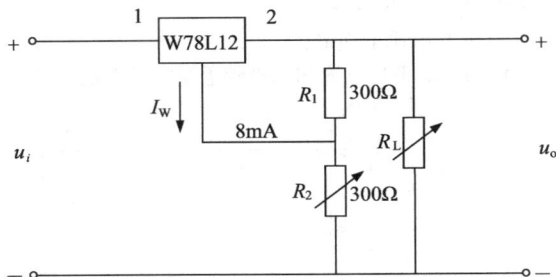

习题图 10-7

5. 在习题图 10-8 所示电路中，$R_1 = 240\Omega$，$R_2 = 3\mathrm{k}\Omega$；W117 输入端和输出端电压允许范围为 $3\sim40\mathrm{V}$，输出端和调整端之间的电压 U_R 为 1.25V。试求：

(1) 输出电压的调节范围。

（2）输入电压允许的范围。

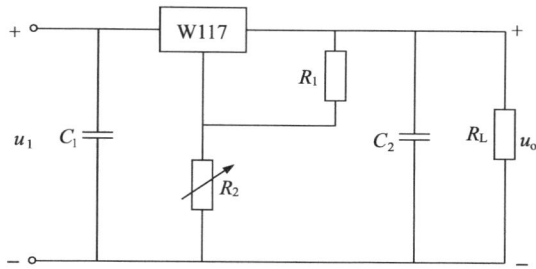

习题图 **10-8**

第 11 章 门电路和组合逻辑电路

本章开始介绍数字电路，数字电路的广泛应用和高度发展标志着现代电子技术的进步，其在电子计算机、数字仪表、数字通信以及各类数字控制装置中均发挥着核心作用。数字电路又称逻辑电路，根据其逻辑功能的特点可分为两大类：组合逻辑电路和时序逻辑电路。本章将介绍组合逻辑电路，第 12 章介绍时序逻辑电路。

11.1 数字电路基础

11.1.1 概述

电子电路中的信号可分为两类：一类是幅值随时间连续变化，并可在一定范围内任意取值的电信号，称为模拟信号，如传感器将温度、压力、流量等物理量转换为电信号。处理模拟信号的电子电路称为模拟电路，主要研究输出和输入信号之间的幅值、相位等关系。另一类是在时间和数值上离散的电信号，称为数字信号，通常用二进制数 0 和 1 表示，处理、存储数字信号的电路称为数字电路，主要研究输出和输入信号之间的逻辑关系，因此又称为逻辑电路。

与模拟电路相比，数字电路主要有以下特点：

①基本单元结构简单。数字电路利用元件的两种稳定状态表示信息（例如开关的通与断），因此仅需区分两种明确的逻辑状态即可。

②集成度高，体积小，功耗低。现代大规模集成电路可将数千至数万个电子元件集成在单个芯片上，例如，一个面积约 5mm^2 大小的芯片可集成一个完整的单片计算机。

③抗干扰能力强。在实际应用中，模拟信号传输容易受到电动机、电弧焊等强电压大电流干扰，导致信号失真。而数字信号仅需区分高、低电平，信号的幅度和形状对传输影响较小，因此抗干扰能力更强，能够实现高精度信号处理。

④便于长期存储。数字信息可通过存储器（如半导体存储器、磁介质等）长期保存，并在读取和复制的过程中不会产生精度损失。

11.1.2 数制及其转换

数制是计数进制的简称。日常生活中最常使用的是十进制，而数字系统中，主要采用二进制。此外，八进制和十六进制在某些应用场景中也被广泛使用。

（1）常用数制

① 十进制。十进制使用 0，1，2，3，…，9 共十个数码。遵循"逢十进一"的计数规则。任意一个多位的十进制数 D 均可展开为

$$(D)_{10} = \sum k_i 10^i \tag{11-1}$$

式中，k_i 是第 i 位的系数，它可以是 0～9 这十个数码中的任何一个。例如

$$(627.3)_{10} = 6 \times 10^2 + 2 \times 10^1 + 7 \times 10^0 + 3 \times 10^{-1}$$

若用 N 取代式（11-1）中的 10，即可得到多位 N 进制数的通用展开形式

$$(D)_N = \sum k_i N^i \tag{11-2}$$

式中，N 称为进制基数，k_i 为第 i 位的系数，N^i 为该位的权值。

② 二进制。二进制是以 2 为基数的数制，仅使用 0 和 1 两个数码，计数规则是"逢二进一"。任何一个二进制数 B 均可展开为

$$(B)_2 = \sum k_i 2^i \tag{11-3}$$

上式可计算出它所表示的十进制数的大小。例如

$$(101.01)_2 = 1 \times 2^2 + 0 \times 2^1 + 1 \times 2^0 + 0 \times 2^{-1} + 1 \times 2^{-2} = (5.25)_{10}$$

式中，下标 2 和 10 分别表示该数为二进制和十进制。

③ 八进制和十六进制。在数字系统中，二进制的位数较长，表示大数时不够简洁。因此，在某些应用场合下，会采用八进制和十六进制，以减少位数。

八进制中有 0～7 八个不同的数码，计数的基数为 8，计数规则为"逢八进一"。任意八进制数均可展开为

$$(O)_8 = \sum k_i 8^i \tag{11-4}$$

上式可计算出它所表示的十进制数的大小。例如

$$(14.2)_8 = 1 \times 8^1 + 4 \times 8^0 + 2 \times 8^{-1} = (12.25)_{10}$$

十六进制中有 0～9，A（10），B（11），C（12），D（13），E（14），F（15）十六个数码，计数的基数为 16。任意十六进制数均可展开为

$$(H)_{16} = \sum k_i 16^i \tag{11-5}$$

上式可计算出它所表示的十进制数的大小。例如

$$(1C.D3)_{16} = 1 \times 16^1 + 12 \times 16^0 + 13 \times 16^{-1} + 3 \times 16^{-2} = (28.82421875)_{10}$$

十进制、二进制、八进制、十六进制数的对应关系见表 11-1。

（2）数制转换

将一种数制转换为另一种数制的过程称为数制转换。

① N 进制数转换为十进制数。将 N 进制数转换为十进制数时，可根据基数、系数和权按照式（11-2）展开，例如

$$(1011.01)_2 = 1 \times 2^3 + 0 \times 2^2 + 1 \times 2^1 + 1 \times 2^0 + 0 \times 2^{-1} + 1 \times 2^{-2} = (11.25)_{10}$$

② 十进制数转换为 N 进制数。十进制整数转换为 N 进制的方法是"除基取余"，将十进制整数一直用基数除至商为 0，每次除得的余数便为要转换的数码。先得到的余数为低位，后得到的余数为高位。

表 11-1　十进制、二进制、八进制、十六进制数的对应关系

十进制	二进制	八进制	十六进制	十进制	二进制	八进制	十六进制
00	0000	00	0	08	1000	10	8
01	0001	01	1	09	1001	11	9
02	0010	02	2	10	1010	12	A
03	0011	03	3	11	1011	13	B
04	0100	04	4	12	1100	14	C
05	0101	05	5	13	1101	15	D
06	0110	06	6	14	1110	16	E
07	0111	07	7	15	1111	17	F

十进制小数转换为 N 进制的方法是"乘基取整"，将十进制小数连续乘以基数，直到结果为整数或取到保留的位数，每次乘积的整数部分即要转换的数码。先得到的整数为高位，后得到的整数为低位。

【例 11-1】将 $(28)_{10}$ 转换为二进制数

解：应用除基取余法

```
2 | 28  …… 0   ↑
2 | 14  …… 0
2 |  7  …… 1
2 |  3  …… 1
2 |  1  …… 1
       0
```

故 $(28)_{10} = (11100)_2$。

【例 11-2】将 $(0.375)_{10}$ 转换为二进制数。

解：应用乘基取整法

```
        0.375
      ×     2         整数
        0.750  …… 0
        0.750
      ×     2
        1.500  …… 1
        0.500
      ×     2
        1.000  …… 1   ↓
```

故 $(0.375)_{10} = (0.011)_2$。

综上，任意一个十进制数转换为 N 进制时，可将其整数部分与小数部分分别进行转换，整数部分采用"除基取余"法，小数部分采用"乘基取整"法，最终用小数点连接两部分，得到完整的 N 进制表示。例如，$(28.375)_{10} = (11100.011)_2$。

③ 非十进制数之间的转换。二进制、八进制、十六进制数的基数分别是 2，8 和 16，满足 $2^3 = 8$，$2^4 = 16$。因此，任意 1 位八进制数可以转换为 3 位二进制数，而任意 1 位十六进制数可以转换为 4 位二进制数。把二进制数转换为八进制数时，可采用"合 3 为 1"的原则，即从小数点开始分别向左、右两边各以 3 位为 1 组进行二-八进制数换算，不足 3 位的用 0 补足，便可将二进制数转换为八进制数。

【例 11-3】将 $(100\ 101.110\ 011)_2$ 转化为八进制数。

解：

$$(\quad 100 \quad 101. \quad 110 \quad 011 \quad)_2$$
$$\downarrow \quad\quad \downarrow \quad\quad \downarrow \quad\quad \downarrow$$
$$= (\quad 4 \quad 5. \quad 6 \quad 3 \quad)_8$$

同理，将二进制数转换为十六进制数时，可采用"合 4 为 1"的原则，即从小数点开始分别向左、右两边各以 4 位为 1 组进行二–十六进制数换算，不足 4 位的用 0 补足，便可将二进制数转换为十六进制数。

【例 11-4】将 $(1010\ 1011.1010\ 1011)_2$ 转化为十六进制数。

解：

$$(\quad 1010 \quad 1011. \quad 0010 \quad 1001 \quad)_2$$
$$\downarrow \quad\quad \downarrow \quad\quad \downarrow \quad\quad \downarrow$$
$$= (\quad A \quad B. \quad 2 \quad 9 \quad)_{16}$$

八进制数和十六进制数转换为二进制数时，可按相反的过程进行。采用"1 分为 3"或"1 分为 4"的原则，每 1 位八进制数或十六进制数用 3 位或 4 位二进制数表示，便可将八进制数或十六进制数转换为二进制数。

【例 11-5】分别将 $(36.12)_8$ 和 $(A3.7F)_{16}$ 转换成二进制数。

解：

$$(\quad 3 \quad 6. \quad 1 \quad 2 \quad)_8$$
$$\downarrow \quad\quad \downarrow \quad\quad \downarrow \quad\quad \downarrow$$
$$= (\quad 011 \quad 110. \quad 001 \quad 010 \quad)_2$$

所以，$(36.12)_8 = (11\ 110.001\ 010)_2$

$$(\quad A \quad 3. \quad 7 \quad F \quad)_{16}$$
$$\downarrow \quad\quad \downarrow \quad\quad \downarrow \quad\quad \downarrow$$
$$= (\quad 1010 \quad 0011. \quad 0111 \quad 1111 \quad)_2$$

所以，$(A3.7F)_{16} = (1010\ 0011.0111\ 1111)_2$

🧠 练习与思考

1. 写出 5 位二进制数、5 位八进制数和 5 位十六进制数的最大数。
2. 将 $(1001.101)_2$，$(2D07.A)_{16}$ 转换为十进制数。
3. 在十–二转换中，整数部分的转换方法和小数部分的转换方法有何不同？
4. 将 $(653.72)_8$ 转换为二进制数。

11.2　逻辑门电路

11.2.1　基本逻辑运算及其组合

逻辑运算由基本逻辑运算及其组合构成，理解基本逻辑运算是学习数字电子技术的基础。逻辑代数的基本运算有三种：与（AND）、或（OR）、非（NOT）。图 11-1 所示的开关电路可用于表示这三种基本逻辑关系，其中，开关 A、B 的通断状态分别设为 1 和 0，灯泡的亮灭状态也分别设为 1 和 0。

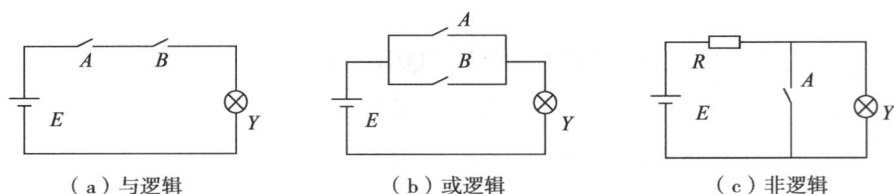

（a）与逻辑　　　　（b）或逻辑　　　　（c）非逻辑

图 11-1　反映逻辑关系的开关电路

（1）与逻辑

只有当决定事件发生的所有条件都成立时，该事件才会发生，这种因果关系称为与逻辑。图 11-1(a)所示的照明电路中，开关 A 和 B 串联，只有当 A 和 B 同时接通时，灯泡 Y 才亮。开关 A、B 接通（条件）与灯 Y 亮（结果）之间的这种因果关系，就称为与逻辑关系。与运算用"·"表示（在不会导致混淆的前提下，符号"·"也可以不写），代数式如下

$$Y=A \cdot B \tag{11-6}$$

机械开关电路只能表示基本原理，在实际应用中，可以使用具有开关功能的电子元件（如二极管或三极管）来实现逻辑功能。例如，由二极管构成的与门电路如图 11-2(a)所示。忽略二极管的压降，该电路的工作原理如下：当输入均为低电平（0V）时，两个二极管都导通，使得输出 Y 为 0V（低电平）；当某一输入为低电平（0V），另一输入为高电平（3V）时，低电平输入对应的二极管优先导通，使输出 Y 为 0V（低电平），而高电平输入的二极管由于承受反向电压而截止；当输入均为高电平（3V）时，两个二极管都导通，输出 Y 为 3V（高电平）。与门的逻辑符号如图 11-2(b)所示。

两个变量的与运算规则可由真值表（表 11-2）表示，反应所有变量可能的组合和运算结果之间的关系。

（2）或逻辑

当决定事件发生的所有条件中只要有一个或以上条件成立，事件就会发生，这种因果关系称为或逻辑。图 11-1(b)所示的电路中，开关 A 和 B 并联，当开关 A 或 B 接通时，灯泡 Y 就会亮。开关 A、B 接通（条件）与灯 Y 亮（结果）之间的这种因果关系可表示为

$$Y=A+B \tag{11-7}$$

表 11-2　与逻辑运算真值表

输入		输出
A	B	Y
0	0	0
0	1	0
1	0	0
1	1	1

（a）与门电路　　　（b）与逻辑符号

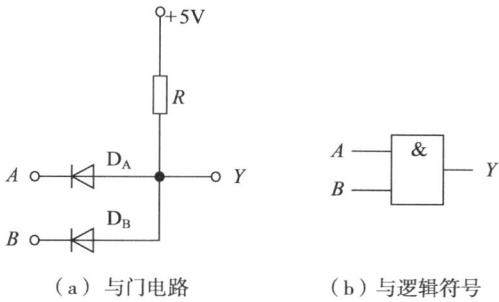

图 11-2　二极管与门电路及与门图形符号

由二极管构成的或门电路如图 11-3(a)所示，其工作原理如下：当两个输入都是低电平时，两个二极管都截止，输出 Y 为低电平；当任意一个输入为高电平时，对应的二极管导通，使得输出 Y 为高电平。或门的逻辑符号如图 11-3(b)所示，真值表见表 11-3。

表 11-3　或逻辑运算真值表

A	B	Y
0	0	0
0	1	1
1	0	0
1	1	1

（a）或门电路　　　（b）或逻辑符号

图 11-3　二极管或门电路及或门图形符号

（3）非逻辑

当决定事件发生的条件成立时，事件反而不会发生，这种因果关系称为非逻辑。在图 11-1(c)所示的照明电路中，当开关 A 闭合时，灯泡 Y 不亮；反之，当开关 A 断开时，灯泡 Y 亮。这种因果关系可表示为

$$Y = \bar{A} \tag{11-8}$$

由三极管构成的非门电路如图 11-4(a)所示，其工作原理如下：当输入为高电平时，三极管导通，输出为低电平；当输入为低电平时，三极管截止，输出为高电平。非门的逻辑符号如图 11-4(b)所示，真值表见表 11-4。

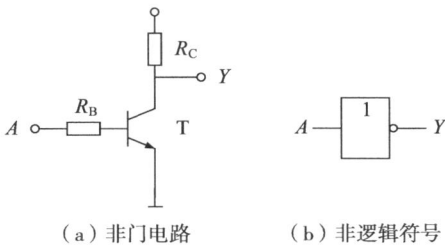

表 11-4　非逻辑运算真值表

A	Y
0	1
1	0

（a）非门电路　　　（b）非逻辑符号

图 11-4　二极管非门电路及非门图形符号

（4）复合逻辑运算

由与、或、非三种基本逻辑运算，可以组合成各种复合逻辑运算。下面分别介绍与非、或非、同或和异或逻辑运算。

① 与非逻辑运算是"与"和"非"组合而成的复合逻辑运算，其逻辑函数表达式为

$$Y=\overline{AB} \tag{11-9}$$

与非逻辑符号如图 11-5 所示。表 11-5 是其运算真值表。其逻辑功能可概括为："有 0 出 1，全 1 出 0"。

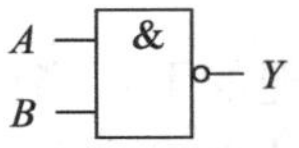

表 11-5　与非逻辑运算真值表

A	B	Y
0	0	1
0	1	1
1	0	1
1	1	0

图 11-5　与非逻辑符号

② 或非逻辑运算是"或"和"非"组合而成的复合逻辑运算，其逻辑函数表达式为

$$Y=\overline{A+B} \tag{11-10}$$

或非逻辑符号如图 11-6 所示。表 11-6 是其运算真值表。其逻辑功能可概括为："有 1 出 0，全 0 出 1"。

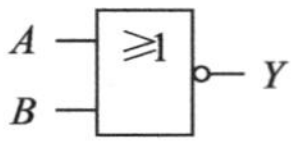

表 11-6　或非逻辑运算真值表

A	B	Y
0	0	1
0	1	1
1	0	0
1	1	0

图 11-6　或非逻辑符号

③ 异或逻辑运算是当两个输入变量相异时，输出为 1，当两个输入变量相同时，输出为 0。其逻辑函数表达式为

$$Y=A\oplus B=A\overline{B}+\overline{A}B \tag{11-11}$$

其中，$\oplus$ 表示异或运算。异或逻辑符号如图 11-7 所示，运算真值表见表 11-7。

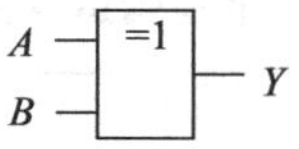

表 11-7　异或逻辑运算真值表

A	B	Y
0	0	0
0	1	1
1	0	1
1	1	0

图 11-7　异或逻辑符号

④ 同或逻辑运算是当两个输入变量相同时，输出为 1，当两个输入变量相异时，输出为 0。其逻辑函数表达式为

$$Y = A \odot B = \overline{A}\,\overline{B} + AB \tag{11-12}$$

其中，⊙表示同或运算。同或逻辑符号如图 11-8 所示，运算真值表见表 11-8。

同或是异或的非运算，即

$$A \odot B = \overline{A \oplus B} \tag{11-13}$$

表 11-8　同或逻辑运算真值表

A	B	Y
0	0	1
0	1	1
1	0	0
1	1	1

图 11-8　同或逻辑符号

11.2.2　TTL 集成门电路

将构成门电路的基本元件制作在一小片半导体芯片上，便构成了集成门电路。集成电路相比分立元件电路具有许多显著的优点，如体积小、功耗低、重量轻、可靠性高等。

TTL 与非门是一种典型的集成逻辑门电路，其输入端和输出端都由晶体三极管构成，称为晶体管–晶体管逻辑（transistor–transistor logic，TTL），是使用最广泛的集成门电路之一。

（1）电路组成

图 11-9 所示为典型的 TTL 与非门电路。TTL 与非门电路由三级构成：第一部分为输入级，由多发射极晶体管 T_1 和电阻 R_1 组成，输入信号通过 T_1 的发射结实现逻辑与功能，这是因为，T_1 的发射结可以看作两个二极管，而它的集电结则与这两个二极管背对背，起到逻辑与的作用，如图 11-10 所示；第二部分为中间级，它由 T_2 管和电阻 R_2、R_3 组成，可以从 T_2 管的集电极和发射极同时输出两个相位相反的信号，作为 T_3 管和 T_4 管的驱动信号；第三部分为输出级，由 T_3、T_4、D_3 等管和电阻 R_4 组成，负责实现最终的输出功能。

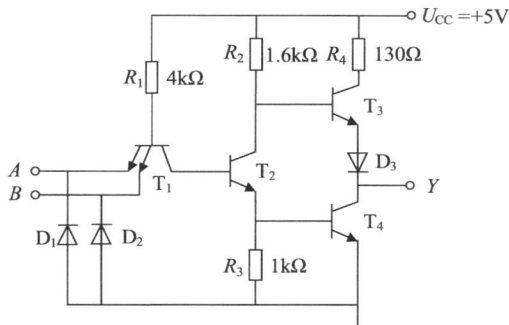

图 11-9　TTL 与非门电路

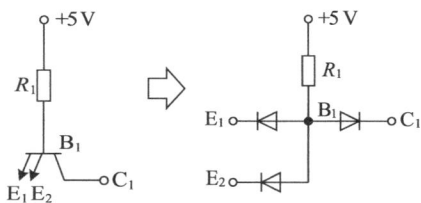

图 11-10　多发射极晶体管

（2）工作原理

当输入端 A 和 B 至少有一个为 0（低电平，约 0.3 V），T_1 管的基极与发射极之间处于正向偏置状态，这时电源 U_{CC} 通过 R_1 为 T_1 管提供基极电流，使得 T_1 管基极电位约为 1 V（0.3 V 加二极管的导通电压 0.7 V），这个电位不足以为 T_2 管提供正向基极电流，因此 T_2 管截止，导致 T_4 管也截止。因此，U_{CC} 通过 R_2 使 T_3 管、D_3 管导通，输出端的电压 U_Y 为

$$U_Y = U_{CC} - R_2 I_{B3} - U_{BE3} - U_D \approx 5 - 0.7 - 0.7 = 3.6V$$

其中，I_{B3} 为微安级，故 $R_2 I_{B3}$ 可忽略不计，输出为 1（高电平）。

当输入端 A 和 B 均为 1（高电平，约 3.6 V），T_1 的基极电位升高，两个发射结都处于反向偏置状态，电源 U_{CC} 经过电阻 R_1 和 T_1 管的集电结向 T_2 管提供基极电流，使 T_2 管导通并饱和，T_2 管的发射极电流为 T_4 管提供足够的基极电流，使 T_4 管也导通并饱和。因此，输出端电压 U_Y 等于 T_4 的饱和压降，即 0.3 V，输出为 0（低电平）。

此时，T_2 管集电极电位为 1V，该电压不足以使 T_3 和 D_3 导通，所以 T_3 截止。

由此可知，图 11-9 的 TTL 门电路具有与非逻辑功能。即 $Y = \overline{AB}$。

（3）TTL 与非门的电压传输特性

TTL 与非门的电压传输特性描述了输出电压 U_O 与输入电压 U_I 之间的关系，是通过实验得出的。实验方法是将某一输入端的电压由零逐渐增大，而将其他输入端接在电源正极保持恒定的高电位。TTL 与非门的传输特性如图 11-11 所示。

当输入电压 $U_I < 0.5$ V 时，T_2、T_4 管截止，T_3、D_3 管导通，输出电压 $U_O \approx 3.6$ V，为高电平，这一段称为截止区，为 AB 段；当输入电压在 0.5~1.3 V 之间时，输出电压 U_O 随 U_I 的增大而线性减小，即 BC 段，这一段称为线性区；当 U_I 增加到 1.4 V 时，输出管 T_4 开始导通，输出迅速转为低电平（约 0.3 V），即 CD 段，称为转折区；当 U_I 大于 1.4 V 时，输出保持低电平状态，即 DE 段，称为饱和区。

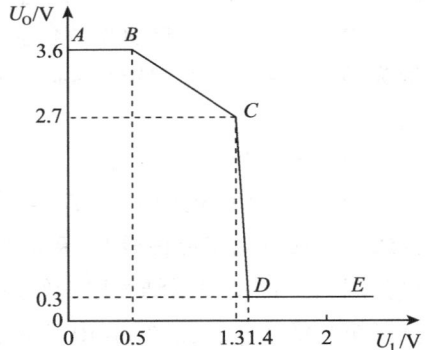

图 11-11　TTL 与非门的电压传输特性

描述电压传输特性的主要参数包括阈值电压、输出高电平、输出低电平、开门电平、关门电平等。由输出高电平转为低电平所对应的电压称为与非门的阈值电压（或门槛电压），用 U_T 表示，在图 11-11 中，U_T 约为 1.4 V。输出高电平 U_{OH} 为与非门关闭时的输出电压，其典型值是 3.6V。输出低电平 U_{OL} 为与非门导通时的输出电压，其典型值是 0.3V。开门电平 U_{ON} 为保证输出为低电平条件下，所允许的最小输入高电平值。在保证输出为高电平的 90% 条件下，所允许的输入低电平的最大值称为关门电平 U_{OFF}。

11.2.3　其他类型的 TTL 门电路

下面介绍另外两种 TTL 门电路：集电极开路门和三态门。

（1）集电极开路门（OC 门）

图 11-9 所示的 TTL 与非门在使用时存在着一些局限：首先，两个 TTL 门的输出不能

直接相连，否则在一个输出高电平、另一个输出低电平时，会形成一个大电流的回路，可能导致电路损坏；其次，该电路输出端的驱动电流很小，不能驱动较大电流的负载；最后，该电路无法输出不同电压值的高电平。为了解决如上问题，可以采用如图 11-12 所示为集电极开路与非门（open collector gate，OC 门）。OC 门在电路制作时，将典型 TTL 与非门电路中的 T_3 晶体管和电阻通道去掉，形成输出为集电极开路结构。

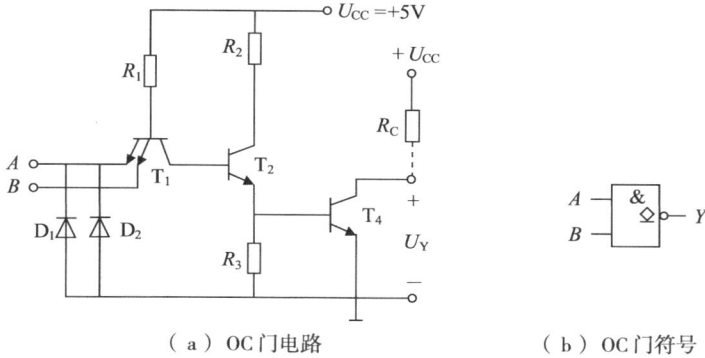

（a）OC 门电路　　　　　　（b）OC 门符号

图 11-12　OC 门电路和符号

当 OC 门电路输入全是高电平时，T_4 管饱和，输出为低电平 0.3V；当电路输入至少有一个低电平时，T_4 管截止，由于集电极开路，无法输出高电平。为了使电路具有高电平输出能力，必须在 OC 门输出端外加负载 R_C 和电源 U'_{CC}。

用导线将两个或两个以上的 OC 门输出连接在一起，其总的输出为各个 OC 门输出的逻辑与，这种用导线连接而实现的逻辑"与"就称为"线与"，如图 11-13 所示。

图 11-13　OC 门的线与功能

$$Y = Y_1 Y_2 = \overline{AB}\ \overline{CD} = \overline{AB + CD}$$

（2）三态逻辑门（TSL 门）

三态逻辑（three-state logic）门除具有高、低两种逻辑状态外，还具有第三种状态，即高阻状态（也称为禁止态或开路态）。当输出处于高阻态时，三态门与外部电路电气隔离，不影响外部信号的传输。

图 11-14（a）所示为 TTL 的三态与非门电路图。与图 11-9 比较，该电路增加了二极管 D_E，其中 A 和 B 是输入端，E 称为控制端或使能端（与非门的另一输入端）。

当控制端 E 为 1 时（高电平），二极管 D_E 截止，三态门的输出状态取决于输入端 A、B 的状态，其逻辑功能与普通与非门相同，实现与非逻辑运算。

当控制端 E 为 0 时（低电平，约 0.3V），T_1 的基极电位约为 1V，使 T_2 和 T_4 截止。同时，二极管 D_E 将 T_2 的集电极电位钳位在 1V，T_3 也截止。由于输出端相连的两个晶体管 T_3 和 T_4 都处于截止状态，输出端呈开路状态，即处于高阻状态。三态与非门的逻辑状态如表 11-9 所示。

图 11-14（b）给出了高电平有效和低电平有效的三态门电路符号，上述介绍的三态门为高电平有效型。若在控制端增加一个非门，则控制信号变为低电平有效，即 $\overline{E} = 0$ 时，电

路实现与非逻辑功能；$\bar{E}=0$ 时，电路输出高阻态。

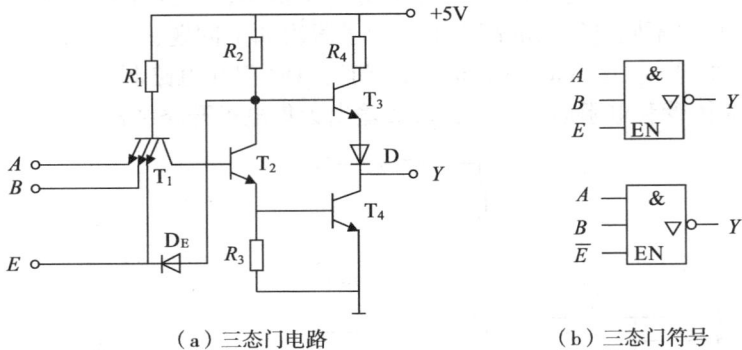

（a）三态门电路　　　　　　　（b）三态门符号

图 11-14　三态与非门电路及其逻辑符号

表 11-9　三态输出与非门的逻辑状态表

控制端	输入端		输出端
E	A	B	Y
	0	0	1
	0	1	1
1	1	0	1
	1	1	0
0	×	×	高阻

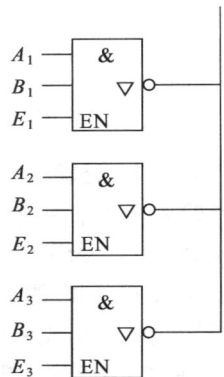

图 11-15　三态输出与非门的应用

　　三态门广泛应用于信号传输中，可以实现用一根导线以分时复用的方式传输多路信号，而不会发生信号冲突。这根导线称为母线（或总线），如图 11-15 所示。在任意时刻，仅允许一个三态门的控制端为高电平（$E=1$），使该门处于工作状态，而其余三态门均处于高阻状态，从而确保总线在不同时间段依次接收各三态门的输出。这种用总线来传送数据和信号的方式，在计算机中被广泛采用。

🧠 练习与思考

　　1. 分别举例说明现实生活中符合与、或、非逻辑关系的具体实例。

　　2. 给定 5 V 电源、两个二极管和两个合适阻值的电阻，如何连接它们以构成非门电路？

　　3. 试利用与非门设计并实现以下逻辑门：与门、或门、非门、或非门和异或门。

　　4. 什么是 TS 门？什么是 OC 门？它们各有什么作用？

11.3　逻辑代数基础

为了便于比较，表 11-10 列出了五种常用的逻辑门电路。通过基本逻辑门电路的组合，可以构成组合逻辑电路，以实现各种复杂的逻辑功能。

表 11-10　逻辑门电路

逻辑门		与	或	非	与非	或非
逻辑符号		&（A, B → Y）	≥1（A, B → Y）	1（A → Y）	&（A, B → Y）	≥1（A, B → Y）
逻辑式		$Y=A \cdot B$	$Y=A+B$	$Y=\overline{A}$	$Y=\overline{AB}$	$Y=\overline{A+B}$
A	B	Y	Y	Y	Y	Y
0	0	0	0	1	1	1
0	1	0	1	1	1	0
1	0	0	1	0	1	0
1	1	1	1	0	0	0

11.3.1　逻辑代数运算法则与定律

逻辑代数又称布尔代数，是分析与设计逻辑电路的数学工具。虽然它与普通代数类似，也使用字母(A, B, $C\cdots$)表示变量，但这些变量仅能取 1 和 0 两种值，即逻辑 1 和逻辑 0，表示两种相反的逻辑状态。

在逻辑代数中，主要包含逻辑乘(与运算)、逻辑加(或运算)和求反(非运算)三种基本运算。根据这三种基本运算可以推导出一系列逻辑运算法则。

(1) 基本运算法则

① $0 \cdot A=0$　$0+A=A$　　　② $1 \cdot A=A$　$1+A=1$

③ $A \cdot A=A$　$A+A=A$　　　④ $A \cdot \overline{A}=0$　$A+\overline{A}=1$　　　⑤ $\overline{\overline{A}}=A$

(2) 交换律

① $AB=BA$　　　② $A+B=B+A$

(3) 结合律

① $ABC=(AB)C=A(BC)$　　　② $A+B+C=A+(B+C)=(A+B)+C$

(4) 分配律

① $A(B+C)=AB+AC$

② $A+BC=(A+B)(A+C)$

证：$(A+B)(A+C)=AA+AB+AC+BC$
$$=AA+A(B+C)+BC$$
$$=A(1+B+C)+BC$$
$$=A+BC$$

（5）吸收律

① $A+AB=A$（原变量的吸收）

证：$A+AB=A(1+B)=A$

② $A+\bar{A}B=A+B$（反变量的吸收）

证：$A+\bar{A}B=A+AB+\bar{A}B=A+B$

③ $AB+\bar{A}C+BC=AB+\bar{A}C$（混合变量的吸收）

证：$\begin{aligned}AB+\bar{A}C+BC &=AB+\bar{A}C+(A+\bar{A})BC\\&=AB+ABC+\bar{A}C+\bar{A}BC\\&=AB+\bar{A}C\end{aligned}$

（6）反演律

① $\overline{AB}=\bar{A}+\bar{B}$ ② $\overline{A+B}=\bar{A}\,\bar{B}$

采用真值表证明反演律：

A	B	$\bar{A}$	$\bar{B}$	$\overline{AB}$	$\bar{A}+\bar{B}$	$\overline{A+B}$	$\overline{A}\,\overline{B}$
0	0	1	1	1	1	1	1
1	0	0	1	1	1	0	0
0	1	1	0	1	1	0	0
1	1	0	0	0	0	0	0

根据以上法则可以推导出一些常用恒等式：

③ $A(A+B)=A$ ④ $(A+B)(A+C)=A+BC$

⑤ $(A+B)(A+\bar{B})=A$ ⑥ $(A+B)(\bar{A}+\bar{B})=\bar{A}B+A\bar{B}$

⑦ $\bar{B}+AB=\bar{B}+A$ ⑧ $A\bar{B}+ABC=A\bar{B}+AC$

11.3.2　逻辑函数的表示方法

表 11-10 中，A 和 B 是输入变量，Y 是输出变量。变量无反号（如 A、B）称为原变量，带有反号（如 $\bar{A}$、$\bar{B}$）称为反变量。输出变量 Y 是输入变量 A 和 B 的逻辑函数。逻辑函数的表示方法主要有真值表、逻辑表达式、逻辑图和卡诺图。

（1）真值表

真值表是以表格形式反映输入变量所有可能取值组合与输出变量之间的逻辑关系。每个变量均有 0、1 两种取值，对于 n 个输入变量，共有 2^n 种不同的取值组合，通常按照二进制递增规律排列，并在相应位置填入函数的值，从而得到逻辑函数的真值表。

【例 11-6】已知逻辑问题，输入变量为 A、B，输出变量为 Y，逻辑关系如下：当 A、B 值相同时，$Y=1$，当 A、B 值不同时，$Y=0$，请列出该逻辑真值表。

解：按照题干中的逻辑关系列出如下真值表

输入变量		输出变量
A	B	Y
0	0	1
1	0	0
0	1	0
1	1	1

表中左侧列出输入变量取值的所有可能组合，因为有两个输入变量，共 4 种组合，右侧列出输出变量的对应取值。

（2）逻辑函数表达式

将输出变量与输入变量的逻辑关系写成与、或、非等逻辑运算的组合式，即得到逻辑函数表达式。同一个逻辑函数可以用不同的逻辑式来表达。

根据真值表可以写出逻辑表达式，以例 11-6 中的真值表为例，其步骤为：

① 找到真值表中所有输出 $Y=1$ 的行，即第一行和第四行。

② 在每一行中输入变量为 1 写原变量，输入变量为 0 写其反变量，将这些变量进行与运算，第一行得到 $\overline{A}\,\overline{B}$，第四行得到 AB。

③ 将步骤②中得到的各乘积项进行或运算，即得到逻辑表达式 $Y=\overline{A}\,\overline{B}+AB$。

（3）逻辑图

逻辑图是将逻辑函数中与、或、非等关系用逻辑门电路符号直观表示的一种方法。逻辑图通常根据逻辑函数式绘制而成。例如，根据例 11-6 的同或逻辑式画出的逻辑图如图 11-16（a）所示。同一逻辑函数的表达式可能有不同的形式，如同或的逻辑式还可写成

$$Y=AB+\overline{\overline{A}+B}$$

由此式画出的逻辑图如图 11-16（b）所示。可以看出，同一逻辑功能的逻辑表达式和逻辑图并非唯一。

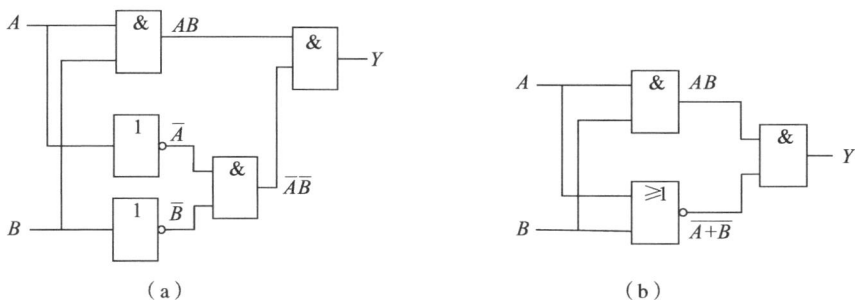

（a）　　　　　　　　　　　　（b）

图 11-16　表达同一逻辑功能的不同逻辑图

11.3.3　逻辑函数的化简与变换

由逻辑真值表直接写出的逻辑式及其对应的逻辑图通常较为复杂，若对逻辑表达式进

行化简，可使用更少的逻辑门实现同样的功能。从而减少器件数量，降低成本，并提高电路的可靠性。常见的化简的方法包括公式化简法和卡诺图化简法。

（1）公式化简法

① 并项法。应用 $A+\bar{A}=1$，将两项合并为一项，并消去一个变量。如

$$Y=ABC+A\bar{B}\bar{C}+AB\bar{C}+A\bar{B}C$$
$$=AB(C+\bar{C})+A\bar{B}(C+\bar{C})$$
$$=A(B+\bar{B})$$
$$=A$$

② 配项法。应用 $B(A+\bar{A})=B$，将 $(A+\bar{A})$ 与乘积项相乘，再展开、合并化简。如

$$Y=AB+\bar{A}\bar{C}+B\bar{C}$$
$$=AB+\bar{A}\bar{C}+B\bar{C}(A+\bar{A})$$
$$=AB+\bar{A}\bar{C}+AB\bar{C}+\bar{A}B\bar{C}$$
$$=AB+\bar{A}\bar{C}$$

③ 加项法。应用 $A+A=A$，在逻辑式中添加等效项，再进行合并化简。如

$$Y=ABC+\bar{A}BC+A\bar{B}C$$
$$=ABC+\bar{A}BC+A\bar{B}C+ABC$$
$$=BC(A+\bar{A})+AC(\bar{B}+B)$$
$$=BC+AC$$

④ 吸收法。应用原变量的吸收 $A+AB=A$，或反变量的吸收 $A+\bar{A}B=A+B$ 消去多余因子。如

$$Y=A\bar{B}+AC+B\bar{C}$$
$$=A(\bar{B}+C)+B\bar{C}$$
$$=\overline{AB\bar{C}}+B\bar{C}=A+B\bar{C}$$

【例 11-7】应用逻辑代数运算法则化简下列逻辑式

$$Y=ABC+ABD+\bar{A}B\bar{C}+CD+B\bar{D}$$

解：$Y=ABC+ABD+\bar{A}B\bar{C}+CD+B\bar{D}$

$$=ABC+\bar{A}B\bar{C}+CD+B(AD+\bar{D})$$

由反变量吸收 $\bar{D}+DA=\bar{D}+A$ 得

$$Y=ABC+\bar{A}B\bar{C}+CD+B(A+\bar{D})$$

$$=ABC+\bar{A}B\bar{C}+CD+AB+B\bar{D}$$

$$=AB(C+1)+\bar{A}B\bar{C}+CD+B\bar{D}$$

由基本运算法则 $1+C=1$，得

$$Y=AB+\bar{A}B\bar{C}+CD+B\bar{D}$$

$$=B(A+\bar{A}\bar{C})+CD+B\bar{D}$$

由反变量吸收 $A+\bar{A}\ \bar{C}=A+\bar{C}$，得

$$Y=B(A+\bar{C})+CD+B\bar{D}$$

$$=AB+B\bar{C}+CD+B\bar{D}$$

$$=AB+B(\bar{C}+\bar{D})+CD$$

由反演律 $\bar{C}+\bar{D}=\overline{CD}$，得

$$Y=AB+B\overline{CD}+CD$$

由反变量吸收 $CD+\overline{CD}B=CD+B$，得

$$Y=AB+B+CD$$

$$=B+CD$$

（2）卡诺图化简法

① 卡诺图。逻辑函数还可以用卡诺图表示。卡诺图是一个按照特定规则排列的方格图，每一小方格对应一个最小项。最小项是指：对于 n 个输入变量，共有 2^n 种不同的组合，每一种组合对应一个乘积项，这些乘积项称为最小项。其特点是每个输入变量在最小项中仅以原变量或反变量的形式出现一次。图 11-17 所示为二变量、三变量和四变量的卡诺图。

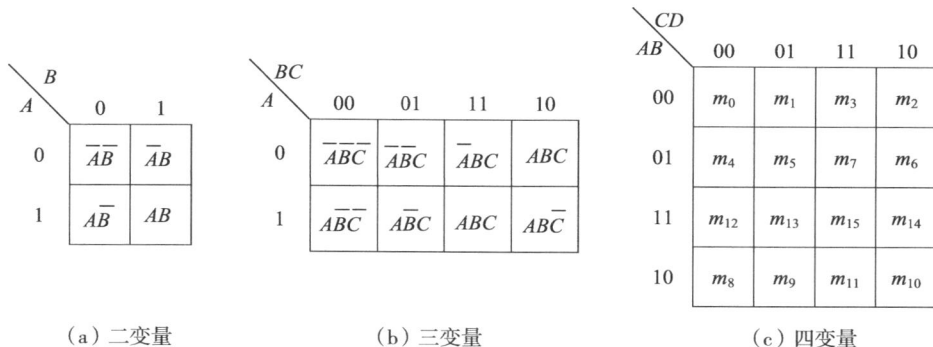

（a）二变量　　　　　　（b）三变量　　　　　　（c）四变量

图 11-17　卡诺图

在卡诺图的行和列分别标出变量及其状态，任意两个相邻最小项之间只能有一个变量

改变，状态的次序是 00，01，11，10。除了使用二进制数，还可以用对应的十进制编号 [11-17(c)]，使用 m_0，m_1，m_2，… 表示不同的最小项。

② 用卡诺图化简逻辑函数。在卡诺图中，仅有一个变量不同的两个最小项称为逻辑相邻。注意：处于任何一行或一列两端的最小项也是逻辑上相邻的。卡诺图化简法的步骤如下：

a. 将逻辑式转化为最小项之和的形式。

b. 将逻辑式中的最小项用 1 填入相应的小方格内。逻辑式中没有的最小项填写 0 或空着不填。

c. 将取值为 1 的逻辑相邻的小方格圈成矩形，每个矩形包围圈包含方格的个数应为 2^n 个，写出每个包围圈的乘积项。

d. 将所有包围圈对应的乘积项相加。

画出矩形包围圈的原则如下：

a. 每个包围圈所包含方格的个数必须是 2^n（$n = 0$，1，2，3，…）个。

b. 逻辑相邻的方格包括上下底、左右边和四个角。

c. 圈的个数应最少，圈内小方格个数应尽可能多。

d. 每圈一个新的圈时，必须包含至少一个在已有的圈中未圈过的最小项。每一个取值为 1 的小方格可被圈多次，但不能遗漏。

下面以例题说明卡诺图的化简过程。

【例 11-8】将 $Y = ABC + A\bar{B}C + \bar{A}BC + AB\bar{C}$ 用卡诺图表示并简化。

解：将逻辑式中的最小项分别用 1 填入对应的小方格，画出卡诺图如图 11-18 所示。将相邻的两个 1 圈在一起，共可圈成三个圈。

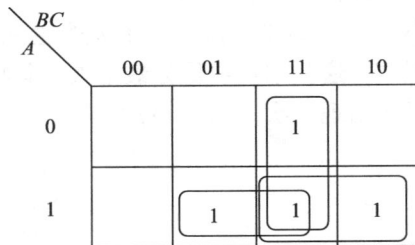

图 11-18

三个圈的最小项分别为：

$$ABC + AB\bar{C} = AB(C + \bar{C}) = AB$$

$$ABC + \bar{A}BC = BC(A + \bar{A}) = BC$$

$$ABC + A\bar{B}C = CA(B + \bar{B}) = CA$$

得到化简后的逻辑式：

$$Y = AB + BC + CA$$

通过本例题可知，与公式化简法相比，卡诺图化简法利用了加项法，即通过增加两项

ABC 来完成化简。在卡诺图化简过程中，其核心是保留一个圈内所有最小项的相同变量，去除相反的变量。

【例 11-9】应用卡诺图化简 $Y=\bar{A}+\bar{A}\bar{B}+B\bar{C}D+B\bar{D}$。

解：首先画出四变量的卡诺图，将式中各项在对应的卡诺图小方格内填入 1。其中 $\bar{A}$ 项应在含有 $\bar{A}$ 的所有小方格内都填入 1（与其他变量为何值无关），即图中上侧八个小方格；含有 $\bar{A}\bar{B}$ 项的小方格有最上侧四个，已包含在 $\bar{A}$ 项内；同理，包含 $B\bar{C}D$ 和 $B\bar{D}$ 项的小方格有第一列第二行、第三行和第四列第二行、第三行，如图 11-19 所示。

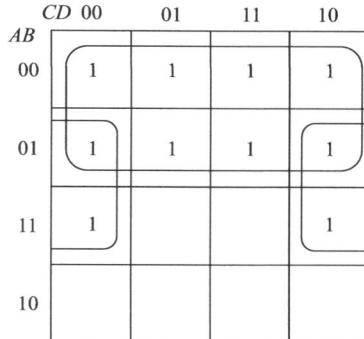

图 11-19

将相邻的两个 1 圈在一起，共可圈成两个圈（最左列和最右列同行为相邻小方格）。两个圈的最小项合并得出

$$Y=\bar{A}+B\bar{D}$$

【例 11-10】应用卡诺图化简 $Y=\bar{A}\bar{B}C+\bar{A}BC+A\bar{B}\bar{C}+A\bar{B}C+AB\bar{C}$。

解：卡诺图如图 11-20 所示。

（1）将取值为 1 的小方格圈成两个圈，得出

$$Y=A+C$$

（2）也可将取值为 0 的两个小方格圈称一个圈，得出

$$\bar{Y}=\bar{A}\,\bar{C}$$

则 $Y=\overline{\bar{A}\bar{C}}=A+C$

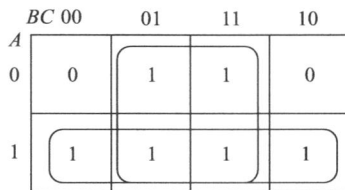

图 11-20

由本例可知，如果卡诺图中 0 的小方格比 1 的小方格少得多时，圈 0 更为简单。

🧠 **练习与思考**

1. 逻辑代数和普通代数有什么区别？

2. 试证明 $AB\bar{C}\bar{D}+ABD+BC\bar{D}+ABC+BD+B\bar{C}=B$。

3. 逻辑函数的表示法(真值表、逻辑式、逻辑图)之间是如何转换的？哪种是唯一的？

4. 试用卡诺图表示 $Y=\bar{A}BC+\bar{A}B\bar{C}+A\bar{B}\bar{C}+ABC$，从图上能否看出这已是最简式。

11.4 组合逻辑电路的分析与设计

组合逻辑电路的特点是：在任意时刻，电路的输出仅由该时刻的输入决定，而与电路原来的状态无关。也就是说，组合逻辑电路不具备记忆功能，当输入信号消失时，输出信号随之消失，电路中不包含用于保存电路状态的存储单元。

11.4.1 组合逻辑电路的分析

组合逻辑电路的分析是指根据给定的组合逻辑电路，找出其逻辑功能的过程。分析过程的一般步骤为：

①根据给定的逻辑电路图，写出逻辑函数表达式；

②化简逻辑函数式，得到最简表达式；

③根据化简后的逻辑函数式列出真值表；

④分析真值表，判断逻辑电路的功能。

简单来说，分析过程就是由逻辑图→逻辑式→真值表→得出逻辑功能的过程。

下面通过例题说明组合逻辑电路的分析过程。

【**例 11-11**】分析图 11-21 所示的组合逻辑电路。

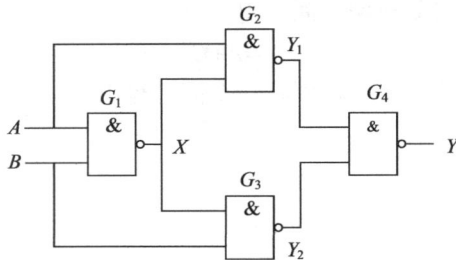

图 11-21

解：(1)由逻辑图写出逻辑式，并化简。

从输入端到输出端，依次写出各个门的逻辑式，最后写出输出变量 Y 的逻辑式

$$G_1 \text{门 } X=\overline{AB}$$

$$G_2 \text{门 } Y_1=\overline{\overline{AX}}=\overline{A\overline{AB}}$$

$$\text{G}_3 \text{ 门 } Y_2 = \overline{BX} = \overline{B\overline{AB}}$$

$$\text{G}_4 \text{ 门 } Y_3 = \overline{Y_1 Y_2} = \overline{\overline{A\overline{AB}} \ \overline{B\overline{AB}}} = \overline{\overline{A\overline{AB}}} + \overline{\overline{B\overline{AB}}} = A\overline{AB} + B\overline{AB}$$

$$= A\overline{AB} + B\overline{AB} = A(\overline{A} + \overline{B}) + B(\overline{A} + \overline{B})$$

$$= A\overline{A} + A\overline{B} + \overline{A}B + B\overline{B} = A\overline{B} + \overline{A}B$$

（2）由以上逻辑式列出真值表见表 11-11。

表 11-11

A	B	Y
0	0	0
0	1	1
1	0	1
1	1	0

（3）分析逻辑功能

根据真值表分析，当输入 A 和 B 相同时，输出为 0；当输入 A 和 B 不同时，输出为 1。由此可知，该电路为异或门电路。

【**例 11-12**】分析图 11-22 所示的组合逻辑电路。

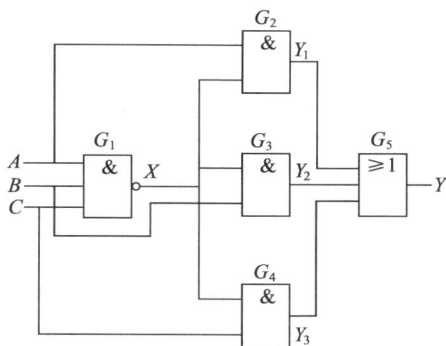

图 11-22

解：（1）由逻辑图写出逻辑式，并化简。

从输入端到输出端，依次写出各个门的逻辑式，最后写出输出变量 Y 的逻辑式

$$\text{G}_1 \text{ 门 } X = \overline{ABC}$$

$$\text{G}_2 \text{ 门 } Y_1 = AX = A\overline{ABC}$$

$$\text{G}_3 \text{ 门 } Y_2 = BX = B\overline{ABC}$$

$$\text{G}_4 \text{ 门 } Y_3 = BX = C\overline{ABC}$$

$$\text{G}_5 \text{ 门 } Y = Y_1 + Y_2 + Y_3 = A\overline{ABC} + B\overline{ABC} + C\overline{ABC}$$

$$=\overline{\overline{ABC}(A+B+C)}=\overline{\overline{ABC}}+\overline{\overline{(A+B+C)}}$$

$$=ABC+\overline{A}\overline{B}\overline{C}$$

（2）由以上逻辑式列出真值表见表 11-12。

表 11-12

A	B	C	Y
0	0	0	0
0	0	1	1
0	1	0	1
0	1	1	1
1	0	0	1
1	0	1	1
1	1	0	1
1	1	1	0

（3）分析逻辑

根据真值表分析，当输入变量 A、B、C 的值相同时，电路输出为 0；在其他情况下，电路输出为 1。因此，该电路为判定"不一致"电路。

11.4.2　组合逻辑电路的设计

组合逻辑电路的设计是指根据给出的实际逻辑问题，求解实现该逻辑功能的最简逻辑电路的过程。所谓"最简逻辑电路"是指所用器件数量最少、种类最少、并且器件之间的连接线最少。组合电路设计的一般步骤如下：

①逻辑抽象：确定输入、输出变量及其之间的因果关系；设定变量，并用英文字母表示输入和输出变量；进行状态赋值，即用 0 和 1 表示输入和输出变量。

②根据要求列出逻辑真值表。

③根据真值表写出逻辑函数式，并进行化简或转换成必要的形式。

④根据得到的逻辑函数式画出逻辑图。

由此可见，设计是分析的逆过程，即由逻辑功能要求→真值表→逻辑式→得出逻辑图的过程。以下通过例题说明组合逻辑电路的设计过程。

【例 11-13】试设计一个逻辑电路供三人表决使用。每人有一按键，如该人赞成则按键，表示 1；如果不赞成，则不按键，表示 0。表决结果用指示灯来表示，如果多数赞成，则指示灯亮为 1；反之则不亮为 0。

解：（1）设三个表决人员分别为 A、B、C 输入变量，表决结果为输出变量 Y。根据题意列出真值表，见表 11-13。

表 11-13

A	B	C	Y
0	0	0	0
0	0	1	0
0	1	0	0
0	1	1	1
1	0	0	0
1	0	1	1
1	1	0	1
1	1	1	1

（2）根据逻辑状态表，写出逻辑表达式。

$$Y = \bar{A}BC + A\bar{B}C + AB\bar{C} + ABC$$

（3）化简逻辑表达式

运用逻辑代数运算法则进行化简。

$$Y = \bar{A}BC + A\bar{B}C + AB\bar{C} + ABC$$

$$= \bar{A}BC + ABC + A\bar{B}C + ABC + AB\bar{C} + ABC$$

$$= BC(A + \bar{A}) + AC(B + \bar{B}) + AB(C + \bar{C})$$

$$= AB + BC + AC$$

（4）由逻辑式画出逻辑图

由化简后的逻辑式，画出逻辑图，如图 11-23 所示。

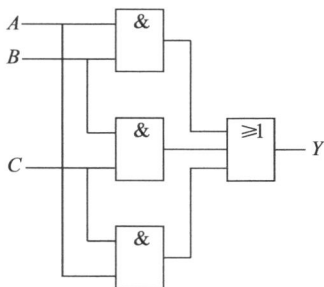

图 11-23

图 11-24 采用了与门和或门两种逻辑门，本例题也可只采用与非门构造电路。

$$Y = AB + BC + CA = \overline{\overline{AB + BC + CA}} = \overline{\overline{AB}\ \overline{BC}\ \overline{CA}}$$

由此式画出逻辑图，如图 11-24 所示。

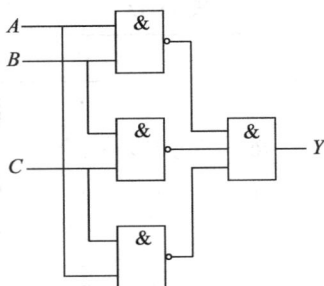

图 11-24

该电路仅使用与非门，从而减少了所需集成芯片的种类，如果是更复杂的电路，该方案能够有效降低成本。

【例 11-14】设计一个三变量奇偶检验器。要求：当输入变量 A、B、C 中有奇数个同时为 1 时，输出为 1，否则为 0，用与非门实现。

解：(1) 根据题意列出真值表，见表 11-14。

表 11-14

A	B	C	Y
0	0	0	0
0	0	1	1
0	1	0	1
0	1	1	0
1	0	0	1
1	0	1	0
1	1	0	0
1	1	1	1

(2) 根据逻辑状态表，写出逻辑表达式

$$Y = \bar{A}\bar{B}C + \bar{A}B\bar{C} + A\bar{B}\bar{C} + ABC$$

(3) 按照题意要求，用与非门构成逻辑

$$Y = \overline{\overline{\bar{A}\bar{B}C + \bar{A}B\bar{C} + A\bar{B}\bar{C} + ABC}}$$

$$= \overline{\overline{\bar{A}\bar{B}C} \cdot \overline{\bar{A}B\bar{C}} \cdot \overline{A\bar{B}\bar{C}} \cdot \overline{ABC}}$$

(4) 由逻辑式画出逻辑图

根据 (3) 得到的逻辑式，画出逻辑图，如图 11-25 所示。

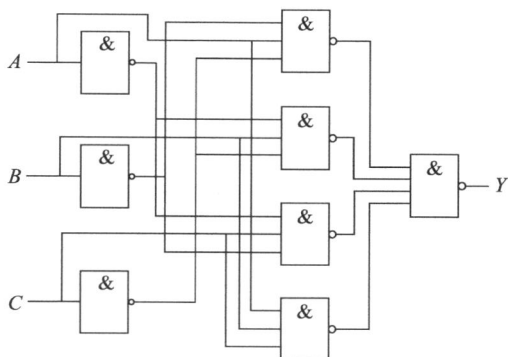

图 11-25

🧠 练习与思考

1. 简要叙述组合逻辑电路逻辑功能的描述方法。
2. 分析下图的逻辑功能。

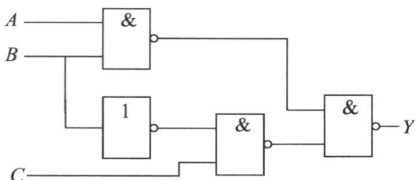

3. 设计一个监视交通信号灯工作状态的逻辑电路。正常工作情况下，必有一盏而且只能一盏灯点亮。其他情况都视为故障，并要求发出故障信号以提醒维护人员修理。

11.5　常用组合逻辑电路

在实际生活中，逻辑问题形式多样。然而，有些逻辑电路(功能)经常出现在各种数字电路中，为了提高使用便利性，人们将这些电路设计为集成的标准化产品，其中包括编码器、译码器、数据选择器、数据比较器、加法器等。

11.5.1　编码器

用数字或者某种文字、符号表示特定对象或者信号的过程称为编码(encode)。实现这一过程的电路称为编码器(encoder)，其主要功能是把输入的每一个高电平(或低电平)信号转换为对应的二进制代码。常见的编码器包括普通编码器和优先编码器两类。

（1）二进制编码器

N 位二进制符号有 2^N 种不同的组合，因此有 N 位输出的编码器可以表示 2^N 个不同的输入信号。通常，这种编码器被称为 2^N 线－N 线编码器。图 11-26 所示为 3 位二进制编码器。

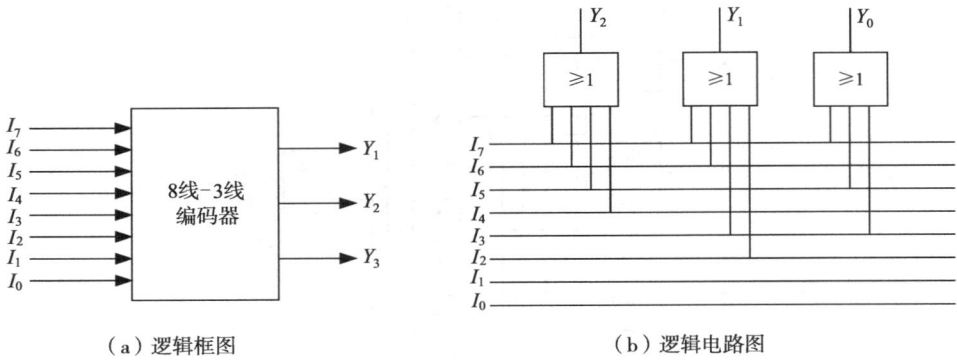

（a）逻辑框图　　　　　　　　　　　　　　（b）逻辑电路图

图 11-26　3 位二进制编码器

图中，$I_0 \sim I_7$ 为 8 个输入端，$Y_0 \sim Y_2$ 为 3 个输出端，因此该编码器被称为 8 线-3 线编码器。同理还有 4 线-2 线编码器和 16 线-4 线编码器等。在任何时刻，8 个输入端中仅允许一个输入端为高电平，并作为编码信号，8 线-3 线普通编码器的编码表见表 11-15。

表 11-15　3 位二进制编码器的编码表

输入								输出		
I_0	I_1	I_2	I_3	I_4	I_5	I_6	I_7	Y_2	Y_1	Y_0
1	0	0	0	0	0	0	0	0	0	0
0	1	0	0	0	0	0	0	0	0	1
0	0	1	0	0	0	0	0	0	1	0
0	0	0	1	0	0	0	0	0	1	1
0	0	0	0	1	0	0	0	1	0	0
0	0	0	0	0	1	0	0	1	0	1
0	0	0	0	0	0	1	0	1	1	0
0	0	0	0	0	0	0	1	1	1	1

由编码表得到输出表达式为

$$Y_0 = I_1 + I_3 + I_5 + I_7 = \overline{\overline{I_1 + I_3 + I_5 + I_7}} = \overline{\overline{I_1} \cdot \overline{I_3} \cdot \overline{I_5} \cdot \overline{I_7}}$$

$$Y_1 = I_2 + I_3 + I_6 + I_7 = \overline{\overline{I_2 + I_3 + I_6 + I_7}} = \overline{\overline{I_2} \cdot \overline{I_3} \cdot \overline{I_6} \cdot \overline{I_7}} \qquad (11\text{-}14)$$

$$Y_2 = I_4 + I_5 + I_6 + I_7 = \overline{\overline{I_4 + I_5 + I_6 + I_7}} = \overline{\overline{I_4} \cdot \overline{I_5} \cdot \overline{I_6} \cdot \overline{I_7}}$$

（2）二-十进制编码器

二-十进制编码器用于将十进制的十个数码(0，1，2，3，4，5，6，7，8，9)转换成二进制代码。输入为 0~9 十个数码，输出为对应的二进制代码。这种二进制代码称为二-十进制代码，简称 BCD 码。

由于输入有 10 个数码，需要 4 位二进制代码来表示。而 4 位二进制代码共有 16 种状态，其中任何 10 种状态都可以表示 0~9 十个数码，因此有多种选择方案，最常用的是 8421 编码方式。8421 编码方式是指在 4 位二进制代码的 16 种状态中选出前 10 种状态，表示 0~9 十个数码，剩余 6 种状态被舍弃，见表 11-16。

表 11-16　8421 码编码表

输入	输出			
十进制数	Y_3	Y_2	Y_1	Y_0
$0(I_0)$	0	0	0	0
$1(I_1)$	0	0	0	1
$2(I_2)$	0	0	1	0
$3(I_3)$	0	0	1	1
$4(I_4)$	0	1	0	0
$5(I_5)$	0	1	0	1
$6(I_6)$	0	1	1	0
$7(I_7)$	0	1	1	1
$8(I_8)$	1	0	0	0
$9(I_9)$	1	0	0	1

8421 码中的 8、4、2、1 分别代表各位的权重。例如，二进制代码 0101 表示

$$0×8+1×4+0×2+1×1=5$$

由编码表可以写出逻辑式：

$$\left.\begin{aligned}
Y_0 &= I_1+I_3+I_5+I_7+I_9 = \overline{\overline{I_1+I_3+I_5+I_7+I_9}} = \overline{\overline{I_1} \cdot \overline{I_3} \cdot \overline{I_5} \cdot \overline{I_7} \cdot \overline{I_9}} \\
Y_1 &= I_2+I_3+I_6+I_7 = \overline{\overline{I_2+I_3+I_6+I_7}} = \overline{\overline{I_2} \cdot \overline{I_3} \cdot \overline{I_6} \cdot \overline{I_7}} \\
Y_2 &= I_4+I_5+I_6+I_7 = \overline{\overline{I_4+I_5+I_6+I_7}} = \overline{\overline{I_4} \cdot \overline{I_5} \cdot \overline{I_6} \cdot \overline{I_7}} \\
Y_3 &= I_8+I_9 = \overline{\overline{I_8+I_9}} = \overline{\overline{I_8} \cdot \overline{I_9}}
\end{aligned}\right\} \tag{11-15}$$

（3）优先编码器

普通编码器只允许一个信号输入有效，如果两个或者更多输入信号同时有效，输出状态可能会出现混乱。在实际应用中，往往会有多个输入信号同时到达编码器，普通编码器因此缺乏实用性，解决的方法是采用优先编码器。

优先编码器允许同时输入多个控制信号。在设计时，优先编码器已确定了各输入信号的优先顺序。当多个信号同时输入时，编码器仅对优先级最高的输入信号进行编码，并输出对应的代码。以集成芯片二-十进制优先编码器 74LS147 为例，了解优先编码器的工作原理。表 11-17 为 74LS147 型优先编码器的编码表。

由表可知，74LS147 有 $\overline{I_1} \sim \overline{I_9}$ 九个输入变量，各输入信号按照 $\overline{I_9}$、$\overline{I_8}$、$\overline{I_7}$、$\overline{I_6}$、$\overline{I_5}$、$\overline{I_4}$、$\overline{I_3}$、$\overline{I_2}$、$\overline{I_1}$ 优先级逐渐降低，$\overline{Y_0} \sim \overline{Y_3}$ 为四个输出变量。输入和输出均为反变量，输入的反变量对低电平有效，即有信号时，输入为 0。输出的反变量组成反码，对应于 0~9 十个十进制数码。例如当 $\overline{I_9}=0$ 时，无论其他输入端是 0 或 1（低电平或高电平），输出端只对 $\overline{I_9}$ 编码，输出为 0110（原码为 1001），以此类推。当九个输入端都无输入信号，即都为高电平 1 时，输出为十进制数码 0 对应的二进制数 0000 的反码 1111。

表 11-17　74LS147 型优先编码器的编码表

输入									输出				
$\overline{I}_9$	$\overline{I}_8$	$\overline{I}_7$	$\overline{I}_6$	$\overline{I}_5$	$\overline{I}_4$	$\overline{I}_3$	$\overline{I}_2$	$\overline{I}_1$	$\overline{Y}_3$	$\overline{Y}_2$	$\overline{Y}_1$	$\overline{Y}_0$	$\overline{Y}_3\overline{Y}_2\overline{Y}_1\overline{Y}_0$
0	×	×	×	×	×	×	×	×	0	1	1	0	0110
1	0	×	×	×	×	×	×	×	0	1	1	1	0111
1	1	0	×	×	×	×	×	×	1	0	0	0	1000
1	1	1	0	×	×	×	×	×	1	0	0	1	1001
1	1	1	1	0	×	×	×	×	1	0	1	0	1010
1	1	1	1	1	0	×	×	×	1	0	1	1	1011
1	1	1	1	1	1	0	×	×	1	1	0	0	1100
1	1	1	1	1	1	1	0	×	1	1	0	1	1101
1	1	1	1	1	1	1	1	0	1	1	1	0	1110
1	1	1	1	1	1	1	1	1	1	1	1	1	1111

图 11-27 所示是 74LS147 型优先编码器的逻辑图，按下某个按键，输入相应的十进制数码。例如按下 S_6 键，输入 6，即 $\overline{I}_6=0$，输出为 0110；按下 S_8 键，输入 8，即 $\overline{I}_8=0$，输出为 1000。

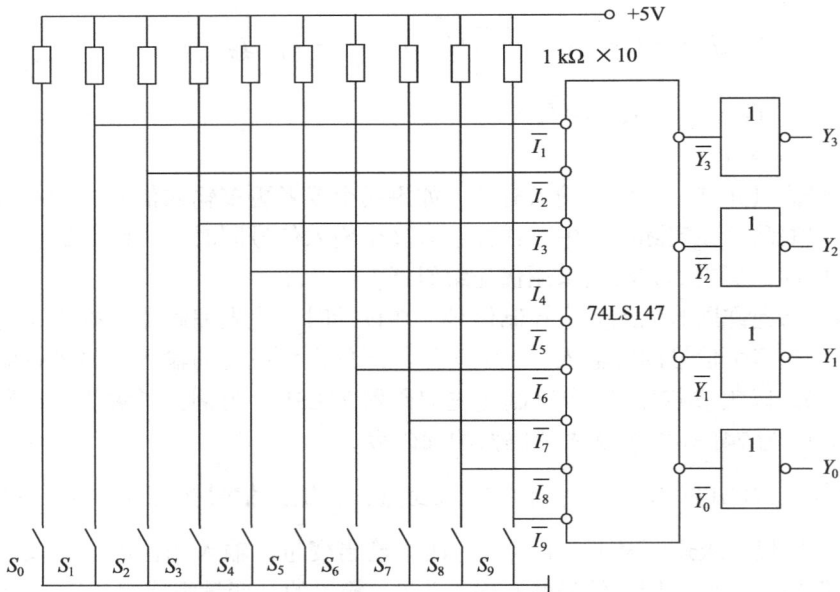

图 11-27　74LS147 型优先编码器逻辑图

11.5.2　译码器

将具有特定含义的二进制代码翻译成对应的输出信号，以表示该二进制代码所代表的含义，这一过程称为译码（decode）。译码和编码的过程相反，实现译码功能的组合电路称为译码器(decoder)。

（1）二进制译码器

二进制译码器又称 $n-2^n$ 线译码器，其输入信号是 n 位的二进制数，能够对应 2^n 个输出状态。二进制译码器需要 n 条输入线和 2^n 条输出线，通过输出线电平的高低来表示输入的二进制数。根据输入线和输出线的数量，二进制译码器又分为 2 线–4 线、3 线–8 线、4 线–16 线译码器等。以 3 线–8 线译码器 74LS138 为例来说明译码器的工作原理。

图 11-28 为 3 线–8 线译码器 74LS138 的逻辑图。

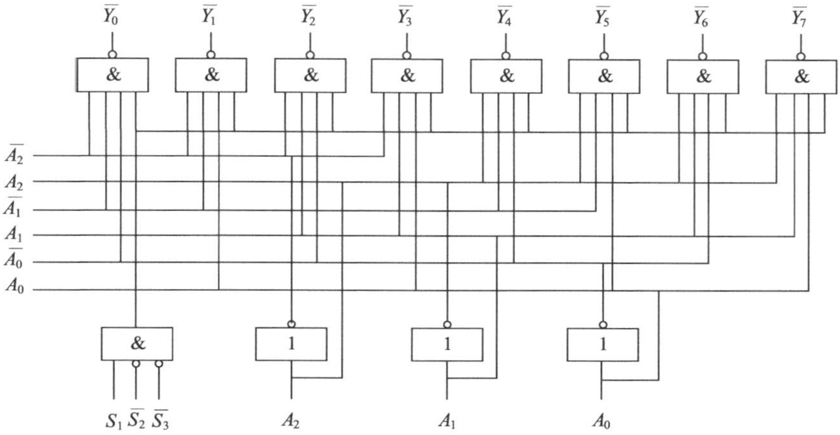

图 11-28　74LS138 型译码器逻辑图

输入端 A_2、A_1、A_0 为高电平有效，而输出端 $\overline{Y_0} \sim \overline{Y_7}$ 为低电平有效，S_1、$\overline{S_2}$、$\overline{S_3}$ 为输入控制端，又称为"片选"输入端。只有当 $S_1 = 1$，且 $\overline{S_2} = \overline{S_3} = 0$ 时，译码器才处于工作状态，否则译码器处于禁止状态，所有输出端均为高电平。利用输入控制端可以扩展译码器的功能。74LS133 型译码器功能表见表 11-18。

表 11-18　74LS138 型译码器的功能表

控制端		输入			输出							
S_1	$\overline{S_2}+\overline{S_3}$	A_2	A_1	A_0	$\overline{Y_0}$	$\overline{Y_1}$	$\overline{Y_2}$	$\overline{Y_3}$	$\overline{Y_4}$	$\overline{Y_5}$	$\overline{Y_6}$	$\overline{Y_7}$
0	×	×	×	×	1	1	1	1	1	1	1	1
×	1	×	×	×	1	1	1	1	1	1	1	1
1	0	0	0	0	0	1	1	1	1	1	1	1
1	0	0	0	1	1	0	1	1	1	1	1	1
1	0	0	1	0	1	1	0	1	1	1	1	1
1	0	0	1	1	1	1	1	0	1	1	1	1
1	0	1	0	0	1	1	1	1	0	1	1	1
1	0	1	0	1	1	1	1	1	1	0	1	1
1	0	1	1	0	1	1	1	1	1	1	0	1
1	0	1	1	1	1	1	1	1	1	1	1	0

由逻辑图和编码表可以写出，在控制端为有效的情况下，逻辑函数式为

$$
\left.\begin{array}{l}
\overline{Y_0} = \overline{A}\,\overline{B}\,\overline{C} = \overline{m_0} \\[6pt]
\overline{Y_1} = \overline{A}\,\overline{B}\,C = \overline{m_1} \\[6pt]
\overline{Y_2} = \overline{A}\,B\,\overline{C} = \overline{m_2} \\[6pt]
\overline{Y_3} = \overline{A}\,B\,C = \overline{m_3} \\[6pt]
\overline{Y_4} = A\,\overline{B}\,\overline{C} = \overline{m_4} \\[6pt]
\overline{Y_5} = A\,\overline{B}\,C = \overline{m_5} \\[6pt]
\overline{Y_6} = A\,B\,\overline{C} = \overline{m_6} \\[6pt]
\overline{Y_7} = A\,B\,C = \overline{m_7}
\end{array}\right\} \tag{11-16}
$$

由逻辑函数式可以看出 $\overline{Y_0} \sim \overline{Y_7}$ 对应输入端 A_2、A_1、A_0 的全部最小项，所以这种译码器称为最小译码器。利用译码器的这一特性，适当地附加逻辑门，可以实现任意形式的三变量组合逻辑函数。

（2）二–十进制显示译码器

在数字电路中，常常需要将测量和运算的结果直接用十进制数的形式显示出来，这时需要使用显示译码器。显示译码器能够将 BCD 码转换为能够驱动数码显示器的信号。

常用的数码显示器件包括辉光数码管、荧光数码管、液晶显示器以及发光二极管（LED）显示器等。下面以应用较广泛的半导体数码管为例，简要说明数字显示的原理。

半导体数码管是一种将电能转换成光能的发光器件，由七个发光二极管（$a \sim g$）组成，因此又称为七段数码管，通过控制不同 LED 发光，可以显示 0～9 十个十进制数码。七段数码管的结构及外引线排列如图 11-29 所示，其内部电路有共阴极和共阳极两种接法。采用共阴极接法时，七个发光二极管阴极一起接地，阳极加高电平的发光管发光；而在共阳极接法中，七个发光二极管的阳极一起接正电源，阴极加低电平的发光管发光。

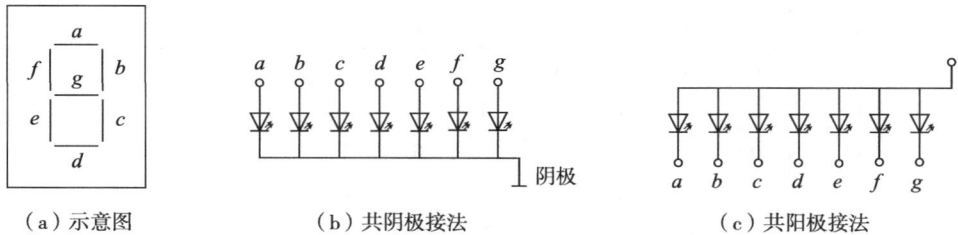

（a）示意图　　　　　　（b）共阴极接法　　　　　　（c）共阳极接法

图 11-29　七段数码管

除了数码显示器外，要实现显示功能，还需要使用显示译码器。下面以 74LS247 型七段显示译码器为例，介绍其功能。图 11-30 为 74LS247 型译码器的引脚排列图，图 11-31

为七段译码器和数码管的连接图。该显示译码器有四个输入端 A_3、A_2、A_1、A_0，采用 8421BCD 码，七个输出端 $\bar{a}\sim\bar{g}$ 连接半导体数码管的输入端。74LS247 型七段显示译码器的输出为低电平有效，即输出为 0 时灯亮，输出为 1 时灯灭。

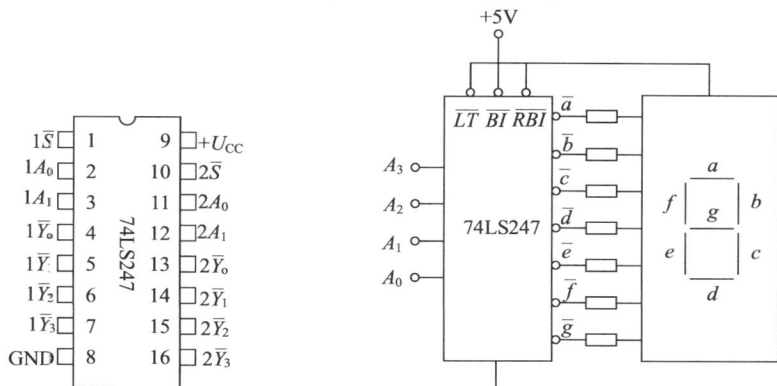

图 11-30　74LS247 型译码器引脚排列图　　图 11-31　七段译码器和数码管的连接图

表 11-19 为 74LS247 型译码器的功能表，其具体功能如下：

表 11-19　74LS247 型七段译码器的功能表

功能和十进制数	输入							输出							显示
	$\overline{LT}$	$\overline{RBI}$	$\overline{BI}$	A_3	A_2	A_1	A_0	$\bar{a}$	$\bar{b}$	$\bar{c}$	$\bar{d}$	$\bar{e}$	$\bar{f}$	$\bar{g}$	
试灯	0	×	1	×	×	×	×	0	0	0	0	0	0	0	8
灭灯	×	×	0	×	×	×	×	1	1	1	1	1	1	1	全灭
灭 0	1	0	1	0	0	0	0	1	1	1	1	1	1	1	灭 0
0	1	1	1	0	0	0	0	0	0	0	0	0	0	1	0
1	1	×	1	0	0	0	1	1	0	0	1	1	1	1	1
2	1	×	1	0	0	1	0	0	0	1	0	0	1	0	2
3	1	×	1	0	0	1	1	0	0	0	0	1	1	0	3
4	1	×	1	0	1	0	0	1	0	0	1	1	0	0	4
5	1	×	1	0	1	0	1	0	1	0	0	1	0	0	5
6	1	×	1	0	1	1	0	1	1	0	0	0	0	0	6
7	1	×	1	0	1	1	1	0	0	0	1	1	1	1	7
8	1	×	1	1	0	0	0	0	0	0	0	0	0	0	8
9	1	×	1	1	0	0	1	0	0	0	0	1	0	0	9

①试灯输入端 $\overline{LT}$：检验数码管的七段是否正常工作，当 $\overline{LT}=0$，$\overline{BI}=1$ 时，无论 $A_3 \sim A_0$ 状态为何，$\bar{a} \sim \bar{g}$ 均输出低电平，数码管的 7 个字段全亮，显示数字"8"；

②灭灯输入端 $\overline{BI}$：当 $\overline{BI}=0$，无论其他输入状态为何，$\bar{a} \sim \bar{g}$ 均输出高电平，数码管的 7 个字段全灭，无显示；

③灭 0 输入端 $\overline{RBI}$：当 $\overline{LT}=\overline{BI}=1$，$A_3 \sim A_0$ 输入低电平，若 $\overline{RBI}=0$ 时，不显示"0"，若 $\overline{RBI}=1$ 时，则译码器正常输出，显示"0"；

④当 $\overline{LT}=\overline{BI}=1$，$A_3 \sim A_0$ 输入不全为 0 时，则无论 $\overline{RBI}$ 为何，译码器均正常工作。

11.5.3 数据选择器

在多路数据传送过程中，往往需要将多路数据中任意一路信号挑选出来，能实现这种逻辑功能的电路称为数据选择器(也称多路开关、多路选择器)。以双 4 选 1 数据选择器 74LS153 为例，说明其工作原理。

图 11-32 所示为 74LS153 型 4 选 1 数据选择器，D_3、D_2、D_1、D_0 为四个数据输入端，A_1 和 A_0 为选择控制信号，$\overline{S}$ 是使能端(低电平有效)，Y 是输出端。输出线的信号可以为四个输入数据中的任何一个，具体取决于数据选择控制信号 A_1 和 A_0。

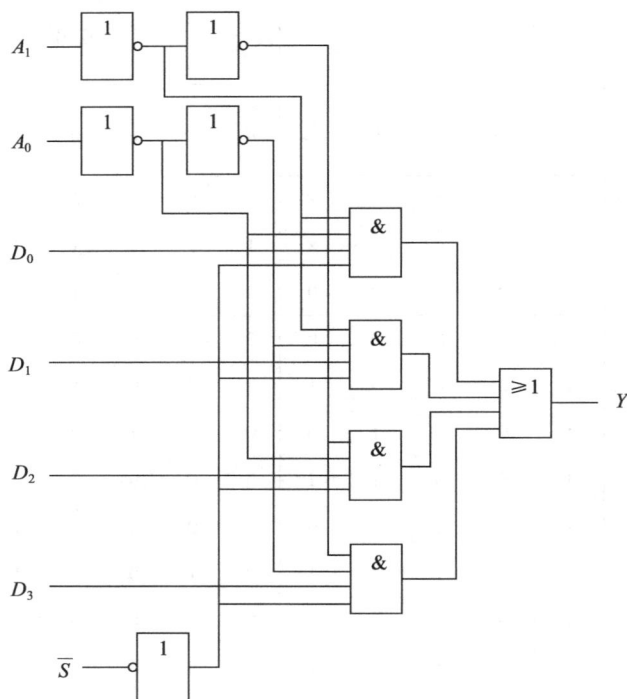

图 11-32　74LS153 型 4 选 1 数据选择器

按照逻辑功能要求，当 $A_1 A_0 = 00$ 时，$Y=D_0$；当 $A_1 A_0 = 01$ 时，$Y=D_1$；当 $A_1 A_0 = 10$ 时，$Y=D_2$；当 $A_1 A_0 = 11$ 时，$Y=D_3$，按照上述功能特点，可写出逻辑式：

$$Y = \sum_{i=0}^{3} m_i D_i = D_0 \overline{A_1}\ \overline{A_0} + D_1 \overline{A_1} A_0 + D_2 A_1 \overline{A_0} + D_3 A_1 A_0$$

由逻辑式列出数据选择器的功能表，见表 11-20。

表 11-20　74LS153 型数据选择器的功能表

输入			输出
$\overline{S}$	A_1	A_0	Y
1	×	×	0
0	0	0	D_0
0	0	1	D_1
0	1	0	D_2
0	1	1	D_3

11.5.4　加法器

在计算机中，二进制数的运算，无论是加减乘除，通常被分解为多个加法运算，因此二进制加法器是计算机数字系统中的基本部件之一。

加法器可分为 1 位加法器和多位加法器，其中多位加法器通常由多个 1 位加法器构成。1 位加法器又可分为半加器和全加器。

（1）半加器

半加器（half-adder）用于对两个 1 位二进制数进行相加运算，不考虑来自低位的进位。根据二进制加法运算规则，半加器的真值表见表 11-21。

表 11-21　半加器真值表

输入		输出	
A	B	S	CO
0	0	0	0
0	1	1	0
1	0	1	0
1	1	0	1

其中，A 和 B 为相加的两个数，S 为和数。根据真值表，可以写出输出 S 和 CO 的逻辑函数表达式

$$\left. \begin{array}{l} S = A\overline{B} + \overline{A}B = A \oplus B \\ CO = AB \end{array} \right\} \tag{11-17}$$

由真值表和逻辑表达式可知，半加器由一个异或门和一个与门组成，其逻辑图如图 11-33（a）所示，逻辑符号如图 11-33（b）所示。

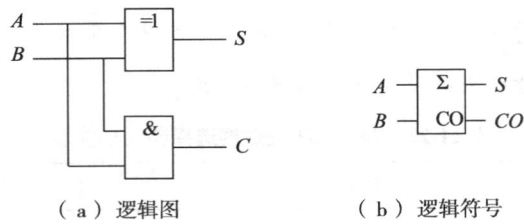

（a）逻辑图   （b）逻辑符号

图 11-33 半加器

（2）全加器

全加器(full-adder)是在半加器的基础上，进一步考虑来自低位进位的 1 位二进制数的加法运算电路。根据二进制加法运算规则，全加器的逻辑状态表见表 11-22。

表 11-22 全加器的逻辑状态表

输入			输出	
A	B	CI	S	CO
0	0	0	0	0
0	0	1	1	0
0	1	0	1	0
0	1	1	0	1
1	0	0	1	0
1	0	1	0	1
1	1	0	0	1
1	1	1	1	1

其中，A、B 是相加的两个数，CI 是来自低位的进位，S 是全加和数，CO 是相加后得到的进位数。由真值表可以写出输出 S 和 CO 的逻辑函数表达式：

$$\left.\begin{array}{l} S = \bar{A}\bar{B}CI + \bar{A}B\overline{CI} + ABCI = \bar{A}(B \oplus CI) + A(\overline{B \oplus CI}) = A \oplus B \oplus CI \\ CO = \bar{A}BCI + A\bar{B}CI + AB\overline{CI} + ABCI = AB + (A \oplus B)CI \end{array}\right\} \qquad (11\text{-}18)$$

由真值表和逻辑表达式可以画出全加器的逻辑图，如图 11-34(a)所示，逻辑符号如图 11-34(b)所示。

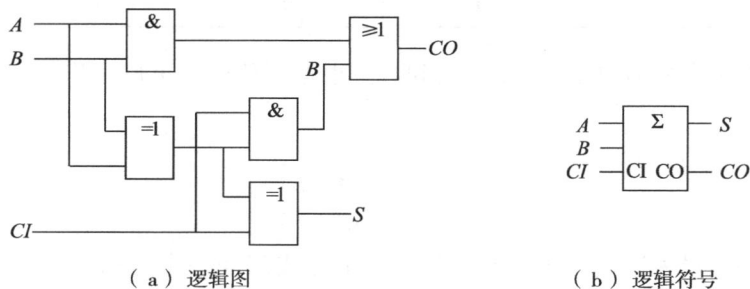

（a）逻辑图   （b）逻辑符号

图 11-34 全加器

（3）多位加法器

在多位二进制数相加时，每一位的运算都涉及进位，因而必须使用全加器。只需将低位全加器的进位输出端 CO 连接到高位全加器的进位输入端 CI，便可构成多位加法器。

图 11-35 是根据上述原理设计的 4 位串行加法器电路。在该电路中，每一位的相加结果必须等到前一位的进位产生以后才能确定，因此这种结构的电路被称为串行进位加法器。

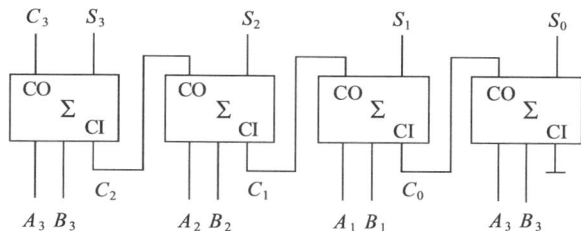

图 11-35　4 位串行进位加法器

图中，$A_3A_2A_1A_0$ 和 $B_3B_2B_1B_0$ 是两个 4 位二进制的加数，$S_3S_2S_1S_0$ 是 4 位和数，C_3、C_2、C_1、C_0 为由高到低的进位信号。

串行进位加法器最大的缺点是运算速度慢。以 4 位串行加法器为例，每次加法运算要经过 4 个全加器的传输延迟时间才能得到稳定的运算结果。位数越多，所需时间越长，即计算时间越慢。因此，串行进位加法器适合于运算速度要求不高的设备。

🧠 练习与思考

1. 什么是编码？什么是译码？
2. 二进制译码（编码）和二–十进制译码（编码）有何不同？
3. 试将双 4 选 1 数据选择器 74LS153 扩展为 8 选 1 的选择器。
4. 试用与非门组成半加器。

📚 习　题

一、选择题

1. 二进制数（100101）$_2$ 可转换为十进制数（　　）。

A.（52）$_{10}$ 　　　　　B.（37）$_{10}$ 　　　　　C.（36）$_{10}$ 　　　　　D.（15）$_{10}$

2. 十进制数（74）$_{10}$ 可转换为十六进制数（　　）。

A.（A4）$_{16}$ 　　　　　B.（5B）$_{16}$ 　　　　　C.（4A）$_{16}$ 　　　　　D.（3A）$_{16}$

3. 与 8421BCD 码 01100110 对应的十进制数是（　　）。

A. 102 　　　　　　　B. 66 　　　　　　　　C. 54 　　　　　　　　D. 78

4. 比较下列各数，最大数为（　　）。

A.（56）$_8$ 　　　　　　B.（00110101）$_2$ 　　　　C.（3A）$_{16}$ 　　　　　D.（01010111）$_{8421BCD}$

5. 习题图 11-1 所示门电路中，Y 恒为 0 的是（　　）。

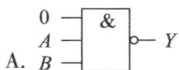　　　　　　

A.　　　　　　　　　B.　　　　　　　　　C.　　　　　　　　　D.

习题图 11-1

6. 某逻辑电路真值表见习题表 11-1，其函数 Y 的表达式是(　　　)。

A. $Y=\bar{A}$　　　　　B. $Y=\bar{B}$　　　　　C. $Y = A$　　　　　D. $Y = B$

习题表 11-1

A	B	Y
0	0	1
0	1	1
1	0	0
1	1	0

7. 下列逻辑式中，正确的逻辑公式是(　　　)。

A. $\overline{A}+\overline{B}=\overline{AB}$　　　　B. $\overline{A}+\overline{B}=\overline{A}\,\overline{B}$　　　　C. $\overline{A}+\overline{B}=\overline{A+B}$　　　　D. $\overline{A}+\overline{B}=AB$

8. 习题图 11-2 所示逻辑电路的逻辑式是(　　　)。

A. $Y=\overline{AB+C}$　　　　　B. $Y=\overline{(A+B)\,C}$　　　　　C. $Y=AB+C$

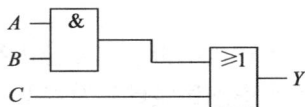

习题图 11-2

9. 卡诺图如习题图 11-3 所示，利用卡诺图化简后的 Y 表达式为(　　　)。

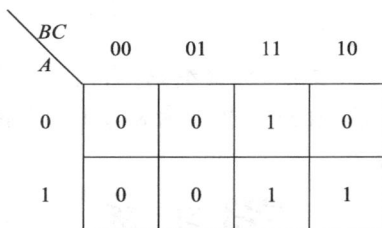

习题图 11-3

A. $Y=AB+AC$　　　　　B. $Y=AB+BC$　　　　　C. $Y=AC+BC$

10. 在习题图 11-4 所示三个逻辑电路中，能实现 $Y=(A+B)\cdot(C+D)$ 的是图(　　　)。

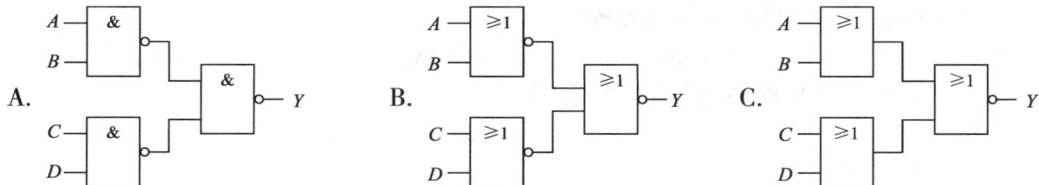

习题图 11-4

11. 某一译码器的逻辑状态表见习题表 11-2，判断是哪一种译码器(　　　)。

A. 四–十六译码器　　　　B. 三–八译码器　　　　C. 二–四译码器

习题表 11-2

输入		输出			
B	A	Y_0	Y_1	Y_2	Y_3
0	0	0	1	1	1
0	1	1	0	1	1
1	0	1	1	0	1
1	1	1	1	1	0

12. 七段显示译码器与共阳极 LED 数码管如习题图 11-5 所示，若 $abcdefg$ 的状态为 0000110，所显示的字形为(　　)。

A. 2　　　　　　　　B. 3　　　　　　　　C. E　　　　　　　　D. 5

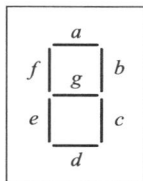

习题图 11-5

二、分析计算题

1. 将下列十进制数转换成二进制数、八进制数、十六进制数：

（1）$(12)_{10}$；（2）$(0.25)_{10}$；（3）$(36.125)_{10}$。

2. 将下列二进制数转换成十进制数、八进制数、十六进制数：

（1）$(10100110)_2$；（2）$(0.11100110)_2$；（3）$(1011.0101)_2$。

3. 试证明下列逻辑恒等式：

（1）$A\bar{B}+B+\bar{A}B=A+B$；

（2）$(A+\bar{C})(B+D)(B+\bar{D})=AB+B\bar{C}$；

（3）$ABC+\bar{A}+\bar{B}+\bar{C}=1$；

（4）$\overline{(\bar{A}+B)}+\overline{(A+\bar{B})}+\overline{(\bar{A}\bar{B})}\cdot\overline{(AB)}=1$。

4. 用逻辑代数运算法则化简下列各式：

（1）$Y=A\bar{C}\bar{D}+BC+\bar{B}D+A\bar{B}+\bar{A}C+\bar{B}\bar{C}$；

（2）$Y=A\bar{B}\bar{C}+\bar{A}\bar{B}+\bar{A}D+C+BD$；

（3）$Y=(A\bar{B}+\overline{\bar{A}B}\cdot C+A\bar{B}C)(AD+BC)$。

5. 用卡诺图法化简下列逻辑函数：

（1）$Y=\bar{B}\bar{C}+A\bar{B}+AB+B\bar{C}$；

（2）$Y=\bar{A}\bar{B}C\bar{D}+\bar{A}BC\bar{D}+A\bar{B}\bar{C}\bar{D}+AB\bar{C}\bar{D}$；

（3）$Y=\bar{A}\bar{B}\bar{C}+\bar{A}C\bar{D}+A\bar{B}C\bar{D}+A\bar{B}\bar{C}$。

6. 已知逻辑电路如习题图 11-6 所示，试写出逻辑表达式。

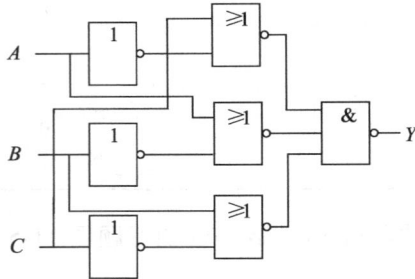

习题图 11-6

7. 已知逻辑电路如习题图 11-7 所示，试写出逻辑表达式并进行化简。

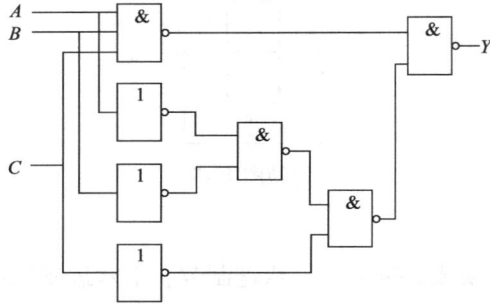

习题图 11-7

8. 某逻辑关系的真值表见习题表 11-3，写出 Y 的逻辑表达式并化简，并根据化简后的表达式画出逻辑图。

习题表 11-3

输入			输出
A	B	C	Y
0	0	0	1
0	0	1	0
0	1	0	1
0	1	1	0
1	0	0	1
1	0	1	0
1	1	0	0
1	1	1	0

9. 试分析习题图 11-8 所示电路的逻辑功能。

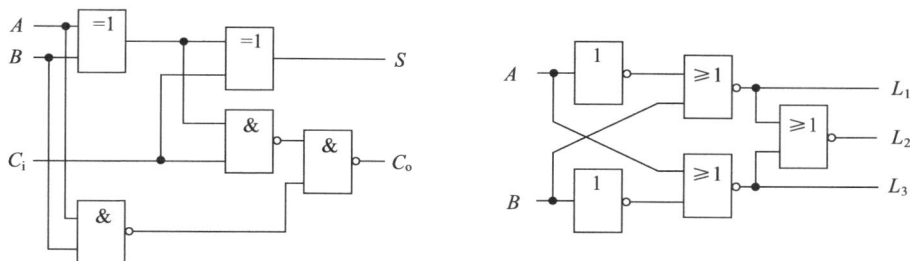

习题图 11-8

10. 试分析习题图 11-9 所示电路的逻辑功能。

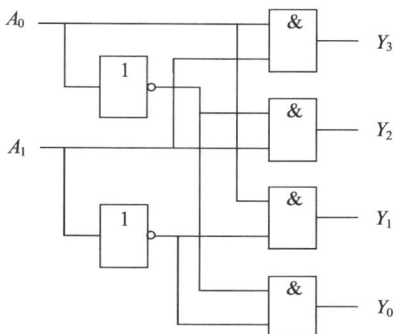

习题图 11-9

11. 汽车现在越来越普及，其安全性能也越来越好，在一些情况下会发出报警信号。如果某品牌车型的说明书已丢失，仅有如习题图 11-10 所示的报警逻辑电路，能否分析出汽车的报警规则。

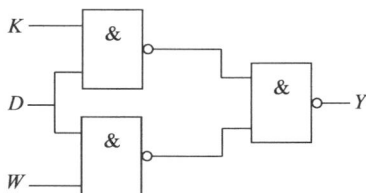

习题图 11-10

K—钥匙　D—车门　W—车窗　Y—警报器

12. 试用与非门设计一个楼上、楼下开关的控制逻辑电路，控制楼梯上的路灯，使之在上楼前，用楼下开关打开电灯，上楼后，用楼上开关关灭电灯；或者在下楼前，用楼上开关打开电灯，下楼后，用楼下开关关灭电灯。

13. 有一 T 形走廊，在相会处有一路灯，在进入走廊的 A、B、C 三地各有控制开关，都能独立进行控制。任意闭合一个开关，灯亮；任意闭合两个开关，灯灭；三个开关同时闭合，灯亮。设 A、B、C 代表三个开关（输入变量）；Y 代表灯（输出变量）。请设计能实现上述功能的逻辑电路。

14. 假设某火车站有高铁、特快和普快三种列车进站，试用与非门和反相器设计一个指示列车等待进站的逻辑电路。3 个指示灯 0、1、2 号分别对应高铁、特快和普快，指示灯亮的优先级别依次为高铁、普快和慢车。某一时刻只能有一趟列车进站，即只能有一个指示灯亮。

15. 试用 2 输入与非门设计一个 3 输入的组合逻辑电路。当输入的二进制码小于 3 时，输入为 0；输入大于等于 3 时，输出为 1。

16. 用 3 线-8 线译码器 74LS138 实现逻辑函数 $Y=AB+AC+BC$。

17. 习题图 11-11 所示是一个计数-译码-显示系统，计数器为二-十进制计数器，初始状态 $Q_3Q_2Q_1Q_0$ 为 0000，显示器件采用共阴极数码管，若计数器输入 9 个脉冲，试确定

(1) $Q_3Q_2Q_1Q_0$ 的状态；

(2) $abcdefg$ 的状态；

(3) 数码管显示的字符。

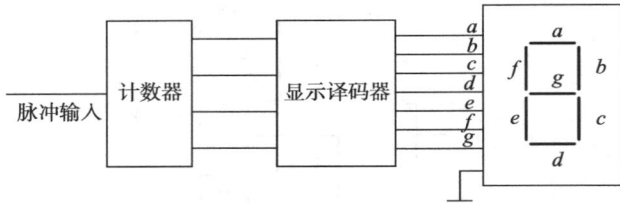

习题图 11-11

18. 现有六个 1 位全加器如习题图 11-12 所示，试设计两个 6 位二进制数加法运算电路，画出电路图；若两个 6 位二进制数分别 $A = 100011$、$B = 001101$，该电路的输出是什么？

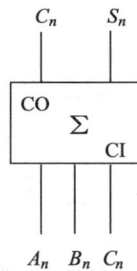

习题图 11-12

第 12 章 触发器和时序逻辑电路

本章介绍触发器及由其组成的时序逻辑电路。时序逻辑电路与组合逻辑电路的区别在于：组合逻辑电路的输出状态仅仅取决于当前时刻的输入状态，即当输入信号发生改变时，输出状态马上随之改变；而时序逻辑电路的输出状态不仅取决于当前时刻的输入状态，还与电路原来的状态有关，因此具有记忆功能。常见的时序逻辑电路包括寄存器、计数器等。

12.1 触发器

触发器(flip-flop)是一种具有记忆功能的逻辑单元电路，一个触发器能够存储一位二进制码。触发器具有以下特点：

① 具有两个能够自保持的稳定状态(0 态和 1 态)，因此又称为双稳态触发器。

② 在输入信号的作用下，可以实现 0 和 1 两种稳定状态之间的转换。当输入信号消失后，触发器可以保持原状态不变。

12.1.1 基本 RS 触发器

基本 RS 触发器是各类触发器的基本电路结构，也是构成其他类型触发器的基础。

（1）电路结构

将两个与非门 G_1 和 G_2 的输入端和输出端进行交叉连接，即构成基本 RS 触发器，其逻辑电路和逻辑符号如图 12-1 所示。每个门的输出都连接到另一个门的输入，构成了反馈回路，这是所有触发器的共同特征。

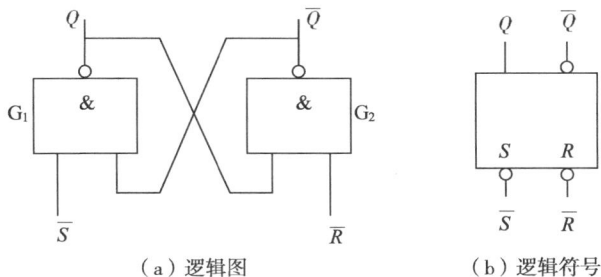

（a）逻辑图   （b）逻辑符号

图 12-1 基本 RS 触发器

基本 RS 触发器有两个输入端 $\bar{S}$ 和 $\bar{R}$，以及两个互补输出端 Q 和 $\bar{Q}$。正常工作时，两个输出端的逻辑状态互为相反。通常规定 Q 端的逻辑电平为触发器的状态，即当 $Q=0(\bar{Q}=1)$ 时，触发器处于 0 态；当 $Q=1(\bar{Q}=0)$ 时，触发器处于 1 态。

（2）工作原理

触发器在输入信号作用之前的状态称为原态，记为 Q^n；加上输入信号作用后新的状态称为次态，记为 Q^{n+1}。下面从四种情况分析基本 RS 触发器的功能。

① $\bar{R}=0$，$\bar{S}=1$。由于 $\bar{R}=0$，使得与非门 G_2 "有 0 出 1"，即 $\bar{Q}=1$。$\bar{Q}=1$ 通过反馈线送到 G_1 的一个输入端，这样与非门 G_1 两个输入端都为 1，G_1 "全 1 出 0"，即 $Q=0$。$Q=0$ 又反馈到 G_2 的一个输入端，这样即使 $\bar{R}$ 端的低电平消失，G_2 仍然处于"有 0 出 1"的状态，输出状态保持不变。这种情况下，无论触发器原态是 0 还是 1，次态都将是 0 态。这种功能称为置 0 或复位。

② $\bar{R}=1$，$\bar{S}=0$。与上面情况进行类似分析，无论触发器原态是 0 还是 1，次态都将是 1 态。这种功能称为置 1 或置位。

③ $\bar{R}=1$，$\bar{S}=1$。如果触发器的原态是 1，即 $Q=1$，$\bar{Q}=0$，则 G_2 "全 1 出 0"，G_1 "有 0 出 1"，次态仍为 1；如果触发器原态是 0，即 $Q=0$，$\bar{Q}=1$，则 G_1 "全 1 出 0"，G_2 "有 0 出 1"，次态仍为 0。可见，无论触发器原态是 0 还是 1，次态都将保持原态不变。这种功能称为保持或记忆。

④ $\bar{R}=0$，$\bar{S}=0$。G_1 和 G_2 都为"有 0 出 1"，$Q=\bar{Q}=1$，不符合输出端互补的逻辑。如果 $\bar{S}$ 和 $\bar{R}$ 同时变成 1，由于 G_1 和 G_2 两个门在实际工作中动作快慢的不确定性，下一时刻触发器有可能进入 0 态，也有可能进入 1 态。因此触发器的状态不定，应避免这种状态出现。

由上述分析，可以得到基本 RS 触发器的逻辑状态表，见表 12-1。

表 12-1 基本 RS 触发器的逻辑状态表

$\bar{R}$	$\bar{S}$	Q	功能
0	1	0	置0
1	0	1	置1
1	1	不变	保持
0	0	×	禁用

在触发器的两个输入端 $\bar{R}$ 和 $\bar{S}$ 中，字母 R 和 S 分别代表复位（reset）和置位（set），字母上面的"–"代表低电平有效。$\bar{R}$ 称为复位端或置 0 端，$\bar{S}$ 称为置位端或置 1 端。

（3）电路特点

基本 RS 触发器的优点在于其结构比较简单，并且具有置0、置1 和保持功能。但同时也存在以下缺点：第一，输入端不能同时为 0，即触发器的输入存在约束条件；第二，输入信号直接控制触发器的输出状态，不方便实现对多个触发器的统一控制。

12.1.2　同步 *RS* 触发器

在时序电路中，通常有多个触发器，各触发器的动作速度不同，因此需要一个同步信号协调多个触发器的动作，该同步信号称为时钟脉冲(clock pulse，CP)。具有时钟脉冲控制的触发器称为司步触发器。

（1）电路结构

同步 *RS* 触发器的逻辑图和逻辑符号如图 12-2 所示。在同步 *RS* 触发器中，上面两个与非门 G_1 和 G_2 构成基本 *RS* 触发器，下面两个与非门 G_3 和 G_4 构成控制电路，*S* 和 *R* 是触发器的输入端，CP 是时钟脉冲控制端。

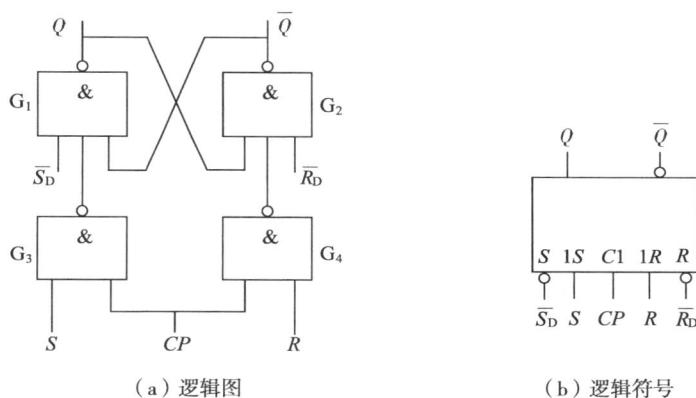

（a）逻辑图　　　　　　　　　（b）逻辑符号

图 12-2　同步 *RS* 触发器

（2）工作原理

电路中 $\bar{R}_D$ 和 $\bar{S}_D$ 分别称为直接置 0(复位)端和直接置 1(置位)端，它们不受时钟脉冲 *CP* 的控制，可以直接对触发器置 0 或置 1。$\bar{R}_D$ 和 $\bar{S}_D$ 通常用于工作前预置触发器的初始状态，正常工作时两者都处于高电平无效的状态。

当没有时钟脉冲时，$CP=0$，G_3 和 G_4 "有 0 出 1"，*R* 和 *S* 端不起作用，此时称 G_3 和 G_4 被封锁，触发器保持原态不变。

当时钟脉冲到来时，$CP=1$，此时 G_3 和 G_4 被打开，并且可以分别看成输入为 *S* 和 *R* 的非门，*S* 和 *R* 的状态决定了触发器的输出。此时的同步 *RS* 触发器可以视为在基本 *RS* 触发器输入端增加了非门，所以同步 *RS* 触发器为高电平有效。

同步 *RS* 触发器的逻辑状态见表 12-2。

表 12-2　同步 RS 触发器的逻辑状态表

CP	R	S	Q	功能
0	×	×	不变	保持
1	1	0	0	置0
1	0	1	1	置1
1	0	0	不变	保持
1	1	1	×	禁用

（3）电路特点

在同步 RS 触发器中，CP 信号具有开启和封锁控制电路的作用，只有 CP=1 时，触发器才能接收输入信号，并且输出会随之改变，解决了基本 RS 触发器中缺少控制端的问题。

然而，在整个 CP=1 的时间内，同步 RS 触发器的输出状态都有可能随输入状态改变，这种触发方式称为电平触发。其主要缺点是，在一个 CP 的有效期内，触发器可能会发生多次翻转，这一现象称为空翻，导致触发器抗干扰能力较差。另外，同步 RS 触发器仍然存在不可用的状态。

【例 12-1】已知图 12-2 中的同步 RS 触发器的输入 S、R 和时钟脉冲 CP 的波形如图 12-3（a）所示，设触发器初始状态是 0，试画出输出端 Q 的波形。

解：同步 RS 触发器的输出只能在 CP=1 的时间内发生变化，CP=0 时保持不变。在第一个 CP=1 时间内，开始时输入端 S=1、R=0，输出端置 1；随后变为 S=0、R=0，输出端保持 1 态不变；再随后变为 S=0、R=1，输出端置 0；在第二个 CP=1 时间内，开始时输入端 S=0、R=0，输出端保持 0 态不变；随后 S=0、R=1，输出端置 0；再随后 S=0、R=0，输出端保持 0 态不变；最后 S=1、R=0，输出置 1。由此可以画出输出端 Q 的波形如图 12-3（b）所示。

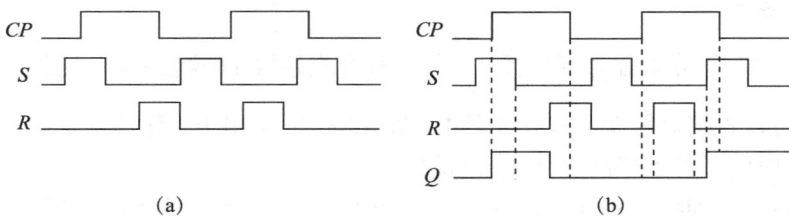

(a)　　　　　　　　　(b)

图 12-3

12.1.3　JK 触发器

JK 触发器是一种功能比较完善、应用广泛的触发器。

（1）电路结构

图 12-4 是一个主从式 JK 触发器的逻辑图和逻辑符号，其内部由两个同步 RS 触发器串联而成，分别称为主触发器和从触发器。主、从触发器的时钟端分别由 CP 和 $\overline{CP}$ 控制，主触发器的输出信号作为从触发器的输入信号，即从触发器的输出状态由主触发器的状态

决定，因此称为主从式结构。$\overline{R}_D$ 和 $\overline{S}_D$ 是直接置 0 端和直接置 1 端。J 和 K 是信号输入端，它们与输出端反馈回来的 $\overline{Q}$ 和 Q 进行"与"运算后，作为主触发器的 S 端和 R 端，即

$$S = J\overline{Q}, \quad R = KQ \tag{12-1}$$

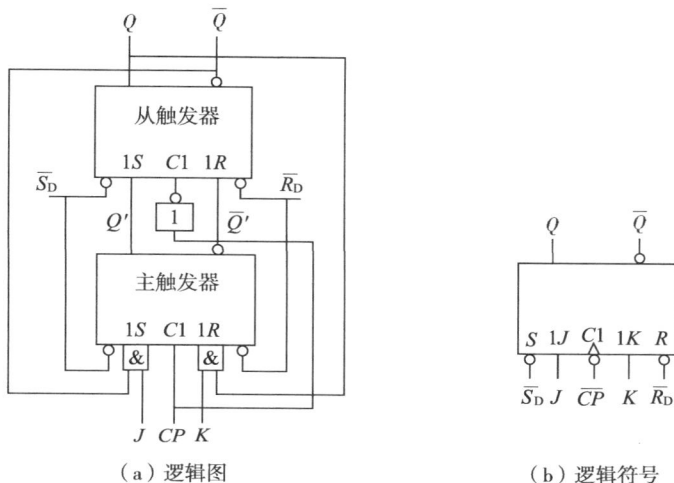

（a）逻辑图　　　　　　　（b）逻辑符号

图 12-4　*JK* 触发器

（2）工作原理

首先介绍上升沿和下降沿的概念。时钟脉冲 CP 由 0 跳变至 1 的时刻称为上升沿，由 1 跳变至 0 的时刻称为下降沿。

JK 触发器的主、从触发器受一对互补时钟控制，因此不能同时工作。在一个 CP 周期过程中，CP 由 0 变 1（上升沿）时，主触发器打开并接收 J、K 输入信号，而从触发器关闭，输出保持不变；$CP = 1$ 时，JK 触发器仍处于保持状态；CP 由 1 变成 0（下降沿）时，从触发器打开，输出状态随主触发器的状态发生改变；CP 变为 0 后，从触发器开启，主触发器关闭，J、K 端不起作用，触发器的输出保持不变。由此可见，在 CP 上升沿主触发器接收输入信号，只有在 CP 下降沿时，触发器的输出状态才可能发生变化。

下面分四种情况分析 JK 触发器的逻辑功能。

① $J = 0$，$K = 0$。两个与门的输出为 0，即主触发器的 S 和 R 都为 0，主触发器处于保持状态，CP 下降沿到来后触发器输出状态不变，触发器为保持功能。

② $J = 0$，$K = 1$。若触发器原态为 0，即 $Q = 0$，$\overline{Q} = 1$，主触发器 $S = J\overline{Q} = 0$，$R = KQ = 0$，主触发器保持，当下降沿到来后，JK 触发器保持 0 态；若触发器原态为 1，即 $Q = 1$，$\overline{Q} = 0$，主触发器 $S = J\overline{Q} = 0$，$R = KQ = 1$，主触发器输出 $Q' = 0$，$\overline{Q}' = 1$，当下降沿到来后，从触发器被置 0，因此 JK 触发器翻转为 0 态。由此可见，无论原态如何，CP 的下降沿到达后，触发器都为 0 态，触发器为置 0 功能。

③$J = 1$，$K = 0$。与上述情况类似，无论原态如何，CP 的下降沿到达后，触发器都为 1

态，触发器为置 1 功能。

为方便记忆，当 J 和 K 相异时，触发器的状态为"同 J"状态。

④$J=1$，$K=1$。主触发器 $S=J\bar{Q}=\bar{Q}$，$R=KQ=Q$。如果触发器原状态是 0，通过上式得到 $S=1$，$R=0$，则主触发器输出 $Q'=1$，当 CP 下降沿到来时，从触发器输出 $Q=1$，即触发器由 0 翻转为 1；如果触发器原状态是 1，有 $S=0$，$R=1$，则主触发器输出 $Q'=0$，当 CP 下降沿到来时，从触发器输出 $Q=0$，即触发器由 1 翻转为 0。可见每出现一个 CP 的下降沿，触发器就翻转一次，此时触发器为计数功能。

JK 触发器的逻辑状态表见表 12-3。

表 12-3　JK 触发器的逻辑状态表

J	K	Q_{n+1}	功能
0	1	0	置 0
1	0	1	置 1
0	0	Q_n	保持
1	1	$\bar{Q}_n$	计数

（3）电路特点

与前面介绍的两种触发器相比，JK 触发器的输入端没有约束条件，并且四种输入情况对应了四种功能，是一种全功能触发器。

主从式 JK 触发器在每个时钟周期内，输出端的状态只会改变一次，避免了空翻现象。提高了触发器工作的可靠性和抗干扰能力。然而，在 $CP=1$ 期间，输入信号可以影响主触发器的状态，因此主从触发方式要求在 CP 高电平期间，输入端 J、K 信号保持不变。在图 12-4 的 JK 触发器逻辑符号中，$C1$ 处的"$\wedge$"符号表示边沿处触发，小圆圈"o"表示下降沿触发。

【例 12-2】已知图 12-4 中的 JK 触发器的输入 J、K 和时钟脉冲 CP 的波形如图 12-5（a）所示，设触发器初始状态是 0，试画出输出端 Q 的波形。

解：主从 JK 触发器为下降沿触发，其他时刻保持不变，根据下降沿到来之前 J 和 K 的状态可以判断四个下降沿到来之后触发器的状态依次是置 0、置 1、翻转、保持，由此可以画出输出端 Q 的波形如图 12-5（b）所示。

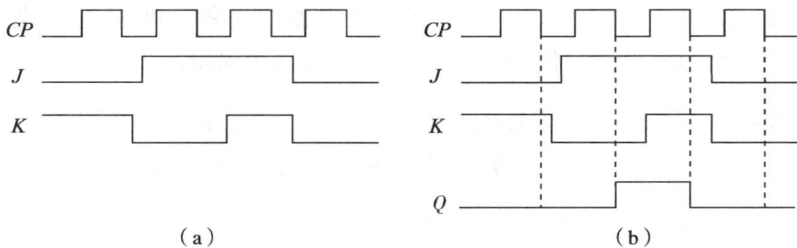

图 12-5

12.1.4　D 触发器

（1）电路结构

D 触发器也是一类应用广泛的触发器。图 12-6 是一种维持阻塞型 D 触发器，它由六个与非门构成，G_1 和 G_2 构成一个基本 RS 触发器，作为整个触发器的输出；G_3 和 G_4 构成时钟脉冲导引电路；G_5 和 G_6 作为触发器的信号输入。

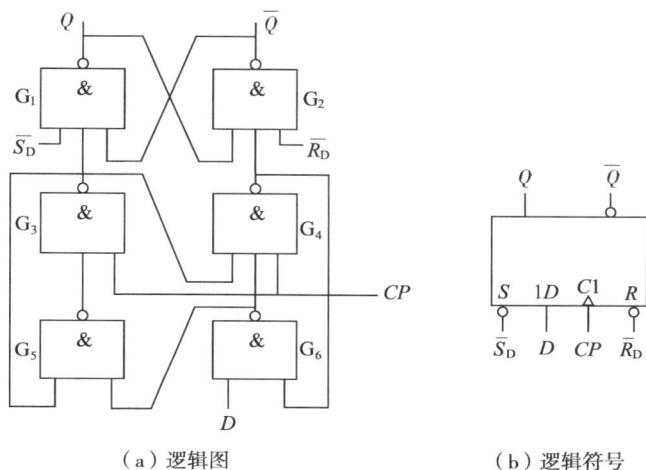

（a）逻辑图　　　　　　（b）逻辑符号

图 12-6　D 触发器

（2）工作原理

① $D=0$。当 $CP=0$ 时，G_3、G_4 和 G_6 都是"有 0 出 1"，使得 G_5"全 1 出 0"，G_3 和 G_4 输出的 1 使得触发器处于保持状态。当 CP 从 0 变为 1（上升沿），G_3、G_5 和 G_6 的输出状态保持不变，而 G_4 的输入变为全 1 状态而输出为 0，因此触发器置 0。当 $CP=1$ 时，G_4 输出的 0 反馈到 G_6 的输入端，将 G_6 封锁，使得 D 端输入不起作用，触发器输出保持不变。

② $D=1$。当 $CP=0$ 时，G_3 和 G_4"有 0 出 1"，使得 G_6"全 1 出 0"，这个 0 送到 G_5 输入端使得 G_5 输出为 1，G_3 和 G_4 输出的 1 使得触发器处于保持状态。当 CP 从 0 变为 1，G_3 的状态变为"全 1 出 0"，触发器被置 1。当 $CP=1$ 时，G_3 输出的 0 使得 G_4 和 G_5 被封锁，由于 G_6 的输出只连接到 G_4 和 G_5，G_6 也被封锁，D 端输入不起作用，触发器输出保持不变。

综上所述，当 CP 的上升沿到来之后，输出端 Q 的状态跟随输入端 D 的状态，其逻辑状态见表 12-4。

（3）电路特点

维持阻塞型 D 触发器的动作特点是：在 $CP=0$ 时，中间两个触发器构成的导引电路被封锁，信号无法输入；在 $CP=1$ 时，G_6 与非门被封锁，输入信号也不起作用。触发器仅在 CP 脉冲上升沿到达时接收输入信号，并根据 $Q_{n+1}=D$ 更新输出状态，使其具有良好的抗干扰性能。

从电路特性看，D 触发器只具有置 0 和置 1 的功能。然而，只需要通过简单的连线，就可以使其具有保持和计数的功能。

表 12-4　D 触发器的逻辑状态表

D	Q_{n+1}	功能
0	0	置 0
1	1	置 1

【例 12-3】 已知图 12-6 中的 D 触发器的输入 D 和时钟脉冲 CP 的波形如图 12-7(a)所示，设触发器初始状态是 0，试画出输出端 Q 的波形。

解： D 触发器为上升沿触发，根据上升沿到来之前 D 的状态可以判断两个上升沿到来之后触发器的状态依次是置 1、置 0，由此可以画出输出端 Q 的波形如图 12-7(b)所示。

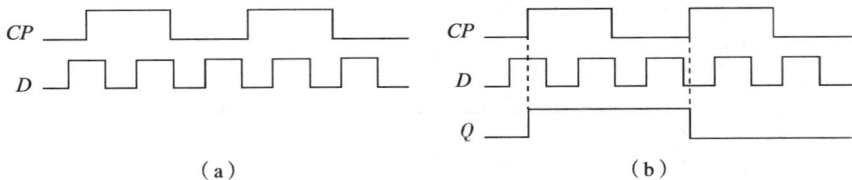

图 12-7

12.1.5　触发器逻辑功能的转换

根据实际需要，可以通过接线或附加门电路的方式，将一种触发器转换成另一种触发器。

（1）JK 触发器转换为 D 触发器

JK 触发器具有置 0、置 1、保持、翻转四种功能，D 触发器只有置 0 和置 1 功能。通过比较两者的逻辑状态转换表，可以将 JK 触发器的 J、K 输入端通过一个非门连接，从而将其转换为 D 触发器，如图 12-8 所示。

（2）JK 触发器转换为 T 触发器

首先介绍 T 触发器：T 触发器只有一个输入端 T。当 T=0 时，触发器为保持状态；当 T=1 时，触发器为计数状态。其逻辑状态表见表 12-5。

表 12-5　T 触发器的逻辑状态表

T	Q_{n+1}	功能
0	Q_n	保持
1	$\overline{Q}_n$	计数

比较 JK 触发器和 T 触发器的逻辑状态表可知，将 JK 触发器的 J、K 输入端直接相连作为输入端 T，即将其转换为 T 触发器，如图 12-9 所示。

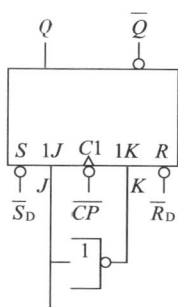

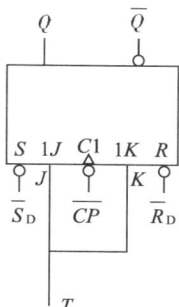

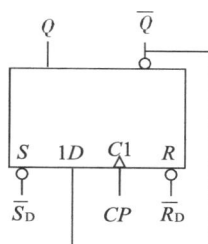

图 12-8　*JK* 触发器转换　　图 12-9　*JK* 触发器转换　　图 12-10　*D* 触发器转换
　　　为 *D* 触发器　　　　　　　　为 *T* 触发器　　　　　　　为 *T'* 触发器

（3）*D* 触发器转换为 *T'* 触发器

与 *T* 触发器相比，*T'* 触发器没有输入控制端。如果将 *T* 触发器的输入端 *T* 固定接 1，触发器只具有计数功能，即为 *T'* 触发器。

D 触发器的特点是输出端跟随输入端 *D* 的变化，因此将 *D* 触发器的输入端 *D* 连在 $\overline{Q}$ 端上，即可构成 *T'* 触发器，如图 12-10 所示。

🧠 **练习与思考**

1. 如果将图 12-1 中基本 *RS* 触发器中的两个与非门改成或非门，是否也能构成基本 *RS* 触发器？若可以，和图中触发器有什么区别？

2. 在同步 *RS* 触发器中，$\overline{R}_D$、$\overline{S}_D$ 和 *R*、*D* 有什么区别？

3. 在主从式 *JK* 触发器中，*CP* = 1 期间里输入信号的变化不会让主触发器多次翻转，但可能存在一次翻转，即 *Q* = 1 时触发器只接受置 0 输入信号，*Q* = 0 时主触发器只接受 1 输入信号，试对此进行分析。

4. 将 *JK* 触发器的 *J* 和 *K* 都悬空或接高电平，试分析此时 *JK* 触发器的功能。

5. 借助异或门可以将 *D* 触发器转换成 *T* 触发器，试尝试实现。

12.2　寄存器

触发器是构成时序逻辑电路的基本单元，寄存器和计数器是两类常见的时序逻辑电路。

本节首先介绍寄存器，寄存器是数字电路中用于存储数码和指令的器件，由具有存储功能的触发器构成。由于一个触发器能够存储一位二进制信息，因此 *N* 位寄存器需要 *N* 个触发器构成。按功能不同，寄存器可分为数码寄存器和移位寄存器。

12.2.1　数码寄存器

图 12-11 是由 *D* 触发器构成的四位数码寄存器，$D_3 \sim D_0$ 是待存储的数码输入端，$Q_3 \sim Q_0$

是数码读取端。$\overline{R}_D$ 是各触发器的直接置 0 端，$\overline{R}_D$ 输入低电平可以使各触发器输出清零，存取数码时应保持 $\overline{R}_D$ 为高电平状态。CP 是寄存指令的输入端，在 CP 无效时，各触发器输出保持原态。寄存指令 CP 到达后，$Q_3 \sim Q_0 = D_3 \sim D_0$，输入端的数码被寄存器存储。该寄存器在寄存和读取数码是四个端口同时进行的，故称为并行输入、并行输出寄存器。

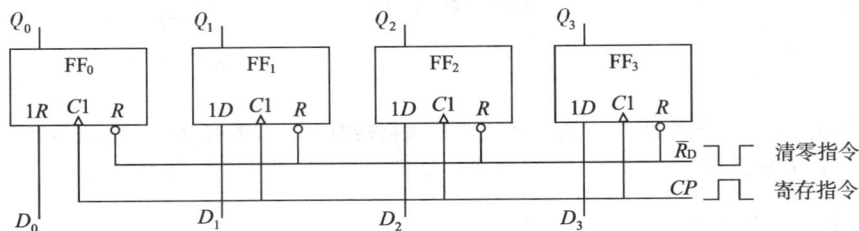

图 12-11　数码寄存器

12. 2. 2　移位寄存器

移动寄存器在计算机中应用广泛，它不但具有存储数码的功能，还能够在移位脉冲的作用下将存储的数据按顺序进行左移或右移。图 12-12 是由四个 D 触发器构成的右移寄存器，左侧触发器的输出作为相邻右侧触发器的输入，D_{SI} 为串行数据输入端，D_{SO} 为串行数据输出端。

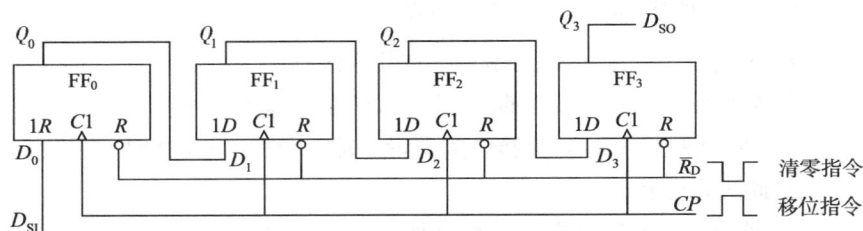

图 12-12　移位寄存器

工作时首先通过清零指令给输出置 0，即 $Q_0Q_1Q_2Q_3 = 0000$。假设待存储的四位数码为 1011，将其按高位到低位的顺序依次送至 D_{SI} 输入端。首先将最高位 1 输入至 D_0，则 $D_0D_1D_2D_3 = 1000$，第一个 CP 的上升沿到达后，$Q_0Q_1Q_2Q_3 = 1000$，1 被存储在 Q_0 处；然后将第二位数码 0 输入至 D_0，此时 $D_0D_1D_2D_3 = 0100$，第二个 CP 的上升沿到达后，$Q_0Q_1Q_2Q_3 = 0100$，存储的数码右移了一位；再将第三位数码 1 输入至 D_0，此时 $D_0D_1D_2D_3 = 1010$，第三个 CP 的上升沿到达后，$Q_0Q_1Q_2Q_3 = 1010$，存储的数码又向右移了一位；最后将第四位数码 1 输入至 D_0，此时 $D_0D_1D_2D_3 = 1101$，第四个 CP 的上升沿到达后，$Q_0Q_1Q_2Q_3 = 1101$。此时，可以通过 $Q_3 \sim Q_0$ 将四位数码并行输出。如果继续施加四个移位脉冲，数码将继续右移，并能通过 D_{SO} 端串行输出。右移寄存器的状态表见表 12-6。

表 12-6　移位寄存器状态表

CP	Q_0	Q_1	Q_2	Q_3
0	0	0	0	0
1	1	0	0	0
2	0	1	0	0
3	1	0	1	0
4	1	1	0	1

🧠 练习与思考

1. 寄存器存放和读取数码的方式有几种？
2. 试将图 12-12 中的右移寄存器改为左移寄存器。

12.3　计数器

计数器是计算机系统和数字电路中应用十分广泛的一类时序电路。计数器通过统计脉冲的数量，可以实现计数、分频、定时等功能。

计数器的种类很多，以下是几种常见的分类方法：

① 按时钟脉冲的控制方式分类，可以分为同步计数器和异步计数器。同步计数器中所有触发器的 CP 端连在一起，因此各触发器同步动作；异步计数器中各触发器的 CP 是单独的，因此它们的动作不同步。

② 按计数进制分类，可以分为二进制计数器、十进制计数器和任意进制计数器。

③ 按计数数值的增加分类，可以分为加法计数器、减法计数器和可逆计数器。

12.3.1　二进制计数器

（1）异步二进制计数器

图 12-13 是由 JK 触发器构成的四位异步二进制加法计数器，触发器 J、K 输入端悬空，相当于接高电平 1。CP 是计数脉冲的输入端，$Q_3 \sim Q_0$ 是计数器的输出端。表 12-7 是四位二进制加法计数器的逻辑状态表。计数器工作前，首先将输出清零，工作时，每接收到一个 CP 信号，输出 $Q_3 Q_2 Q_1 Q_0$ 便以二进制形式加 1。当第 16 个 CP 信号到来时，计数器超过最大计数范围，输出回到初始状态 0000。

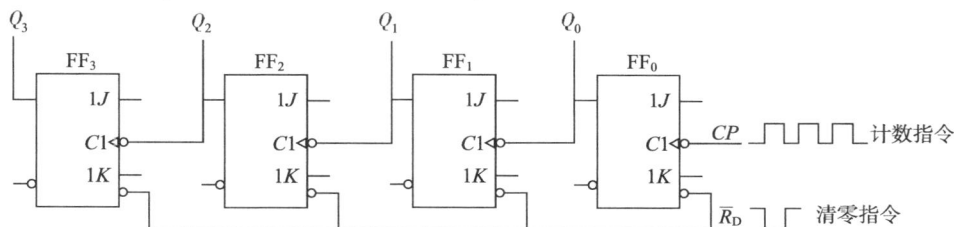

图 12-13　异步二进制加法计数器

由表 12-7 发现：每接收到一个 CP 信号，最低位触发器就翻转一次，因此FF$_0$ 的时钟控制端直接接 CP；而高位的三个触发器的翻转条件为其相邻的低位触发器由 1 变为 0，由于触发器为下降沿触发，所以 FF$_1$、FF$_2$ 和 FF$_3$ 的时钟控制端分别接在 Q_0、Q_1 和 Q_2 上。

表 12-7　二进制计数器状态表

CP	Q_3	Q_2	Q_1	Q_0	CP	Q_3	Q_2	Q_1	Q_0
0	0	0	0	0	9	1	0	0	1
1	0	0	0	1	10	1	0	1	0
2	0	0	1	0	11	1	0	1	1
3	0	0	1	1	12	1	1	0	0
4	0	1	0	0	13	1	1	0	1
5	0	1	0	1	14	1	1	1	0
6	0	1	1	0	15	1	1	1	1
7	0	1	1	1	16	0	0	0	0
8	1	0	0	0					

图 12-14 是异步二进制加法计数器的波形图。由图中可以看出，$Q_0 \sim Q_3$ 端的波形分别是 CP 信号的二分频、四分频、八分频和十六分频，因此计数器又具有分频器的功能。

如果对图 12-13 进行适当修改，FF$_0$ 的 CP 端仍然接 CP 信号，FF$_1$、FF$_2$ 和 FF$_3$ 的 CP 端分别接在 $\overline{Q}_0$、$\overline{Q}_1$ 和 $\overline{Q}_2$ 上，就可以构成四位二进制减法计数器。

异步二进制计数器的特点是，计数脉冲 CP 只作用于最低位触发器，其他触发器的 CP 端连接到相邻低位触发器的输出端，因此各触发器的动作是异步的。异步计数器的优点是结构简单，缺点是各触发器逐级翻转，因此工作速度较慢。

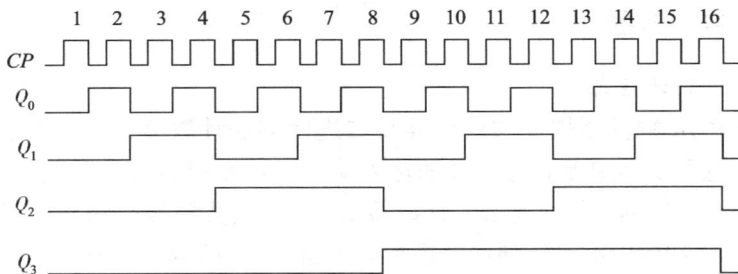

图 12-14　异步二进制加法计数器波形图

（2）同步二进制计数器

在异步计数器中，每个触发器的 J 和 K 都接 1，触发器处于翻转态，因此可以通过设计 CP 端的连线来控制每一位触发器的翻转；而在同步计数器中，各位触发器的 CP 端都接在计数脉冲上，因此需要通过设计 J、K 端的连线来控制触发器的翻转。

根据表 12-7 总结每个触发器的翻转条件：FF$_0$ 为每个 CP 信号翻转一次；FF$_1$ 为 $Q_0 = 1$

时，到达一个 CP 信号翻转一次；FF_2 为 $Q_0 = Q_1 = 1$ 时，到达一个 CP 信号翻转一次；FF_3 为 $Q_0 = Q_1 = Q_2 = 1$ 时，到达一个 CP 信号翻转一次。可以写出 J、K 端的逻辑表达式见表 12-8。

表 12-8　同步二进制计数器中各触发器翻转条件

触发器	翻转条件	J、K 端逻辑表达式
FF_0	每个 CP 翻转一次	$J_0 = K_0 = 1$
FF_1	$Q_0 = 1$	$J_1 = K_1 = Q_0$
FF_2	$Q_0 = Q_1 = 1$	$J_2 = K_2 = Q_1 Q_0$
FF_3	$Q_0 = Q_1 = Q_2 = 1$	$J_3 = K_3 = Q_2 Q_1 Q_0$

根据表 12-8 对每个触发器的 J、K 端进行连线，可以得到如图 12-15 所示的四位同步二进制加法计数器。同步计数器接线比异步计数器复杂，但由于各触发器同步动作，工作速度比异步计数器更快。

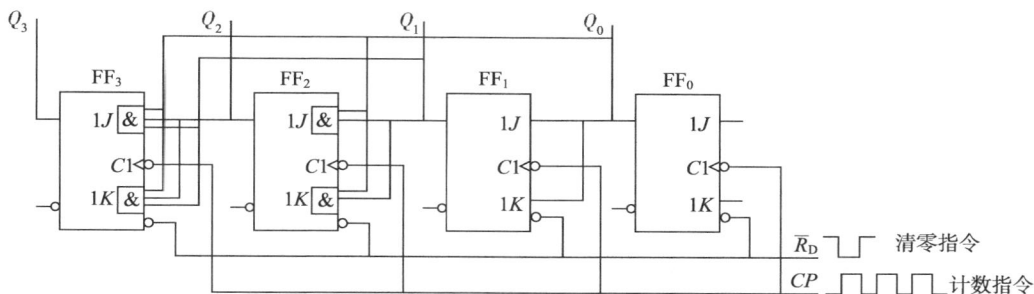

图 12-15　同步二进制加法计数器

下面介绍一种常见的四位同步二进制加法计数器集成电路 74LS161 芯片。图 12-16 是 74LS161 的逻辑图，其中 $D_3 \sim D_0$ 是预置数据输入端，$Q_3 \sim Q_0$ 是数据输出端，CET 和 CEP 是工作状态控制端，$\overline{CR}$ 是异步清零端，$\overline{LD}$ 是同步置数控制端，CP 是时钟脉冲控制端，CO 是进位输出端。其功能表见表 12-9。

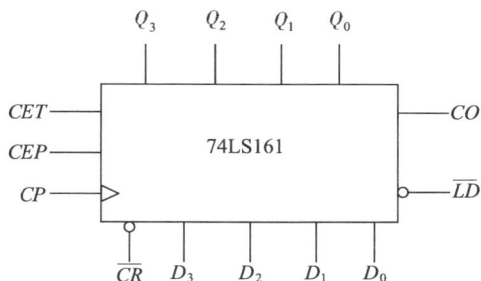

图 12-16　74LS161 逻辑图

表 12-9　74LS161 功能表

$\bar{R}_D$	CP	$\overline{LD}$	CET	CEP	工作状态
0	×	×	×	×	异步清零
1	↑	0	×	×	同步置数
1	↑	1	1	1	计数
1	×	1	0	×	保持
1	×	1	×	0	保持

74LS161 计数器功能如下：

① 异步清零功能。当 $\bar{R}_D = 0$ 时，输出立即置 0，不需要等待 CP 信号，因此称为异步清零，其优先权最高。

② 同步置数功能。当 $\bar{R}_D = 1$，$\overline{LD} = 0$ 时，在 CP 上升沿到达后，$Q_3 \sim Q_0$ 输出端被置为 $D_3 \sim D_0$ 的预置数据，由于置数过程需要和 CP 信号的同步，因此称为同步置数。

③ 保持功能。当 $\bar{R}_D = \overline{LD} = 1$ 时，若 CET 和 CEP 其中至少一个为低电平，输出保持不变。

④ 计数功能。当 $\bar{R}_D = \overline{LD} = 1$，$CET = CEP = 1$ 时，输出端对输入的 CP 脉冲数进行计数。

12.3.2　十进制计数器

二进制计数器的结构简单，但计数方式不符合日常习惯，因此在许多实际应用中需要使用十进制计数器。十进制计数器也分为同步和异步两大类。

（1）同步十进制计数器

十进制计数器的计数规则常用 8421BCD 码。在 8421BCD 码中，采用四位二进制数中的 0000~1001 表示十进制中 0~9 十个数码，跳过 1010~1111 七个状态，其状态转换表见表 12-10。可以看出，其计数原理与二进制计数器基本相同，只是计数状态到 1001 后，再到达一个计数脉冲，计数器回到 0000。因此在同步二进制计数器的基础上进行修改，就能得到同步十进制计数器。

第 1 个触发器FF$_0$ 仍然是每到达一个计数脉冲翻转一次，因此 $J_0 = K_0 = 1$。

第 2 个触发器FF$_1$ 为 $Q_0 = 1$ 时，再到达一个 CP 信号翻转一次，但在 $Q_3 = 1$ 后触发器状态不是翻转，而是置 0，因此 $J_1 = Q_0 \bar{Q}_3$，$K_1 = Q_0$。

第 3 个触发器FF$_2$ 仍然是 $Q_0 = Q_1 = 1$ 时，再到达一个 CP 信号翻转一次，因此 $J_2 = K_2 = Q_1 Q_0$。

第 4 个触发器FF$_3$ 为 $Q_0 = Q_1 = Q_2 = 1$ 时，再到达一个 CP 信号翻转一次，并在 1001 状态时，再到达一个 CP 信号输出清零，因此 $J_3 = Q_2 Q_1 Q_0$，$K_3 = Q_0$。

根据以上分析，得到同步十进制计数器的逻辑图如图 12-17 所示。

表 12-10　十进制计数器状态表

CP	Q_3	Q_2	Q_1	Q_0	CP	Q_3	Q_2	Q_1	Q_0
0	0	0	0	0	6	0	1	1	0
1	0	0	0	1	7	0	1	1	1
2	0	0	1	0	8	1	0	0	0
3	0	0	1	1	9	1	0	0	1
4	0	1	0	0	10	0	0	0	0
5	0	1	0	1					

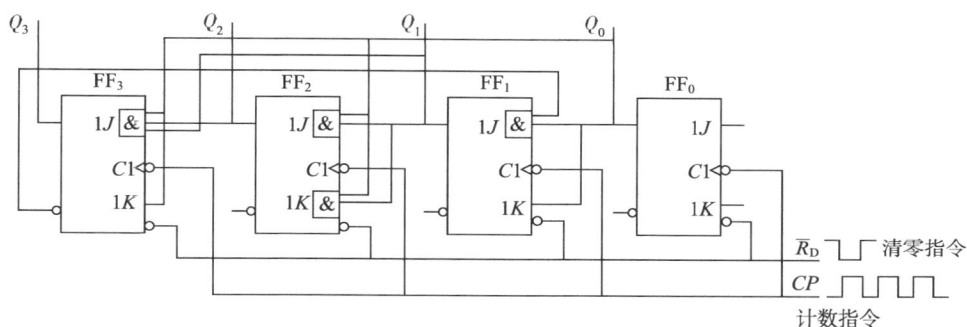

图 12-17　同步十进制加法计数器

（2）异步十进制计数器

图 12-18 是 74LS290 型异步二–五–十进制计数器的逻辑图。其功能见表 12-11，$S_{0(1)}$ 和 $S_{0(2)}$ 是置 9 端，当两者都为 1 时，输出端 $Q_3Q_2Q_1Q_0 = 1001$，即十进制数 9；$R_{0(1)}$ 和 $R_{0(2)}$ 是清零端，当两者都为 1 且 $S_{0(1)}$ 和 $S_{0(2)}$ 至少有一个为 0 时，输出端清零。CP_0 和 CP_1 是两个时钟脉冲端。

下面分析 74LS290 的工作状态：

① 只输入计数脉冲 CP_0，以 Q_0 为输出，不使用 FF_1、FF_2 和 FF_3 三个触发器，计数器为二进制计数。

② 只输入计数脉冲 CP_1，以 $Q_3Q_2Q_1$ 为输出，不使用 FF_0 触发器，计数器为五进制计数。

③ 在表 12-10 的十进制状态转换中，将 Q_0 和 $Q_3Q_2Q_1$ 分别分析，Q_0 为二进制计数，$Q_3Q_2Q_1$ 在 Q_0 从 0 变为 1 时保持不变，在 Q_0 从 1 变为 0 时计数，计数规律为五进制。因此将图 12-18 的 CP_1 连接到 Q_0，Q_0 的下降沿触发 $Q_3Q_2Q_1$ 动作，以 CP_0 为计数脉冲，可以构成 8421 码异步十进制计数器。

74LS290 不仅能实现二进制、五进制计数，还可以通过一根连线实现十进制计数，故称为二–五–十进制计数器。

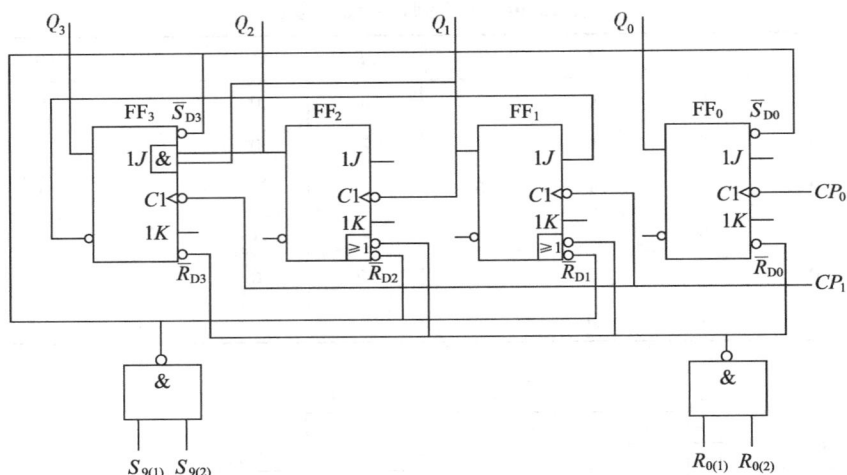

图 12-18 74LS290 逻辑图

表 12-11 74LS290 功能表

$S_{0(1)}$	$S_{0(2)}$	$R_{0(1)}$	$R_{0(2)}$	功能
1	1	×	×	置9
0	×	1	1	置0
×	0	1	1	
×	0	×	0	计数
0	×	0	×	
×	0	0	×	
0	×	×	0	

12.3.3 任意进制计数器

目前最常见的计数器形式是二进制和十进制，如果需要其他进制的计数器，可以在已有的二进制或十进制计数集成芯片上外接适当的反馈电路构成。

（1）反馈清零法

反馈清零法的工作原理是：当计数达到需要的状态后，能够自动满足计数器置 0 端有效的条件，强迫计数器清零，重新开启新一轮计数。假设原计数器最多有 N 种状态，利用反馈置 0 法可以得到小于 N 的任意进制计数器。例如，前面介绍的 74LS161 是一款四位同步二进制加法计数芯片，共有 16 种计数状态，因此利用一片 74LS161 可以得到 16 进制以内的任意进制计数器。同理，利用一片 74LS290 可以得到 10 进制以内的任意进制计数器。

下面介绍如何利用反馈清零法令 74LS290 实现五进制计数。五进制计数包含 0000～0101 五种状态，由于 74LS290 和 74LS161 的置 0 端都为异步清零，即不需要等待 CP 到达，清零指令有效即可立即清零。因此当 0110 状态出现时，令芯片的置 0 端出现有效信号，使计数器回到 0000 状态。由于异步清零的特点，0110 状态一出现计数器便回到 0000

状态，0110 状态转瞬即逝，并不是有效状态。图 12-19 是用 74LS290 实现五进制计数器的电路图，首先将 CP_1 连在 Q_0 上构成十进制计数器，然后将输出端 Q_2 和 Q_1 分别反馈到 $R_{0(1)}$ 和 $R_{0(2)}$ 置 0 端，当 0110 状态出现后，置 0 端 $R_{0(1)}$ 和 $R_{0(2)}$ 都是高电平有效，计数器立即清零，实现五进制计数。反馈清零法又称为异步清零法。

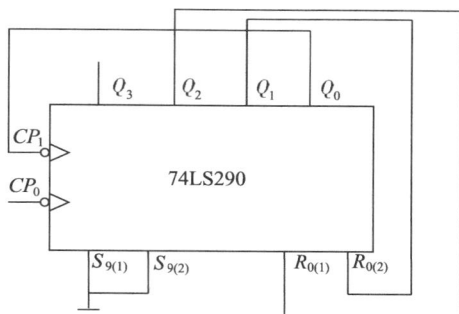

图 12-19　74LS290 反馈清零法构成五进制计数器

（2）反馈置数法

反馈置数法适用于具有置数功能的计数器，例如前面介绍的 74LS161。与置 0 端不同，74LS161 的置数端为同步置数端，即当有效的置数信号出现时，需要等待下一个 CP 信号到来后，才能完成置数。下面介绍如何利用 74LS161 实现五进制计数器。使用反馈置数法时，将预置数据输入端 $D_3 \sim D_0 = 0000$。在 0101 状态出现时，令计数器的置数端出现有效信号，由于同步置数的特点，在 0101 状态出现后再等待下一个 CP 信号出现之后计数器的输出才会变为预置的 0000 状态，因此 0101 状态作为一个完整的有效状态存在于计数循环中。图 12-20 是用 74LS161 实现五进制计数器的电路图。图中将输出端 Q_2 和 Q_0 通过一个与非门反馈到 $\overline{LD}$ 置数端，将 $D_3 \sim D_0$ 输入 0000，当 0101 状态出现后，$\overline{LD}$ 为低电平有效，等下一个 CP 信号到来后，计数器输出 $D_3 \sim D_0$ 预置的 0000，实现五进制计数。反馈置数法又称为同步置数法。

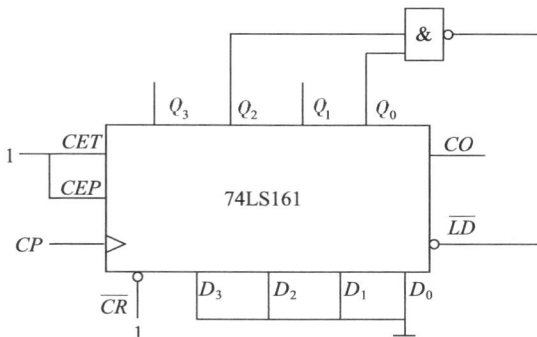

图 12-20　74LS161 反馈置数法构成五进制计数器

🧠 练习与思考

1. 如何用上升沿触发的 D 触发器构成四位异步二进制加法计数器和减法计数器？

2. 如何将图 12-13 中的异步二进制加法计数器改为减法计数器？

3. 使用 74LS161 分别采用反馈置 0 法和反馈置数法实现七进制计数器。

4. 用 74LS290 的反馈置 9 端可以实现七进制计数器吗？

12.4 555 定时器

555 定时器是一种模拟–数字混合的集成电路，其电路简单、应用灵活，在工业控制、定时、检测、报警等方面具有广泛的应用。

12.4.1 555 定时器工作原理

常用的 555 定时器有 TTL 型的 CB555 和 CMOS 型的 CC7555，二者的功能和引脚排列完全相同，下面以 CB555 为例进行介绍。图 12-21 是 CB555 的内部电路原理图，555 定时器名称的由来是因为它的输入端有三个 $5k\Omega$ 电阻构成的分压电路。此外，芯片内部还包括两个作电压比较器的集成运放、一个基本 RS 触发器、一个与非门、一个非门和一个放电三极管。

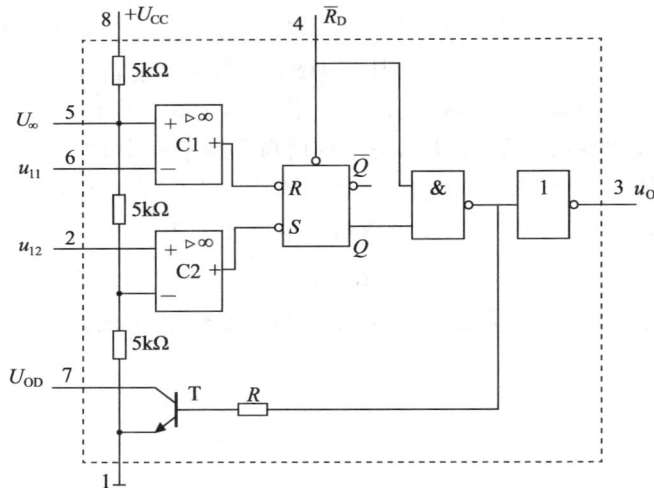

图 12-21 CB555 内部原理图

分压电路为两个电压比较器提供参考电压，C1 的同相输入端电压为 $2U_{CC}/3$，C2 的反相输入端电压为 $U_{CC}/3$。另外，也可通过 5 脚输入固定电压 U_{CO} 来提供参考电压，此时两个参考电压分别为 U_{CO} 和 $U_{CO}/2$。若不外加参考电压，则引脚 5 悬空。以下分析中假设引脚 5 悬空。

电压比较器的输出可以控制基本 RS 触发器的状态，进而控制输出端和三极管的状态。芯片的引脚 4 为基本 RS 触发器的直接置 0 端 $\overline{R}_D$，令 $\overline{R}_D = 0$ 可以直接将输出 u_O 置 0，不受其他输入的影响，正常工作时 $\overline{R}_D = 1$。

下面分析输入电压 u_{I1} 和 u_{I2} 不同情况时 CB555 的输出状态。

当 $u_{I1} > 2U_{CC}/3$，$u_{I2} > U_{CC}/3$ 时，C1 输出低电平 0，C2 输出高电平 1，基本 RS 触发器被置 0，经过与非门和非门后输出 u_O 为 0，三极管的基极为高电平而导通。

当 $u_{I1} < 2U_{CC}/3$，$u_{I2} < U_{CC}/3$ 时，C1 输出低电平 1，C2 输出高电平 0，基本 RS 触发器被置 1，经过与非门和非门后输出 u_O 为 1，三极管的基极为低电平而截止。

当 $u_{I1} < 2U_{CC}/3$，$u_{I2} > U_{CC}/3$ 时，C1 输出低电平 1，C2 输出高电平 1，基本 RS 触发器保持，输出端 u_O 和三极管的状态都保持不变。

总结 555 定时器的功能见表 12-12。

表 12-12　555 定时器功能表

$\overline{R}_D$	u_{I1}	u_{I2}	R	S	Q	u_O	T
0	×	×	×	×	×	0	导通
1	$> \dfrac{2}{3}U_{CC}$	$> \dfrac{1}{3}U_{CC}$	0	1	0	0	导通
1	$< \dfrac{2}{3}U_{CC}$	$< \dfrac{1}{3}U_{CC}$	1	0	1	1	截止
1	$< \dfrac{2}{3}U_{CC}$	$> \dfrac{1}{3}U_{CC}$	1	1	保持	保持	保持

12.4.2　由 555 定时器组成的单稳态触发器

双稳态触发器有 0 和 1 两个稳态，而单稳态触发器只有一个稳态和一个暂稳态。没有触发信号时，触发器处于稳态，在触发信号的作用下，触发器从稳态翻转为暂稳态，但过一段时间后自动返回稳态。

由 555 定时器构成的单稳态触发器如图 12-22(a)所示。555 定时器芯片外接了电阻 R 和电容 C，二者中间连接到 555 定时器的 6 脚和 7 脚。触发信号由 2 脚输入，为负脉冲。电压控制端 5 脚没有外加电压，通过 $0.01\mu F$ 电容接地，以防干扰。

单稳态触发器的工作波形如图 12-22(b)所示，其工作过程分析如下：

在 t_1 时刻之前，u_I 为高电平，电压比较器 C2 输出高电平 1。若 RS 触发器的原态 $Q = 0$，$\overline{Q} = 1$，三极管 T 导通，则 7 脚对地电压为三极管的饱和压降 $u_C \approx 0.3V$，7 脚和 6 脚相连，因此 C1 也输出高电平 1，触发器状态保持不变。若触发器原态 $Q = 1$，$\overline{Q} = 0$，三极管 T 截止，电源 U_{CC} 通过电阻对电容 C 充电，当电容两端电压 u_C 充到高于 $2U_{CC}/3$ 后，比较器 C1 输出 0，触发器置 0，即 $Q = 0$，$\overline{Q} = 1$，三极管随之导通，电容通过三极管回路放电，比较器 C1 输出 1，触发器又回到保持态。因此在接通电源后，电路中触发器自动处于 $Q = 0$ 状态，u_O 输出稳态 0。

在 t_1 时刻，触发脉冲 u_I 出现下降沿，低于 $U_{CC}/3$，C2 比较器输出 0，使得 RS 触发器置 1，即 $Q = 1$，$\overline{Q} = 0$。电路进入暂稳态，电路重复上面触发器原态为 $Q = 1$ 时的过程，即三极管截止→电容充电→电容电压高于 $2U_{CC}/3$→C1 输出 0→三极管导通→电容放电→C1 输出 1→触发器保持→回到稳态。

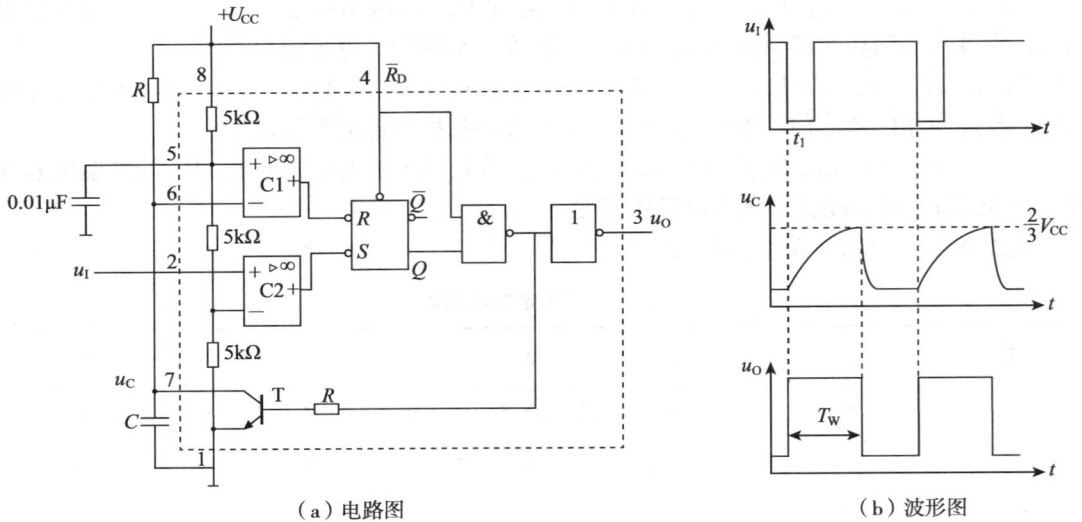

（a）电路图　　　　　　　　　（b）波形图

图 12-22　555 定时器构成的单稳态触发器

从图 12-22(b)可以看出，暂稳态的持续时间等于电容电压从 0 充到 $2U_{CC}/3$ 所需的时间，仅取决于 R 和 C 的取值，和触发脉冲的时间长短无关。输出的矩形脉冲宽度

$$T_W = RC\ln 3 = 1.1RC \tag{12-2}$$

12.4.3　由 555 定时器组成的多谐振荡器

多谐振荡器是一种无稳态电路，其特点是具有两个暂稳态。与单稳态触发器不同，多谐振荡器无需触发脉冲，电路输出状态能够以一定频率自动切换，因此是一种矩形脉冲发生器。由于矩形波含有丰富的多次谐波，故称为多谐振荡器。

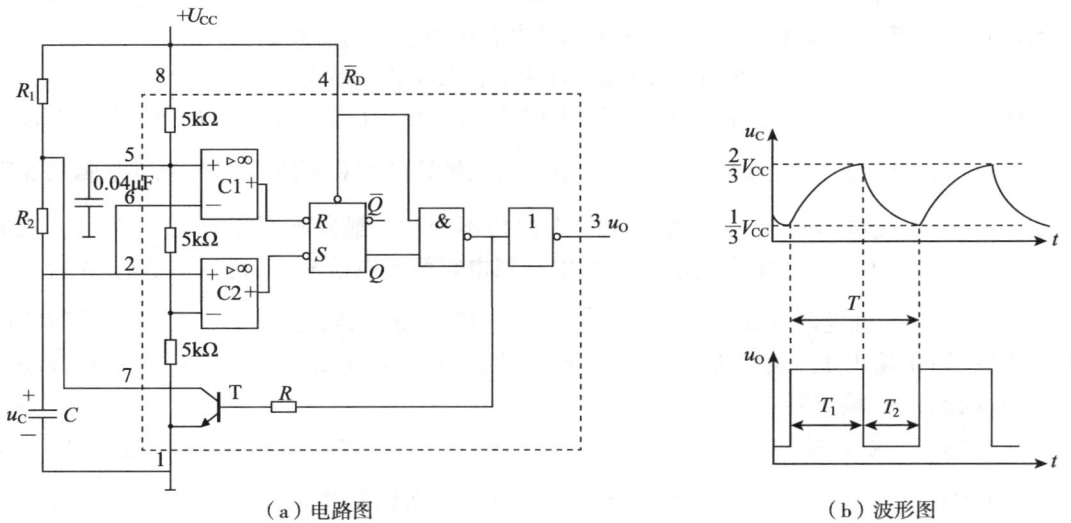

（a）电路图　　　　　　　　　（b）波形图

图 12-23　555 定时器构成的多谐振荡器

图 12-23（a）为 555 定时器构成的多谐振荡器。R_1、R_2 和 C 为外接元件，2 脚和 6 脚一起接在 R_2 和 C 中间，7 脚接在 R_1 和 R_2 中间。电源接通后，经 R_1 和 R_2 对电容 C 充电，当电容电压上升到 $2U_{CC}/3$ 后，C1 输出 0，C2 输出 1，RS 触发器置 0，三极管导通，电容通过电阻 R_2 放电，当电容电压下降到 $U_{CC}/3$ 后，C1 输出 1，C2 输出 0，RS 触发器置 1，三极管截止，电源又经 R_1 和 R_2 对电容 C 充电。电路重复如此过程，输出在高低电平之间切换，为矩形波的形式。

可以看出电容的充电过程通过电阻 R_1 和 R_2，放电过程只通过电阻 R_2，因此两个暂稳态时间不同，分别为 T_1 和 T_2。

$$T_1 = (R_1 + R_2)C\ln 2 = 0.7(R_1 + R_2)C \tag{12-3}$$

$$T_2 = R_2 C\ln 2 = 0.7 R_2 C \tag{12-4}$$

🧠 练习与思考

1. 单稳态触发器为什么能够用于定时和延时？
2. 如何构成占空比可调的多谐振荡器？

📚 习　题

一、选择题

1. 习题图 12-1 所示逻辑电路中，A = "1" 时，CP 脉冲来到后 JK 触发器（　　）。
   A. 具有计数功能　　　　B. 置 0　　　　　　　　C. 置 1　　　　　　　　D. 保持不变

2. 习题图 12-2 所示逻辑电路中，T = "1" 时，触发器具有什么功能（　　）；T = "0" 时，触发器具有（　　）功能？
   A. 计数　　　　　　　　B. 置 0　　　　　　　　C. 置 1　　　　　　　　D. 保持

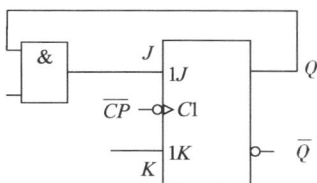 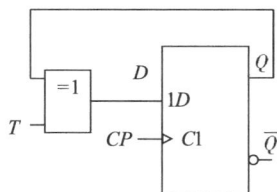

习题图 **12-1**　　　　　　　　习题图 **12-2**

3. 习题图 12-3 的电路中，不具有计数功能的电路是（　　）。

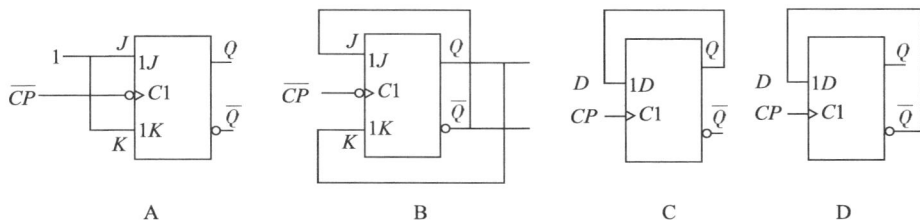

A　　　　　　　　　　B　　　　　　　　　　C　　　　　　　　　　D

习题图 **12-3**

4. 习题图 12-4 中，触发器原状态为 $Q_1 Q_0 = 10$，则下一个 CP 脉冲作用后，$Q_1 Q_0$ 为（　　）。
   A. 00　　　　　　　　　B. 01　　　　　　　　　C. 10　　　　　　　　　D. 11

5. 习题图 12-5 中，触发器原状态为 $Q_1Q_0 = 10$，则下一个 CP 脉冲作用后，Q_1Q_0 为（　　）。

A. 00　　　　　　　　B. 01　　　　　　　　C. 10　　　　　　　　D. 11

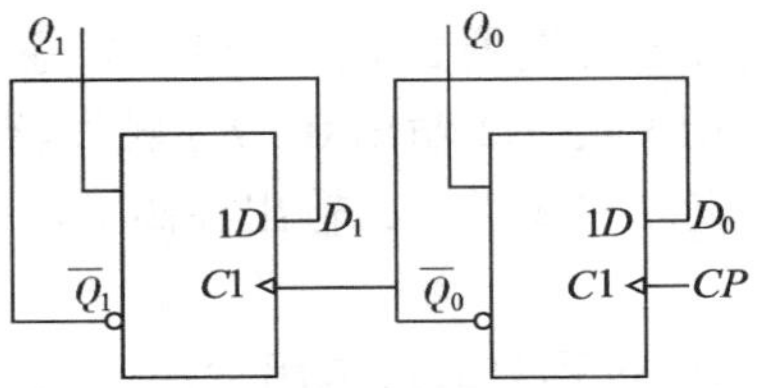

习题图 12-4 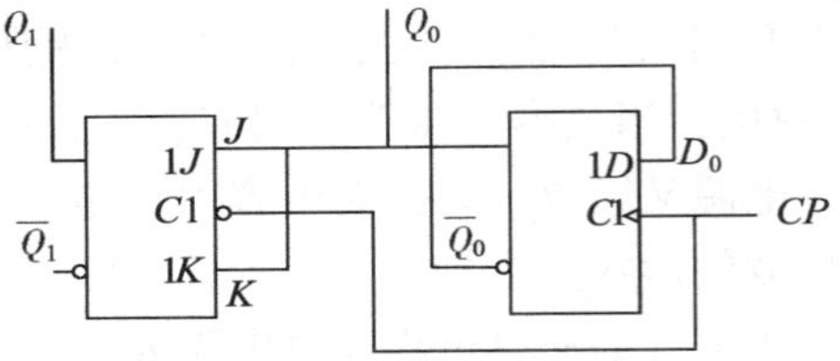　　　　　　　　**习题图 12-5**

6. 某计数器的电路见习题图 12-6，可知它是一个（　　）。

A. 三位异步二进制加法计数器

B. 三位同步二进制加法计数器

C. 三位异步二进制减法计数器

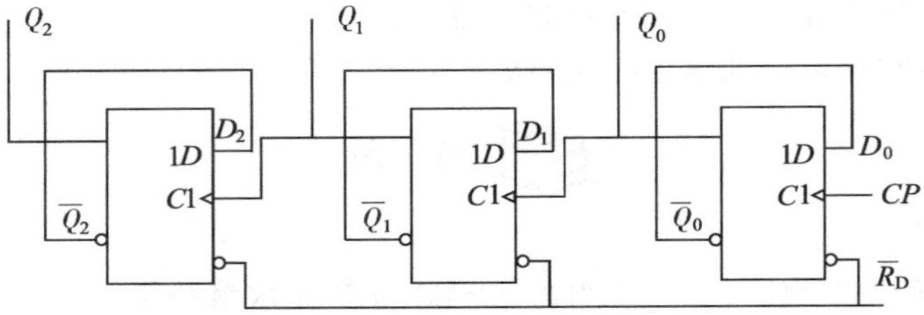

习题图 12-6

7. 习题图 12-7 中的时序逻辑电路是一个（　　）。

A. 同步二进制计数器　　　B. 数码寄存器　　　　　　C. 移位寄存器

8. 习题图 12-8 是某计数器的波形图，可知这是一个（　　）。

A. 二进制加法计数器　　　B. 三进制加法计数器　　　C. 四进制加法计数器

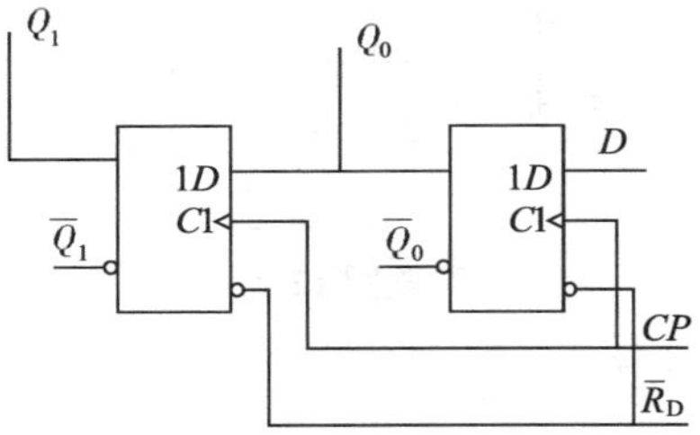

习题图 12-7 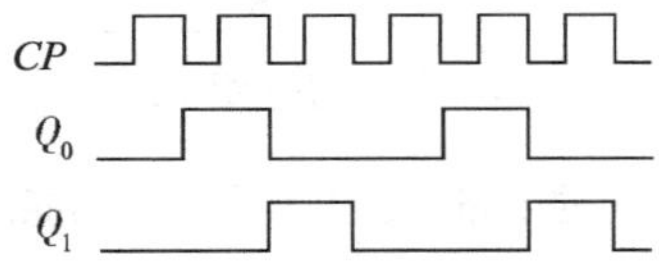　　　　　　　　**习题图 12-8**

9. 习题图 12-9 中是一个（　　）计数器。

A. 九进制　　　　　　　　B. 十进制　　　　　　　　C. 十一进制

10. 习题图 12-10 中是一个（　　）计数器。

A. 九进制　　　　　　　　B. 十进制　　　　　　　　C. 十一进制

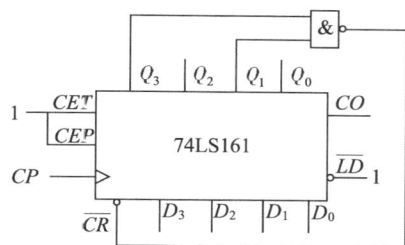

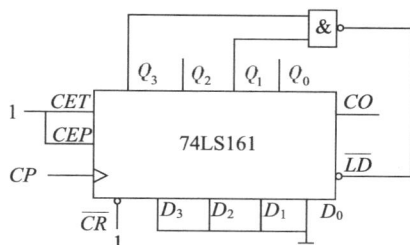

习题图 **12-9**　　　　　　　　　　习题图 **12-10**

二、分析计算题

1. 习题图 12-11 中，基本 *RS* 触发器 *Q* 的初始状态为"0"，根据给出的 $\bar{R}$ 和 $\bar{S}$ 的波形，试画出 *Q* 的波形。

2. 习题图 12-12 中，同步 *RS* 触发器 *Q* 的初始状态为"0"，根据给出的 *R*、*S* 和 *CP* 的波形，试画出 *Q* 的波形。

3. 习题图 12-13 中，主从 *JK* 触发器 *Q* 的初始状态为"0"，根据给出的 *J*、*K* 和 *CP* 的波形，试画出 *Q* 的波形。

4. 习题图 12-14 中，*D* 触发器 *Q* 的初始状态为"0"，根据给出的 *D* 和 *CP* 的波形，试画出 *Q* 的波形。

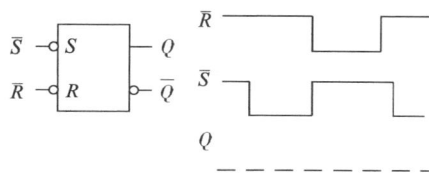

习题图 **12-11**

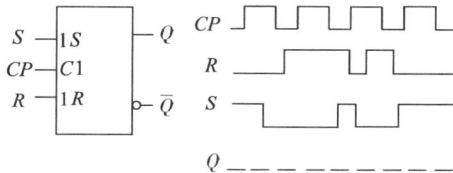

习题图 **12-12**

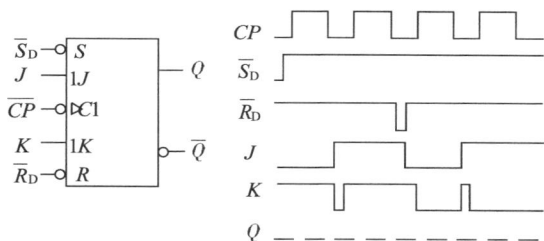

习题图 **12-13**

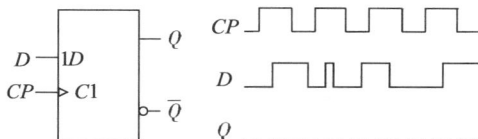

习题图 **12-14**

5. 习题图 12-15 中，试画出各触发器在时钟脉冲 *CP* 的作用下输出 *Q* 的波形，设各触发器的初始状态均为 0。

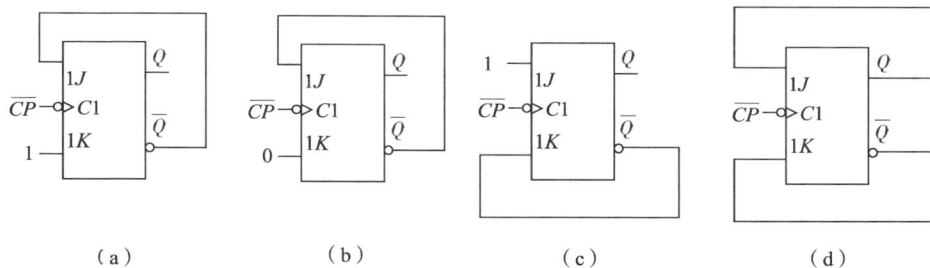

（a）　　　　　　（b）　　　　　　（c）　　　　　　（d）

习题图 **12-15**

6. 习题图 12-16 中，根据给出的 A 和 CP 的波形分别画出两个触发器 Q 的波形，设触发器的初始状态均为 0。

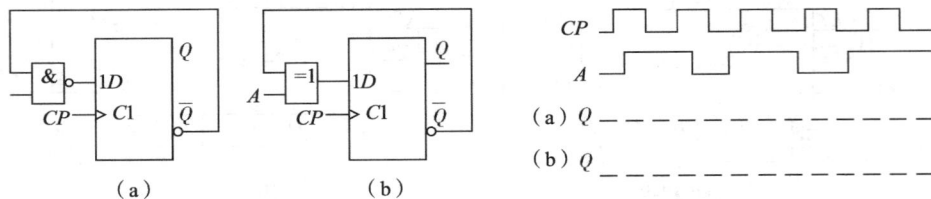

习题图 12-16

7. 习题图 12-17 中，根据给出的 A 和 CP 的波形分别画出两个触发器 Q 的波形，设触发器的初始状态均为 0。

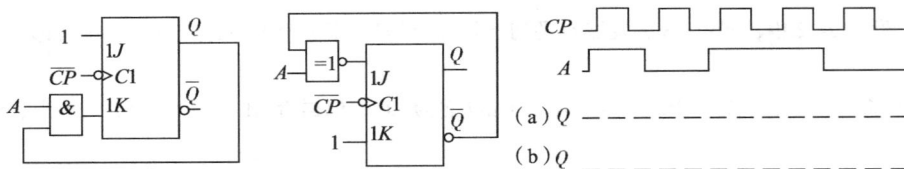

习题图 12-17

8. 习题图 12-18 中，根据给出的 CP 的波形分别画出两个触发器输出端 Q_1 和 Q_0 的波形，设各触发器的初始状态均为 0。

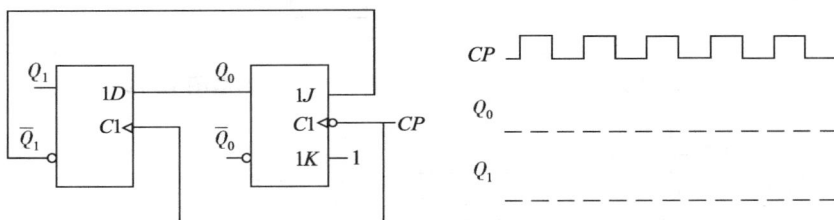

习题图 12-18

9. 习题图 12-19 中，根据给出的 CP 的波形分别画出两个触发器输出端 Q_1 和 Q_0 的波形，设各触发器的初始状态均为 0。

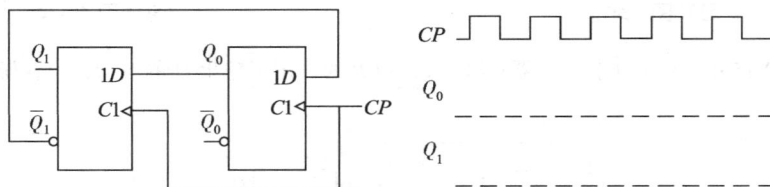

习题图 12-19

10. 试分析习题图 12-20 中电路是几进制计数器。

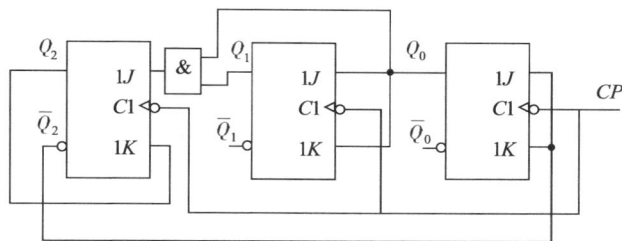

习题图 12-20

11. 分别用反馈清零法和反馈置数法将 74LS161 接成十三进制计数器。

12. 分别用 74LS290 的反馈置 0 端和反馈置 9 端实现八进制计数器。

13. 如果要实现二十四进制计数器，需要几个 74LS161 或几个 74LS290 芯片，试分别实现。

参考文献

艾永乐，2022. 电工学（下册）——电子技术[M]. 北京：机械工业出版社.

蔡惟铮，2014. 模拟与数字电子技术基础[M]. 北京：高等教育出版社.

翟晓，2016. 电工电子技术[M]. 2版. 北京：中国电力出版社.

董传岱，2022. 电工学（电子技术）[M]. 2版. 北京：机械工业出版社.

高安芹，朱传琴，2016. 电子技术基础[M]. 2版. 北京：中国电力出版社.

黄锦安，蔡小玲，徐行健，2017. 电工技术基础[M]. 3版. 北京：电子工业出版社.

康华光，2006. 电子技术基础模拟部分[M]. 5版. 北京：高等教育出版社.

康华光，2006. 电子技术基础数字部分[M]. 5版. 北京：高等教育出版社.

雷勇，2018. 电工学（下册）——电子技术[M]. 2版. 北京：高等教育出版社.

李海，崔雪，2013. 电工电子技术[M]. 2版. 北京：中国电力出版社.

李月乔，2015. 模拟电子技术基础[M]. 北京：中国电力出版社.

彭曙蓉，郭湘德，夏向阳，2016. 电工与电子技术基础[M]. 2版. 北京：中国电力出版社.

秦曾煌，2009. 电工学（上、下册）[M]. 7版. 北京：高等教育出版社.

邱关源，罗先觉，2006. 电路[M]. 5版. 北京：高等教育出版社.

史仪凯，袁小庆，2021. 电工电子技术[M]. 3版. 北京：科学出版社.

唐介，王宁，2020. 电工学（少学时）[M]. 5版. 北京：高等教育出版社.

童诗白，华成英，2015. 模拟电子技术基础[M]. 5版. 北京：高等教育出版社.

王勤，刘海春，翁晓光，2020. 电工技术[M]. 北京：科学出版社.

王英，2016. 电工技术基础（电工学I）[M]. 2版. 北京：机械工业出版社.

肖志红，2021. 电工电子技术（下册）[M]. 2版. 北京：机械工业出版社.

徐淑华，2013. 电工电子技术[M]. 北京：电子工业出版社.

薛太林，2014. 电工电子技术[M]. 北京：中国电力出版社.

杨聪锟，2019. 数字电子技术基础[M]. 2版. 北京：高等教育出版社.

杨同忠，2015. 模拟电子技术[M]. 北京：中国电力出版社.

张凤凌，2015. 模拟电子技术基础[M]. 北京：中国电力出版社.